电液控制阀及系统使用维护

张利平　编著

·北京·

电液伺服阀、电液比例阀及电液数字阀统称为电液控制阀，是隶属于液压控制阀大家族中的特殊阀，是近代电子技术与液压技术相结合发展的一类液压控制元件，其应用已遍及各类机械设备的自动控制领域。

本书重点介绍了电液控制阀的基本构成（电气-机械转换器、液压放大器、检测反馈机构及控制放大器）及种类，典型结构原理、技术指标及性能特点，常用典型产品及常用电液控制阀的使用要点，常用电液控制阀及系统的维护与常见故障诊断排除方法及典型案例等，并对电液控制工程自动化、智能化中目前流行采用的一些技术及元器件（PLC、变频技术、触摸屏技术、传感器技术与智能电液控制阀）进行了综合介绍。

本书立足于面向工程实际和现场应用组织材料，以追求系统性、先进性、工程性和实用性为特色，以有助于解决科研、生产、施工、管理中电液控制阀及系统的各类实际问题为目标。本书可供电液控制阀及系统的设计制造、安装调试、现场操作、使用维护、故障诊断、采购供应及机械设备管理等相关人员参阅，也可作为液压控制技术使用维护与故障诊断技术的短期培训、上岗培训教材或参考资料，还可作为高等院校机械、机电、自控类相关专业及方向师生的教学、科研参考书或实训教材。

图书在版编目（CIP）数据

电液控制阀及系统使用维护/张利平编著. —北京：化学工业出版社，2020.2

ISBN 978-7-122-35914-8

Ⅰ.①电… Ⅱ.①张… Ⅲ.①液压控制阀-使用方法②液压控制阀-维修 Ⅳ.①TH137.52

中国版本图书馆 CIP 数据核字（2019）第 297876 号

责任编辑：黄　滢　　　文字编辑：张燕文
责任校对：宋　玮　　　装帧设计：王晓宇

出版发行：化学工业出版社（北京市东城区青年湖南街 13 号　邮政编码 100011）
印　　刷：三河市航远印刷有限公司
装　　订：三河市宇新装订厂
787mm×1092mm　1/16　印张 17¾　字数 462 千字　2020 年 4 月北京第 1 版第 1 次印刷

购书咨询：010-64518888　　　售后服务：010-64518899
网　　址：http://www.cip.com.cn
凡购买本书，如有缺损质量问题，本社销售中心负责调换。

定　　价：88.00 元

版权所有　违者必究

前　言

电液伺服阀、电液比例阀和电液数字阀统称为电液控制阀，是隶属于液压阀大家族中的特殊阀，是近代电子技术与液压技术相结合发展的一类液压控制元件。与各种普通液压阀相比，电液控制阀具有以下显著特点：电液一体化，功率放大系数高，可对被控对象进行连续控制，易于实现闭环控制，易于实现计算机控制等；通过计算机容易构成以电子电气和检测传感为神经，以液压为筋肉的智能化电液控制系统，具有很大的灵活性与广泛的适应性，并在数控机床及加工中心、通信导航、航空航天航海、车辆船舶、军用装备等机械装备的工程实际中得到普遍应用。尽管新世纪液压控制面临着来自绿色环保和电气控制技术的新竞争和新挑战，但由电液控制阀构成的电液控制系统仍然不失为液压控制中的主流系统。与普通液压阀及其构成的液压传动系统相比，电液控制阀及系统的结构原理更为复杂，不仅与流体动力学相关，还与机械学、电子学、电磁学、材料学、物理化学等多种专业技术相关，对设计制造、组装调试、运转维护和故障诊断甚至购销管理等相关从业人员都具有较高的综合要求。为了适应液压控制技术智能化、网络化的发展进步，满足液压行业各类从业人员在“中国制造 2025”、人工智能及互联网+先进制造等规划实施中，对电液控制工程技术学习提高、使用维护及培训教学的不同需求，作者总结了 40 年液压传动控制技术教学科研经验心得，特别是近年来为相关企业进行电液控制科研项目攻关与解决液压控制工程现场技术问题的经验，并收集了在国内外旅居、观展及讲学所见所闻的实用材料，编写成《电液控制阀及系统使用维护》一书。

本书共分 5 章。第 1 章着重介绍液压控制系统的基本原理、构成及电液控制阀在液压控制中的作用和地位，简要介绍液压控制的最新技术与发展趋势；第 2 章、第 3 章和第 4 章重点介绍电液控制阀的基本构成（电气-机械转换器、液压放大器、检测反馈机构及控制放大器）及种类，典型结构原理、技术指标及性能特点，常用典型产品及常用电液控制阀的使用要点，常用电液控制阀及系统的维护与常见故障诊断排除方法及典型案例等，第 5 章对电液控制工程自动化、智能化中目前流行采用的一些技术及元器件（PLC、变频技术、触摸屏技术、传感器技术与智能电液控制阀）进行了综合介绍。

本书立足于面向工程实际和现场应用组织材料，以追求系统性、先进性、工程性和实用性为特色，以有助于解决科研、生产、施工、管理中电液控制阀及系统的各类实际问题为目标。作者已用上述主要内容材料对相关企业的现场工作人员进行过技术培训并取得了良好效果。本书可供电液控制阀及系统的设计制造、安装调试、现场操作、使用维护、故障诊断、采购供应及机械设备管理等相关人员参阅，也可作为液压控制技术使用维护与故障诊断技术的短期培训、上岗培训教材或参考资料，还可作为高等院校机械、机电、自控类相关专业及方向师生的教学、科研参考书或实训教材。

本书由张利平编著。张秀敏、张津、山峻参与了本书的前期策划及资料搜集整理、部分文稿的录入校对整理工作。王金业、刘鹏程、向其兴、刘健等为本书精心绘制了部分插图。

本书的编写工作得到了多位业内同仁和作者的同事田志刚等以及学生、学员的支持和帮助，在此对他们以及参考文献的各位作者表示诚挚谢意。书中的不当之处，欢迎流体传动与控制同行专家及读者不吝指正。

编著者

目 录

第1章 电液控制阀及系统概述

1.1 控制类型及特点

在无人直接参与情况下，使机械设备、生产过程或被控对象的某些物理量准确地按照预期规律变化，即称为自动控制（简称控制）。例如，数控机床按预先排定的工艺程序自动进刀，加工出预期复杂几何形状的零件；水轮发电机组按照给定电位器的设定，通过电液伺服系统对大口径流体管道的流量自动进行连续调节；火炮根据雷达传来的信息自动地改变方位角和俯仰角；乐器演奏机器人通过通信端口将乐谱和演奏命令传递给演奏系统控制器，并由其控制机械机构，完成乐谱的自动演奏等。

由于各种动力传动与控制系统中的媒介（机件或工作介质）通常都是在受调节和控制下工作，故传动与控制两者很难截然分开。按照所采用的机件或工作介质的不同，目前广泛应用的传动控制类型有：通过带、轴、齿轮齿条、蜗轮蜗杆、链轮链条、丝杆-螺母等机械零件传递动力和进行控制的机械传动与控制；利用电力设备（电动机、电磁铁等）并调节电参数来传递动力和进行控制的电气传动与控制；以压缩空气为工作介质来传递动力和进行控制的气压传动与控制；以液体为工作介质，利用封闭系统中液体的静压能实现动力和信息的传递及工程控制的液压传动与控制。常用传动控制方式的特点比较如表 1-1 所列。

表 1-1　常用传动控制方式的特点比较

综合比较	液压传动与控制	气压传动与控制	机械传动与控制	电气传动与控制
机件或工作介质	有压液体	压缩空气	机械零件（齿轮、齿条等）	电力设备（电动机、电磁铁等）
结构	稍复杂	简单	一般	稍复杂
输出力或转矩	大	稍大	较大	不太大
速度	较高	高	低	高
功率密度	大	中等	较大	中等
响应快速性	高	低	中等	高
定位性	稍好	不良	良好	良好
无级调速	良好	较好	较困难	良好
远程操作	良好	良好	困难	特别好
信号变换	困难	较困难	困难	容易
直线运动	容易	容易	较困难	困难
调整	容易	稍困难	稍困难	容易
管线配置	复杂	稍复杂	较简单	不特别复杂

续表

综合比较	液压传动与控制	气压传动与控制	机械传动与控制	电气传动与控制
环境适应性	较好,但易燃	好	一般	不太好
危险性	注意防火	几乎无	无特别问题	注意漏电
动力源失效时	可通过蓄能器完成若干动作	有余量	不能工作	不能工作
工作寿命	一般	长	一般	较短
维护要求	高	一般	简单	较高
价格	稍高	低	一般	稍高
应用	各类响应速度快的大负载场合	小功率场合	在许多场合或逐步被其他传动控制方式所替代,或需与其他传动控制方式融合才能满足主机的动作要求	在许多场合,往往与机械、气动或液压传动结合使用,作为各种传动的组成部分

1.2 液压控制与液压传动的主要异同点

图 1-1 所示为液压传动系统和液压控制系统原理方块图。

如图 1-1（a）所示，液压传动系统以传递动力为主，以信息传递为次，追求传动特性的完善。此类系统大多由普通控制阀组成，且控制阀的开度等通常是事先调整好的，一般无法在工作过程中进行更改。系统只能对液压参数及负载进行开关控制，而不能实现连续控制。传动系统通常为开环控制，没有反馈，当操作者启动系统，使之进入运行状态后，系统将操作者的指令一次性输向受控对象。或者说，控制系统的输出量不对系统的控制产生任何影响，系统的工作特性由各组成液压元件的特性和它们的相互作用来确定，其控制质量受工作条件变化的影响较大，严重时甚至无法达到既定的目标。液压传动系统应用较普遍，大多数工业机械液压系统属于此类。

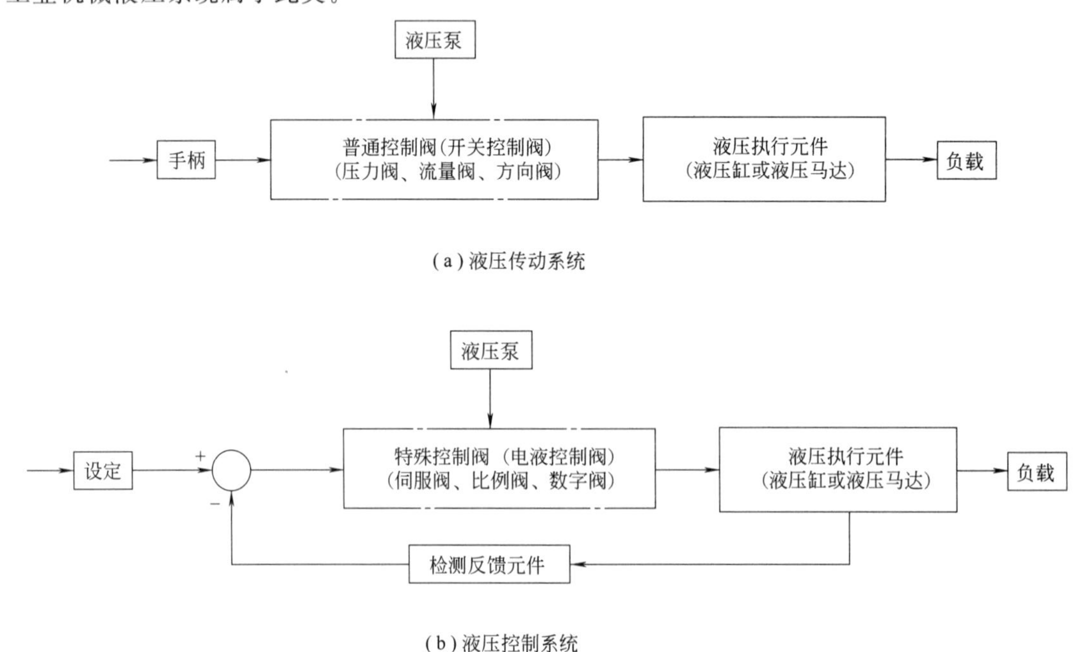

(a) 液压传动系统

(b) 液压控制系统

图 1-1 液压传动系统和液压控制系统原理框图

如图 1-1（b）所示，液压控制系统以传递信息为主，以传递动力为次，追求控制特性的完善。此类系统大多由特殊控制阀（电液控制阀）组成，且控制阀的开度可在工作过程中更改和调整。系统可实现液压参数及负载的连续控制。控制系统多为闭环控制，带有反馈，作为被控的输出以一定方式返回到作为控制的输入端，并对输入端施加控制影响。通常要采用伺服阀等控制阀，由于加入了检测反馈，故系统可用一般元件组成精确的控制系统，其控制质量受工作条件变化的影响较小。液压控制系统在航空航天、高精度数控机床及加工中心、冶金等领域应用广泛。

1.3 液压控制系统的基本原理与组成

液压控制系统能够根据机械装备的要求，对其位置、速度、加速度、力等被控制量按一定的精度进行控制，并且能够在有外部干扰的情况下，稳定而准确地工作，实现既定的工艺目的。

液压控制系统按使用的控制元件不同，主要分为伺服控制系统、比例控制系统和数字控制系统三大类。伺服控制系统也称液压随动系统，它是以液压动力元件作驱动装置所组成的反馈控制系统，其输出量（机械位移、速度、加速度或力）能以一定的精度，自动地按照输入信号的变化规律运动，与此同时还起到功率放大的作用，故又是一个功率放大装置。本节以图 1-2 所示的机床工作台液压伺服控制系统为模型，来说明液压控制系统的基本原理及其组成。

1.3.1 基本原理

如图 1-2 所示，机床工作台通过电液伺服阀（图中用半结构图表示）对液压缸即机床工作台的往复运动进行控制。系统的能源元件为液压泵 1，它以溢流阀 2 设定的恒压向系统供油。液压动力装置由伺服阀（四通滑阀）和液压缸组成。电液伺服阀是一个电液转换放大元件，它将电气-机械转换器（力马达或力矩马达）给出的机械信号转换成液压信号（流量、压力）输出并将功率放大。液压缸为执行元件，其输入是压力油的流量，输出是拖动工作台（负载）的运动速度或位移。液压缸左端相连的传感器用于检测液压缸的位置，从而构成反馈控制。其控制过程原理如下。

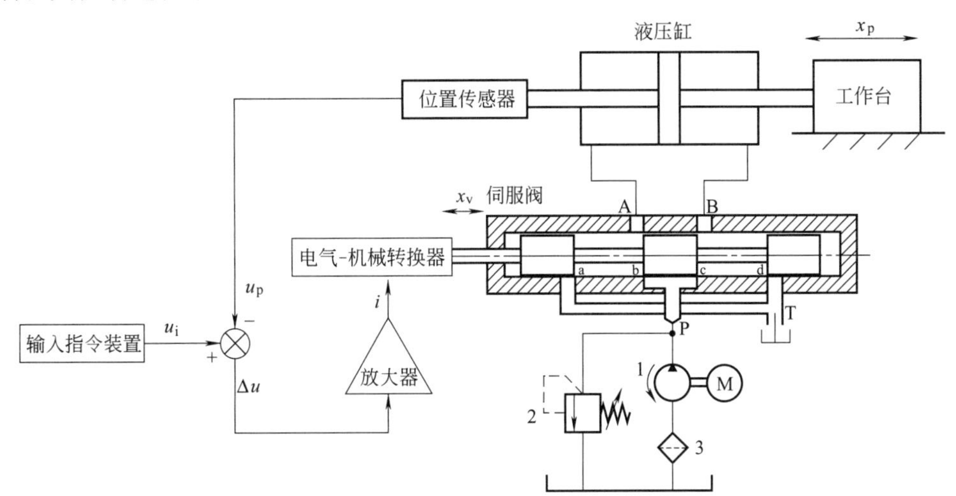

图 1-2 机床工作台液压伺服控制系统原理

1—液压泵；2—溢流阀；3—过滤器

当电气输入指令装置给出指令信号 u_i 时，反馈信号 u_p 与指令信号进行比较得出误差信号 Δu，Δu 经放大器放大后得出的电信号（通常为电流 i），输送给电气-机械转换器，从而带动四通滑阀的阀芯移动。不妨设阀芯向右移动一个距离 x_v，则节流窗口（也称节流控制边）b、d 便有一个相应的开口量，阀芯所移动的距离即节流窗口的开口量（通流面积）与上述误差信号 Δu（或电流 i）成比例。阀芯移动后，液压泵 1 的压力油由 P 口经节流窗口 b 和 A 口进入液压缸左腔（右腔油液由 B 口经节流窗口 d 和 T 口排回油箱），液压缸的活塞杆推动工作台右移 x_p，同时反馈传感器动作，使误差及阀的节流窗口开口量减小，直至反馈传感器的反馈信号与指令信号之间的差别（误差）$\Delta u=0$ 时，电气-机械转换器又回到中间位置（零位），于是伺服阀也处于中间位置，其输出流量等于零，液压缸停止运动，此时工作台就处于一个合适的平衡位置，从而完成了液压缸输出位移对指令输入的跟随运动。如果加入反向指令信号，则滑阀反向运动，液压缸及工作台也反向跟随运动。

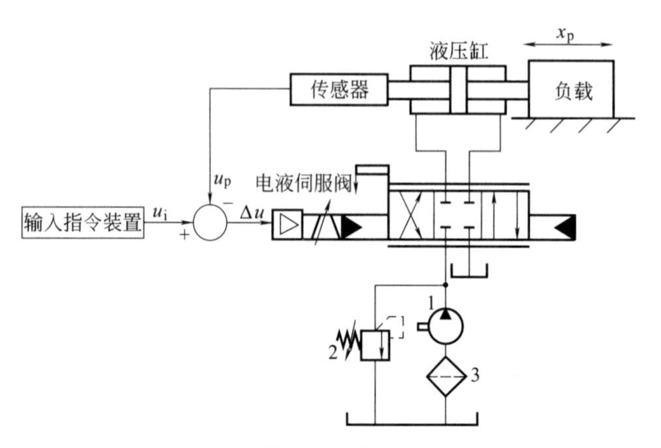

图 1-3　用图形符号绘制的机床工作台液压伺服控制系统原理
1—液压泵；2—溢流阀；3—过滤器

图 1-2 按 GB/T 786.1—2009 规定的图形符号进行绘制后如图 1-3 所示。由于图形符号仅表示液压元件的功能、操作（控制）方法及外部连接口，并不表示液压元件的具体结构、性能参数、连接口的实际位置及元件的安装位置，故用来表达系统中各类元件的作用和整个系统的组成、油路联系和工作原理，简单明了，便于绘制。

1.3.2　组成部分

一个实际的液压控制系统无论如何复杂，都是由一些基本元件构成的，并可用图 1-4 表示。这些基本元件包括输入元件、检测反馈元件、比较元件、转换放大装置（含能源）、执行元件和受控对象等部分，各组成部分的功用如表 1-2 所列。

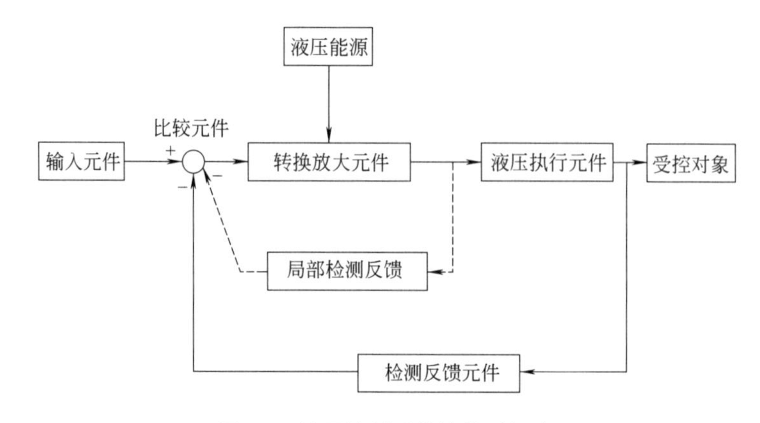

图 1-4　液压控制系统的典型组成

表 1-2 液压控制系统的组成部分及其功用

名称	作用	说　明
输入元件 （指令元件）	根据系统动作要求，给出输入信号（也称指令信号），加于系统的输入端	机械模板、电位器、信号发生器或程序控制器、计算机都是常见的输入元件。输入信号可以通过手动设定或程序设定
检测反馈元件	用于检测系统的输出量并转换成反馈信号，加于系统的输入端与输入信号进行比较，从而构成反馈控制	各类传感器为常见的反馈检测元件
比较元件	将反馈信号与输入信号进行比较，产生偏差信号加于放大元件	比较元件经常不单独存在，而是与输入元件、反馈检测元件或放大元件一起，同时完成比较、反馈或放大功能
转换放大元件	将偏差信号的能量形式进行变换并加以放大，输入到执行元件	各类液压控制放大器、伺服阀、比例阀、数字阀等都是常用的转换放大元件
执行元件	驱动受控对象动作，实现调节任务	可以是液压缸或液压马达及摆动液压马达
受控对象 （负载）	和执行元件的可动部分相连接并同时运动，在负载运动时所引起的输出量中，可根据需要选择其中某物理量作为系统的控制量	受控对象可以是被控制的主机设备或其中一个机构、装置
液压能源	为系统提供驱动负载所需的具有压力的液流，是系统的动力源	液压泵站或液压源即为常见的液压能源

1.4 电液控制系统及其类型特点

液压控制系统的类型繁杂，可按不同方式进行分类，每一种分类方式均代表一定特点。按控制信号传递介质的不同，液压控制系统可分为机液、电液和气液等几种类型，其中电液控制系统应用最为广泛。如图 1-5 所示，电液控制系统由电气与液压两部分组成，系统中偏差信号的检测、校正和初始放大都采用电气、电子元件来实现，系统的心脏是电液控制阀。按系统所用电液控制阀不同，电液控制系统可分为电液伺服控制系统、电液比例控制系统和电液数字控制系统，它们的详细分类、构成及特点如表 1-3 所列。

表 1-3 电液控制系统的分类、构成及特点

类　型		构　成	特　点
电液伺服控制系统	位置系统	控制元件（伺服放大器和电液伺服阀）、执行元件（液压缸、液压马达或摆动液压马达）、反馈检测元件（传感器）、能源元件（定量泵或变量泵）	响应快、精度高。但成本较高，抗污染和干扰能力较差
	速度系统		
	力（压力）系统		
电液比例控制系统	开环	控制元件（比例放大器和比例阀）、执行元件（液压缸、液压马达或摆动液压马达）、能源元件（定量泵、变量泵或比例变量泵）	可明显简化系统，实现复杂程序和规律的控制；利用电液结合提高机电一体化水平。但控制精度较低
	闭环	除构成开环比例系统的元件外，还包括反馈检测元件	响应较快，精度较高，抗污染能力较好，价格低廉
电液数字控制系统	增量式	控制元件（驱动控制放大器和增量式或高速开关式数字阀）、执行元件（液压缸、液压马达、数字阀与缸连为一体的数字控制缸）、能源元件（定量泵、变量泵、数字变量泵）	抗污染能力强，价格低廉，可以和计算机直接接口，响应较快，精度较高
	高速开关式		

电液控制系统的优点是信号的测量、校正和放大都较为方便，容易实现远距离操作，容

易与响应速度快、抗负载刚性大的液压动力元件实现整合，组成以电子、电气为神经，以液压为筋肉的智能化电液控制系统，具有很大的灵活性与广泛的适应性。由于机电一体化及人工智能技术的发展和计算机技术的普及，电液控制系统已在工程上得到普遍应用并成为液压控制中的主流系统。随着机械装备综合工作性能要求的提高，一般的液压传动系统正在逐步改为电液控制系统，以实现液压系统乃至主机的连续控制和复杂规律控制。

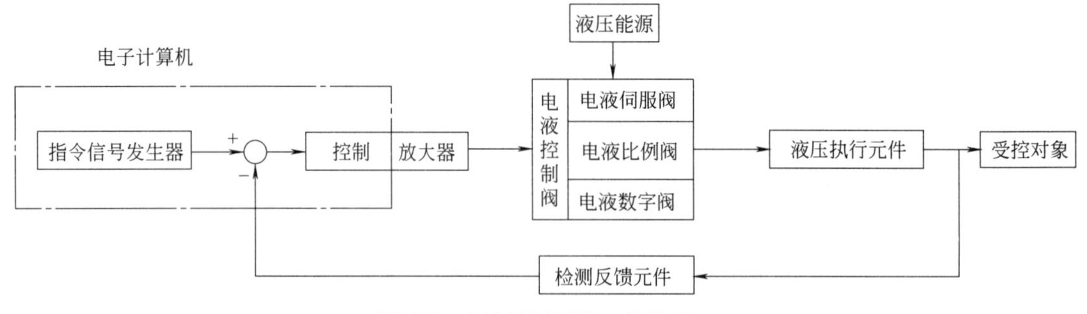

图 1-5 电液控制系统一般构成

1.5 电液控制阀在液压控制系统中的地位

由前述可知，电液伺服阀、电液比例阀与电液数字阀是电液控制系统中的液压放大元件（又称液压放大器），它将输入的电信号转换为液压信号（流量、压力）输出，故它既是一种能量转换元件，又是一种功率放大元件。它是液压控制系统中不可缺少的重要组成部分，具有结构简单、功率密度大（单位体积输出功率大）、工作可靠和动态特性好的优点，应用广泛。事实上，电液控制系统的设计制造、安装调试和使用维护都是围绕电液控制阀展开和进行的。一个电液控制系统设计的合理性、安装维护的便利性以及能否按照既定要求正常可靠地运行，在很大程度上取决于其所采用的电液控制阀的性能优劣及参数匹配是否合理等。因此，了解和使用电液控制系统的前提是掌握电液控制阀的功能、结构、原理和使用维护要点。

1.6 电液控制工程的新挑战与应对策略

1905 年美国人詹涅（Janney）首先将矿物油代替水用作液压介质，1939～1945 年第二次世界大战期间，由于军事需要，出现了以电液伺服系统为代表的响应快、精度高的液压元件和控制系统，这些使自 1795 年世界上第一台水压机专利登记后，近 100 多年间几乎停滞不前的液压技术得到了迅猛发展。20 世纪 60 年代以来，随着原子能、航空航天技术、微电子技术的发展，液压技术在更深更广的领域得到了发展。迄今为止，几乎难以找到不用任何液压装置的机械装备了。至于电液控制的应用更是随处可见，如图 1-6 所示的电液伺服控制的水库闸门，图 1-7 所示的中国天眼 FAST（世界上最大的单口径射电望远镜——500m 口径球冠状主动反射球面射电望远镜）的反射镜面（采用了 2250 个液压调节促动器的液压控制方案）等。

然而，新世纪包括电液控制在内的液压技术面临着诸多挑战。首先是节能环保的挑战，因为液压油不仅浪费能源，而且会污染环境及液压主机的产品；其次是电气传动与控制技术的挑战，例如目前数控机床和加工中心主轴等回转运动机械部件广泛采用伺服电机驱动（图

1-8），可频繁启停，频响高、停位精度高，再如电动缸作为工业机器人等机械装备末端执行器的应用（图 1-9）以及直线电机在机械部件三维直线运动驱动中的应用（图 1-10），正在颠覆着人们对于电传动不易实现直线运动的传统观念。为了使包括电液伺服控制在内的液压技术应对以上挑战并在未来得以持续发展，液压技术将与微电子技术、计算机技术、人工智能技术、材料科学技术等深入交汇融合，并向着节能化［例如间歇工作机械以伺服控制的液压油源代替传统的开关控制的卸荷油源（图 1-11）及激光熔化金属 3D 打印液压阀块（图 1-12）等］、绿色化（例如水液压技术、低噪声液压元件）、智能化［例如在传统液压阀（元件）的基础上，将传感器、检测与控制电路、保护电路及故障自诊断电路集成为一体并具有功率输出的器件；通过计算机技术实现机械手上下料的伺服滑台液压机（图 1-13）、智能全液压模锻锤、液压阀组的智能化装配生产线、液压系统智能清洗设备及液压系统故障的智能诊断等］、数字化及集成化［例如数字液压伺服（图 1-14）、基于 DSP（Digital Signal Processor 数字信号微处理器）的电液伺服驱动器等］、设计现代化［例如液压系统原理图及油路块的计算机辅助设计和模拟仿真（图 1-15）］等方向努力，从而满足和适应各类液压主机产品节能、环保、高效、自动、安全、可靠等要求。

图 1-6　电液伺服控制的水库闸门

图 1-7　中国天眼 FAST

图 1-8　电动伺服机床主轴

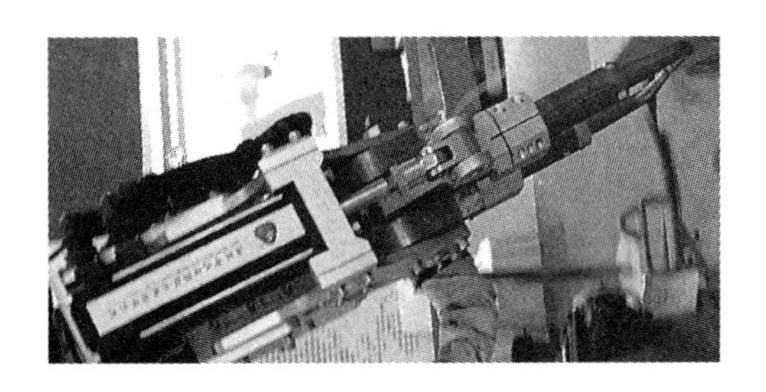

图 1-9　作为工业机器人中末端执行器的电动缸

图 1-10 直线电机驱动的机械设备
（2018 第 6 届中国电子信息博览会展品）

图 1-11 采用伺服控制油源的液压机
（2018 第 19 届深圳机械展展品）

图 1-12 3D 打印液压阀（块）（意大利 aidro 液压公司）

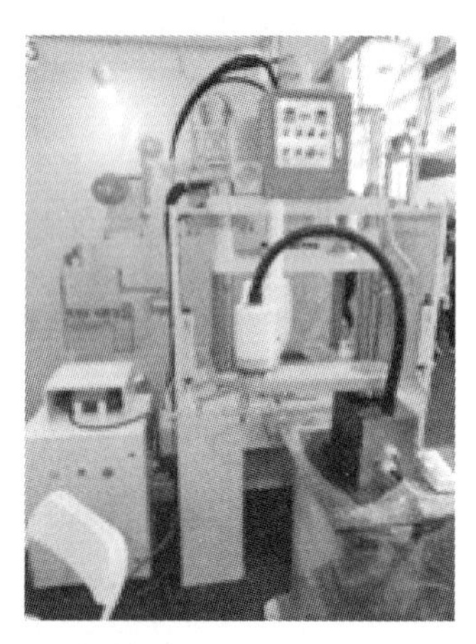

图 1-13 机械手上下料的伺服滑台液压机

图 1-14 聚光发电定日镜数字缸矢量驱动控制系统

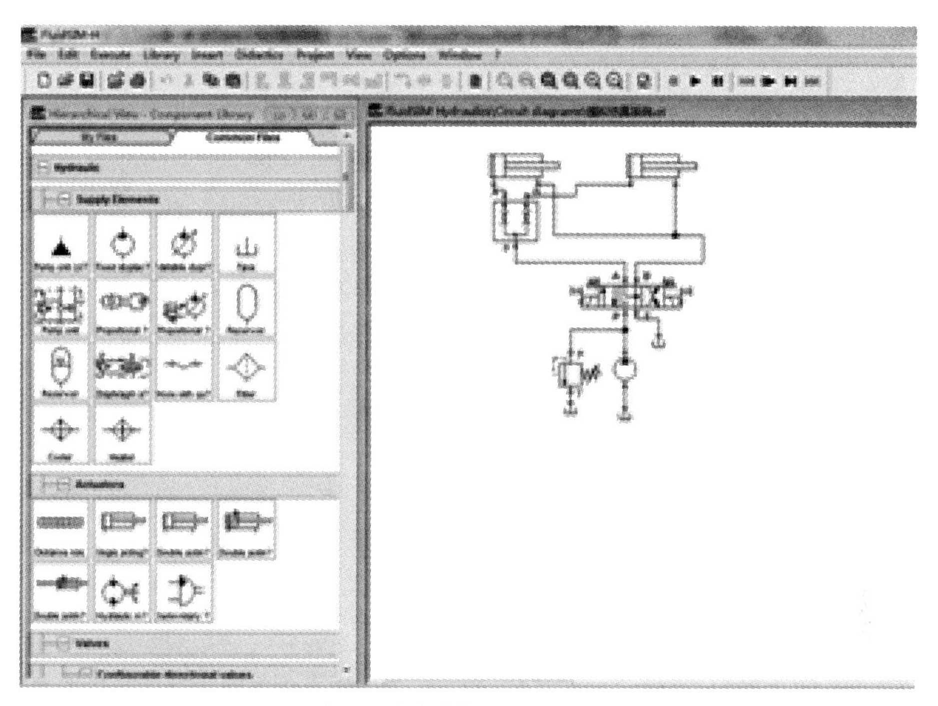

图 1-15 液压系统的计算机辅助设计和模拟仿真

第2章 电液伺服阀及系统的使用维护

2.1 电液伺服阀的基本构成

电液伺服阀是一种自动控制液压阀，它既是电液转换元件，又是功率放大元件，其作用是将小功率的模拟量电控制信号输入转换为随电控制信号大小与极性变化且快速响应的大功率模拟液压量［压力和（或）流量］输出，从而实现对液压系统执行元件位移（或转速）、速度（或角速度）、加速度（或角加速度）和力（或转矩）的控制。

伺服阀的结构形式虽有很多，但都由电气-机械转换器、液压放大器和检测反馈机构组成（图 2-1）。液压放大器可以由一级、二级或三级组成。若为单级伺服阀，则无先导级阀；多级伺服阀中起放大作用的最后一级称为输出级或功率级；两级伺服阀和三级伺服阀的第一、二级液压放大器称为前置级或先导级或控制级。由图 2-1 可以看出，多级伺服阀通过位移-力耦合方式工作，作为电气-机械转换器的力马达或力矩马达将输入电信号转换为力或力矩，以产生驱动先导级阀运动的位移或转角。先导级阀（滑阀、锥阀、喷嘴挡板阀、射流管阀或插装阀）用于接受小功率电气-机械转换器输入的位移或转角信号，将机械量转换为液压力驱动功率级主阀；功率级主阀（滑阀或插装阀）将先导级阀的液压力转换为流量或压力输出；设置在伺服阀内部的检测反馈机构（液压、机械或电气反馈等形式之一）将先导级阀或主阀控制口的压力、流量或阀芯的位移反馈到先导级阀的输入端或比例放大器的输入端，实现输入和输出的比较，从而提高阀的控制性能。

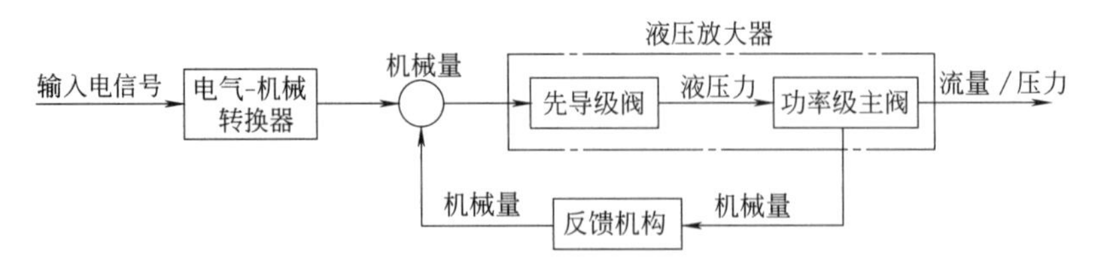

图 2-1 电液伺服阀的基本构成

电液伺服阀的主要优点是输入电控制信号功率很小（通常仅有几十毫瓦），功率放大系数高；能够对输出流量和压力进行连续双向控制；直线性好、死区小、灵敏度高，动态响应速度快（目前频宽 100Hz 及以上的电液伺服阀已在工程中广泛使用，频宽 1000Hz 的电液伺服阀也已问世），控制精度高，体积小、结构紧凑，便于通过电控装置或计算机实现各种复杂的控制规律（算法）及远程控制。因此，电液伺服阀被广泛用于快速高精度机械设备的液压闭环控制（位置、速度、加速度、力伺服控制以及伺服振动发生器）中。电液伺服阀的主要缺点是制造精度要求和成本高，使用维护技术水平要求高，抗污染能力差等。

2.2 电液伺服阀的类型

电液伺服阀的类型繁多，可按图 2-2 所示的六种方式进行分类。

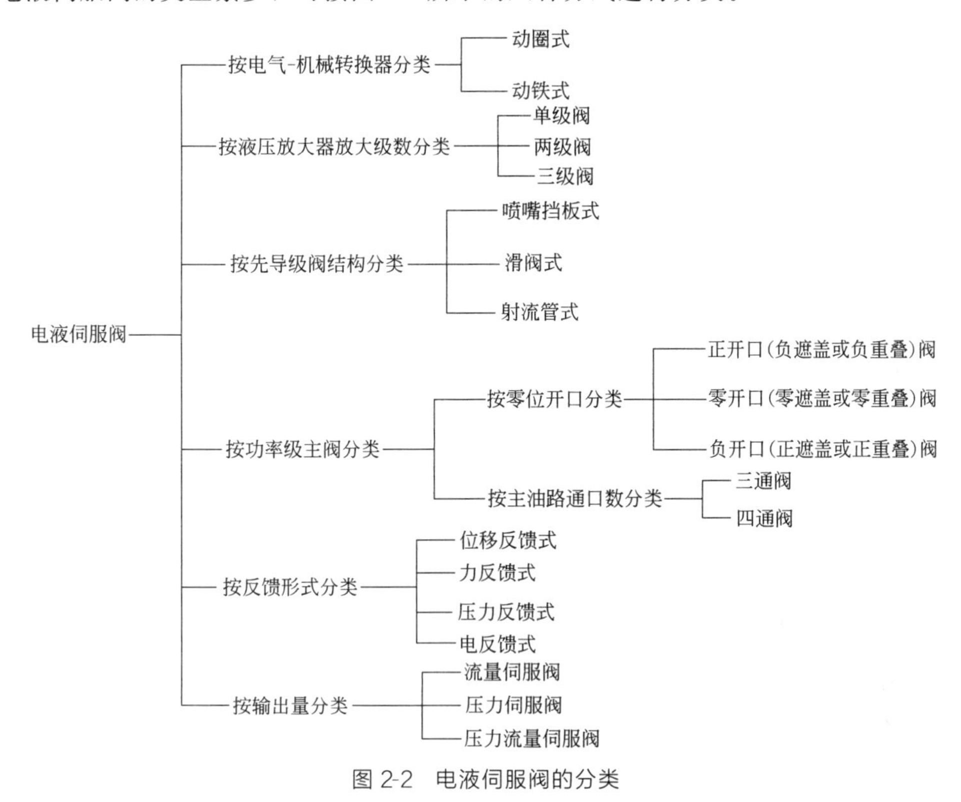

图 2-2 电液伺服阀的分类

2.3 电液伺服阀主要组成部分的原理及特点

2.3.1 电气-机械转换器

（1）功用要求及分类

液压控制系统中最主要的被控参数是压力与流量，由液压阻力回路系统学基本原理可知，控制上述两个参数的最基本手段是对液阻进行控制。一种控制液阻的技术途径是直接的电液转换，即利用一种对电信号有黏性敏感的流体介质——电黏性液压油，实现电液黏度转换，从而达到控制液阻、实现对系统的压力和流量控制的目的。显然，这种液阻控制方式更为简捷，因为它无需电气-机械转换元件。但这种技术目前尚未达到实用阶段和要求。

目前生产技术上能实现的可控液阻结构形式，是通过电气-机械转换器实现间接的电液转换。电气-机械转换器是电液控制阀的关键组件之一，它作为整个电液控制阀的输入器件和驱动装置，其作用是把来自控制放大器的电信号成比例地转换为机械量。根据控制对象或液压参数的不同，或者将力传给压力阀的一根弹簧，对它进行预压缩，或者将输出的力、力矩与弹簧力相比较，产生一个与电流成比例的微小位移或转角，操纵液压阀阀芯动作，从而改变液阻。电液控制阀乃至整个控制系统的稳态控制精度、动态响应性能和工作可靠性，都在很大程度上取决于电气-机械转换器性能的优劣。

对电气-机械转换器一般有如下要求：具有足够的输出力和位移；稳态特性好，即线性度好、灵敏度高、死区小、滞环小；动态性能好，响应速度快；结构简单、尺寸紧凑、制造方便，输入输出参数和连接尺寸标准化、规范化；在某些情况下要求能在特殊环境（如高压、高温、易爆、腐蚀等）下使用。

电气-机械转换器的种类繁多，按结构形式与性能特点分为比例电磁铁、动圈式力马达、动铁式力矩马达、伺服电机、步进电机等类型。本章仅介绍电液伺服阀中常用的动圈式力马达、动铁式力矩马达的结构原理及特点。

（2）结构原理及特点

① 可动件是控制线圈的电气-机械转换器称为动圈式电气-机械转换器。输入电流信号后，线圈产生相应大小和方向的力信号，再通过反馈弹簧（复位弹簧）转化为相应的位移量输出。在液压元件中动圈式电气-机械转换器简称为动圈式力马达（平动式）或力矩马达(转动式)。动圈式力马达和力矩马达的工作原理是位于磁场中的载流导体（即动圈）受力作用。

图 2-3 所示为动圈式力马达结构原理，永久磁铁 1 及内、外导磁体 2、3 构成闭合磁路，在环状工作气隙中安放着可移动的控制线圈 4，它通常绕制在线圈骨架 5 上以提高结构强度。当线圈中通入控制电流时，按照载流导线在磁场中受力的原理移动并带动阀芯 7 移动，此力的大小与磁场强度、导线长度及电流大小成比例，力的方向由电流方向及固定磁通方向按电磁学中的左手定则确定。图 2-4 所示为动圈式力矩马达结构原理，与力马达所不同的是采用扭力弹簧或轴承加盘圈扭力弹簧悬挂控制线圈 2。当线圈中通入控制电流时，按照载流导线在磁场中受力的原理使转子 3 转动。

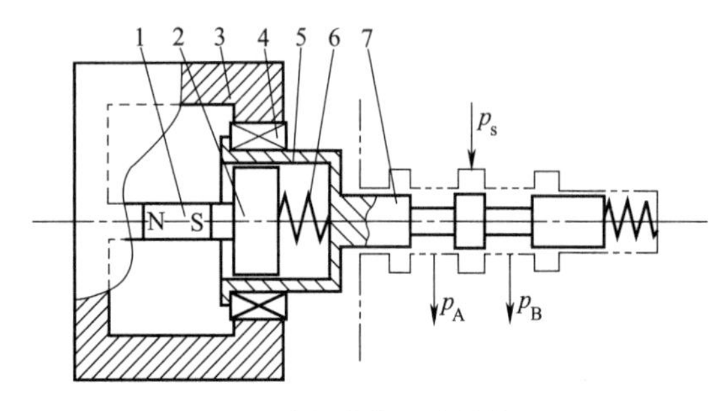

图 2-3 动圈式力马达结构原理

1—永久磁铁；2—内导磁体；3—外导磁体；4—可动控制线圈；5—线圈骨架；6—弹簧；7—滑阀阀芯

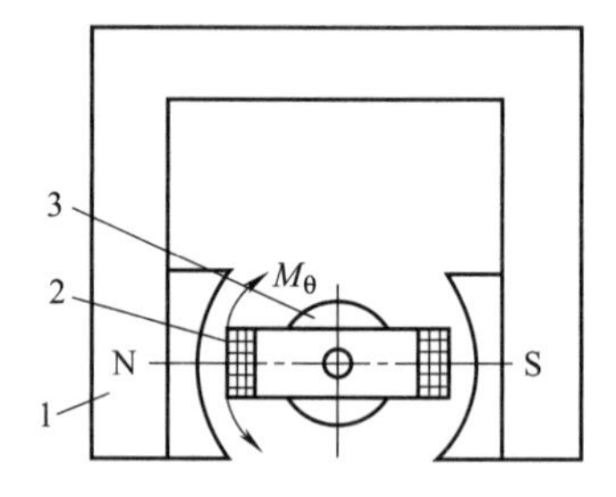

图 2-4 动圈式力矩马达结构原理

1—永久磁铁；2—控制线圈；3—转子

动圈式力马达和力矩马达中磁场的励磁方式有永磁式和电磁式两种，工程上多采用永磁式结构，其尺寸紧凑。对于大功率则宜采用恒流励磁方式。

动圈式力马达和力矩马达控制电流较大（可达几百毫安至几安培），输出行程也较大[±(2～4)mm]，而且稳态特性线性度较好、滞环小，因而应用较多。但其体积较大，且由于动圈受油的阻尼较大，其动态响应不如动铁式力矩马达快，多用于控制工业伺服阀，也有用于控制高频伺服阀的特殊结构动圈式力马达。

② 可动件是控制衔铁的电气-机械转换器称为动铁式电气-机械转换器。常见的动铁式电

气-机械转换器为动铁式力矩马达，其输入为电信号，输出为力矩。

图 2-5 所示为动铁式力矩马达结构原理。它由左右两块永久磁铁 3 和 7、上下两块导磁体 2 和 5、带扭轴（弹簧管）6 的衔铁及套在其上的两个控制线圈组成。衔铁固定在弹簧管上端，由弹簧管支承在上、下导磁体的中间位置，可以绕弹簧管的转动中心作微小的转动。衔铁两端与上、下导磁体（磁极）形成四个工作气隙①、②、③、④。上、下导磁体除作为磁极外，还为永久磁铁产生的极化磁通和控制线圈产生的控制磁通提供磁路。永久磁铁将上、下导磁体磁化，一个为 N 极，另一个为 S 极。无信号电流时，即 $i_1=i_2$，衔铁在上、下导磁体的中间位置，由于力矩马达结构是对称的，永久磁铁在四个工作气隙中所产生的极化磁通是一样的，使衔铁两端所受的电磁吸力相同，力矩马达无力矩输出。当有信号电流通过线圈时，控制线圈产生控制磁通，其大小和方向取决于信号电流的大小和方向。假设由放大器 1 输给控制线圈的信号电流 $i_1>i_2$，如图 2-5 所示，在气隙①、③中控制磁通 Φ_c 与极化磁通 Φ_g 方向相同，而在气隙②、④中控制磁通与极化磁通方向相反。因此，气隙①、③中的合成磁通大于气隙②、④中的合成磁通，于是在衔铁上产生顺时针方向的电磁力矩，使衔铁绕弹簧管转动中心顺时针方向转动。当弹簧管变形产生的反力矩与电磁力矩相平衡时，衔铁停止转动。如果信号电流反向，则电磁力矩也反向，衔铁向反方向转动。电磁力矩的大小与信号电流的大小成比例，衔铁的转角也与信号电流成比例。

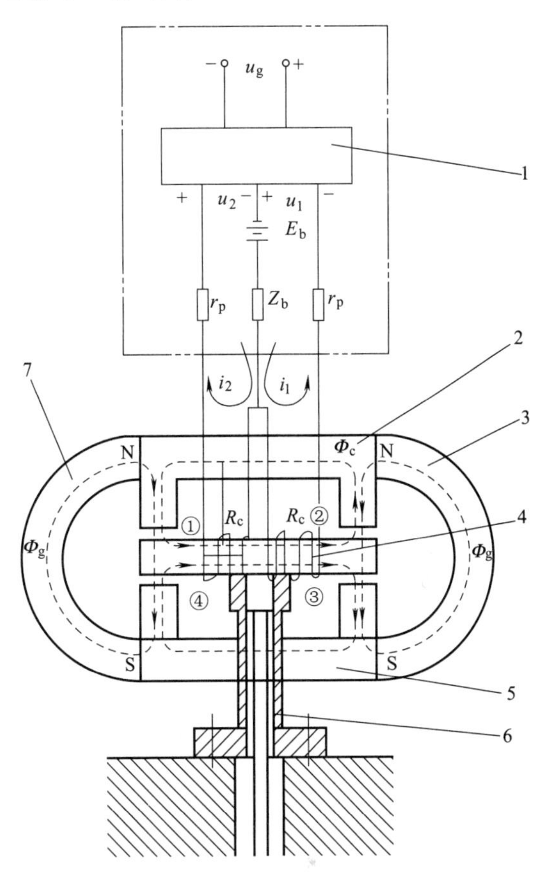

图 2-5 动铁式力矩马达结构原理

1—放大器；2—上导磁体；3,7—永久磁铁；4—衔铁线圈；5—下导磁体；6—弹簧管

动铁式力矩马达输出力矩较小，适合控制喷嘴挡板之类的先导级阀。其优点是结构自振频率较高，动态响应快，功率质量比较大，抗加速度零漂性好。缺点是限于气隙的形式，其转角和工作行程很小（通常小于 5°和 0.2mm），材料性能及制造精度要求高，价格昂贵；此外，其控制电流较小（一般仅几十毫安），故抗干扰能力较差。

2.3.2 液压放大器

（1）先导级阀

电液伺服阀先导级阀主要有喷嘴挡板式、射流管式和滑阀式三种结构形式，前两种应用较多。其结构原理及特点如下。

① 喷嘴挡板式先导级阀。这种阀是通过改变喷嘴与挡板之间的相对位移来改变液流通路开度的大小以实现控制，有单喷嘴和双喷嘴两种结构形式。

图 2-6（a）所示为单喷嘴挡板阀，主要由固定节流孔、喷嘴和挡板等组成，挡板由电

气-机械转换器（力马达或力矩马达）驱动。喷嘴与挡板间的环形面积构成了可变节流口，用于改变固定节流孔与可变节流孔之间的压力（简称控制压力）p_c。由于单喷嘴阀是三通阀，故只能用于控制差动液压缸，控制压力 p_c 与负载腔（缸的大腔）相连，恒压源的供油压力 p_s 与缸的小腔相连。当挡板与喷嘴端面之间的间隙 x_f 减小时，由于可变液阻增大，使通过固定节流孔的流量 q_1 减小，在固定节流孔处的压降也减小，因此控制压力 p_c 增大，推动负载运动，反之亦然。为了减小油温变化的影响，固定节流孔通常做成短管形的，喷嘴端部是近于锐边形的。

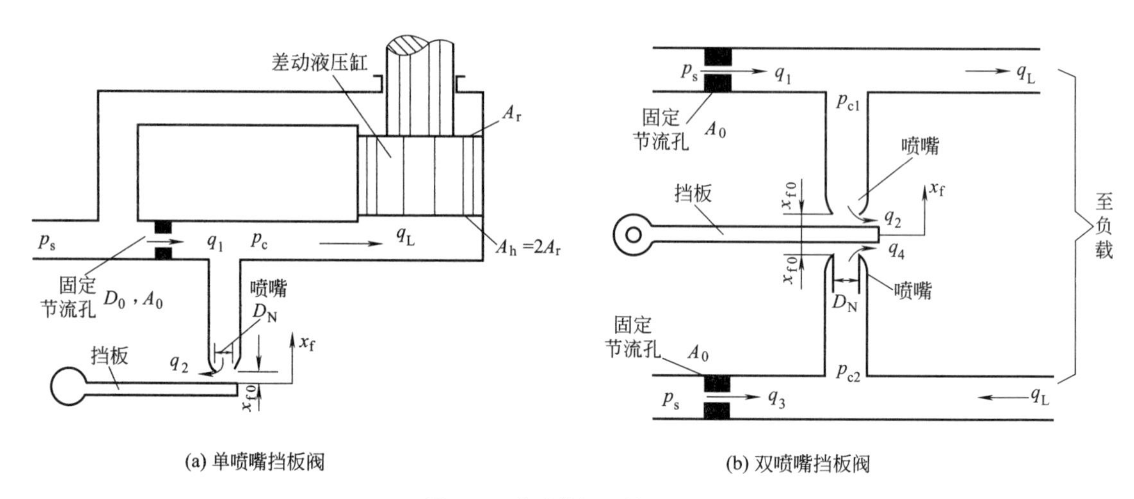

图 2-6 喷嘴挡板阀结构原理

D_0，A_0—固定节流孔直径、面积；D_N—喷嘴直径；A_h，A_r—差动液压缸的大、小腔面积；x_f，x_{f0}—挡板与喷嘴端面之间的间隙、零位间隙；p_s—供油压力；p_c，p_{c1}，p_{c2}—控制压力（固定节流孔与可变节流孔之间的压力）；q_1，q_3—通过固定节流孔的流量；q_2，q_4—通过挡板与喷嘴端面之间间隙的流量（外泄流量）；q_L—负载流量

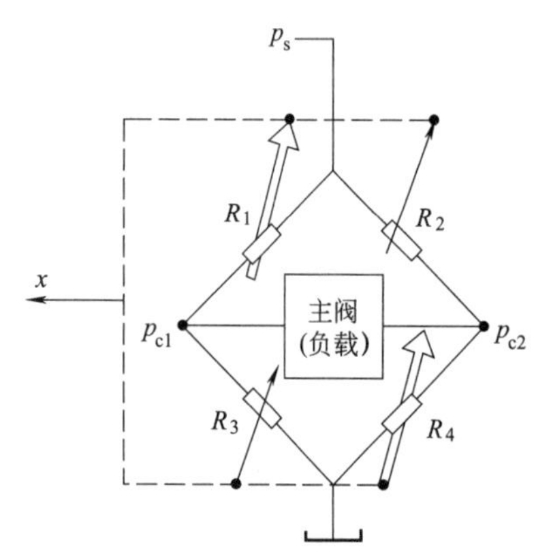

图 2-7 喷嘴挡板式先导级阀的等效液压全桥

图 2-6（b）所示为双喷嘴挡板阀，它由两个结构相同的单喷嘴挡板阀组合在一起按差动原理工作，当挡板上未作用输入信号时，挡板处于中间位置（零位），与两喷嘴之距相等，故两喷嘴控制腔的压力 p_{c1} 与 p_{c2} 相等，阀处于平衡状态。当挡板向某一喷嘴移动时，上述平衡状态将被打破，即两控制腔的压力一侧增大，另一侧减小，从而就有负载压力信号 p_L（$=p_{c1}-p_{c2}$）输出，去控制负载（主阀）运动。因双喷嘴挡板阀是四通阀，故可用于控制对称液压缸，也可用于控制液压马达。事实上，双喷嘴挡板阀有四个通口（一个供油口、一个回油口和两个负载口），是一种典型的液压全桥（图 2-7）。

喷嘴挡板式先导级阀具有体积小、运动部件惯量小、无摩擦、所需驱动力小、灵敏度高等优点，其缺点主要是中位泄漏量大、负载刚性差、输出流量小、节流孔及喷嘴的间隙小（0.018～0.15mm）而易堵塞及抗污染能力差。喷嘴挡板阀特别适用于小信号工作，故常用作两级伺服阀的前置放大级。

② 射流管式先导级阀。射流管阀是根据动量原理工作的，它主要由射流管 1 和接收器 2

组成（图 2-8）。射流管可以绕支承中心 3 转动。接收器上的两个圆形接收孔分别与液压缸的两腔相连。来自液压源的恒压力、恒流量的液流通过支承中心引入射流管，经射流管喷嘴（直径 D_n 通常为 0.5～2mm）向接收器喷射。压力油的液压能通过射流管的喷嘴转换为液流的动能（速度能），液流被接收孔接收后，又将动能转换为压力能。

当无信号输入时，射流管由对中弹簧保持在两个接收孔的中间位置，两个接收孔所接收的射流动能相同，两个接收孔的恢复压力也相等，液压缸活塞不动。当有输入信号时，射流管偏离中间位置，两个接收孔所接收的射流动能不再相等，其中一个增大而另一个减小，因此两个接收孔的恢复压力不等，压差使液压缸活塞运动。

从射流管喷出的射流有淹没射流和非淹没射流两种。非淹没射流是射流经空气到达接收器表面，射流在穿过空气时将冲击气体并分裂成含气的雾状射流。淹没射流是射流经同密度的液体到达接收器表面，不会出现雾状分裂现象，也不会有空气进入运动的液体中去，故淹没射流具有最佳的流动条件，在射流管阀中一般都采用淹没射流。无论是淹没射流还是非淹没射流，一般都是紊流，射流质点除有轴向运动外还有横向流动。射流与其周围介质的接触表面有能量交换，有些介质分子会吸附进射流而随射流一起运动，使射流质量增加而速度下降，介质分子掺杂进射流的现象是从射流表面开始逐渐向中心渗透的。如图 2-9 所示，射流刚离开喷口时，射流中有一个速度等于喷口速度的等速核心，等速核心区随喷射距离的增加而减小。根据圆形喷嘴紊流淹没射流理论可以算出，当射流距离 $l_0 \geqslant 4.19D_n$ 时，等速核心区消失。为了充分利用射流的动能，一般使喷嘴端面与接收器之间的距离 $l_c \leqslant l_0$。

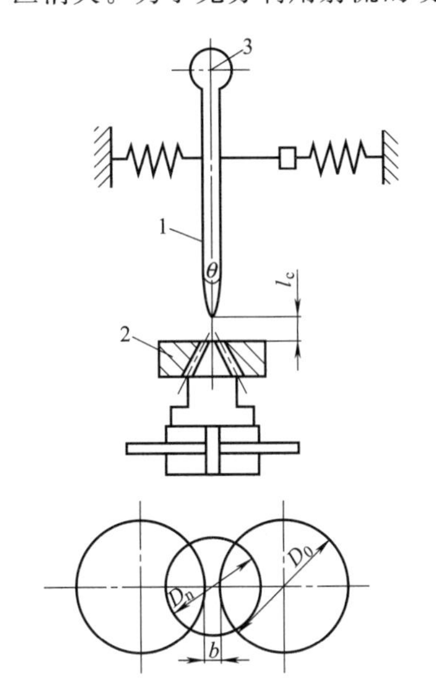

图 2-8 射流管阀结构原理

1—射流管；2—接收器；3—支承中心

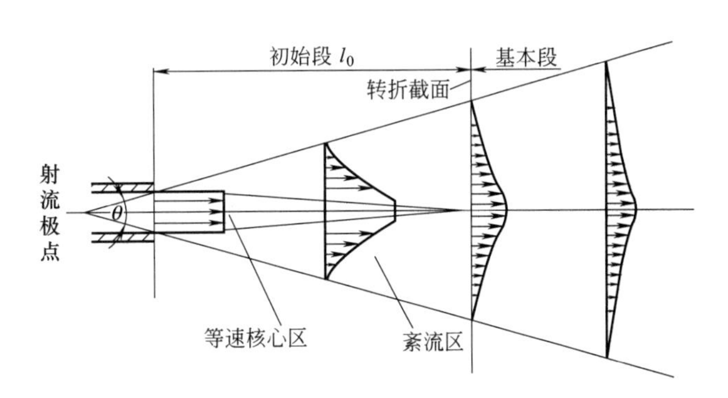

图 2-9 淹没射流的速度变化

射流管阀的优点是射流管的喷嘴与接收器之间的距离较大，不易堵塞，抗污染能力强，可靠性高；射流喷嘴有失效对中能力；压力恢复系数和流量恢复系数较高，一般在 70%以上，有时高达 90%以上。其缺点是性能不易计算，特性很难预计，设计时往往需要借助试验；运动零件惯量较大，故动态响应不如喷嘴挡板阀；若喷嘴与接收孔间隙过小，则接收孔的回流易冲击射流管而引起振动；零位泄漏量及功耗较大；油液黏度变化对阀的性能影响较大，低温特性差。这种阀适用于对抗污染能力有特殊要求的场合，常用作两级伺服阀的前置放大级，既可用作前置放大元件，又可用作小功率系统的功率放大元件。

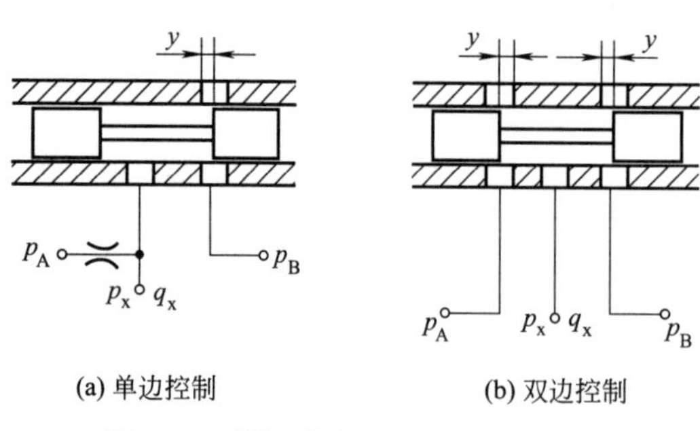

(a) 单边控制　　(b) 双边控制

图 2-10　滑阀式先导级阀结构原理图

③ 滑阀式先导级阀。图 2-10 所示为滑阀式先导级阀结构原理图，滑阀有单边、双边及四边之分。单边控制时［图 2-10（a)］，构成单臂可变液压半桥，阀口前后各接一个不同压力的油口，即为二通阀；双边控制时［图 2-10（b)］，构成双臂可变液压半桥，两个阀口前后必须与三个不同压力的油口相连，即为三通阀。此外，控制口又分为正开口、零开口及负开口。滑阀式先导级阀的优点是允许位移大，当阀孔为矩形或全周开口时，线性范围宽，输出流量大，流量增益及压力增益高。其缺点是相对于其他形式的先导级阀，滑阀式先导级阀的配合副加工精度要求较高，阀芯运动有摩擦力，运动部件惯量较大，所需的驱动力也较大，通常与动圈式力马达或比例电磁铁直接相连。滑阀式先导级阀在电液伺服阀中应用较少，主要用于先导式电液比例方向控制阀和插装式电液比例流量阀中。

（2）功率级主阀（滑阀）

电液伺服阀中的功率级主阀几乎都为滑阀，此处着重从伺服阀角度介绍滑阀的结构形式及特点。

① 控制边数。如图 2-11 所示，根据控制边数的不同，滑阀有单边控制、双边控制和四边控制三种类型。

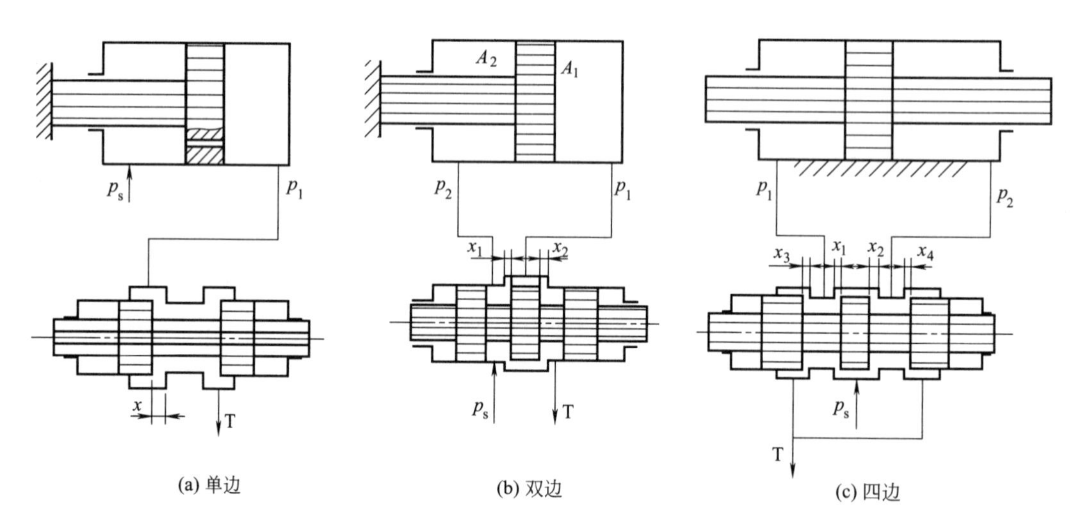

(a) 单边　　(b) 双边　　(c) 四边

图 2-11　单边、双边和四边控制滑阀

单边控制滑阀仅有一个控制边，控制边的开口量 x 控制了执行元件（此处为单杆液压缸）中的压力和流量，从而改变了缸的运动速度和方向。双边控制滑阀有两个控制边，压力油一路进入单杆液压缸有杆腔，另一路经滑阀控制边 x_1 的开口和无杆腔相通，并经控制边 x_2 的开口流回油箱，当滑阀移动时，x_1 增大，x_2 减小，或相反，从而控制了液压缸无杆腔的回油阻力，故改变了液压缸的运动速度和方向。四边控制滑阀有四个控制边，x_1 和 x_2 用于控制压力油进入双杆液压缸的左、右腔，x_3 和 x_4 用于控制左、右腔通向油箱，当滑阀移动时，x_1 和 x_4 增大，x_2 和 x_3 减小，或相反，这样控制了进入液压缸左、右腔的油液压力和流量，从而控制了液压缸的运动速度和方向。

综上所述，单边、双边和四边控制滑阀的控制作用相同。单边和双边控制滑阀用于控制单杆液压缸，四边控制滑阀既可以控制双杆缸，也可以控制单杆缸。四边控制滑阀控制质量好，双边控制滑阀控制质量居中，单边控制滑阀控制质量最差。单边控制滑阀无关键性的轴向尺寸，双边控制滑阀有一个关键性的轴向尺寸，而四边控制滑阀有三个关键性的轴向尺寸，所以单边控制滑阀易于制造、成本较低，而四边控制滑阀制造困难、成本较高。通常，单边和双边控制滑阀用于一般控制精度的液压系统，而四边控制滑阀则用于控制精度及稳定性要求较高的液压系统。

② 零位开口形式。滑阀在零位（平衡位置）时，有正开口、零开口和负开口三种开口形式（图 2-12）。正开口（又称负重叠或负遮盖）的滑阀，阀芯的凸肩（也称凸肩宽）宽度 t 小于阀套（体）的阀口宽度 h；零开口（又称零重叠或零遮盖）的滑阀，阀芯的凸肩宽度 t 与阀套（体）的阀口宽度 h 相等；负开口（又称正重叠或正遮盖）的滑阀，阀芯的凸肩宽度 t 大于阀套（体）的阀口宽度 h。滑阀的开口形式对其零位附近（零区）的特性具有很大影响，零开口滑阀的特性较好，应用最多，但加工比较困难，价格昂贵。

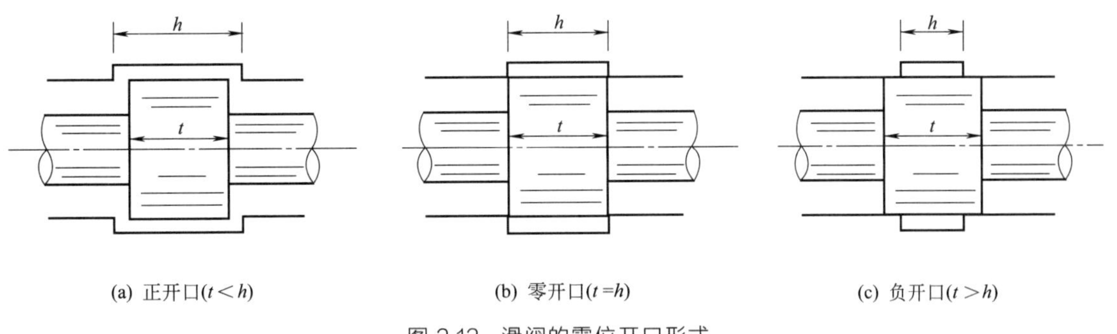

(a) 正开口($t < h$)　　(b) 零开口($t = h$)　　(c) 负开口($t > h$)

图 2-12　滑阀的零位开口形式

③ 通路数。滑阀按通路数分类有二通、三通和四通等几种。二通滑阀（单边阀）[图 2-11（a）] 只有一个可变节流口（可变液阻），使用时必须和一个固定节流口配合，才能控制一腔的压力，用来控制差动液压缸。三通滑阀 [图 2-11（b）] 只有一个控制口，故只能用来控制差动液压缸，为实现液压缸反向运动，需在有杆腔设置固定偏压（可由供油压力产生）。四通滑阀 [图 2-11（c）] 有四个控制口，能控制各种液压执行元件。

④凸肩数与阀口形状。阀芯上的凸肩数与阀的通路数、供油及回油密封、控制边的布置等因素有关。二通阀一般有两个凸肩，三通阀有两个或三个凸肩，四通阀有三个或四个凸肩。其中，三凸肩滑阀为最常用的结构形式。凸肩数过多将加大阀的结构复杂程度、长度和摩擦力，影响阀的成本和性能。

滑阀的阀口形状有矩形、圆形等多种形式，矩形阀口又有全周开口和部分开口。矩形阀口的开口面积与阀芯位移成正比，具有线性流量增益，故应用较多。

2.3.3 检测反馈机构

设在伺服阀内部的检测反馈机构将先导级阀或主阀控制口的压力、流量或阀芯的位移反馈到先导级阀的输入端或控制放大器的输入端，实现输入输出的比较，解决功率级主阀的定位问题，并获得所需的伺服阀压力-流量性能。常用的反馈形式有机械反馈（位移反馈、力反馈）、液压反馈（压力反馈、微分压力反馈等）和电气反馈等。

2.3.4 电液伺服控制放大器

（1）电液控制阀控制输入装置简介

① 功用要求。电液控制阀的操纵、控制都是通过力（力矩）或位移（角位移）形式的机械量来实现的，由于其控制规律通常比较复杂或要求达到较高的控制性能（如较快的响应速度和较高的控制精度），故一般都采用电控方式来实现。由于电控方式的控制输入信号是较弱的电量，故需将微弱的控制信号经控制放大器处理和功率放大后，由某种形式的电气-机械转换器将电量转换成控制阀主体部分运动需要的机械量。因此，控制输入装置，即控制放大器是电液控制阀必不可少的重要组成部分。

控制放大器的主要功用是驱动、控制受控的电气-机械转换器，满足系统的工作性能要求。在闭环控制场合，它还承担着反馈检测信号的测量放大和系统性能的控制校正任务。由于控制放大器是电液控制系统中的第一个环节，其性能优劣直接影响着系统的控制性能和可靠性，故对控制放大器一般有表 2-1 所列的诸项要求。

表 2-1　对控制放大器的一般要求

序号	要　求	序号	要　求
1	控制功能强，能实现控制信号的生成、处理、综合、调节、放大	4	功率放大级的功耗小
2	线性度好，精度高，具有较宽的控制范围和较强的带载能力	5	抗干扰能力强，有很好的稳定性和可靠性
3	动态响应快，频带宽	6	输入输出参数、连接端口和外形尺寸标准化、规范化

② 分类与选用。按受控的电气-机械转换器的种类不同，控制放大器主要有四种类型，其适用对象见表 2-2。按结构形式和功率级工作原理不同，控制放大器的详细分类见表 2-3。

表 2-2　控制放大器按转换器的种类分类

类　　型	匹配的电气-机械转换器	适用对象
伺服控制放大器	力马达、力矩马达	伺服阀，伺服系统控制器
比例控制放大器	比例电磁铁	比例阀，比例系统控制器
开关控制放大器	高速开关电磁铁	高速开关阀，数控系统控制器
步进电机控制放大器	步进电机	步进式数字阀，步进式数控系统控制器

表 2-3　控制放大器按结构形式和功率级工作原理分类

类　　型		特　　点	适用对象
按通道数分	单通道	只能控制一个电气-机械转换器	单个电气-机械转换器
	双通道或多通道	相当于两个或多个放大器的有机组合，结构紧凑	两个或多个电气-机械转换器的独立控制
按是否带电反馈分	带电反馈	设有测量、反馈电路和调节器，但不一定有颤振信号发生器，常被置于阀的内部	电反馈电液控制阀，某些闭环控制系统的控制器
	不带电反馈	没有测量、反馈电路和调节器，但一般有颤振信号发生器	不带电反馈的电液控制阀
按功放管工作原理分	模拟式	属于连续电压控制形式，功放管工作在线性放大区，电气-机械转换器控制线圈两端的电压为连续的直流电压，功耗较大	伺服阀、比例阀及其相应的控制系统控制器
	开关式	功放管工作在截止区或饱和区，即开关状态，电气-机械转换器控制线圈两端的电压为脉冲电压，功耗很小	高速开关阀、步进式数字阀、数控比例阀及其相应的数控系统控制器，其中数控比例阀可以是普通的比例阀

续表

类型		特点	适用对象
按输出信号极性分	单极性	只能输出单向控制信号	比例阀，单向工作的电气-机械转换器
	双极性	能输出双向控制信号	伺服阀，双向工作的电气-机械转换器
按输出信号类型分	恒压型	内部电压负反馈	各类控制电机
	恒流型	内部电流负反馈，时间常数小，稳定性好	各类控制阀，电气-机械转换器
	全数字式	以微处理器（单片机）为核心构成全数字式控制电路，实现计算机直接控制	脉宽调制（PWM）控制阀，步进电机

控制放大器应根据电气-机械转换器的形式、规格等进行选用或设计。例如，当电气-机械转换器为线圈匝数较多感抗较大的伺服型力马达（或力矩马达）、比例电磁铁时，则应采用深度电流负反馈式的伺服放大器，放大器和阀的线圈组成一个一阶惯性环节，由于其输出阻抗较大，那么这个一阶环节的频率高，则可避免因线圈转折频率低而限制电气-机械转换器及整个伺服阀的频宽。

③典型构成。控制放大器的结构、原理和参数因电气-机械转换器的形式和受控对象的不同而异。控制放大器的典型构成如图 2-13 所示，它通常包括以下七个部分：用以产生各处电路所需直流电压的电源变换电路；满足各种外部设备需要的输入信号发生电路（模拟量输入接口、数字量输入接口、遥控接口等）；为适应不同控制对象与工况要求的信号处理电路（斜坡、阶跃发生器，平衡电路，初始电流设定电路等）；用于改善电反馈控制阀或系统动态品质的调节器［比例（P）、积分（I）、微分（D）、比例-积分（P-I）、比例-微分（PI）、比例-积分-微分（PID）等形式］；为减小摩擦力等因素导致电控阀出现滞环的颤振信号发生器；测量放大电路；功率放大电路等。

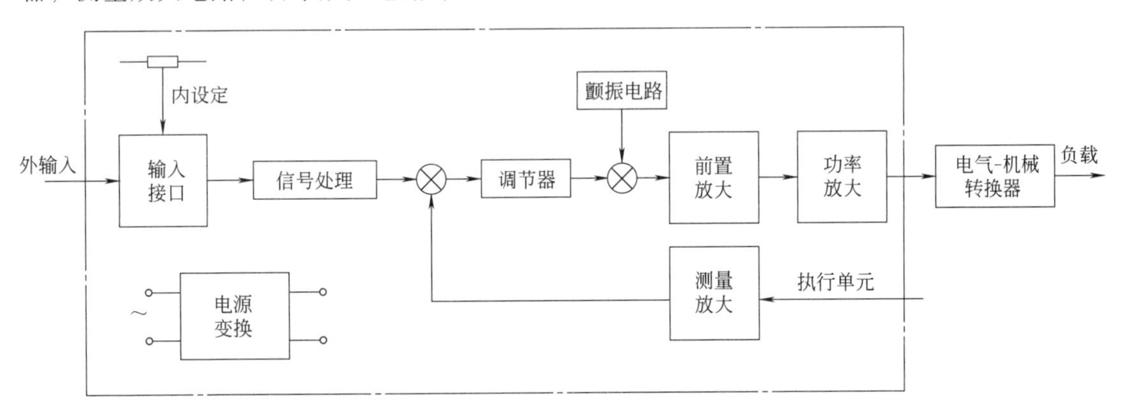

图 2-13 控制放大器的典型构成

不同类型的控制放大器在结构上具有一定差别，尤其是信号处理电路，常需要根据系统要求进行专门设计。根据不同的适用场合与要求，也常省略某些部分，以简化结构、降低成本并提高工作可靠性。

（2）电液伺服控制放大器的作用、基本电路及典型结构

① 作用。电液伺服控制放大器的作用是控制伺服阀中的电气-机械转换器（通常是力矩马达或动圈式力马达），并对电液伺服控制系统进行闭环控制。其特点是有多个输入接口供各类控制信号和反馈信号输入，双向输出控制，输出功率较小。图 2-14 所示为某电液伺服

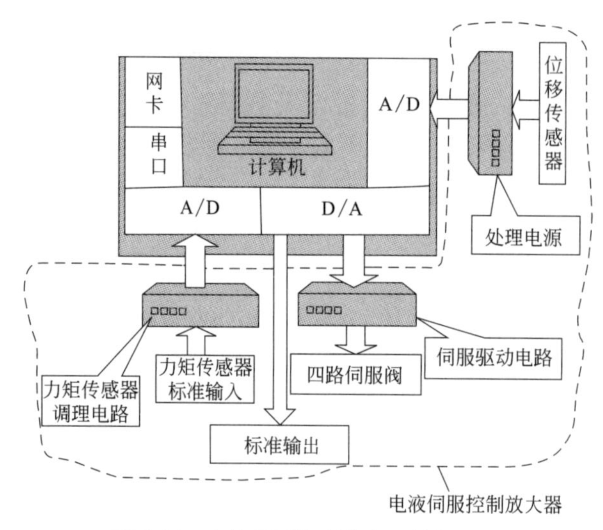

图 2-14 电液伺服控制放大器结构原理

控制放大器结构原理，其主要功能是将电液控制系统的负载信号（力矩和角位移）进行调理送入计算机的 A/D，同时将计算机 D/A 输出的伺服阀控制信号进行转换和放大，以驱动伺服阀按要求运动。

② 基本电路（以 FF102 型电液伺服阀为例）。

a. 驱动电路。电液伺服阀驱动电路的核心是驱动模块（图 2-15），它由第一级仪表运算放大器 AD622AN（一级运放）和第二级功率运算放大器（二级运放）LH0041 组成。驱动电路要求在 D/A1 端施加－10～10V 的电压信号，连接电液伺服阀控制线圈 A、B 端输出－40～40mA 的电流信号。其中 LH0041 的使用原理如下。

电液伺服阀作为被驱动的负载，其控制线圈具有电感而非纯电阻阻抗，故通过线圈的电流将不与施加在其两端的电压（即放大器的输出电压）成正比。为了使控制电流正比于输入电压，在电液伺服阀线圈后串联采样电阻 R-S107，并将其上电压经电阻 R-ST1 反馈到放大器的输入端，由于反馈电压是由电流产生的，故称为电流负反馈。

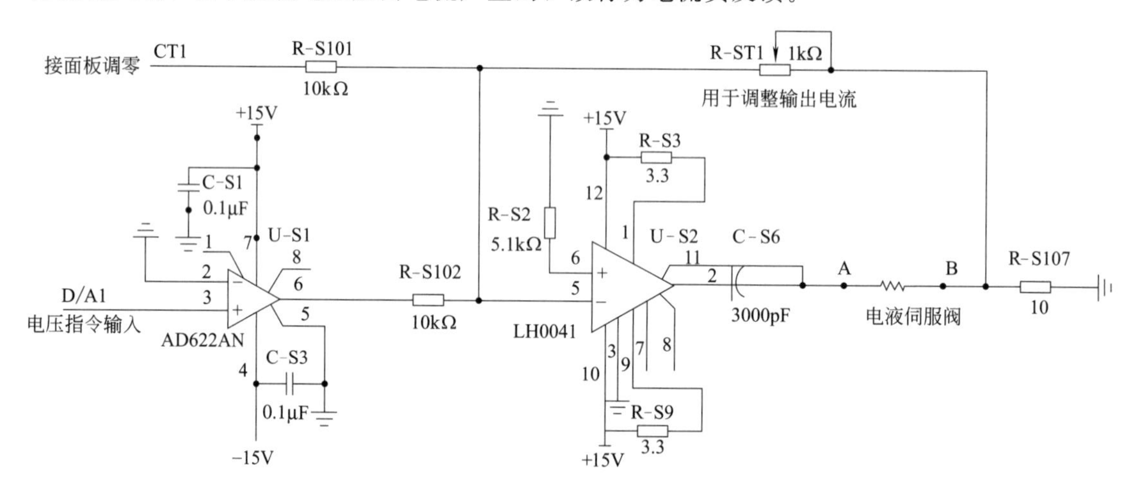

图 2-15 电液伺服阀驱动电路

b. 电流显示电路。直接把电流式模拟表头串联在电路中（图 2-16），在采样电阻的位置换上电流式模拟表头。

为了用一个模拟表头显示两路电液伺服阀的电流，加入了通道选择电路，其功能是当测量电液伺服阀 1 的电流时，把电流式模拟表头串联在电液伺服阀 1 的电路中，电液伺服阀 2 的相应部分短接；同理，要测量电液伺服阀 2 的电流时，把电流式模拟表头串联在电液伺服阀 2 的电路中，电液伺服阀 1 的相应部分短接。

实现此功能的通道选择电路如图 2-16 所示，K1，K2、K3、K4 为同一继电器的四个双掷开关。当 K1～K4 依次分别掷到 1、3、5 和 7 时，电流式模拟表头测量电液伺服阀 2 的电流，电液伺服阀 1 相应测量部分为短接。采用电流式模拟表头的显示电路使输入驱动电压与电液伺服阀输出电流保持了比例关系，提高了显示电液伺服阀电流的精度和线性度。

c. 传感器调理电路。位移传感器的数据一般不能直接用来显示，通过调理电路（图 2-17）才能显示。调理采用前述仪表放大器 AD622AN 实现，它是一种低功耗、高精度的仪表放大器，其放大倍数可达 2～1000，且使用更方便，只要在图 2-17 中端子 1、8 之间加一个可变电阻 R-S1，就可以改变其增益（不接电阻时增益为 1）。

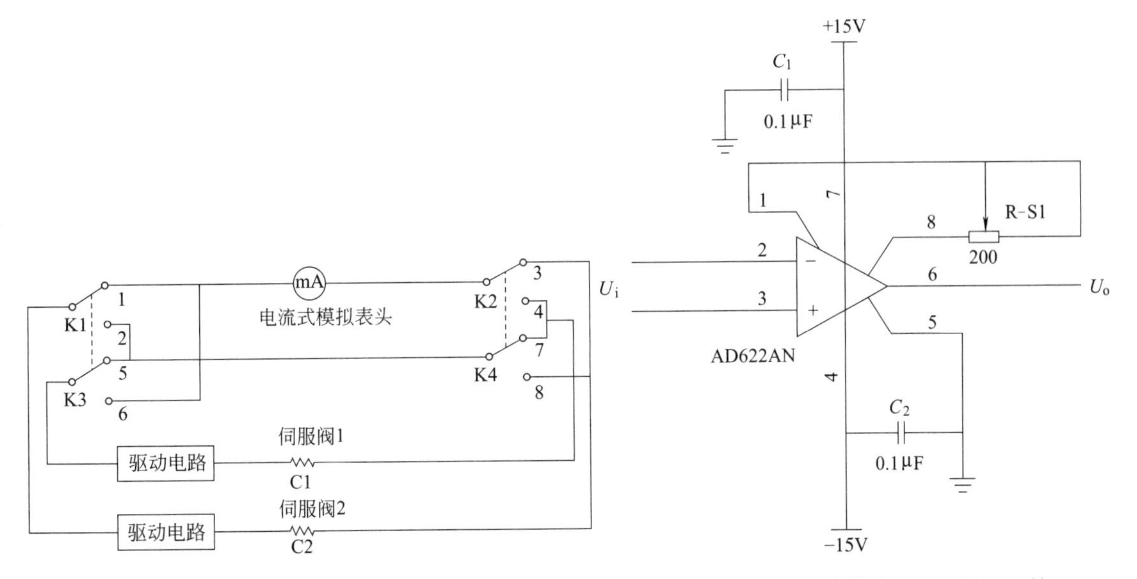

图 2-16 电液伺服阀电流显示电路

图 2-17 采用仪表放大器 AD622AN 的传感器调理电路

③ 典型电液伺服控制放大器。

a. 采用特殊回路印制电路板的电液伺服控制放大器。图 2-18 所示为采用特制电路板的电液伺服控制放大器电路，上半部分为控制放大器，下半部分为直流稳压电源。

控制放大器由前置级运放 OA_1 和功率级运放 OA_2 等组成。前置级可综合四个信号，能调节信号灵敏度，在较宽的范围内调节增益，并能调节零位偏置（零偏电流）。U_1、U_2、U_3 及 U_4 分别输入辅助信号、平衡信号、反馈信号及指令信号，R_{10} 可调整零位，对阀的零位偏置进行补偿或使系统的零位得到调整。图 2-18 中实线所示的情况用于比例放大，可调电阻 R_{16} 使增益可在 100：1 范围内调节。若对电路加以适当改接（利用图 2-18 中虚线表示的一些元件），如移开 R_{15}，改用 C_{11}、R_{41} 和 R_{14}，就可实现积分调节，并能在 25：1 范围内改变积分增益。也可使用 C_6 得到纯积分调节。

功率放大级包括运放 OA_2 和两个功率管 VT_1 及 VT_2，电流负反馈是这种放大器的特点。图 2-18 中 R_{23} 为采样电阻，它使输出电流保持稳定，使阀线圈的电感及由于温度变化而引起的电阻变化等对系统不产生影响。特制电路板可根据需要设置位移传感器的载波激励、颤振信号发生、零位检测及电流极限控制等功能。

图 2-19 所示为两种伺服控制放大器的实物外形。

b. 基于 DSP（Digital Signal Processor，数字信号微处理器）的电液伺服驱动器。采用高性能微处理器实现控制功能是电液伺服驱动器数字化、集成化的主流趋势之一。控制输出采用高精度 D/A 转换器和 V/I 转换电路后，不仅可提高伺服控制输出电流的精度，还有利于后期通过软件拟合直接消除阀的非线性特性。由于伺服阀的频响要求较高，为了提高阀的

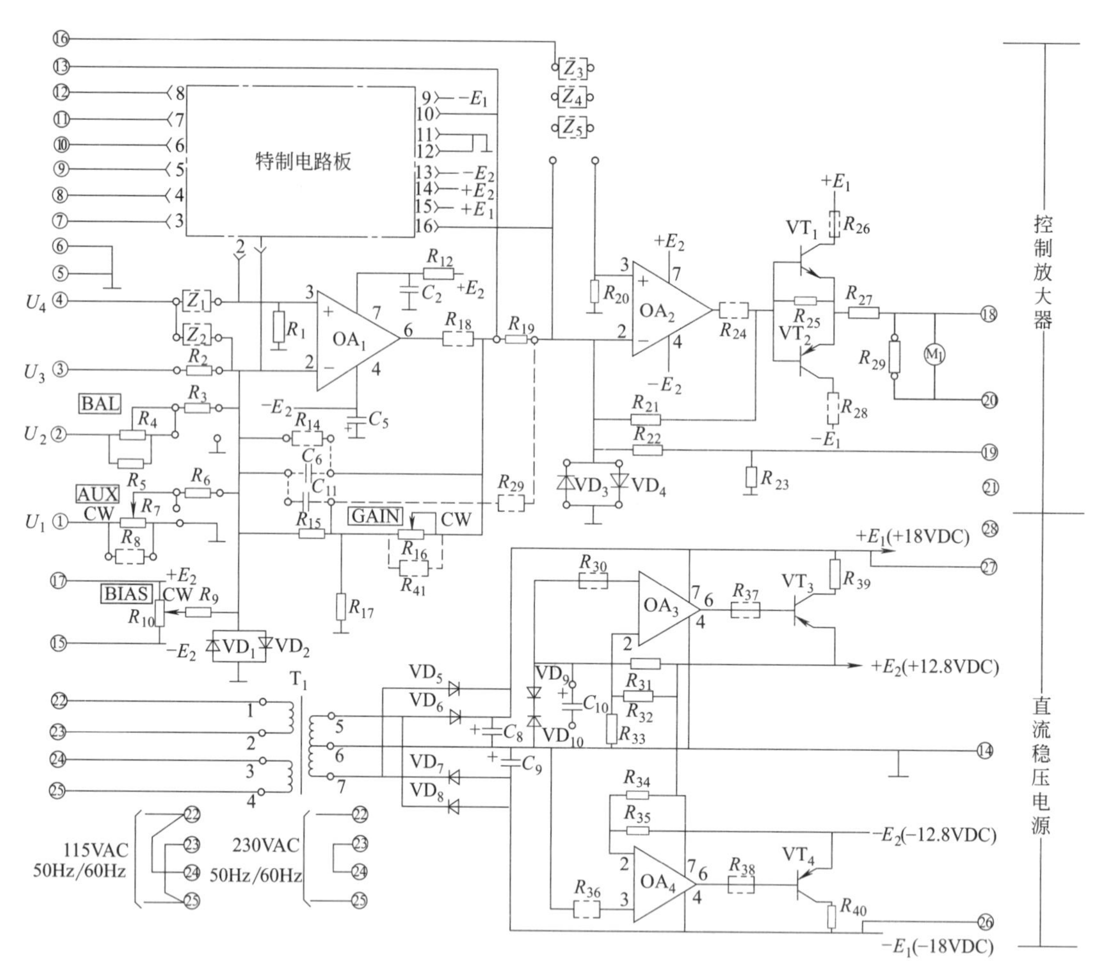

图 2-18 典型电液伺服控制放大器电路

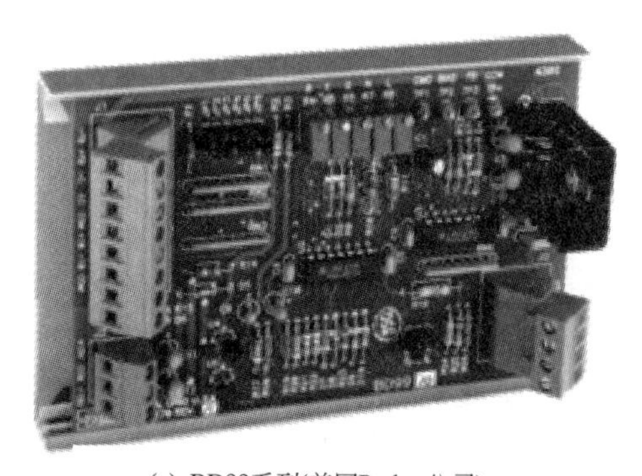

(a) BD99系列(美国Parker公司)

(b) D71034系列(MOOG德国公司)

图 2-19 伺服控制放大器的实物外形

灵敏度，需要引入颤振信号消除阀静摩擦力、减少伺服阀卡堵概率、改善控制性能，采用软件直接输出的方法实现颤振信号的叠加，用软件对颤振信号频率及幅度灵活配置。

图 2-20 所示为某二自由度电液伺服转台（转台角位移范围为$-45°\sim45°$，误差不大于1°；伺服控制驱动有两个控制通道和一个扩展通道；伺服阀控制线圈电流输出范围为$-40\sim$

40mA，误差不超过 0.5mA)，采用的以 DSP-TMS320F28335（德州仪器）为微处理器的伺服放大器硬件及执行单元原理框图。

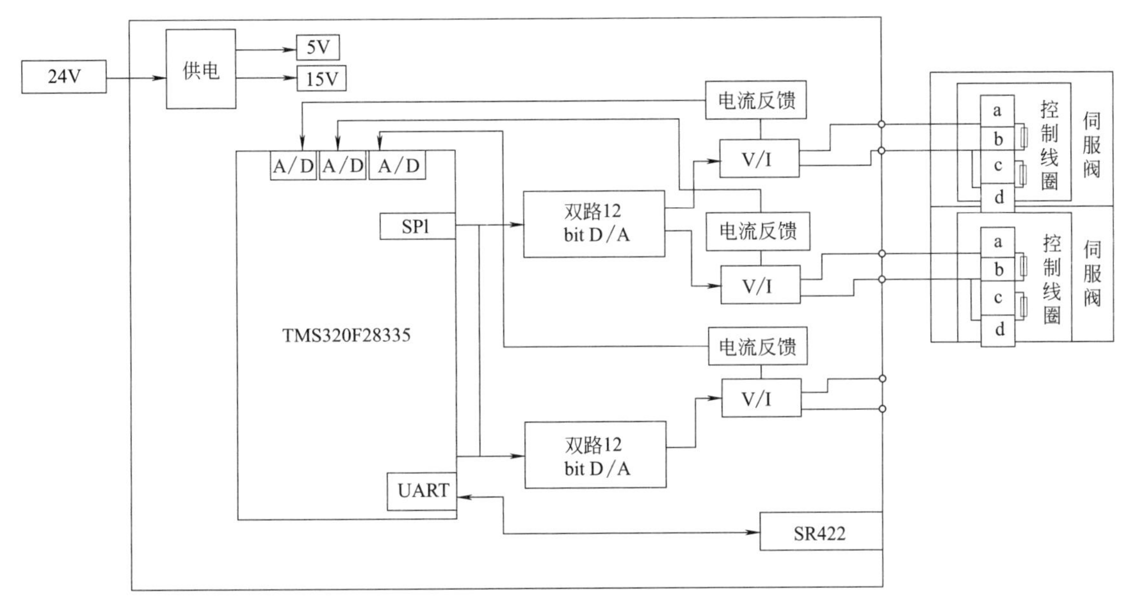

图 2-20 以 DSP-TMS320F28335 为微处理器的伺服放大器硬件及执行单元原理框图

电液伺服驱动主要由 DSP 核心板、电源模块、通信模块、12bit D/A、V/I 变换和电流反馈完成（各部分电路此处从略）。该伺服放大器可扩展为三个通道（第 3 通道与 1、2 通道一致）。DSP 的主频达 150MHz，强大的数字信号处理能力保证了伺服控制系统的实时性；高性能定/浮点的 12bit A/D 转换保证了反馈信号的精度；控制电流反馈信号可送回给 DSP 的 A/D 监控输出量；电源模块为整个系统提供能源；通信模块实现命令的发送和对系统的监控；D/A、V/I、DSP 核心板与电流反馈构成一个闭环控制系统，实现对电流的精确控制。

该伺服驱动器采用软件可实现频率为 $f=400\text{Hz}$ 颤振信号的发生，将一个正弦信号离散为 $N=20$ 点，在单位正弦信号上，每隔 0.05 个周期取一点，故每两点的时间为 $T=(1/f)(1/N)=(1/400)(1/20)\text{s}=0.125\text{ms}$。通过 DSP 的定时器，每隔 0.125ms 通过 SPI 接口发送对应点与颤振信号幅值的乘积，每 20 点循环一次，最后在输出电流中可得到 400Hz 小幅值的正弦信号。采用软件实现颤振，既省去了设计相关电路，又易于实现颤振信号幅值和频率的调节。

c. 嵌入式数字控制放大器。传统的模拟液压伺服装置调整范围有限，无法实现复杂的现场整定，因其伺服控制放大器仅能根据不同对象而专门设计，任务专一，缺乏柔性硬件，故使用维护不便，从而严重制约了液压伺服系统的普及和应用。基于嵌入式伺服放大器的电液伺服阀、嵌入式控制器、位置传感器、伺服阀诊断与动压反馈集成块、液压系统等部分组成的数字式电液伺服装置则可以克服上述不足。图 2-21 所示即为一种嵌入式数字控制放大器，其功能特点如表 2-4 所列。

表 2-4 嵌入式数字控制放大器的功能特点

序号	功能特点
1	数字化、一体化采用嵌入式计算机(硬件平台为 EC3-1541CLDNA 型单板机)和嵌入式操作系统 V_XWorks，实现了伺服控制器的数字化与伺服装置的一体化
2	工作程序控制和微压力反馈控制两种任选模式

续表

序号	功 能 特 点
3	柔性设置可实现面向用户的分段程序设定、数字 PID 设定、工作模式设定、传感器设定、斜坡时间设定等功能
4	具有数字 PID、神经网络 PID、模型跟踪、滞环补偿和数字滤波等多种控制算法
5	远程数据通信具有工业以太网和 PORFIBUS 通信口，可实现车间级和厂级的网络控制
6	具有跟踪精度自动测试、阀诊断、通道诊断等自诊断功能，诊断结果可通过工业网络实现远程传送

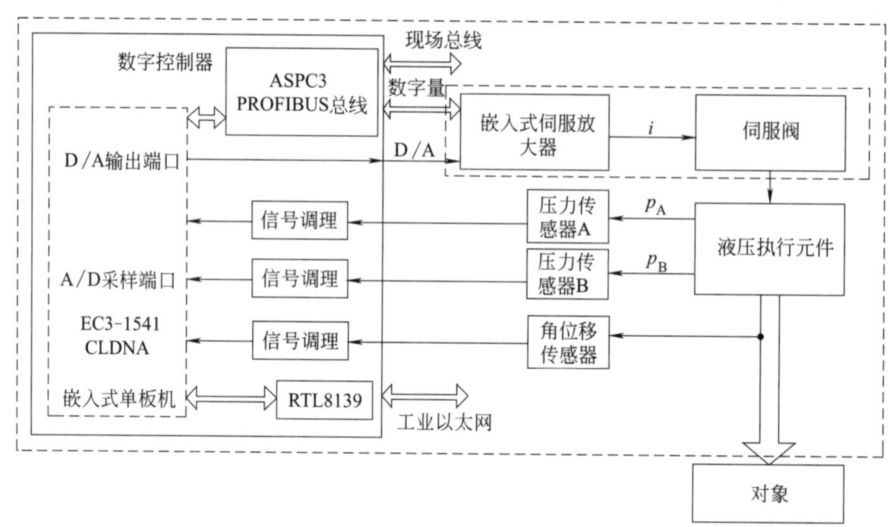

图 2-21　嵌入式数字控制放大器原理框图

2.4　电液伺服阀的典型结构及其工作原理

2.4.1　单级电液伺服阀

单级电液伺服阀由电气-机械转换器和单级液压阀构成，其结构和原理均较为简单，常见的结构形式有动圈式力马达型和动铁式力矩马达型两种。

（1）动圈式力马达型单级电液伺服阀

如图 2-22 所示，此种伺服阀由力马达和带液动力补偿机构的单级滑阀两部分组成。永

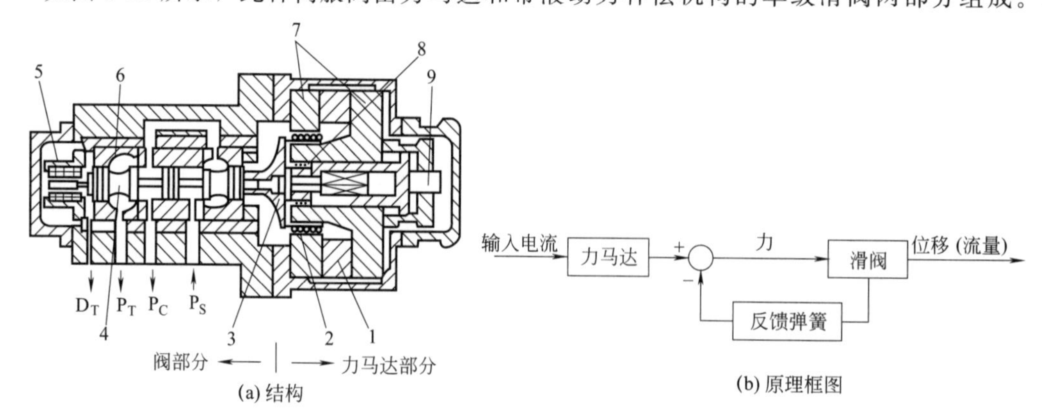

图 2-22　动圈式力马达型单级电液伺服阀

1—永久磁铁；2—可动线圈；3—线圈架；4—阀芯（滑阀）；5—位移传感器；6—阀套；7—导磁体；8—反馈弹簧；9—零位调节螺钉

久磁铁 1 产生一固定磁场，可动线圈 2 通电后在磁场内产生力，从而驱动滑阀阀芯 4 运动，并由右端弹簧 8 进行力反馈。阀左端的位移传感器 5 可提供控制所需的补偿信号。因阀芯带有液动力补偿机构，故控制流量较大，响应快。额定流量为 90～100L/min 的阀在±40%输入幅值条件下，对应相位滞后 90°时，频响为 200Hz，常用于冶金机械的高速大流量控制。

图 2-23 和图 2-24 分别给出了两种直线力马达型单级电液伺服阀实物外形。

图 2-23　力马达型单级电液伺服阀实物外形（D634 系列，美国 MOOG 公司）

图 2-24　力马达型单级电液伺服阀实物外形（FM. VI-3150-MT-M 型，日本三菱公司，压力为 20. 6MPa，流量为 150L/min）

（2）动铁式力矩马达型单级电液伺服阀

如图 2-25 所示，此种伺服阀由力矩马达和单级滑阀两部分组成。线圈 2 通电后，衔铁 1 转动，通过连接杆 4 直接驱动滑阀阀芯 6 并定位，扭转弹簧 3 进行力矩反馈。由于力矩马达输出功率较小，位移量小，定位刚度差，故这种阀常用于小流量、低压和负载变化不大的场合。除了此种伺服阀外，还有双喷嘴挡板单级伺服阀，例如北京机床所的 QDY-Ⅰ系列电液流量伺服阀就是此类阀，其实物外形如图 2-26 所示。

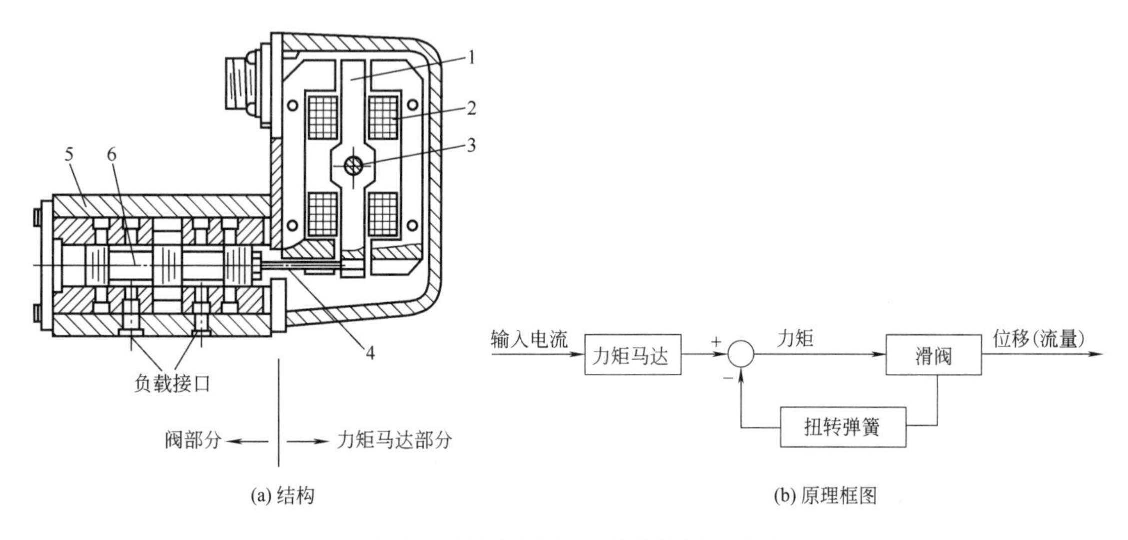

图 2-25　动铁式力矩马达型单级电液伺服阀

1—衔铁；2—线圈；3—扭转弹簧；4—连接杆；5—阀套；6—阀芯

2. 4. 2　两级电液伺服阀

两级电液伺服阀多用于控制流量较大（80～250L/min）的场合。两级电液伺服阀由电气-机械转换器、先导级阀和功率级主阀组成，种类较多。

图 2-26　力矩马达型双喷嘴挡板单级电液流量伺服阀实物外形（QDY-Ⅰ系列，北京机床所精密机电公司）

（1）喷嘴挡板式力反馈两级电液伺服阀

这是一种使用量大面广的两级电液伺服阀，其结构原理如图 2-27 所示，它主要由力矩马达、双喷嘴挡板先导级阀和四凸肩的功率级滑阀三个主要部分组成。薄壁的弹簧管 4 支承衔铁 8 和挡板 3，并作为喷嘴挡板阀的液压密封。挡板的下端为带有球头的反馈弹簧杆 12，其球头嵌入主滑阀阀芯 13 中间的凹槽内，构成阀芯对力矩马达的力反馈作用。两个喷嘴 2、10 及挡板之间形成可变液阻节流孔，主阀左、右设有固定节流孔 1、14。阀内设有内置过滤器 15，以保证进入阀内油液的清洁度。

当线圈 5 没有电流信号输入时，力矩马达无力矩输出，衔铁、挡板和主阀芯都处于中（零）位。液压源（设压力为 p_s）输出的压力油进入主滑阀阀口，并由内置过滤器 15 过滤。由于阀芯 13 两端台肩将阀口关闭，油液不能进入 A、B 两口，但同时油液流经固定节流孔 1 和 14 分别引到喷嘴 2 和 10，喷射后的油液流回油箱。因挡板处于中位，故两喷嘴与挡板的间隙相等，则主阀控制腔两侧的油液压力（亦即喷嘴前的压力）p_1 与 p_2 相等，滑阀处于中（零）位。

当线圈通入信号电流后，力矩马达产生使衔铁转动的力矩，假设该力矩为顺时针方向，则衔铁连同挡板一起绕弹簧管中的支点顺时针方向偏转，因挡板离开中位，造成它与两个喷嘴的间隙不等，左喷嘴 2 间隙减小，右喷嘴 10 间隙增大，即压力 p_1 增大，p_2 减小，故主滑阀在两端压差作用下向右运动，开启控制口，P 口→B 口相通，压力油进入液压缸右腔（或液压马达上腔），活塞左行，同时 A 口→T 口相通，液压缸左腔（或液压马达下腔）排油回油箱。在滑阀右移的同时，弹簧杆 12 的力反馈作用（对挡板组件施加一逆时针方向的反力矩）使挡板逆时针偏转，左喷嘴 2 的间隙增大，右喷嘴 10 的间隙减小，于是压力 p_1 减小，p_2 增大，滑阀两端的压差减小。当主滑阀阀芯向右移到某一位置，由主滑阀两端压差

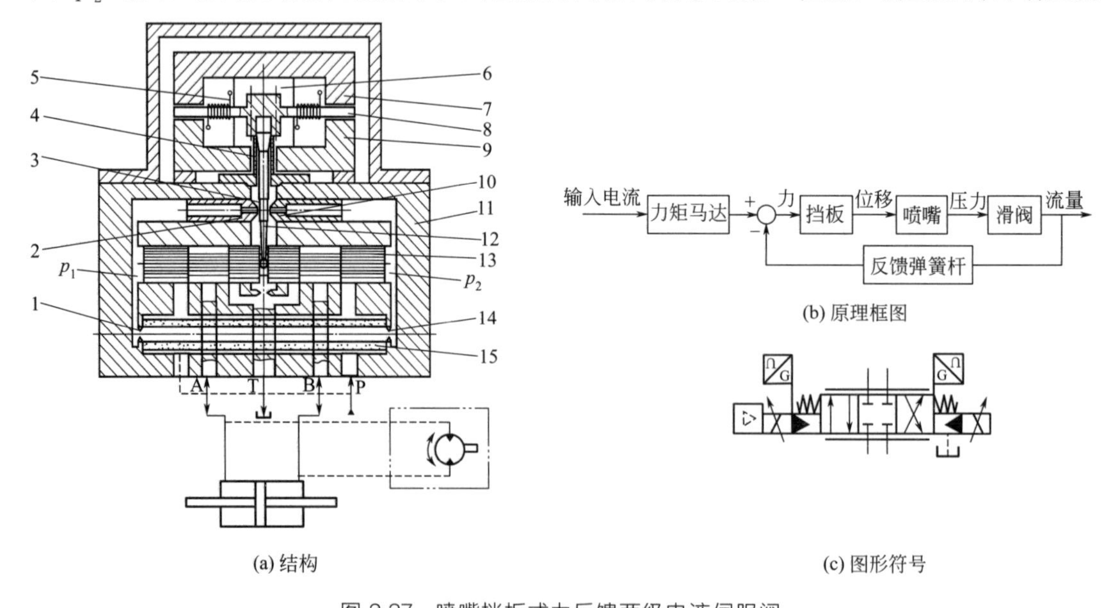

图 2-27　喷嘴挡板式力反馈两级电液伺服阀

1,14—固定节流孔；2,10—喷嘴；3—挡板；4—弹簧管；5—线圈；6—永久磁铁；7—上导磁体；8—衔铁；9—下导磁体；11—阀座；12—反馈弹簧杆；13—主滑阀阀芯；15—内置过滤器

(p_1-p_2) 形成的通过反馈弹簧杆 12 作用在挡板上的力矩、喷嘴液流作用在挡板上的力矩及弹簧管的反力矩之和与力矩马达的电磁力矩相等时，主滑阀阀芯 13 受力平衡，稳定在一定开口下工作。

通过改变线圈输入电流的大小，可成比例地调节力矩马达的电磁力矩，从而得到不同的主阀开口大小即流量大小。改变输入电流方向，可改变力矩马达偏转方向以及主滑阀阀芯的移动方向，从而实现液流方向的控制。

上述工作过程的分析可用图 2-27（b）所示的原理框图来综合表达，图 2-27（c）所示为电液伺服阀的图形符号。图 2-28 所示为其两种产品实物外形。

(a) MOOG72系列(美国MOOG公司)

(b) G61系列(MOOG公司)

图 2-28 喷嘴挡板式力反馈两级电液伺服阀实物外形

除了上述力反馈型的电液伺服阀外，双喷嘴挡板式电液伺服阀还有直接位置反馈、电反馈、压力反馈、动压反馈与流量反馈等不同反馈形式。它们具有线性度好、动态响应快、压力灵敏度高、阀芯基本处于浮动不易卡阻、温度和压力零漂小等优点，其缺点是因喷嘴挡板间的通流结构尺寸微小（喷嘴直径为 0.3～1.2mm，喷嘴与挡板之间的间隙为 0.02～0.15mm，固定节流孔直径为 0.13～0.75mm），故阀极易堵塞，抗污染能力较差，且内泄漏较大，功率损失大，效率低，力反馈回路包围力矩马达，流量大时提高阀的频宽受到限制。

喷嘴挡板式电液伺服阀适合在航空航天及一般工业用的高精度电液位置伺服、速度伺服及信号发生装置中使用；高响应的喷嘴挡板式电液伺服阀可用于中小型液压振动台与疲劳试验机；特殊的正开口滑阀型主阀芯的喷嘴挡板式电液伺服阀可用于伺服加载及伺服压力控制系统。

（2）射流式两级电液伺服阀

常见的射流式两级电液伺服阀有射流管式力反馈和偏转板射流式两种。

① 射流管式力反馈两级电液流量伺服阀。图 2-29 所示为此种伺服阀结构原理，图 2-30 所示为其一种实物外形。由图 2-29 可以看出，该伺服阀采用干式桥形永磁力矩马达 1，射流管 3 焊接于衔铁上，并由薄弹簧片支承。液压油通过柔性供压管 2 进入射流管 3。从射流管 3 喷嘴射出的液压油进入与阀芯 6 两端容腔分别相通的两个接收孔中，推动阀芯 6 移动。射流管的侧面装有弹簧板及反馈弹簧 5，其末端插入阀芯 6 中间的小槽内，阀芯移动推动反馈弹簧，构成对力矩马达的力反馈。力矩马达借助薄弹簧片实现对液压部分的密封隔离。

射流管式伺服阀最大的优点是抗污染能力强（最小通流尺寸为 0.2mm，而喷嘴挡板式电液伺服阀仅为 0.02～0.15mm）、可靠性高、寿命长；另外，射流管式伺服阀的压力效率和容积效率较高，可以产生较大的控制压力与流量，从而提高了功率级主阀的驱动能力和抗污染能力，工作稳定、零漂小。其缺点是制造困难，价格高，频率响应低、低温特性差。射流管式伺服阀适于动态响应不太高的控制场合。

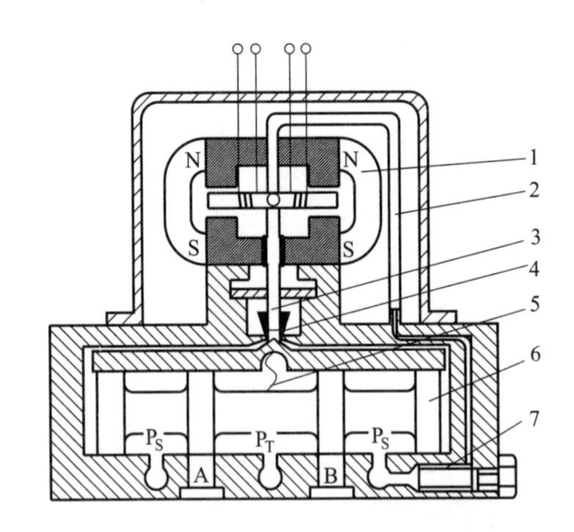

图 2-29　射流管式力反馈两级电液流量伺服阀结构原理
1—力矩马达；2—柔性供压管；3—射流管；
4—射流接收管；5—反馈弹簧；6—阀芯（滑阀）；7—过滤器

图 2-30　射流管式力反馈两级
电液流量伺服阀实物外形
（CSDY1 系列，江西九江仪表厂）

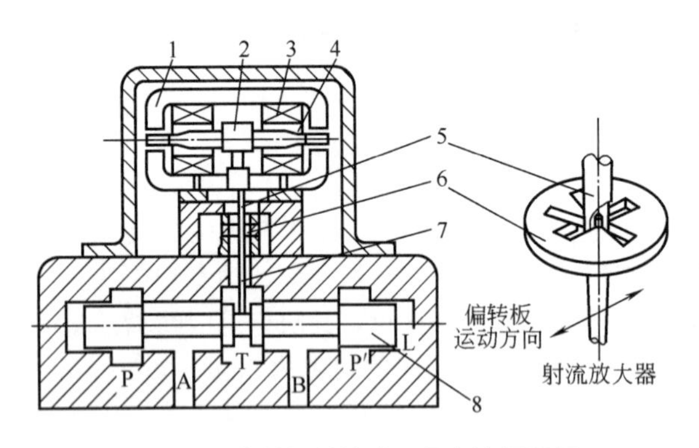

图 2-31　偏转板射流式两级电液伺服阀
1—导磁体；2—永久磁铁；3—线圈；4—衔铁；5—偏转板；
6—射流盘；7—反馈杆；8—阀芯（滑阀）

② 偏转板射流式两级电液伺服阀。如图 2-31 所示，此种伺服阀由力矩马达、偏转板射流放大器和滑阀等组成。阀芯位移通过反馈杆以力矩的形式反馈到力矩马达衔铁。偏转板射流放大器由射流盘 6 和偏转板 5 组成，射流盘 6 上开有一条射流槽道和两条对称的接收槽道。偏转板上开有 V 形导流窗口。偏转板在射流盘中间位置时，射流槽道的流体射流被两条接收槽道均等地接收，在两条接收槽道内形成相等的恢复力，所以滑阀阀芯不动。当偏转板偏移时，一条接收槽道内的压力增大，另一条接收槽道内的压力减小，所形成的控制压差推动阀芯运动。阀芯的位移通过反馈杆 7 以力矩形式反馈到力矩马达衔铁 4 上，与线圈 3 的输入电流产生的电磁力矩等相平衡，阀芯 8 处于一个平衡位置。

偏转板射流放大器与射流管放大器，从原理而言是一样的，也具有抗污染能力强、可靠性高、寿命长的优点以及零位泄漏量大、低温特性差的缺点。偏转板射流式伺服阀在结构上比射流管式伺服阀简单，力矩马达可做得更轻巧，阀的频宽可做得更高些。

（3）动圈滑阀式力马达型两级电液伺服阀

该阀主要由动圈式永磁力马达、先导级控制滑阀、功率级主阀（滑阀）等组成（图 2-32）。先导级滑阀阀芯 8 的两个节流口组成两臂可变的半桥回路。两级滑阀之间采用直接位置反馈。永磁力马达由磁钢 3、导磁体 4、可动线圈 6、弹簧 7、调整螺杆 2 等组成。可动线圈支承在上、下弹簧之间，动圈绕组处于磁钢造成的气隙磁场中。旋动调整螺杆可使可动线圈上下移动，达到调整零点的目的。先导级滑阀的阀芯 8 与可动线圈 6 连在一起，功率级主滑阀的阀芯 9 兼作阀芯 8 的阀套。可动线圈 6 带动先导阀芯 8 移动时，改变上、下控制腔 16 和 11 中的压力，使主阀芯 9 随着先导阀芯 8 移动。

功率级滑阀由阀芯 9 和阀体（阀套）10 组成。主阀芯上、下两个凸肩开有轴向固定节流孔 13 和 14。阀芯滑动配合装于阀体中，形成流动通道。阀体上有矩形窗口，窗口棱边的轴向间距与主阀芯台肩的轴向尺寸精密配合。

磁钢 3 在气隙 5 中造成固定磁场。动圈绕组输入控制电流时，在气隙磁场中受电磁力作用。此电磁力克服弹簧力而推动先导阀芯 8，使之产生与控制电流成比例的位移。

当伺服阀线圈未通入电流时，压力油从 P 口进入，分别通过上固定节流孔 14 和下固定节流孔 13 进入主阀上控制腔 16 和下控制腔 11，由于阀上、下两端的对称性，主阀芯 9 上、下两端的液压力平衡，使阀处于零位（主阀芯 9 不动），所以上述压力油只能再经先导阀芯 8 的上、下两个可变节流口 15 和 12 及主阀回油口 T 回油箱。

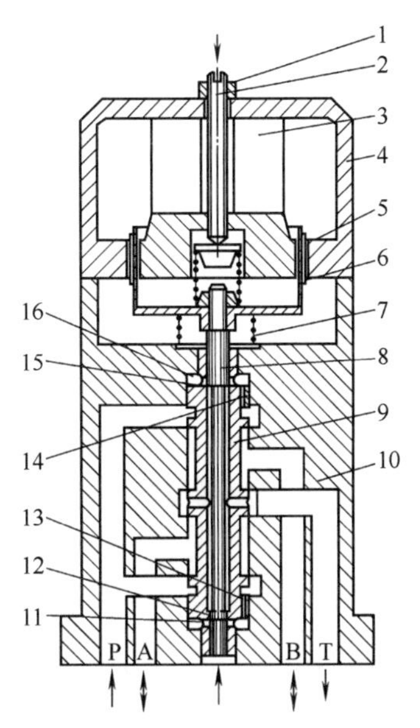

图 2-32 动圈滑阀式力马达型两级电液伺服阀

1—锁紧螺母；2—调整螺杆；3—磁钢；4—导磁体；5—气隙；6—可动线圈；7—弹簧；8—先导阀芯；9—主阀芯；10—阀体；11—下控制腔；12—下节流口；13—下固定节流孔；14—上固定节流孔；15—上节流口；16—上控制腔

当输入正向电流时，动圈带动先导阀芯 8 向下移动，上节流口 15 关小，下节流口开大，从而使下控制腔 11 压力降低。因此时上控制腔 16 的油液压力未变，于是主阀芯 9 向下移动，使主油路高压油液从 P 口流向 A 口，而来自执行元件的油液从 B 口流向 T 口。与此同时，随着主阀芯 9 的下移，先导阀芯 8 与主阀芯 9 之间的相对位移逐渐减小。当主阀芯 9 的位移等于先导阀芯 8 的位移时，上、下节流口 15 和 12 的通流面积恢复相等，主阀芯上、下两端推力恢复平衡，主阀芯 9 停止移动。

当输入负向电流时，可动线圈带动先导阀芯 8 向上移动，主阀芯 9 随着向上移动，使主油路油液从 P 口流向 B 口，从 A 口流向 T 口。

由于主阀芯凸肩控制棱边与阀体油窗口相应棱边的轴向尺寸是零开口状态精密配合，故在上述工作过程中，可动线圈的位移量、先导阀芯的位移量与主阀芯的位移量均相等，而可动线圈的位移量与输入控制电流成比例，所以输出流量的大小在负载压力恒定的条件下与控制电流的大小成比例，输出流量的方向则取决于控制电流的极性。除控制电流外，还在动圈绕组中加入高频小振幅颤振电流，以克服阀芯的静摩擦，保证伺服阀具有灵敏的控制性能。

该伺服阀的优点是力马达结构简单，磁滞小，工作行程大；阀的工作行程大，成本低，零区分辨率高，固定节流孔的尺寸大（直径达 0.8mm），抗污染能力强；主阀芯两端作用面积大，加大了驱动力，使主阀芯不易被卡阻。因此该阀价格低廉，工作可靠性高，且便于调整维护，特别适用于一般工业设备的液压伺服控制。

（4）两级电液压力伺服阀

① 阀芯力综合式两级电液压力伺服阀。如图 2-33 所示，此伺服阀的力矩马达、喷嘴 6、挡板 11 等结构与双喷嘴挡板或力反馈伺服阀（参见图 2-27）相似。过滤器 8 设置在了功率级主阀芯 9 的上方。压力反馈的作用在功率级主阀芯 9 上进行综合，其工作原理及过程如下。力矩马达线圈 12 的输入电流在衔铁 3 两端产生磁力，衔铁挡板组件绕弹簧管 4 支承旋转。挡板 11 移动，在两个喷嘴控制腔内形成压差 Δp_1，它与输入电流产生的力矩成正比

（喷嘴内的压力产生一个作用在挡板上的力，这个力对衔铁挡板组件提供了一个与压差 Δp_1 成正比的平衡力矩）。Δp_1 作用在阀芯环形面积 A_A 上，使阀芯移动，从而一侧工作油口（A 或 B）与供油口 P 相通，另一侧工作油口（B 或 A）与回油口 T 相通，在负载腔输出控制压力 p_1 和 p_2，工作油口 A 和 B 的压差 Δp_{12} 作用在阀芯两端的小凸肩面积 A_S 上，形成反馈力 $\Delta p_{12}A_S$。阀芯被逐渐移回到零位附近的某一位置。在该位置上，作用在阀芯上的反馈力与喷嘴挡板级输出压差产生的作用力相等，即 $\Delta p_{12}A_S=\Delta p_1 A_A$。因此，阀工作油口的压差与两喷嘴腔的压差成正比，即与输入电流大小成正比。

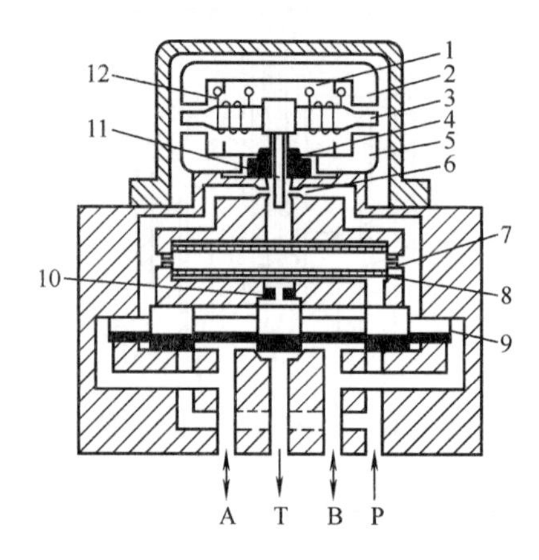

图 2-33 阀芯力综合式两级电液压力伺服阀

1—永久磁铁；2—上导磁体；3—衔铁；4—弹簧管；5—下导磁体；6—喷嘴；7—固定节流孔；8—过滤器；9—功率级主阀芯（滑阀）；10—回油节流孔；11—挡板；12—线圈

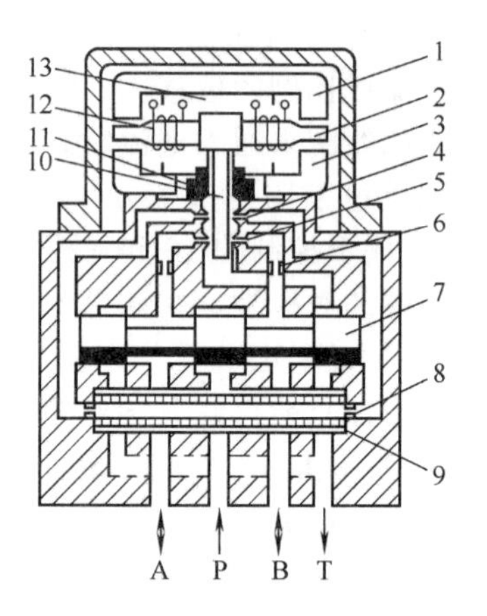

图 2-34 反馈喷嘴式两级电液压力伺服阀

1—上导磁体；2—衔铁；3—下导磁体；4—控制喷嘴；5—反馈喷嘴；6—反馈节流孔；7—功率级主阀芯（滑阀）；8—固定节流孔；9—过滤器；10—挡板；11—弹簧管；12—线圈；13—永久磁铁

② 反馈喷嘴式两级电液压力伺服阀。该伺服阀的结构原理如图 2-34 所示，压力反馈的作用通过一对反馈喷嘴在力矩马达挡板上进行综合。压力伺服阀的工作原理及过程如下。力矩马达输入线圈 12 的电流在衔铁 2 两端产生磁力，使衔铁挡板组件绕弹簧管 11 支承旋转，挡板 10 移动，在两个喷嘴控制腔上形成压差，阀芯移动，使一侧工作油口（A 或 B）与供油口 P 相通，压力增大，另一侧工作油口（B 或 A）与回油口 T 相通，压力减小。工作油口 A 和 B 的压差通过反馈喷嘴 5 作用在挡板 10 上，形成对力矩马达的反馈力矩，它与工作油口的压差成正比。当反馈力矩等于电磁力矩时，衔铁挡板组件回到对中的位置。阀芯最后停留在某一平衡位置上，在该位置工作油口的压差作用于挡板上的反馈力矩，等于力矩马达线圈 12 输入电流产生的力矩。因此，阀工作油口的压差与输入电流大小成正比。

总之，电液压力伺服阀有以下特点：结构简单，体积小；静、动态性能优良，工作可靠；反馈喷嘴式的力矩马达及挡板在零位附近工作，线性好，但反馈喷嘴处有泄漏，增加了功耗，负载腔容积及负载流量也较大，影响阀及负载的动态响应，反馈喷嘴对挡板的作用力与喷嘴腔感受的负载压力不是严格的线性，故阀的压力特性线性度稍差，压力反馈增益的调整较困难，增加了一对喷嘴，抗污染能力也有所减弱；阀芯力综合式的阀，无额外的泄漏，对阀及负载的动态影响小，压力反馈增益由阀芯的大小凸肩面积之比来保证，压力反馈有固定的线性增益，可用永久磁铁充退磁法调整整个阀的压力增益，但台阶式阀芯加工较难，负载容积对压力伺服阀动态响应的影响甚大，通常阀的动态响应需与实际的负载一起进行评定。

电液压力伺服阀一般用于开环控制系统中，以控制压力或力，也可用于闭环系统中，控制压力、力、加速度或负载的位置。

（5）电反馈式两级电液压力流量伺服阀

此类阀的结构原理如图 2-35 所示，它既可进行压力控制，也可进行流量控制。其基本结构与图 2-27 所示的双喷嘴挡板式电液伺服阀相似，只是用电反馈代替了反馈杆的力反馈。阀的左侧（压力侧）为一套压力控制单元（含压力传感器及其放大器），右侧（流量侧）为一套流量控制单元（含位移传感器、激励调制解调器及位置控制放大器）。右上侧的选择开关可以对压力控制或流量控制进行选择。图 2-36（a）所示为阀的控制原理框图，当选择开关处于 1-2 位置时为流量控制，通过位移传感器和位置控制器对流量进行闭环控制，此时压力控制单元不起作用。当选择开关切换至 1-3 位置时为压力控制，有两种情况：一种是 A 口压力控制，出口压力与输入信号成比例关系；另一种是 A 口压力极限控制 [图 2-36（b）]，它是在流量控制的基础上叠加了压力极限控制器的信号，使 A 口压力超过极限值时通过负反馈信号自动回落，低于极限值时不起作用。

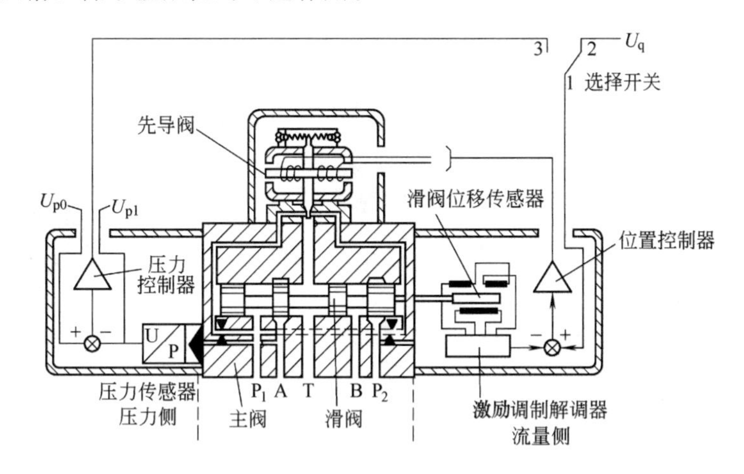

图 2-35 两级电液压力流量伺服阀

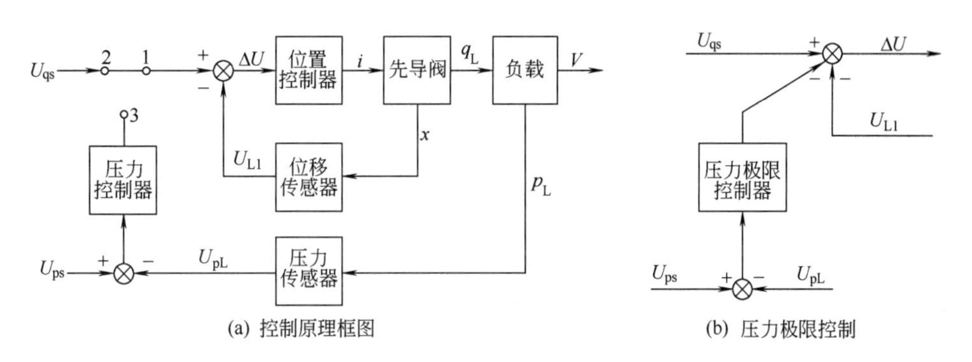

图 2-36 两级电液压力流量伺服阀的控制原理

两级电液压力流量伺服阀的特点是结构紧凑，控制线性度良好，响应速度快，控制精度高，常用于工业设备的位置、速度、压力或力控制。

2.4.3 三级电液伺服阀

三级电液伺服阀通常是由小流量的两级伺服阀为前置级并以滑阀式控制阀为功率级滑阀

（简称主滑阀）所构成，其基本原理是用两级伺服阀控制主滑阀。功率级滑阀的位移通过位置反馈定位，一般为电气反馈或力反馈，电气反馈调节方便，改变额定流量及频率响应容易，适应性大，灵活性好，这是三级电液伺服阀的主要优点。

图 2-37 所示为一种常见的三级电液伺服阀，其前置级为双喷嘴挡板式力反馈两级伺服阀（也可以为射流管式力反馈两级伺服阀）1。输入电压经放大及电压电流转换，使前置级伺服阀控制腔输出流量推动功率级滑阀 2 的主阀芯移动。主阀芯的位移由位移传感器（此处为差动变压器）检测，经解调、放大后成为与阀芯位移成正比的反馈电压信号，然后加到综合伺服放大器 4。前置两级伺服阀的输入电流被减小，一直到近似为零。力矩马达、挡板、前置两级阀阀芯被移回到近似对中的位置（但仍有一定的位移，以产生输出压力差克服主阀芯的液动力）。此时，主阀芯停留在某一平衡位置。在该位置上，反馈电压等于输入控制电压（近似相等），即功率级主阀芯的位移与输入控制电压大小成正比。当供油压力及负载压力为一定值时，输出到负载的流量与输入控制电压大小成正比。

图 2-38 所示为两种三级电液伺服阀的实物外形。

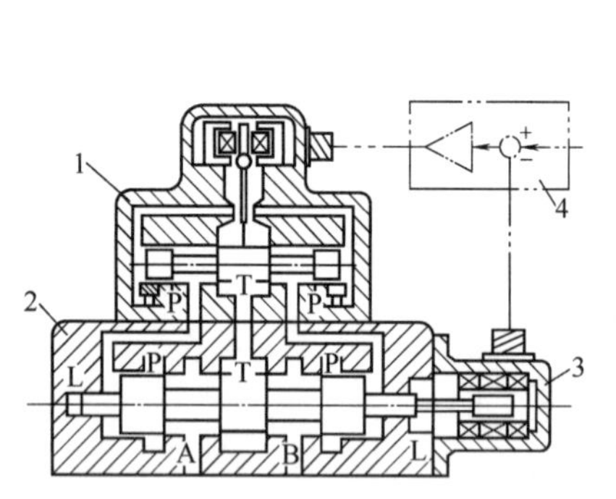

图 2-37　三级电液流量伺服阀

1—两级伺服阀；2—功率级滑阀；
3—差动变压器；4—伺服放大器

(a) MOOG79系列(美国MOOG公司)　　(b)SVY-F31系列(日本油研公司)

图 2-38　大流量三级电液伺服阀实物外形

三级电液流量伺服阀的主要特点是易于获得大流量的性能，并有可能获得较宽频率；便于改变额定流量及频率响应，适应性广；为改善阀的零位特性，通常功率级滑阀稍有正重叠，并接入颤振信号；易引入干扰，电子放大器需良好接地。三级电液伺服阀多用于流量较大但响应速度要求相对较低的液压控制系统。

2.5 电液伺服阀的技术性能指标

电液伺服阀是电液伺服控制系统中的关键元件，与普通开关式液压阀相比，其功能完备，但结构也异常复杂和精密，其性能优劣对于系统的工作品质具有至关重要的影响，故电液伺服阀的性能指标参数非常繁多且要求严格，其特性及参数可通过理论分析获得，但工程上精确的特性及参数只能通过实际测试获得。

2.5.1 静态特性

电液伺服阀的静态特性是指稳定工作条件下，伺服阀的各静态参数（输出流量、输入电流和负载压力）之间的相互关系，主要包括负载流量特性、空载流量特性和压力特性，并由此可得到一系列静态指标参数。它可以用特性方程、特性曲线和阀系数三种方法表示。

(1) 特性方程

由前述已知，电液伺服阀包括电气-机械转换器、液压放大器（先导级阀和功率级主阀）、反馈机构及伺服控制放大器等部分，故电液伺服阀的特性方程通常要先根据电磁学、流体力学和刚体力学的基本方程列写出各组成环节的特性方程，再经过综合化简才能导出，适合进行定性分析。

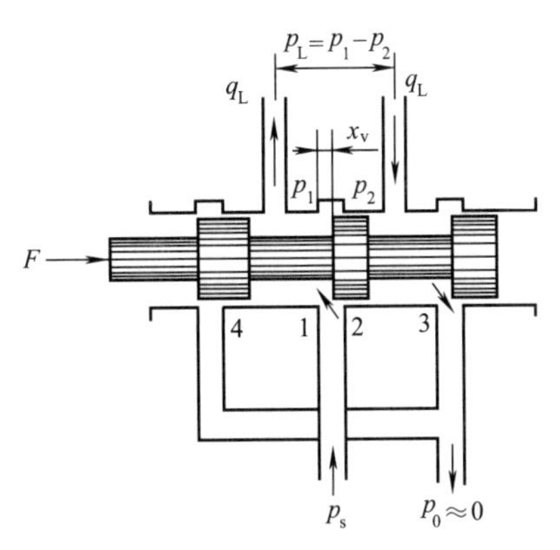

图 2-39 零开口四边滑阀

以图 2-39 所示的理想零开口四边滑阀为例说明：设阀口对称，各阀口流量系数相等，油液是理想液体，不计泄漏和压力损失，供油压力 p_s 恒定不变。当阀芯从零位右移 x_v 时，则流入、流出阀的流量 q_1、q_3 分别为

$$q_1=C_dWx_v\sqrt{\frac{2}{\rho}(p_s-p_1)} \tag{2-1}$$

$$q_3=C_dWx_v\sqrt{\frac{2}{\rho}p_2} \tag{2-2}$$

稳态时，$q_1=q_3=q_L$，则可得供油压力 $p_s=p_1+p_2$。令负载压力 $p_L=p_1-p_2$，则有

$$p_1=\frac{p_s+p_L}{2} \tag{2-3}$$

$$p_2=\frac{p_s-p_L}{2} \tag{2-4}$$

将式（2-3）或式（2-4）代入式（2-1）或式（2-2）得滑阀的负载流量（压力-流量特性）方程为

$$q_L=C_dWx_v\sqrt{\frac{1}{\rho}(p_s-p_L)} \tag{2-5}$$

式中，q_L 为负载流量；C_d 为流量系数；W 为滑阀的面积梯度（阀口沿圆周方向的宽度），$W=\pi d$；d 为滑阀阀芯凸肩直径；x_v 为滑阀位移；p_s 为伺服阀供油压力；p_L 为伺服阀负载压力；ρ 为油液密度。

按上述方法容易导出图 2-27 所示的典型力反馈两级电液伺服流量阀（先导级为双喷嘴挡板阀、功率级为零开口四边滑阀）的阀芯位移、输入电流、负载流量（压力-流量特性）之间的关系方程为

$$q_L=C_dWx_v\sqrt{\frac{1}{\rho}(p_s-p_L)}=C_dWK_{xv}i\sqrt{\frac{1}{\rho}(p_s-p_L)} \tag{2-6}$$

式中，滑阀位移 $x_v=K_{xv}i$；K_{xv} 为伺服阀增益（取决于力矩马达结构及几何参数）；i 为力矩马达线圈输入电流；其余符号意义同前。

由式（2-6）可知，电液流量伺服阀的负载流量 q_L 与功率级滑阀的位移 x_v 成比例，而

功率级滑阀的位移 x_v 与输入电流 i 成正比，所以电液流量伺服阀的负载流量 q_L 与输入电流 i 成比例。

由此可列出电液伺服阀负载流量的一般表达式（非线性方程）为

$$q_L=q_L(x_v, p_L) \tag{2-7}$$

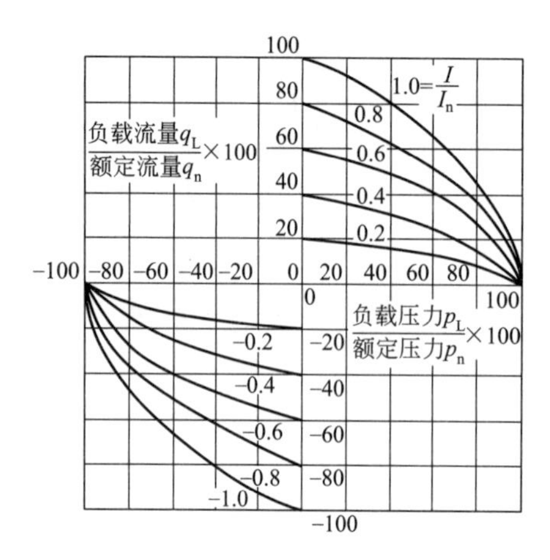

图 2-40 电液伺服阀的负载（压力）流量特性曲线

（2）特性曲线及静态性能参数

由特性方程可以绘制出相应的特性曲线，但一般特性曲线是通过实际测试得到的，制造商提供的产品样本中所给都是实测曲线，由特性曲线和相应的静态指标可以对阀的静态特性进行评定。

① 负载流量特性。输入不同电流时对应的流量与负载压力构成的抛物线簇曲线为负载流量特性曲线（图 2-40），它完全描述了伺服阀的静态特性。但要测得这组曲线却相当麻烦，特别是在零位附近很难测出精确的数值，而伺服阀却正好是在此处工作的。所以这些曲线主要用来确定伺服阀的类型和估计伺服阀的规格，以便与系统所要求的负载流量和负载压力相匹配。

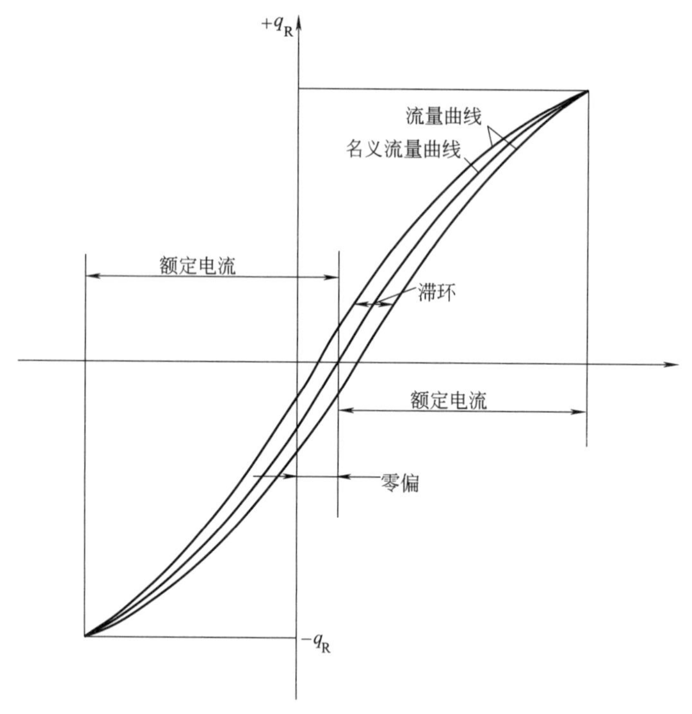

图 2-41 流量曲线、额定流量、零偏、滞环

② 空载流量特性。伺服阀输出流量与输入电流呈回环状的函数曲线为空载流量特性曲线（图 2-41），它是在给定的伺服阀压降和零负载压力下，输入电流在正负额定电流之间作一完整的循环，输出流量点形成的完整连续变化曲线（简称流量曲线）。通过流量曲线，可

以得出电液伺服阀的如下一些性能参数。

a. 额定流量。在额定电流和规定的阀压降（通常规定为 7MPa）下所测得的流量 q_R 称为额定流量。通常在空载条件下规定伺服阀的额定流量，因为这样可以采用更精确和经济的试验方法。也可以在负载压力等于 2/3 供油压力条件下规定额定流量，此时，额定流量对应阀的最大功率输出点。

空载流量特性曲线上对应于额定电流的输出流量则为额定流量。通常规定额定流量的公差为±10%。额定流量表明了伺服阀的规格，可用于伺服阀的选择。

电液伺服阀的流量曲线回环的中点轨迹线称为名义流量曲线（图 2-41），它是无滞环流量曲线。由于伺服阀的滞环通常很小，所以可把流量曲线的一侧作为名义流量曲线使用。

b. 流量增益。流量曲线上某点或某段的斜率称为该点或区段的流量增益。如图 2-42 所示，从名义流量曲线的零流量点向两极各作一条与名义流量偏差最小的直线，即为名义流量增益线，该直线的斜率称为名义流量增益。名义流量增益随输入电流极性、负载压力大小等变化而变化。伺服阀的额定流量与额定电流之比称为额定流量增益。一般情况下，伺服阀产品仅提供空载流量曲线及其名义流量增益指标数据。

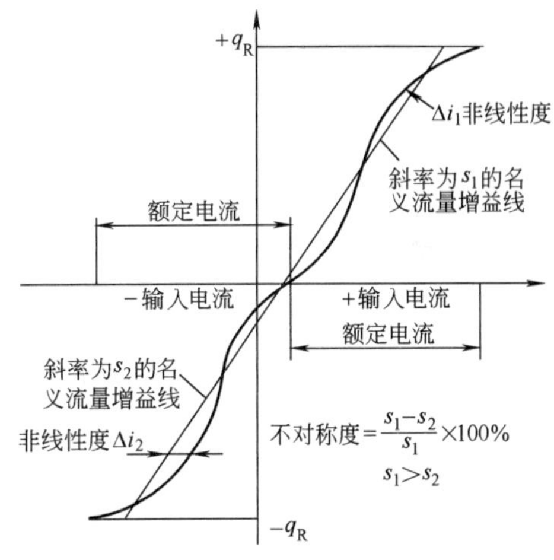

图 2-42 名义流量增益、非线性度、不对称度

伺服阀的流量增益直接影响到伺服系统的开环放大系数，因而对系统的稳定性和品质要产生影响。在选用伺服阀时，要根据系统的实际需要来确定其流量增益的大小。在电液伺服系统中，由于系统的开环放大系数可利用电子放大器的增益来调整，因此对伺服阀流量增益的要求不是很严格。

c. 非线性度。它用名义流量曲线对名义流量增益线的最大电流偏差与额定电流的百分比表示（图 2-42），非线性度通常小于 7.5%。

d. 不对称度。两个极性名义流量增益的不一致性称为不对称度，用两者之差与较大者的百分比表示（图 2-42）。一般要求不对称度小于 10%。

e. 滞环。伺服阀输入电流缓慢地在正、负额定电流之间变化一次，产生相同流量所对应的往返输入电流的最大差值与额定电流的百分比，称为滞环（图 2-41）。伺服阀的滞环一般小于 5%，而高性能伺服阀的滞环小于 0.5%。

伺服阀滞环是由于力矩马达磁路的磁滞现象和伺服阀中的游隙所造成的，滞环对伺服系统精度有影响，其影响随着伺服放大器增益和反馈增益的增大而减小。

f. 分辨率。为使伺服阀输出流量发生变化所需的输入电流的最小值（它随输入电流大小和停留时间长短而变化）与额定电流的百分比，称为伺服阀的分辨率（图 2-43）。伺服阀的分辨率一般小于 1%，高性能伺服阀小于 0.4%甚至小于 0.1%。一般而言，油液污染将增大阀的黏滞而使分辨率增大。在位置伺服系统中，分辨率过大则可能在零位区域引起静态误差或极限环振荡。

③ 零区特性。电液流量伺服阀有零位、名义流量控制和流量饱和三个工作区域（图 2-44）。在流量饱和区域，流量增益随输入电流的增大而减小，最终输出流量不再随输

入电流增大而增大，这个最大流量称为流量极限。零位区域（简称零区）是伺服阀空载流量为零的位置，此区域是功率级的重叠对流量增益起主要影响的区域，因此零区特性特别重要。

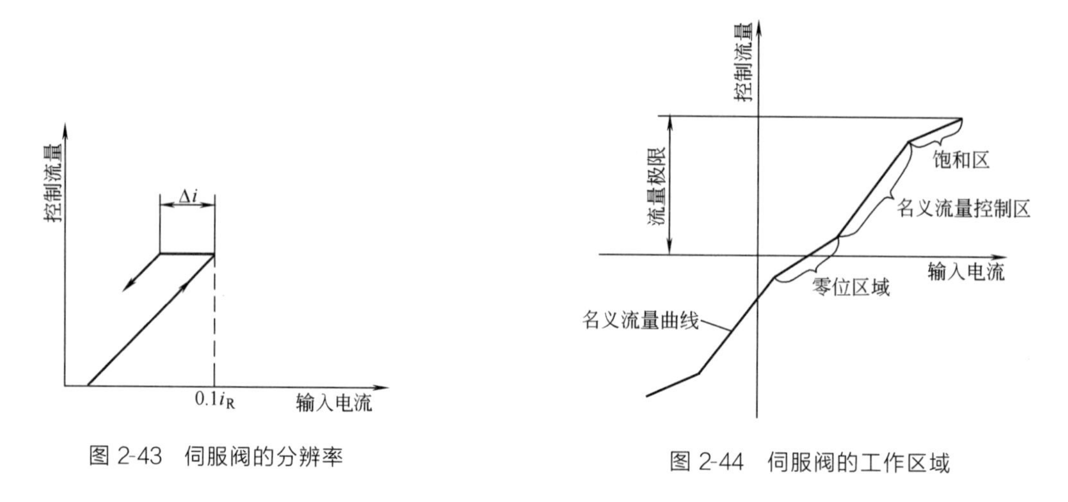

图 2-43 伺服阀的分辨率

图 2-44 伺服阀的工作区域

a. 重叠。它是阀在零位时，阀芯与阀套（阀体）的控制边在相对运动方向的重合量。用两极名义流量曲线近似直线部分的延长线与零流量线相交的总间隔与额定电流的百分比表示，如图 2-45 所示。伺服阀的重叠分为零重叠（零开口）、正重叠（负开口）和负重叠（正开口）三种情况（参见图 2-12），零区特性因重叠情况不同而异。

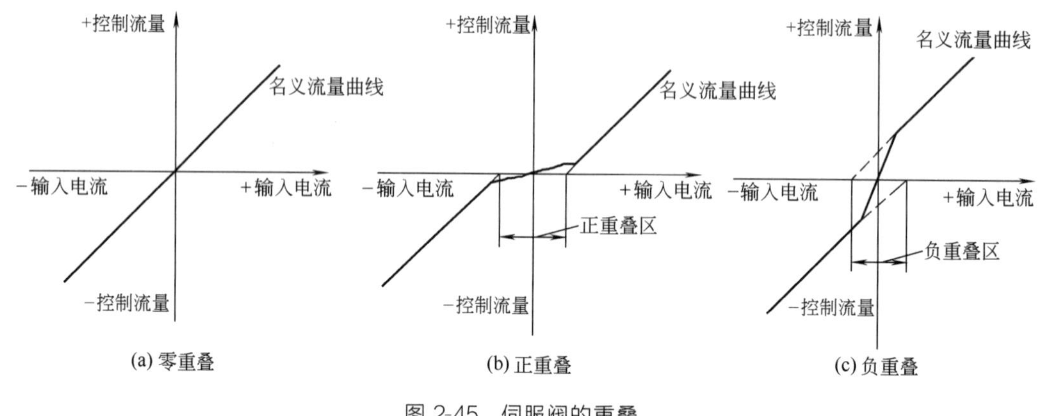

图 2-45 伺服阀的重叠

b. 零位偏移（零偏）。由于组成元件的结构尺寸、电磁性能、水力特性和装配等因素的影响，伺服阀在输入电流为零时的输出流量并不为零，为了使输出流量为零，必须预加一个输入电流。使伺服阀处于零位所需的输入电流与额定电流的百分比称为零位偏移（简称零偏）。伺服阀的零偏通常小于 3%。

c. 零位漂移（零漂）。工作条件和环境条件发生变化时，引起零偏电流的变化，称为伺服阀的零漂，以与额定电流的百分比表示。主要有表 2-5 所列的四种零漂，伺服阀的零漂会引起伺服系统的误差。

④ 压力特性。输出流量为零（将两个负载口堵死）时，负载压降与输入电流呈回环状的函数曲线（图 2-46）。在压力特性曲线上某点或某段的斜率称为压力增益，伺服阀的压力

增益随输入电流而变化，并且在一个很小的额定电流百分比范围内达到饱和。压力增益通常规定为在最大负载压降的±40%之间，负载压降对输入电流的平均斜率。

表 2-5 伺服阀的四种零漂

名称	定义及范围
供油压力零漂	供油压力在额定工作压力的 30%～110%范围内变化引起的零漂，通常应小于±2%
回油压力零漂	回油压力在额定工作压力的 0～20%范围内变化引起的零漂，应小于±2%
温度零漂	工作油液温度每变化 40℃引起的零漂，应小于±2%
零值电流零漂	零值电流在额定电流的 0～100%范围内变化时引起的零漂，应小于±2%

伺服阀的压力增益直接影响伺服系统的承载能力和系统刚度，压力增益大，则系统的承载能力强、系统刚度大，误差小。压力增益与阀的开口形式有关，零开口伺服阀的压力增益最大。

⑤ 静耗流量特性（内泄特性）。输出流量为零时，由回油口流出的内部泄漏量称为静耗流量。静耗流量随输入电流变化，当阀处于零位时，静耗流量最大（图 2-47）。为了避免功率损失过大，必须对伺服阀的最大静耗流量加以限制。对于常用的两级伺服阀，静耗流量由先导级的泄漏流量和功率级的泄漏流量两部分组成。减小前者将影响阀的响应速度；后者与滑阀的重叠情况有关，较大重叠可以减少泄漏，但要使阀产生死区，并可能导致阀淤塞，从而使阀的滞环与分辨率增大。零位泄漏流量对新阀可以作为衡量滑阀制造质量的指标，对使用中的旧阀可反映其磨损状况。

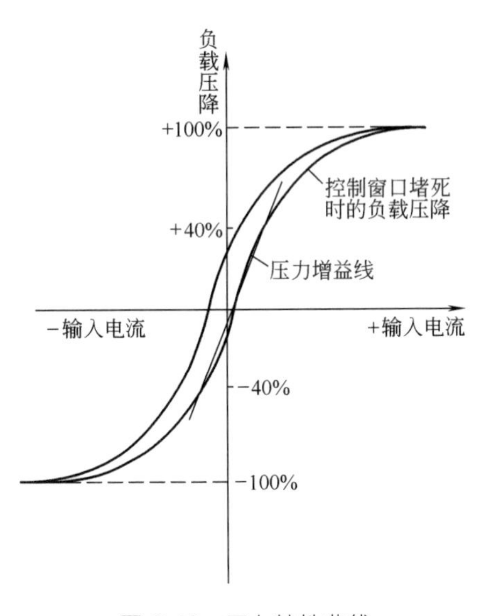

图 2-46 压力特性曲线

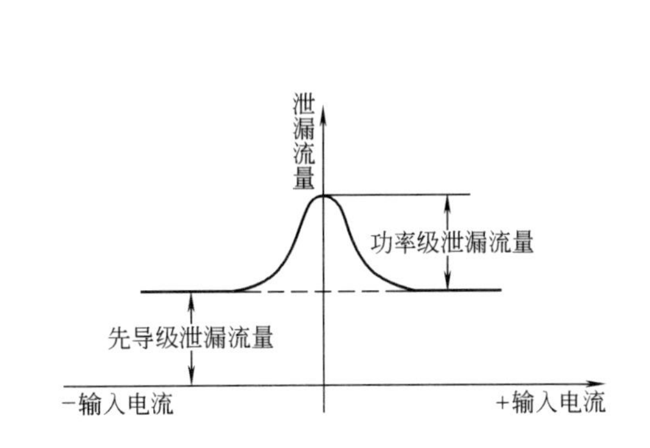

图 2-47 静耗流量特性曲线

（3）阀系数

① 阀系数的定义。伺服阀的阀系数主要用于系统的动态分析。由式（2-7）可知，伺服阀的负载流量方程（参见）是一个非线性方程，采用线性控制理论对系统进行动态分析时较为困难，故通常是将它进行线性化处理，并以增量形式表示为

$$\Delta q_L = \frac{\partial q_L}{\partial x_v}\Delta x_v + \frac{\partial q_L}{\partial p_L}\Delta p_L \tag{2-8}$$

式中，各符号意义与式（2-7）相同。

通过式（2-8）可以定义阀的三个系数。

a. 流量增益（流量放大系数）K_q。

$$K_q=\frac{\partial q_L}{\partial x_v} \tag{2-9}$$

它是流量特性曲线的斜率，表示负载压力一定时，阀单位位移所引起的负载流量变化的大小。流量增益越大，对负载流量的控制越灵敏。

b. 流量压力系数 K_c。

$$K_c=-\frac{\partial q_L}{\partial p_L} \tag{2-10}$$

它是压力-流量特性曲线的斜率并冠以负号，使其成为正值。流量压力系数表示阀的开度一定时，负载压降变化所引起的负载流量变化的大小。它反映了阀的抗负载变化能力，即 K_c 越小，阀的抗负载变化能力越强，亦即阀的刚性越好。

c. 压力增益（压力灵敏度）K_p。

$$K_p=\frac{\partial p_L}{\partial x_v} \tag{2-11}$$

它是压力特性曲线的斜率。通常，压力增益表示负载流量为零（将控制口关死）时，单位输入位移所引起的负载压降变化的大小。此值大，阀对负载压降的控制灵敏度高。

因为$\frac{\partial p_L}{\partial x_v}=-\frac{\partial q_L/\partial x_v}{\partial q_L/\partial p_L}$，所以上述三个阀系数之间具有以下关系，即

$$K_p=\frac{K_q}{K_c} \tag{2-12}$$

根据阀系数的定义，式（2-8）可表示为

$$\Delta q_L=K_q\Delta x_v-K_c\Delta p_L \tag{2-13}$$

在伺服控制系统动态分析时，式（2-13）作为伺服阀的阀方程与执行元件等一起考虑。考虑到伺服阀通常工作在零位附近，工作点在零位，其参数的增量也就是它的绝对值，因此阀方程［式（2-13）］也可以写为

$$q_L=K_q x_v-K_c p_L \tag{2-14}$$

② 零位阀系数。上述三个阀系数的具体数值随工作点变化而变化，而最重要的工作点为负载流量特性曲线的原点（$q_L=p_L=x_v=0$ 处），由于阀经常在原点附近（即零位）工作，此处阀的流量增益最大（即系统的增益最高），但流量压力系数最小（即系统阻尼最小），所以此处稳定性最差。若系统在零位稳定，则在其余工作点也稳定。各种开口形式的伺服阀，由其负载流量方程出发，按照上述定义容易求得其零位阀系数。例如由理想零开口四边滑阀的负载流量方程

$$q_L=C_d W x_v\sqrt{\frac{1}{\rho}\left(p_s-\frac{x_v}{|x_v|}p_L\right)} \tag{2-15}$$

可求得相应的零位阀系数为 $K_{q0}=C_d\omega\sqrt{\frac{p_s}{\rho}}$，$K_{c0}=0$，$K_{p0}=\infty$。

（4）输出功率及效率

对于典型的零开口四边滑阀式伺服阀，应用式（2-15）并取 $x_v>0$，滑阀的输出功率为

$$N_{vo}=p_Lq_L=p_LC_dWx_v\sqrt{\frac{1}{\rho}(p_s-p_L)} \tag{2-16}$$

输入功率为

$$N_{vi}=p_sq_L \tag{2-17}$$

阀的效率为

$$\eta=\frac{N_{vo}}{N_{vi}}=\frac{p_L}{p_s} \tag{2-18}$$

当 $p_L=0$ 和 $p_L=p_s$ 时，输出功率为零，由 $\frac{\partial N_{vo}}{\partial p_L}=0$ 得输出功率为极大值时的 p_L 值为

$$p_L=\frac{2}{3}p_s \tag{2-19}$$

则阀的最大效率为

$$\eta_{max}=\frac{\frac{2}{3}p_s}{p_s}=66.7\% \tag{2-20}$$

通常电液伺服系统的工作点按最佳效率原则即负载压力按式（2-19）选取。

2.5.2 动态特性

电液伺服阀的动态特性可用频率响应（频域特性）或瞬态响应（时域特性）表示。

（1）频率响应特性

电液伺服阀的频率响应是指输入电流在某一频率范围内进行等幅变频正弦变化时，空载流量与输入电流的百分比。频率响应特性用幅值比（分贝）与频率和相位滞后（度）与频率的关系曲线（波德图）表示（图 2-48）。输入信号或供油压力不同，动态特性曲线也不同，所以动态响应总是对应一定的工作条件，伺服阀产品样本中通常给出±10%、±100%两组输入信号试验曲线，而供油压力通常规定为 7MPa。

幅值比是某一特定频率下的输出流量幅值与输入电流之比，除以一指定频率（输入电流基准频率，通常为 5 周/s 或 10 周/s）下的输出流量与同样输入电流幅值之比。相位滞后是指某一指定频率下所测得的输入电流和与其相对应的输出流量变化之间的相位差。

伺服阀的幅值比为－3dB（即输出流量为基准频率时输出流量的 70.7%）时的频率定义为幅频宽，以相位滞后达到－90°时的频率定义为相频宽。应取幅频宽和相频宽中较小者作为阀的频宽值。频宽是伺服阀动态响应速度的度量，频宽过低会影响系统的响应速度，过高会使高频传到负载上去。伺服阀的幅值比一般不允许大于＋2dB。

通常力矩马达喷嘴挡板式两级电液伺服阀的频宽在100～130Hz之间，动圈滑阀式两级电液伺服阀的频宽在50～100Hz之间，电反馈高频电液伺服阀的频宽可达250Hz甚至更高。

（2）瞬态响应特性

瞬态响应是指电液伺服阀施加一个典型输入信号（通常为阶跃信号）时，阀的输出流量对阶跃输入电流的跟踪过程中表现出的振荡衰减特性（图2-49）。反映电液伺服阀瞬态响应快速性的时域性能主要指标有超调量、峰值时间、响应时间和过渡过程时间等。

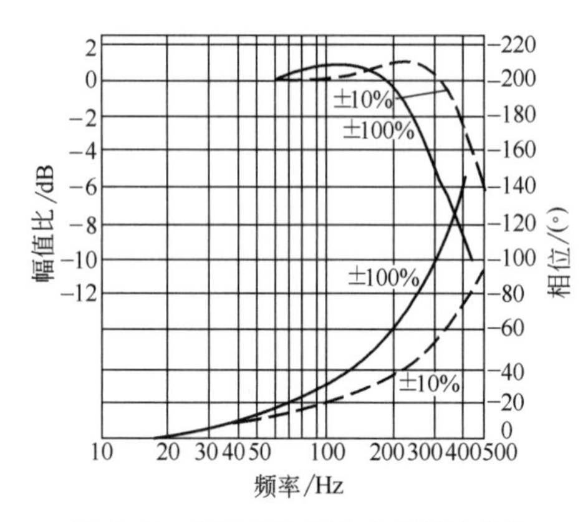

图2-48 伺服阀的频率响应特性曲线

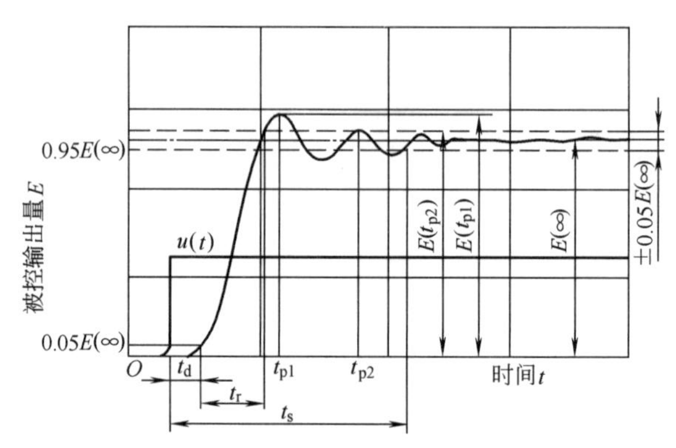

图2-49 伺服阀的瞬态响应特性曲线

超调量M_p是指响应曲线的最大峰值$E(t_{p1})$与稳态值$E(\infty)$的差；峰值时间t_{p1}是指响应曲线从零上升到第一个峰值点所需要的时间。响应时间t_r是指从指令值（或设定值）的5%到95%的运动时间；过渡过程时间是指输出振荡减小到规定值（通常为指令值的5%）所用的时间（t_s）。

（3）传递函数

在对电液伺服系统进行动态分析时，伺服阀的数学模型常用传递函数。通常，伺服阀的传递函数$G_v(s)$可用二阶环节表示，即

$$G_v(s)=\frac{Q(s)}{I(s)}=\frac{K_q}{s^2/\omega_v^2+2\xi s/\omega_v+1} \tag{2-21}$$

式中，s为拉普拉斯算子；$I(s)$为输入控制电流的拉式变换式；$Q(s)$为输出流量的拉式变换式；ω_v为伺服阀的频宽（表观频率）；ξ为阻尼比，由试验曲线求得，通常$\xi=0.4\sim0.7$。

对于频率低于50Hz的伺服阀，其传递函数$G_v(s)$可用一阶环节表示，即

$$G_v(s)=\frac{Q(s)}{I(s)}=\frac{K_q}{s/\omega_v+1}=\frac{K_q}{Ts+1} \tag{2-22}$$

式中，$T=1/\omega_v$为伺服阀作为一阶环节的时间常数；其余符号意义同前。

2.6 电液伺服典型产品

国内生产和销售的一些电液伺服阀（二级、三级电液流量伺服阀与电液压力伺服阀）典型产品及其主要技术性能参数见表2-6～表2-8。

表 2-6 国内生产和销售的二级电液流量伺服阀典型产品及其主要技术性能参数

类型			主要性能参数													零漂			频宽		生产厂	备注
系列型号	结构特征		供油压力范围 p_s /MPa	额定压力 p_n /MPa	额定流量 q_n（系列参数）/(L/min)	额定电流 I_n（系列参数）/mA	线性度 /%	对称度 /%	滞环 /%	分辨率 /%	重叠度 /%	压力增益 ($I_i/I_n=1\%$时 p/p_s) /%	内泄漏 /(L/min)	质量 /kg	零偏 /%	供油压力变化 (0.8～1.1p_s) /%	回油压力变化 (0～0.2p_s) /%	温度变化 40℃ /%	幅频宽 −3dB /Hz	相频宽 −90° /Hz		
FF101	双喷嘴挡板式	力反馈	2～28	21	1,1.5,2,4,6,8	8,10,15,30,40,50	<±7.5	<±10	<3	<1	−2.5～+2.5	>30	<0.25 +4%Q_n	0.2	<±3	<±2	<±2	<±4	>100	>100	①	
FF102					2,5,10,15,20,30				<4				<0.3 ±4%Q_n	0.4								
FF106					63,100					<0.5			<1 +3%Q_n	1.2				每 50℃ <±2	>50	>50		
WLF106A																						
WLF111					6.3,10,15,25,30,50,65,100								<0.5 +4%Q_n	1.3	可外调			<±4	>60	>60		
FF113				7	95,150,230	15,40				<1.5			<2%Q_n	4					>30	>30		
FF103		动压反馈		2.1	2,5,10,15,20,30	8,10,15,30,40,50				<1			<0.5 +4%Q_n	1	<±3			<±2	>100	>100		
FF108		电反馈			60,100	50			<3	<0.5			<3.3	1.5	<±1				>250	>250		
QDY6		力反馈	1.5～32	7	4,10,20,40,60	10,15,30,40,80,200					按订货要求配作	30～80	<1.3	1	可外调	<±2	<±2	<±3	>80	>70	②	
QDY10			2～28		63,80,100,125	10,15,30,40,80,200,300							<1.5	3.4		<±3	<±3		>40	>40		
QDY1			1～21	6.3	4,10,16,25,32,40,63,80,100,125	10,15,30									<±3	<±2	<±2	<±2	>100			
QDY2					2.5,4,6,10	10													>160			
QDY12			2～28	7	4,10,20,40	10,15,30,40,80,200						30～90	<1.2	1	可外调	<±3		<±3	>150	>120		

续表

类型			主要性能参数													零漂			频宽		生产厂	备注
系列型号	结构特征		供油压力范围 p_s /MPa	额定压力 p_n /MPa	额定流量 q_n（系列参数）/(L/min)	额定电流 I_n（系列参数）/mA	线性度 /%	对称度 /%	滞环 /%	分辨率 /%	重叠度 /%	压力增益（I_i/I_n=1%时 p/p_s）/%	内泄漏 /(L/min)	质量 /kg	零偏 /%	供油压力变化 (0.8～1.1p_s) /%	回油压力变化 (0～0.2p_s) /%	温度变化 40℃ /%	幅频宽 −3dB /Hz	相频宽 −90° /Hz		
YF7	双喷嘴挡板式	力反馈	1～21	21	1.5,2.5,4,6,8,10,16,20,27	8,10,15,20,30,40,50	<±7.5	<±10	<4	<1		>30	<0.4+5%Q_n	0.4	<±3	<±2	<±2		>100	>100	③	
YF12					1,2,4,6								<0.3+5%Q_n	0.2								
YF13					50,70,90,115					<0.5			≤4	1.1					>50	>70		
YFW06					33,44,66,88,100								≤3	1.3	可外调				>60	>60		
YFW08					160,250,400					<1.5	−2.5～+2.5		≤10	4					>30	>30		
YFW10					18,35,70,105	120							≤4						>13	>15		
QDY8		电反馈	2～21	21	20,40	200,350			<±3	<0.5			<1.5		<±2	<±2		<±2	>300	>300	②	
DYSF-3Q		力反馈	4～21		40,60,80	40						30～80	≤2.5	1	可外调	<±3	<±2	<±3	>80	>80	④	
DYSF-4Q				7	144				<±4	<1.5		>30	<4%Q_n			<±4			>35	>35		
CSDY1	射流管式	力反馈	2.5～31.5		2,4,8,10,15,20,30,40	8	<±7.5	<±10	<±3	<0.5			<0.45+3%Q_n	0.4	<±2	<±2	<±2	<±2	>70	>90	⑤	
CSDY3					60,80,120											<±3	<±3	<±3	>40	>60		
CSDY4					140,180,220														>35	>45		
CSDY6					250,350,450								<2.5+3%Q_n			<±4	<±4	<±4		10～15	⑥	

续表

类型		主要性能参数													零漂			频宽		生产厂	备注
系列型号	结构特征	供油压力范围 p_s /MPa	额定压力 p_n /MPa	额定流量 q_n (系列参数) /(L/min)	额定电流 I_n (系列参数) /mA	线性度 /%	对称度 /%	滞环 /%	分辨率 /%	重叠度 /%	压力增益 (I_i/I_n =1%时 p/p_s) /%	内泄漏 /(L/min)	质量 /kg	零偏 /%	供油压力变化 (0.8～1.1p_s) /%	回油压力变化 (0～0.2p_s) /%	温度变化 40℃ /%	幅频宽 −3dB /Hz	相频宽 −90° /Hz		
YF741	动圈式滑阀直接反馈	3.2～6.3	6.3	63,100,150	100			<5	<1				15							⑦	三通输出
YF742				200,250,320	150								25								
YF771				400,500,630	300								50								
YJ761/781		3.2～20	6.3/20	10,16,25,40,63									4					50～80			四通输出
YJ762/782				100,160,250														30～50			
YJ752			6.3	10,20,30,40,60,80				<5	<1												
DYC0		1～6.3		2.5,4,6,10					<2					<±3				>40		⑧⑨	
DYC1				16,25,32,40,50,63,80				<3	<1									>35			
DYC2				100,125,160,200																	
DYC3				250,320,400,500																	
DYF1			20	10,16,25,32,40,50,63,80,100														>25			
DYH1			32	10,16,25,32,40,50,63																	

续表

类型		主要性能参数																		生产厂	备注
															零漂			频宽			
系列型号	结构特征	供油压力范围 p_s /MPa	额定压力 p_n /MPa	额定流量 q_n（系列参数）/(L/min)	额定电流 I_n（系列参数）/mA	线性度 /%	对称度 /%	滞环 /%	分辨率 /%	重叠度 /%	压力增益（I_i/I_n=1%时 p/p_s）/%	内泄漏 /(L/min)	质量 /kg	零偏 /%	供油压力变化（0.8～1.1p_s）/%	回油压力变化（0～0.2p_s）/%	温度变化 40℃ /%	幅频宽 −3dB /Hz	相频宽 −90° /Hz		
SV8	动圈式滑阀直接反馈	2.5～31.5	31.5	6.3,10,16,25,31.5,40,63,80	30			<3	<0.5			<3		<3			<2	>100		⑩	
SV10		2.5～20	20	100,125,160,200,250								<5									
V-140	动圈式电反馈	1～31.5	17.5	140	3,500													>300	16.8	⑪	
V-350				350														>150	17.2		
V-750				750														>50	18.1		
MOOG30	双喷嘴挡板式力反馈	1～28	21	12	8,10,15,20,30,40,50	<±7	<±5	<3	<0.5	−2.5～+2.5	>30	<0.35+4%Q_n	0.19	<±2	<±4	<±4	<±2	>200	>200	⑫	
MOOG31				26								<0.45+4%Q_n	0.37								
MOOG32				54								<0.5+3%Q_n						>160	>160		
MOOG34				73								<0.6+3%Q_n	0.5					>110	>110		
MOOG35				170								<0.75+3%Q_n	0.97					>60	>90		
MOOG760			7	3.8,9.5,19,38,57	8,10,15,20,30,40,50,200		<±10				30～100	<1.33	1.03	可外调	<±2	<±2	<±2	>80	>100		
MOOG771		1.4～21		38																	
MOOG772				45														>80	>80		
MOOG773				57														>20	>50		

续表

类型		主要性能参数																		生产厂	备注
															零漂			频宽			
系列型号	结构特征	供油压力范围 p_s /MPa	额定压力 p_n /MPa	额定流量 q_n（系列参数）/(L/min)	额定电流 I_n（系列参数）/mA	线性度 /%	对称度 /%	滞环 /%	分辨率 /%	重叠度 /%	压力增益 (I_i/I_n =1%时 p/p_s) /%	内泄漏 /(L/min)	质量 /kg	零偏 /%	供油压力变化 (0.8～1.1p_s) /%	回油压力变化 (0～0.2p_s) /%	温度变化 40℃ /%	幅频宽 −3dB /Hz	相频宽 −90° /Hz		
MOOG78	双喷嘴挡板式力反馈		7	70,114,151		<±7	<±10	<3			30～80	<1+2%Q_n	2.86	可外调	<±2	<±2	<±2	>15	>40	⑫	
MOOG73		1～28		3.8,9.5,19,38,57							>30	<1.33	1.18					>80	>80		
MOOG72				96,159,230				<4	<1.5			<2%Q_n	3.5				<±4	>50	>70		
MOOG780		1.4～21		38,45,57	10,20,40,200			<3	<0.5		30～80	<1.3	0.9				<±2	>30	>80		
MOOG62		1.4～14		9.5,19,38,57,76	30,100			<6	<2		>20	<2	1.22		<±3	<±3		>10	>30		
BD15		1～21	21	3.8,9.5,19,37,57,76	60(标准),15,20,30,40,50,80,100,200	<±5		≤3	<0.5	−2.5～2.5	3%阀芯行程		1.2		<±2		<±2	>18	>40	⑬	
BD30				76,95,113,151								<3.8	2.9					>15	>30		
BD062		1～31.5	31.5	5,10,20,38,57,77	100	<±10		<5	<2		>30	<2.5	2.1		<±3		<±3	>18	>60		
BD760				3.8,9.6,19,38,57,91	40			<3	<0.5			<1.6	0.8		<±2		<±2	>100	>100		
4WS2EM				20,60,200	30,50														>70	⑭	
DOWTY30		1.5～28	21	7.7	8～80	<±7.5	<±5	<3	<0.5		>30	<0.25+5%Q_n	0.19	<±2	<±2	<±2	<±4	>200	>200	⑮	
DOWTY31				27									0.34								
DOWTY32				54														>160	>160		

注：各系列电液伺服阀的型号意义及安装连接尺寸见产品样本。

①中国航空研究院第六〇九研究所（湖北襄樊）；②北京机床研究所精密机电公司；③航空航天工业秦峰机械厂（陕西汉中）；④航空工业第三〇三研究所（北京丰台）；⑤北京机械工业自动化研究所；⑥九江仪表厂（江西九江）；⑦北京冶金液压机械厂；⑧上海液压件一厂；⑨上海科鑫电液设备公司；⑩北京机械工业自动化研究所；⑪美国 Team 公司；⑫美国 MOOG（穆格）公司；⑬美国 Parker 公司；⑭德国 REXROTH（力士乐）公司；⑮英国 DOWTY（道蒂）公司。

表 2-7 国内生产和销售的三级电液流量伺服阀典型产品及其主要技术性能参数

类型		主要性能参数																				
系列型号	结构特征	供油压力范围 p_s /MPa	额定压力 p_n /MPa	额定流量 q_n（系列参数）/(L/min)	额定电流 I_n（系列参数）/mA	回路增益 /s^{-1}	线性度 /%	对称度 /%	滞环 /%	分辨率 /%	重叠度 /%	压力增益 (I_i/I_n=1%时 p/p_s) /%	内泄漏 /(L/min)	质量 /kg	零偏 /%	零漂 供油压力变化 (0.8～1.1p_s) /%	零漂 回油压力变化 (0～0.2p_s) /%	零漂 温度变化 40℃ /%	频宽 幅频宽 −3dB /Hz	频宽 相频宽 −90° /Hz	生产厂	备注
FF109	电反馈	2～21	21	120,200,300,400	40	450	<±7.5	<±5	<1	<0.5		12～100	<13	8	可外调	<±2	<±2	<±2	>100	>100	①	
DYSF-3G-Ⅰ				250		500		<±7.5	<3			37～100	<8			<±3		<±3			②	
DYSF-3G-Ⅱ		2～21		400						<1			<10			<±4		<±4	>70	>50		
QDY3				125,250,400,800						<0.5		40～100							30～100	30～100	③	
DO79-120		7～35		113		700		<±5	<1			6～8	<3	11		<±2	<±2	<±2.5	>90	>70	④	
DO79-121				227									<6									
DO79-210		7～28		756	15	280					±30μm	20～79	<9.5	16				<±2	>50	>40		
DO79-211					40	700			<0.5	<0.25						<±1	<±1	<±1	>60	>55		
DO79-500				1600		280			<0.6	<0.3	±76μm	4～12	<64	54		<±1.5	<±1.5	<±1.5	>48	>46		
DO79-501				2800												<±0.7	<±0.7	<±0.7	>28	>34		
DO64-310			14	530	15	300			<0.3	<0.15			<49	17		<±1	<±1	<±1	>70	>50		
DO64-311				340	100	28			<2	<1						<±3	<±3	<±5	>7	>5		
DOWTY4652			7	500,900	15～200				<1	<0.5									>40	>35	⑤	
4WSE3EE		2～31.5	31.5	300,500,1000					<0.2											>110	⑥	

注：各系列电液伺服阀的型号意义及安装连接尺寸见产品样本。

①中国航空研究院第六〇九研究所（湖北襄樊）；②航空工业第三〇三研究所（北京丰台）；③北京机床研究所精密机电公司；④美国 MOOG（穆格）公司；⑤英国 DOWTY（道蒂）公司；⑥德国 REXROTH（力士乐）公司。

表 2-8 国内生产和销售的电液压力伺服阀典型产品及其主要技术性能参数

类型		主要性能参数																			生产厂	备注
																零漂			频宽			
系列型号	结构特征	供油压力范围 p_s /MPa	额定压力 p_n /MPa	额定控制压力 /MPa	额定压力增益 /(MPa/mA)	额定电流 /mA	线性度 /%	对称度 /%	滞环 /%	分辨率 /%	额定流量 /(L/min)	压力降 /[MPa/(L/min)]	内泄 /(L/min)	质量 /kg	零偏 /%	供油压力变化 (0.8～1.1p_s) /%	回油压力变化 (0～0.2p_s) /%	温度变化 40℃ /%	幅频宽 −3dB /Hz	相频宽 −90° /Hz		
DYSF-30	反馈喷嘴式	7～21	21	±21	0.525	40	<±7.5	<±10	<3	<2	>60	0.32	<15			<±3			>90	>90	①	四通
FF105	阀芯力综合反馈	21		15～0	1.7	10	<±3	(死区)<15	<5	<4	>20	0.5	<0.6	0.5	<±2	<±3	<±5	<±3	>70	>70		三通
MOOG15-105		2～21		±21	2.1		<±7.5	<±10		<2	>55		<2	0.4	<±2		<±4		>300	>200	②	四通
MOOG15-030			14	±14	1.4						>10		<0.6	0.26					>100	>100		
MOOG50-291		7～21	21	21～0		20		(死区)20			>26		<0.7	0.39								三通
MOOG16-156			10.5	±10.5	0.44	24		<±10			>6	1.12	<0.77	0.26								四通

注：各系列电液伺服阀的型号意义及安装连接尺寸见产品样本。

①中国航空研究院第六〇九研究所（湖北襄樊）；②美国 MOOG（穆格）公司。

2.7 典型电液伺服控制系统

2.7.1 电液伺服阀的应用概况及电液伺服控制系统的类型

电液伺服阀由于其高精度和快速控制能力，除了航空、航天和军事装备等普遍使用的领域外，在数控机床及加工中心、橡塑机械、轧钢机械、发电设备、车辆与工程机械、试验机械等各种工业设备的电液控制系统中，特别是系统要求高的动态响应、大的输出功率的场合获得了广泛应用。图 2-50 和图 2-51 分别反映了军事装备和工业设备中伺服阀的应用情况。

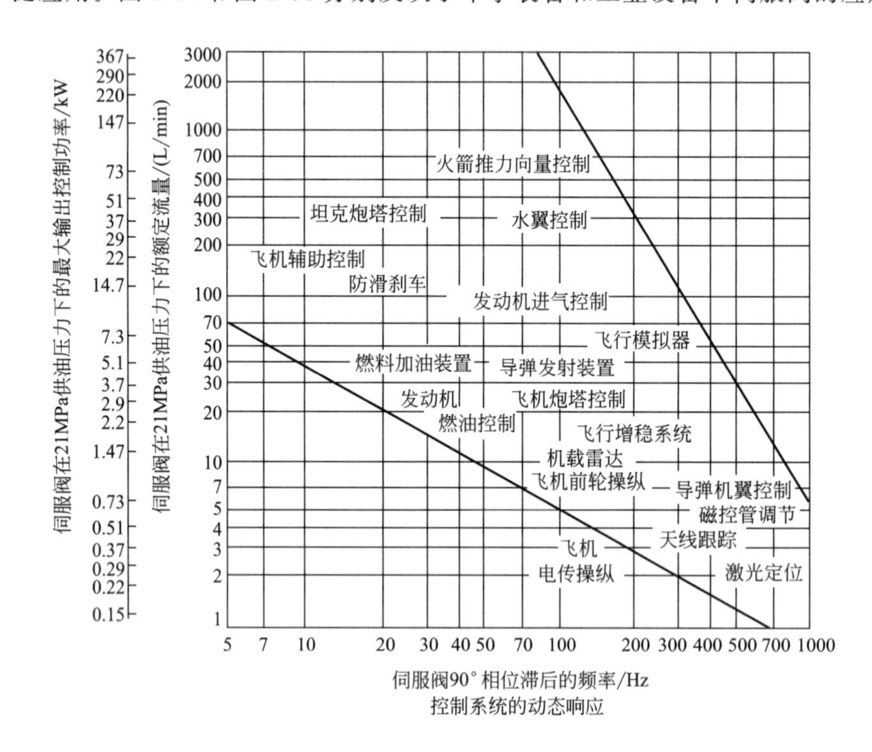

图 2-50 军事装备中伺服阀的应用情况

含有电液伺服阀的液压系统称为电液伺服系统，根据控制元件和控制对象的不同，可将电液伺服系统分为电液伺服阀控制液压缸（液压马达）的伺服系统（简称阀控缸或阀控马达系统）和液压泵控制液压缸（液压马达）的伺服系统（简称泵控缸或泵控马达系统）。

2.7.2 电液伺服阀控制液压缸（液压马达）的伺服系统

（1）阀控缸直线位置伺服系统

图 2-52 所示为典型的电液伺服阀控制液压缸的直线位置伺服系统，当由指令电位器输入指令信号后，电液伺服阀 2 的电气-机械转换器动作，通过液压放大器（先导级和功率级）将能量转换放大后，液压源的压力油经阀 2 向液压缸 3 供油，驱动负载到预定位置，反馈电位器（位置传感器）检测到的反馈信号与输入指令信号经伺服放大器 1 比较，使液压缸驱动工作机构（负载）精确运动到所需位置上。

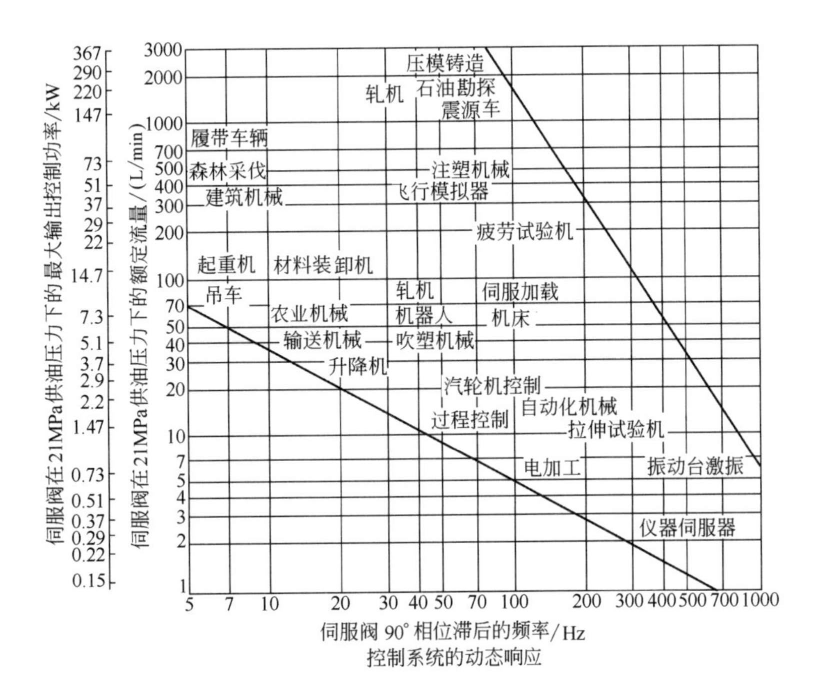

图 2-51 工业设备中伺服阀的应用情况

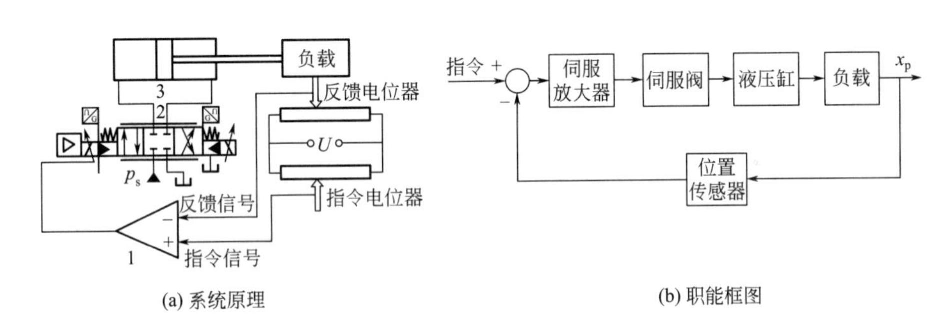

图 2-52 电液伺服阀控制液压缸的直线位置伺服系统

1—伺服放大器；2—电液伺服阀；3—液压缸

（2）阀控缸力和压力伺服系统

图 2-53 所示为电液伺服阀控制液压缸的力和压力伺服系统。图 2-53（a）所示为力控制系统原理，油源经电液伺服阀 2 向液压缸 3 供油，液压缸产生的作用力施加在负载上，力传感器 4 的检测反馈信号与输入指令信号经伺服放大器 1 比较，再通过电液伺服阀控制缸 3 的动作，从而保持负载受力的基本恒定。图 2-53（b）所示为压力控制系统原理，当电液伺服阀 2 接受输入指令信号并将信号转换放大后，使双杆液压缸 3 两腔压差达到某一设定值。缸内压力变化时，液压缸近旁所连接的压差传感器 5 的检测反馈信号与输入指令信号经伺服放大器 1 比较，再通过电液伺服阀控制缸的动作，从而保持液压缸两腔压差的基本恒定。

（3）阀控缸伺服同步系统

图 2-54 所示为利用电液伺服阀放油的液压缸同步控制系统。分流阀 6 用于液压缸 1 和 2 的粗略同步控制，再用电液伺服阀 5 根据位置误差检测器（差动变压器）3 的反馈信号进行

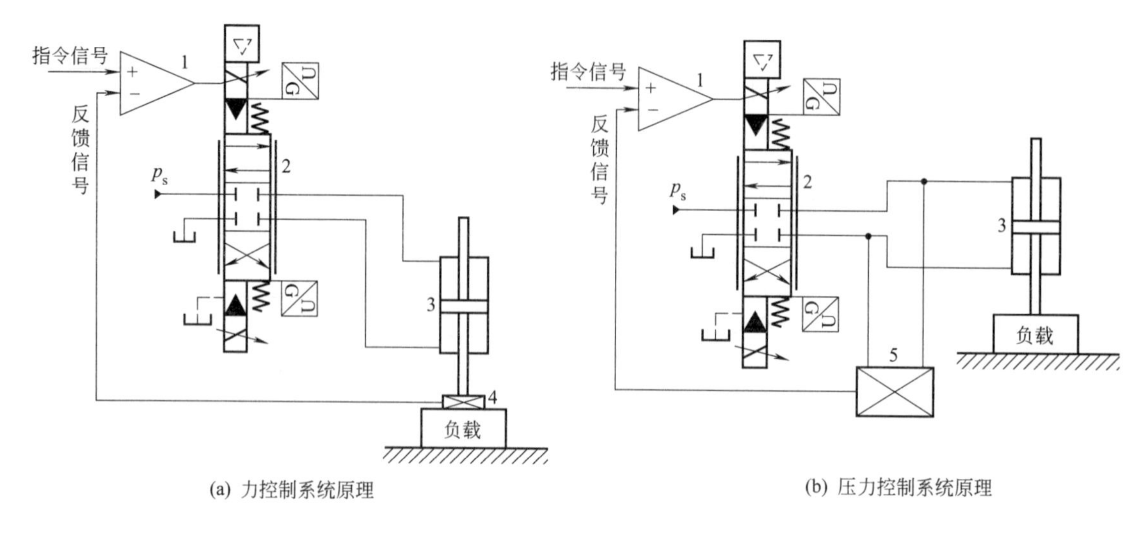

(a) 力控制系统原理　　(b) 压力控制系统原理

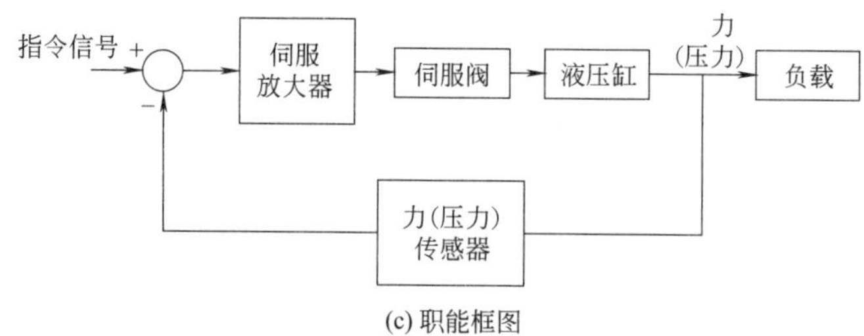

(c) 职能框图

图 2-53　电液伺服阀控制液压缸的力和压力伺服系统

1—伺服放大器；2—电液伺服阀；3—双杆液压缸；4—力传感器；5—压差传感器

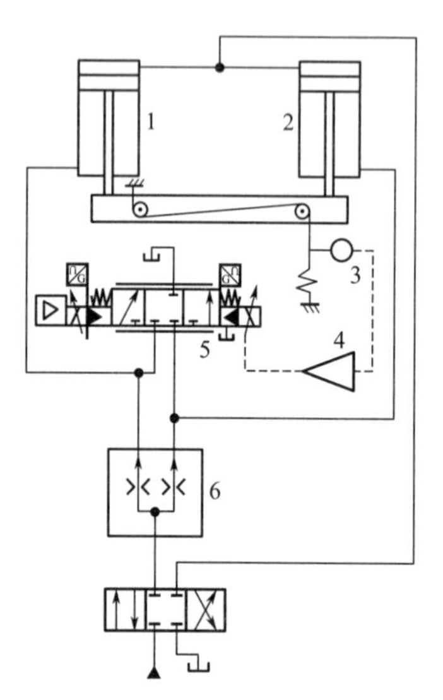

图 2-54　利用电液伺服阀放油的液压缸同步控制系统

1,2—液压缸；3—差动变压器；4—伺服放大器；5—电液伺服阀；6—分流阀

旁路放油，实现精确的同步控制。该系统同步精度高（达 0.2mm），可自动消除两缸位置误差；伺服阀出现故障时仍可实现粗略同步；伺服阀可采用小流量阀实现放油；成本较高，效率低，适用于同步精度要求高的场合。

图 2-55 所示为利用电液伺服阀跟踪的液压缸同步控制系统。电液伺服阀 1 控制阀口开度，输出一个与换向阀 2 相同的流量，使两个液压缸获得双向同步运动。该系统同步精度高，但价格较高，适于两液压缸相隔较远，又要求同步精度很高的场合。

图 2-56 所示为利用电液伺服阀配流的液压缸同步控制系统。电液伺服阀 2 根据位移传感器 4 和 5 的反馈信号持续地调整阀口开度，控制两个液压缸的输入或输出流量，使它们获得双向同步运动。该系统的特点与图 2-55 所示系统相同。

（4）阀控马达直线位置伺服系统

图 2-57 所示为电液伺服阀控制的液压马达直线位置伺服系统。当系统输入指令信号后，由能量转换放大，液压源的压力油经电液伺服阀 2 向双向定量液压马达 3 供油，一级齿轮减速器 4 和丝杆螺母机构 5 将马达的回转运动转换为负载的直线运动，位置传感器检测到的反馈信号与输入指令信号

经伺服放大器 1 比较，使负载精确运动到所需位置上。

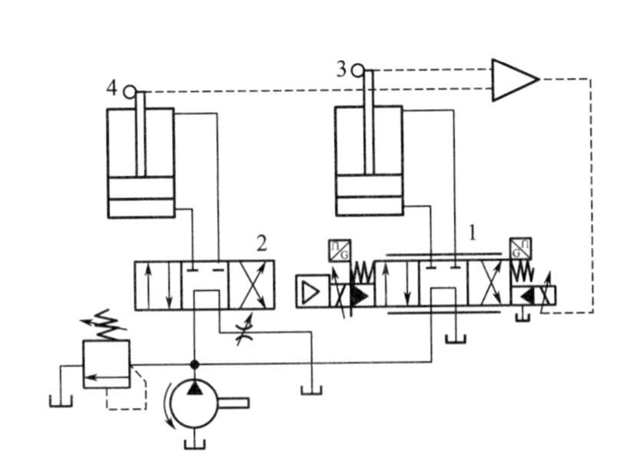

图 2-55 利用电液伺服阀跟踪的液压缸同步控制系统

1—电液伺服阀；2—三位四通换向阀；3,4—位移传感器

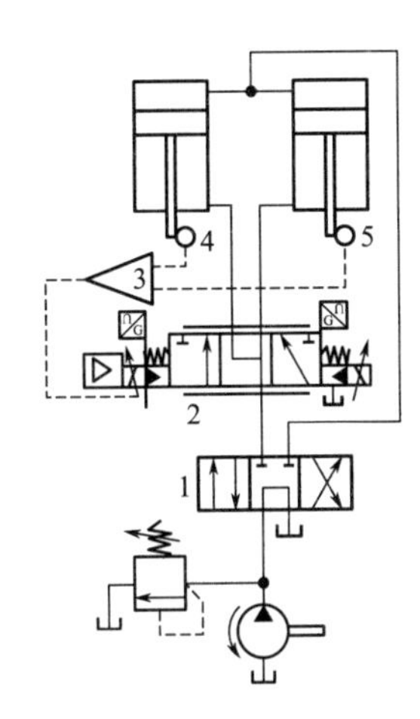

图 2-56 利用电液伺服阀配流的液压缸同步控制系统

1—三位四通换向阀；2—电液伺服阀；3—伺服放大器；4,5—位移传感器

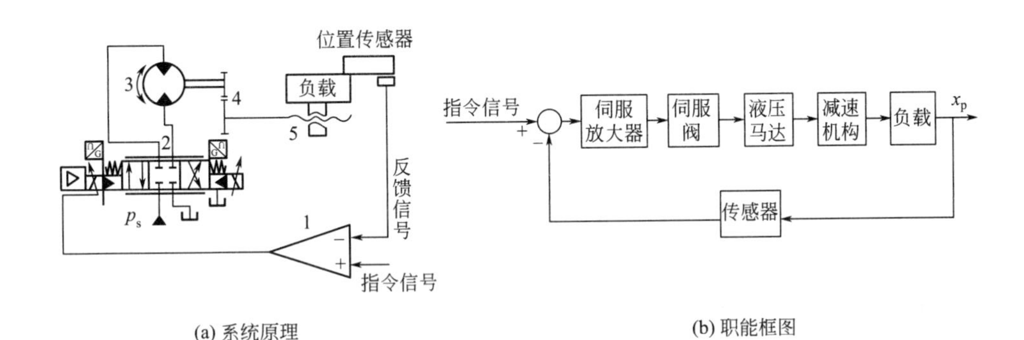

(a) 系统原理　(b) 职能框图

图 2-57 电液伺服阀控制的液压马达直线位置伺服系统

1—伺服放大器；2—电液伺服阀；3—液压马达；4—齿轮减速器；5—丝杆螺母机构

（5）阀控马达转角位置伺服系统

图 2-58 所示为电液伺服阀控制的液压马达转角位置伺服系统，采用自整角机组作为角差测量装置，输入轴与发送机轴相连，输出轴与接收机轴相连。自整角机组检测输入轴和输出轴之间的角差，并将角差转换为振幅调制波电压信号，经交流放大器放大和解调器解调后，将交流电压信号转换为直流电压信号，再经伺服放大器 1 放大，产生一个差动电流去控制电液伺服阀 2，液压能量放大后，液压源的压力油经电液伺服阀 2 向双向定量液压马达 3 供油，马达通过一级齿轮减速器 4 驱动负载作回转运动，经上述反馈信号与输入指令信号的比较，使负载精确运动到所需转角位置上。

（6）阀控马达速度伺服系统

图 2-59 所示为利用电液伺服阀控制双向定量液压马达回转速度保持一定值的系统，当系统输入指令信号后，电液伺服阀 2 的电气-机械转换器动作，通过液压放大器（先导级和功率级）将能量转换放大后，液压源的压力油经电液伺服阀向双向定量液压马达 3 供油，使液压马达驱动负载以一定转速工作，同时，测速电机（速度传感器）4 的检测反馈信号 u_f 与输入指令信号经伺服放大器 1 比较，得出的误差信号控制电液伺服阀的阀口开度，从而使

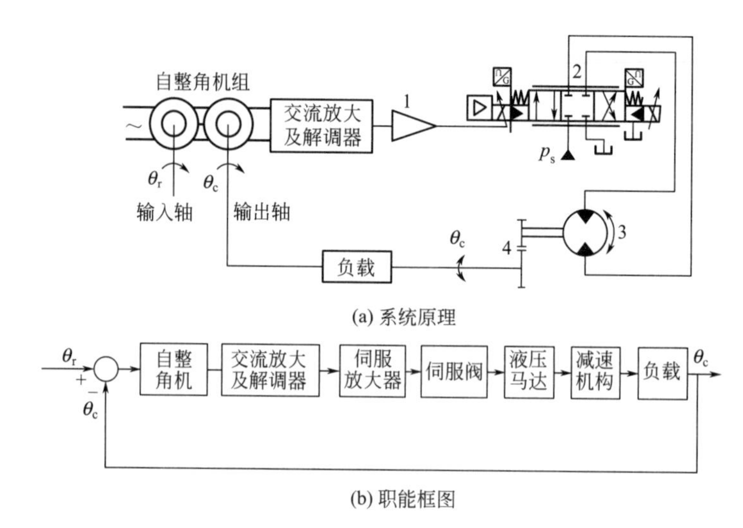

(a) 系统原理

(b) 职能框图

图 2-58 电液伺服阀控制的液压马达转角位置伺服系统

1—伺服放大器；2—电液伺服阀；3—液压马达；4—齿轮减速器

执行元件（负载）转速保持在设定值附近。

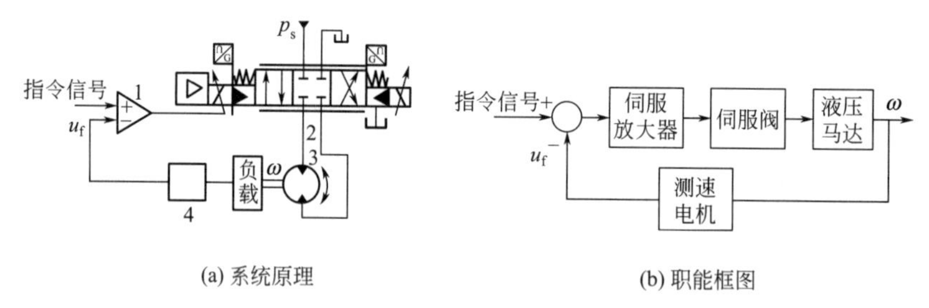

(a) 系统原理　　(b) 职能框图

图 2-59 电液伺服阀控制的液压马达速度伺服系统

1—伺服放大器；2—电液伺服阀；3—液压马达；4—测速电机

2.7.3 液压泵控制的液压缸（液压马达）伺服系统

（1）泵控缸速度伺服系统

图 2-60 所示为典型的开环泵控缸速度伺服系统。双向变量液压泵 5、拖动负载的双杆双作用液压缸 12 及安全溢流阀 8、9 和补偿系统中各液压元件的泄漏损失的补油装置（补油泵 3、溢流阀 4 和单向阀 6、7）组成闭式油路，通过改变泵 5 的排量对缸 12 进行换向和调速，而变量液压泵 5 的排量调节，通过电液伺服阀 16 控制的变量缸 17 的位移调节来实现。负载缸与电液伺服阀控制的变量缸之间是开环的。当系统输入指令信号后，控制液压源的压力油经电液伺服阀 16 向变量缸 17 供油，使缸驱动变量泵的变量机构在一定位置下工作；同时，位置传感器 18 的检测反馈信号与输入指令信号经伺服放大器 15 比较，得出的误差信号控制电液伺服阀的阀口开度，从而使变量泵的变量机构即变量泵的排量保持在设定值附近，最终保证液压缸 12 在希望的速度值附近工作。系统中的差动液控换向阀 10 用于热交换（故该阀又称换油阀），当高、低压管路压差 p_A 与 p_B 大于一定数值时，该阀向低压侧移位切换，使低压管路与低压溢流阀 11 接通，则低压管路中部分热油经该溢流阀排回油箱，此时补油泵 3 所供油液替换了排出的热油，当高、低压管路压差很小时，阀 10 处于中位，补油泵供出的多余油液从溢流阀 4 溢回油箱。溢流阀 4 的设定压力应略比溢流阀 11 的设定压力高，以

保证高、低压管路压差大于阀 10 动作压差时，阀 10 和 11 能将低压管路的热油放出一部分，新的冷油才能不断进入低压管路。

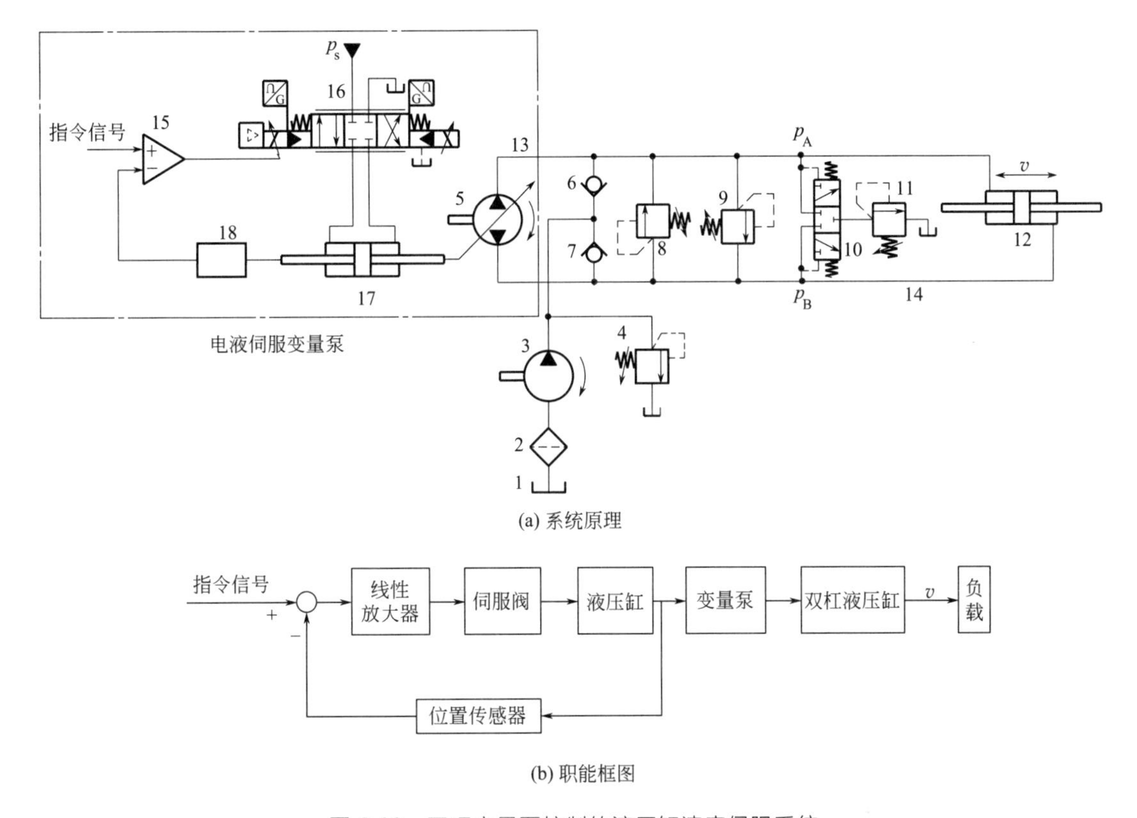

(a) 系统原理

(b) 职能框图

图 2-60 开环变量泵控制的液压缸速度伺服系统

1—油箱；2—过滤器；3—单向定量液压泵；4,8,9,11—溢流阀；5—双向变量液压泵；6,7—单向阀；10—梭阀式液控三位三通换向阀；12—双杆双作用液压缸；13,14—管路；15—伺服放大器；16—电液伺服阀；17—变量缸；18—位置传感器

此类系统的原型是 1979 年由德国 Aachen 工业大学液压研究所的 SPROCKHOFF 博士提出的，并在包括石棉水泥管卷压成型机等在内的机械设备中获得了普遍应用。但由于该系统采用恒定背压的换油阀进行热交换，在工作过程中液压缸只有一个容腔处于液压压紧状态，因此系统的固有频率较低，影响系统的动态特性。

（2）泵控马达速度伺服系统

图 2-61 所示为开环泵控液压马达速度伺服系统。与图 2-60 所示系统类似，双向变量液压泵 5、双向定量液压马达 6 及安全溢流阀组 7 和补油单向阀组 8 组成闭式油路，通过改变变量液压泵 5 的排量对液压马达 6 调速，而变量液压泵的排量调节通过电液伺服阀 2 控制的双杆变量液压缸 3 的位移调节来实现。执行元件及负载与电液伺服阀控制的变量液压缸之间是开环的。当系统输入指令信号后，控制液压源的压力油经电液伺服阀 2 向变量液压缸 3 供油，使变量液压缸驱动变量液压泵的变量机构在一定位置下工作；同时，位置传感器 4 的检测反馈信号与输入指令信号经伺服放大器 1 比较，得出的误差信号控制电液伺服阀的阀口开度，从而使变量液压泵的变量机构即变量液压泵的排量保持在设定值附近，最终保证液压马达 6 在希望的转速值附近工作。

图 2-62 所示为闭环泵控液压马达速度伺服系统，其油路结构与图 2-61 所示系统所不同

的是在负载与指令机构间增设了测速电机（速度传感器）9，从而构成一个闭环速度控制回路，因此其速度控制精度更高。

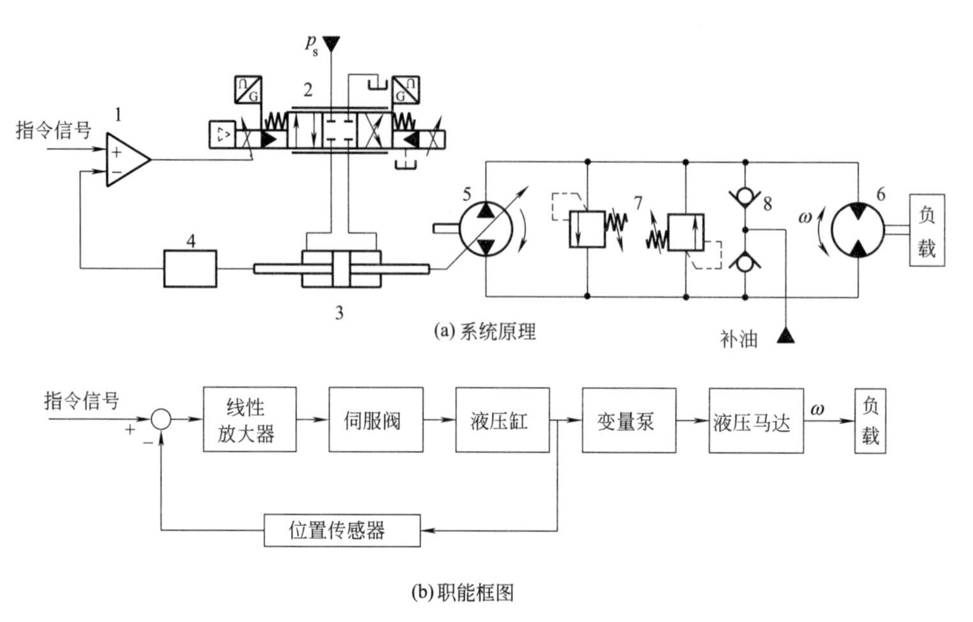

图 2-61 开环变量泵控制的液压马达速度伺服系统

1—伺服放大器；2—电液伺服阀；3—变量液压缸；4—位置传感器；5—双向变量液压泵；6—双向定量液压马达；7—安全溢流阀组；8—补油单向阀组

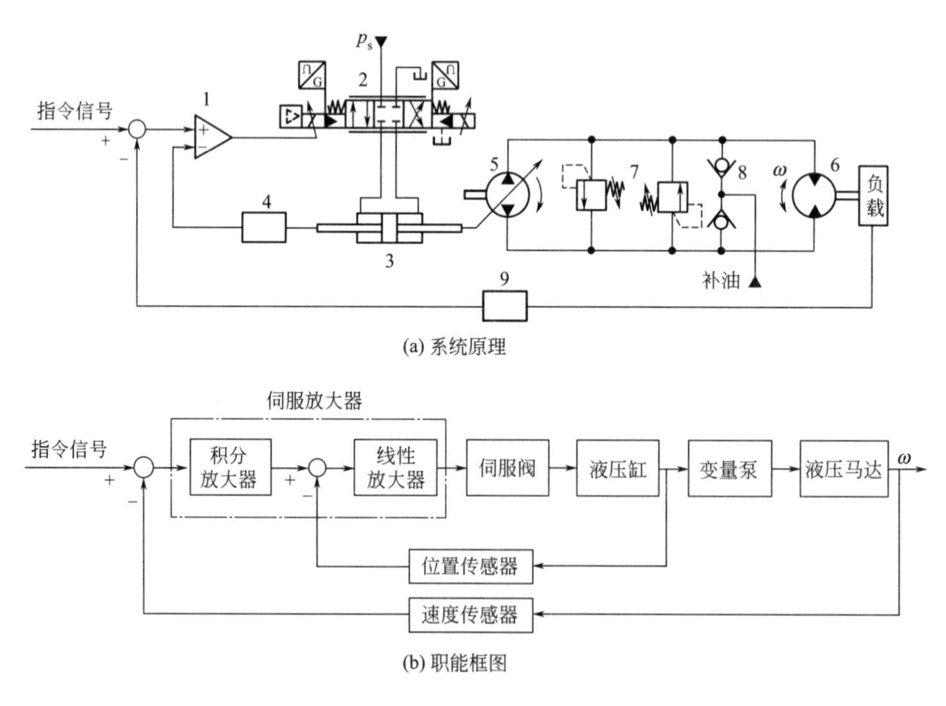

图 2-62 闭环变量泵控制的液压马达速度伺服系统

1—伺服放大器；2—电液伺服阀；3—双杆液压缸；4—位置传感器；5—双向变量液压泵；6—双向定量液压马达；7—安全溢流阀组；8—补油单向阀组；9—速度传感器

2.7.4 典型机械设备的电液伺服控制系统

（1）带钢跑偏光电液伺服控制系统

在带钢生产中，跑偏控制系统的功用在于使机组钢带定位并自动卷齐，以免由于张力不适当、辊系不平行、钢带厚度不均匀等原因引起带边跑偏甚至导致撞坏设备或断带停产，有利于中间多道工序生产，减少带边剪切量而提高成品率，成品整齐，便于包装、运输和使用。光电液伺服控制系统是常见的带钢跑偏控制系统之一，如 2-63 所示，它通过执行机构控制卷取机的位移，使其跟踪带钢的偏移，从而使钢卷卷齐，故该系统为位置伺服控制系统。由于被检测的是连续运动着的带钢边缘偏移量，故位置传感器使用非接触式的光电位置检测元件。与气液伺服跑偏控制系统相比，电液伺服系统的优点是信号传输快，电反馈和校正方便，光电检测器的开口(即发射光源与接收器间距）可达 1m 左右，并可直接方便地装于卷取机旁。

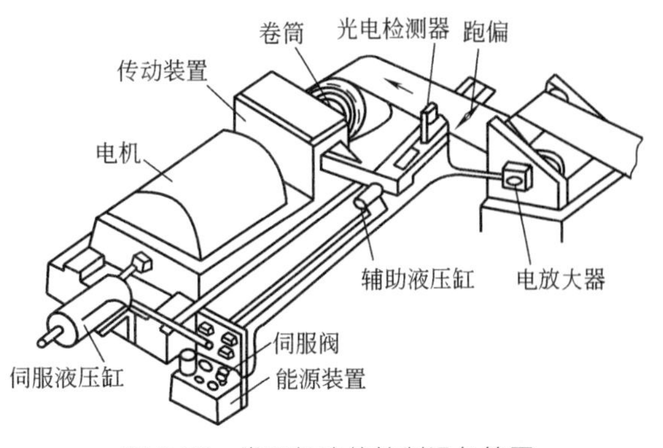

图 2-63 卷取机跑偏控制设备简图

图 2-64 所示为电液伺服控制系统原理，油源为定量液压泵 1 供油的恒压源，压力由溢流阀 2 设定。系统的执行元件为电液伺服阀 5 控制的辅助液压缸 12 和移动液压缸 13。缸 12 用于驱动光电检测器 17 的前进与退回，以免一卷钢带卷毕时，带钢尾部撞坏检测器；缸 13 为主缸，用于驱动卷筒 15 作直线运动实现跑偏控制。图 2-65 所示为系统控制电路简图，光电检测器由发射光源和光电二极管接收器组成，光电二极管作为平衡电桥的一个臂。钢带正常运行时，光电二极管接收一半光照，其电阻为 R_1，调整电桥电阻 R_3，使 $R_1R_3=R_2R_4$，电桥无输出。当钢带跑偏使带边偏离检测器中央时，电阻 R_1 随光照变化，使电桥失去平衡，从而造成调节偏差信号 u_g，此信号经放大器放大后，推动伺服阀工作，伺服阀控制液压缸跟踪带边，直到带边重新处于检测器中央，达到新的平衡为止。

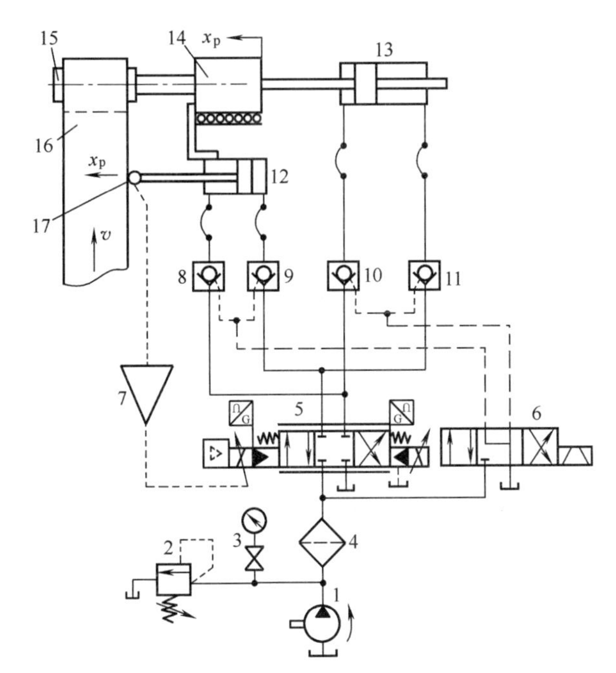

图 2-64 卷取机电液伺服控制系统原理

1—定量液压泵；2—溢流阀；3—压力表及其开关；4—精密过滤器；5—电液伺服阀；6—三位四通电磁换向阀；7—伺服放大器；8～11—液控单向阀；12—辅助液压缸（检测器缸）；13—移动液压缸；14—卷取机；15—卷筒；16—钢带；17—光电检测器

检测器缸 12 用于剪切前将检测器退回，带钢引入卷取机钳口。为了开始卷取前检测器能自动对位，即使光电二极管的中心自动对准带钢边缘，检测器缸也由伺服阀控制，检测器退出和自动对位时，卷取机移动液压缸 13 应不动，

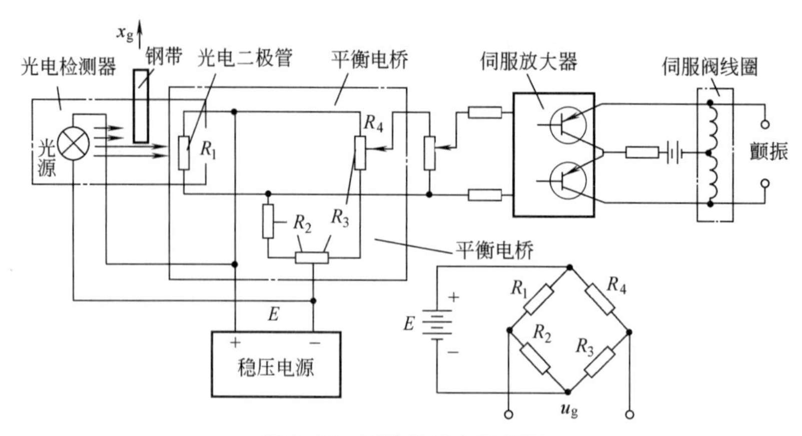

图 2-65　系统控制电路简图

自动卷齐时，检测器缸 12 应固定，为此采用了两套可控液压锁（分别由液控单向阀 8、9 和 10、11 组成），液压锁由三位四通电磁换向阀 6 控制。

自动卷齐或检测器自动对位时，系统为闭环工作状态；快速退出检测器时，切断闭环，手动给定伺服阀最大负向电流，此时伺服阀作换向阀用。

通过自动卷齐闭环系统的原理框图（图 2-66）容易了解整个系统的工作原理与控制过程。

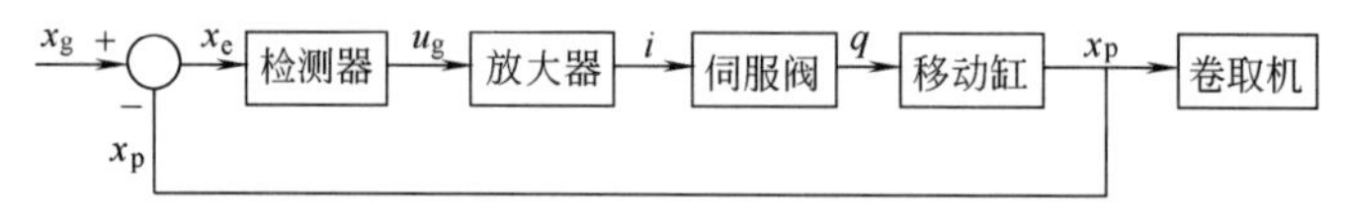

图 2-66　跑偏控制系统原理框图

（2）四辊轧机液压压下装置的电液伺服控制系统

轧机是轧钢及有色金属加工业生产板、带等产品的常用设备，其中四辊轧机最为常见，其压下装置结构示意如图 2-67 所示。其工艺原理是，当厚度为 H 的带材通过上、下两轧辊（工作辊）5 之间的缝隙时，在轧制力的作用下，带材 2 产生塑性变形，在出口就得到了比入口薄的板带（厚度为 h），经过多道次的轧制，即可轧制出所需厚度的成品。由于不同道次所需辊缝值以及轧制过程中需要不断地自动修正辊缝值，就需要压下装置。随着对成品厚度的公差要求不断提高，早期的电动机械式压下装置逐渐被响应快、精度高的液压压下装置所取代。液压压下装置的功能是使轧机在轧制过程中克服来料的厚度及材料物理性能的不均匀，消除轧机刚度、辊系的机械精度及轧制速度变化的影响，自动迅速地调节压下液压缸的位置，使轧机工作辊辊缝恒定，从而使出口板厚恒定。

如图 2-68 所示，轧机液压压下装置主要由液压泵站 1、伺服阀台 2、压下液压缸 3、电控装置 6 以及各种检测装置组成，压下液压缸 3 安装在轧辊下支承两侧的轴承座下（推上），也可安装在上支承辊轴承之上（压下），两种结构习惯上都称为压下。调节液压缸的位置即可调节两工作辊开口度（辊缝）的大小。辊缝的检测主要有两种，一是采用专门的辊缝仪直接测量出辊缝的大小，二是检测压下液压缸的位移，但它不能反映出轧机的弹跳及轧辊的弹性压扁对辊缝变化的影响，故往往需要用测压仪或油压传感器测出压力变化，构成压力补偿环，来消除轧机弹跳的影响，实现恒辊缝控制。此外，完善的液压压下系统还有预控和监控系统。

图 2-69 所示为某轧机液压压下装置的电液伺服控制系统原理。恒压变量泵 1 提供压力恒定的高压油，经过滤器 2 和 5 两次精密过滤后送至两侧的伺服阀台，两侧的油路完全相

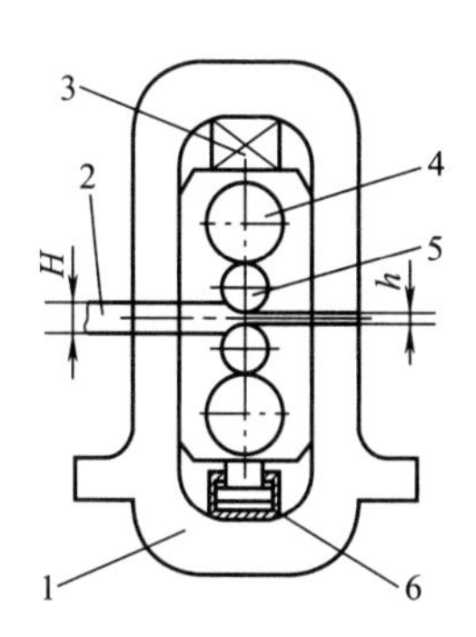

图 2-67 四辊轧机的液压压下装置结构示意

1—机架；2—带材；3—测压仪；4—支承辊；5—工作辊；6—压下液压缸

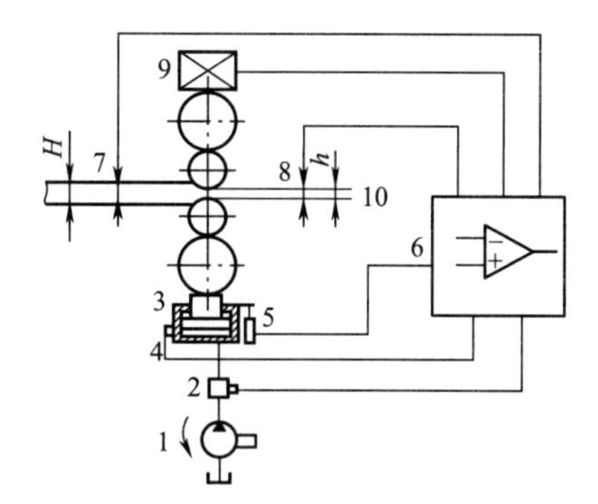

图 2-68 液压压下装置的工作原理

1—压下泵站；2—伺服阀台；3—压下液压缸；4—油压传感器；5—位置传感器；6—电控装置；7—入口测厚仪；8—出口测厚仪；9—测压仪；10—带材

同。以操作侧为例，压下液压缸 9 的位置由电液伺服阀 7 控制，缸的升降即产生了辊缝的改变。电磁溢流阀 8 起安全保护作用，并可使液压缸快速泄油；蓄能器 3 用于减小泵站的压力

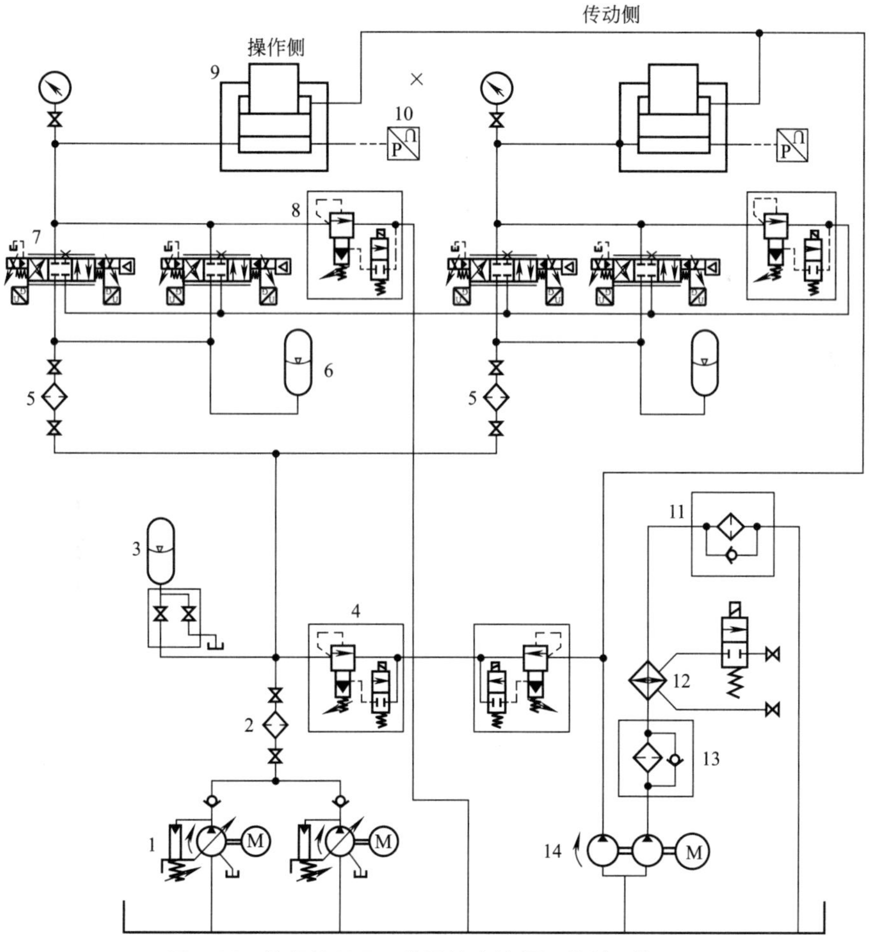

图 2-69 轧机液压压下装置的电液伺服控制系统原理

1—恒压变量泵；2,5—过滤器；3,6—蓄能器；4,8—电磁溢流阀；7—电液伺服阀；9—压下液压缸；10—油压传感器；11,13—离线过滤器；12—冷却器；14—双联泵

波动，而蓄能器 6 则是为了提高快速响应。双联泵 14 供油给两个低压回路，一个为压下缸的背压回路，另一个为冷却和过滤循环回路，对系统油液不断进行循环过滤，以保证油液的清洁度，当油液超温时，通过冷却器 12 对油进行冷却。每个压下缸采用两个伺服阀控制，通过在一个阀的控制电路中设置死区，可实现小流量时一个阀参与控制，大流量时两个阀参与控制，这样对改善系统的性能有利。该系统工作压力为 20～25MPa，压下速度为 2mm/min，系统频宽为 5～20Hz，控制精度达 1%。

（3）液压驱动四足机器人 SCalf 电液伺服系统

① 机器人概况。液压驱动四足机器人 SCalf 以大型有蹄类动物为仿生对象，同时考虑了运动能量消耗、载重、运动指标以及开发成本，以刚性框架作为其躯干，并对其腿部骨骼进行简化，最终形成了 12 个主动自由度、4 个被动自由度的四足仿生机构。其中，每条腿上分别有 1 个横摆关节和 2 个俯仰关节，由铝合金材料加工制成，通过安装在腿末端被动自由度上的直线弹簧吸收来自地面的冲击。该机器人集成了发动机系统、传动系统、液压驱动系统、控制系统、传感系统、热交换系统及燃料箱等，其整体结构如图 2-70 所示。机器人的部分参数：长×宽×站立高度为 1100mm×490mm×1000mm，自重为 123kg，步态为 trotting（小跑步态）、creeping（爬行），负重为 120kg，行走速度大于 5km/h，最大爬坡角度为 10°，续航时间为 40min，跨越垂直障碍高度为 150mm。该机器人能够在较为复杂的室外环境（如平整水泥路面，平整沥青路面，具有一定不平整度的草地、沙地和土地，易打滑的雪地和结冰路面）中以及负重的情况下行走，可上下坡和攀爬连续台阶，在受到外界冲击的情况下仍可以保持自身的平衡和运动状态。

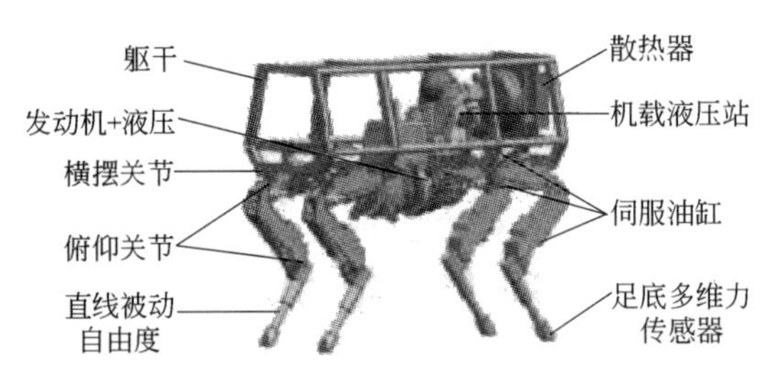

图 2-70 机器人的整体结构

② 动力与驱动系统。该机器人的机载动力系统（图 2-71）由一台 22kW 单缸两冲程卡丁车发动机、变量柱塞泵、机载液压站、燃料箱及热交换、排气、传动、转速控制与状态监控单元等组成。

为了使发动机与液压泵两者都能工作在一个良好的功率输出和转速曲线上，发动机与液压泵之间通过传动比为 1.5∶1 的高速链条实现传动。根据液压系统的工作流量，液压泵的转速输入期望范围为 5500～7500r/min，发动机的转速输出需控制在 8000～11000r/min。根据发动机的输出特性曲线，在这个范围内，发动机的功率输出特性稳定，而且覆盖发动机的最大转矩输出点，从而避免了机器人运动过程中，因动力匹配问题而造成发动机转速与液压系统流量大幅波动。

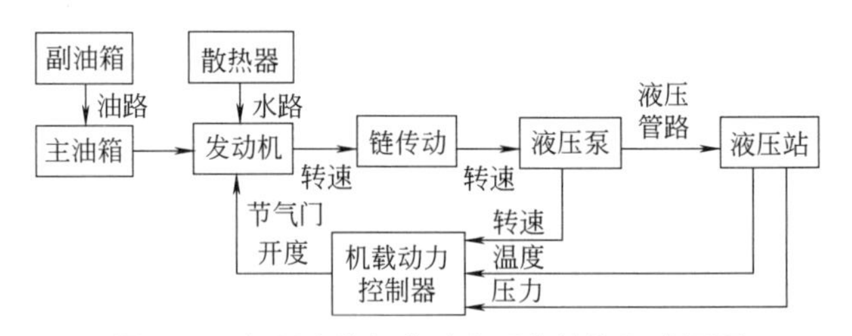

图 2-71 机器人的机载动力系统结构组成框图

将发动机与液压泵系统视为黑箱，采用 PID（比例-积分-微分）控制器控制舵机位置，改变发动机节气门开度，以 20Hz 的频率伺服控制液压泵的转速。在机器人运动时，液压系统的流量一直快速变化，为了提高系统的鲁棒性，采用分段 PID 控制器。在速度偏差值较大时，采用强收敛性参数，保证控制器响应的快速性；在偏差较小时，使用调节较弱的参数，保证控制器稳定输出，避免系统振荡。转速控制器的控制框图如图 2-72 所示。其中，q_{pd} 为液压泵的期望值，$|e|$ 为 q_{pd} 与液压泵的实测转速 q_p 经过卡尔曼滤波后的偏差的绝对

值，E_1、E_2 为偏差$|e|$的两个阈值。与此同时，控制器模块还负责采集机载动力系统液压输出压力及液压系统的工作温度，以方便对动力系统的状态评估。

在有限的空间中实现每个关节液压伺服驱动，采用了一体化的液压驱动单元。如图 2-73 所示，该单元将电液伺服阀、杆端拉压力传感器以及直线位移传感器集成在一个直线伺服油缸上，机器人的每一个主动关节都由一个这样的一体化液压驱动单元驱动。油缸的 PID 伺服控制器以 500Hz 的伺服频率对油缸直线位移进行伺服控制，同时以 100Hz 的频率通过杆端拉压力传感器检测油缸的出力状态。

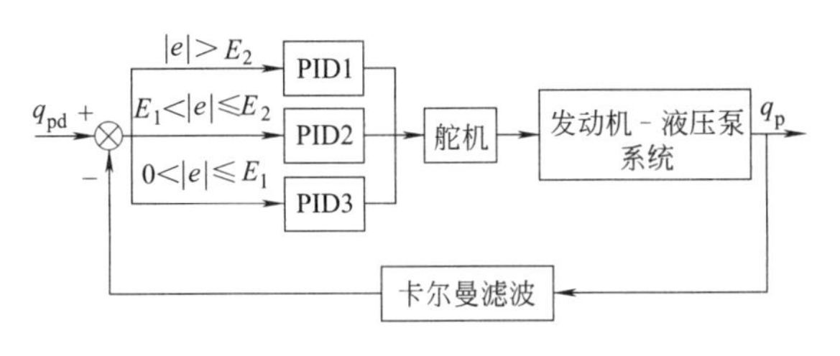

图 2-72　机器人的液压泵转速伺服控制框图

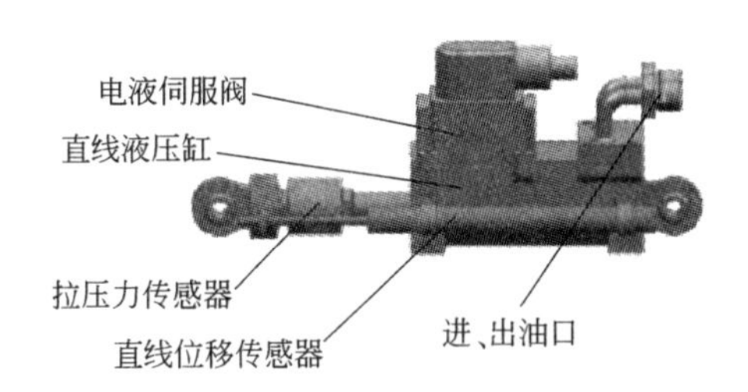

图 2-73　机器人一体化的液压驱动单元

③ 控制系统与控制方法。由于机器人的各个控制、传感设备分散在机器人本体的各个位置，而且发动机、蓄电池等能源设备同时存在，因此 SCalf 的控制系统必须具备分布式采集与控制、可抵抗复杂外部干扰的特点。为此，将控制系统设计成一个具有双 CAN 总线与分层结构的分布式网络系统，如图 2-74 所示。

运动控制计算机负责底层的运动伺服及运动相关传感器的数据采集。由于对实时性要求较高，因此采用了 QNX 实时操作系统。在 SCalf 自动运行模式下，运动控制计算机的运动指令来自上层的环境感知计算机；在手动操作模式下，运动控制计算机的运动指令直接来自无线操作器。环境感知计算机对实时性的要求低于运动控制计算机，因此在环境感知计算机上运行实时性低、通用性较强、易于扩展的 Linux 内核的通用操作系统。环境感知计算机负责采集 GPS（全球定位系统）数据以及二维激光扫描测距仪的数据，同时根据上述数据进行路径、人员跟踪以及避障的运动规划。

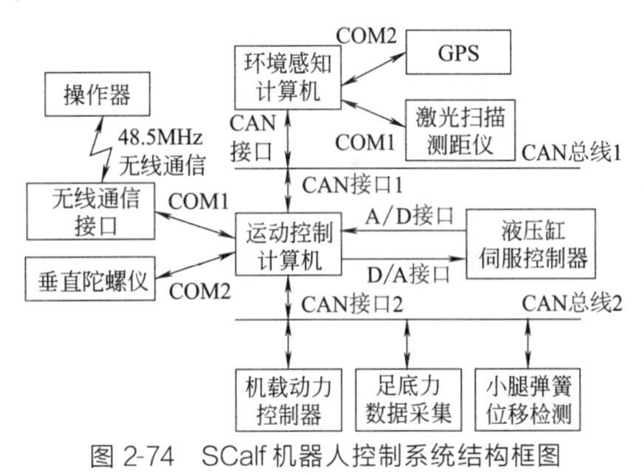

图 2-74　SCalf 机器人控制系统结构框图

该系统有一套简便、快速、实用性强的运动控制方法，使机器人能够在不同的地形条件下稳定行走。

（4）高铁轨道路基动力响应测试电液伺服激振系统

① 电液伺服激振系统功用。轨道路基动力响应测试激振系统要模拟列车经过时对轨道路基产生的影响，为高速铁路路基的设计、施工和维修提供技术手段。系统需要同时模拟列车静载和经过时产生的动载的综合影响，要求输出激振力为（200±100)kN，其中 200kN 为直流分量模拟列车静载，100kN 为交流分量模拟列车动载，且多种激振输出波形可调。由于路基材质不同，其固有频率等物理力学特性也不同，要求激振系统的激振频率为 1～40Hz，激振振幅为 0.5～20mm，1Hz 时振幅±20mm，40Hz 时振幅±0.5mm。

② 电液伺服激振系统原理。图 2-75 所示为电液伺服激振系统原理。

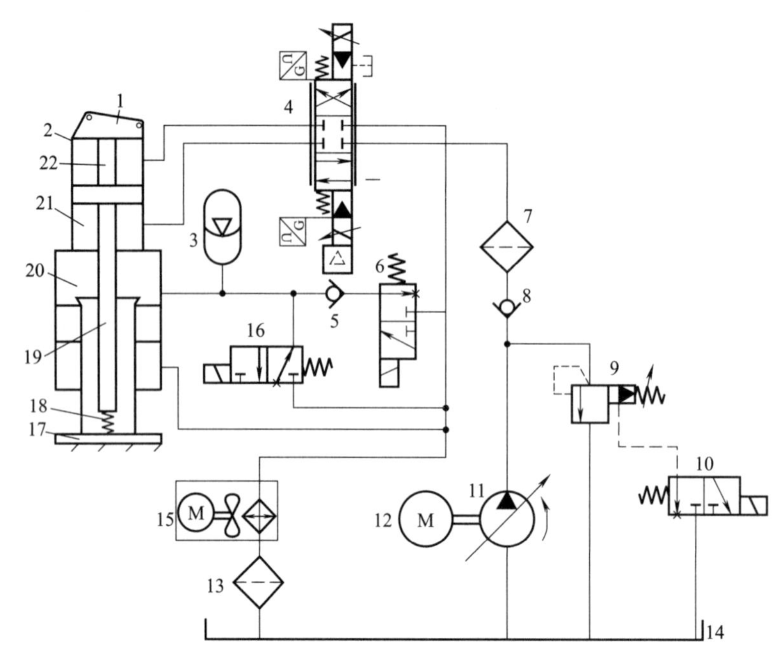

图 2-75 电液伺服激振系统原理

1—连接板；2—双级伺服液压缸；3—蓄能器；4—电液伺服阀；5,8—单向阀；6,10—二位三通电磁换向阀；7,13—过滤器；9—先导式溢流阀；11—液压泵；12—电机；14—油箱；15—风冷冷却器；16—二位三通电磁球阀；17—激振板；18—弹簧；19—静压活塞杆；20—静压腔；21—动压腔；22—动压活塞杆

a. 主要元件作用。系统的执行元件为作为激振器的双级伺服液压缸 2。如图 2-76 所示，该伺服液压缸由左部的静压缸和右部的动压缸组成，静压缸和动压缸共用一个缸体，静压缸包括静压活塞 5 和静压活塞杆 17，动压缸包括动压活塞 9 和动压活塞杆 7，静压缸和动压缸之间通过缸体的中间部分分隔开来，利用缸体中间部分和动压活塞杆之间的密封实现静压缸和动压缸之间的密封，防止两缸之间的压力油的互相渗透，其中静压活塞杆为中空，动压活塞杆穿过静压活塞杆的中空部分将动压力输出。此结构可使动压缸和静压缸结构上相互独立而不相互影响。为了减小动压缸的摩擦力对动压缸动态响应的影响，动压活塞和缸体之间采用间隙密封，动压活塞杆和静压活塞杆之间在静压缸部分采用间隙密封，通过将泄漏油从泄漏油通道引回油箱，在静压活塞杆端部形成低压区，再在静压活塞杆端部采用低压动密封，可减小静压活塞杆和动压活塞杆之间的摩擦力，动压活塞上开有平衡槽 8 以减小液压卡紧力。

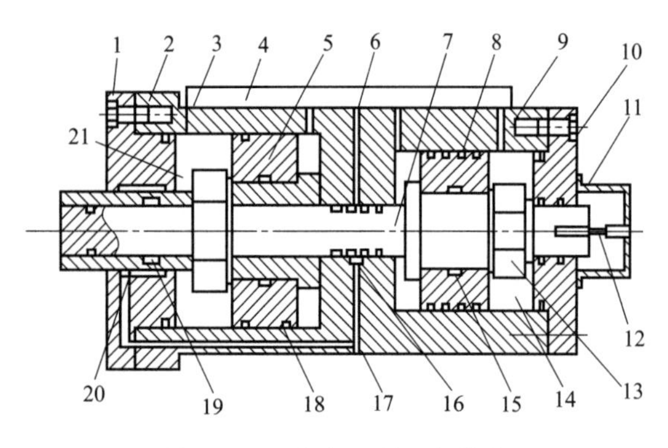

图 2-76 双级伺服液压缸结构

1—左端盖；2—缸体；3—工作油口；4—伺服阀座；5—静压活塞；6—泄漏油通道；7—动压活塞杆；8—平衡槽；9—动压活塞；10—右端盖；11—防尘罩；12—传感器；13—螺母；14—动压腔；15,18—密封圈；16,19,20—泄漏油环形槽；17—静压活塞杆；21—静压腔

工作时，静压缸通过静压活塞输出静压力模拟列车静载，动压缸通过动压活塞输出动压力模拟列车动载，这样将激振力

分为两个力分别通过两个液压缸输出，利用两个缸输出力叠加来得到最终的激振力，如图 2-77 所示。

该系统油路由静压缸回路和动压缸回路组成。系统油源为变量液压泵 11（图 2-75），其压力由溢流阀按静压缸模拟列车静载所需值设定，泵的卸荷由二位三通电磁换向阀 10 控制。单向阀 8 用于防止压力油倒灌对泵 11 的影响，蓄能器 3 用于保持静压缸恒压，蓄能器充液由二位三通电磁换向阀 6 控制，单向阀 5 用于防止蓄能器油液倒流，二位三通球阀 16 用于蓄能器卸压，动压缸压力由电液伺服阀 4 根据所需激振力波形动态调定，过滤器 7 用于压力油过滤，以保证流经伺服阀油液的清洁度，以提高系统可靠性。由于此系统是野外作业，故采用风冷冷却器 15 对系统回油进行冷却。

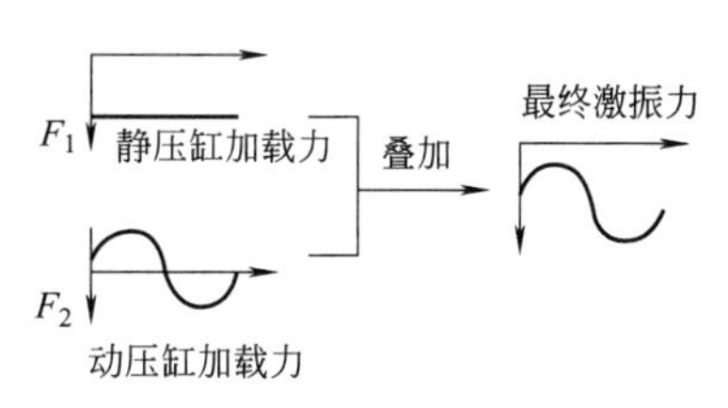

图 2-77 双级伺服液压缸加载示意

b. 工作原理。在测试前，根据试验条件先给蓄能器 3 充一定压力油，使静压缸达到一定压力以模拟列车静载，电磁换向阀 6 通电切换至下位，液压泵 11 的压力油经单向阀 8、换向阀 6 和单向阀 5 进入蓄能器 3 给其充压，当达到所需压力后阀 6 断电复至图 2-75 所示上位。

当开始测试时，重新调定溢流阀的压力，通过伺服阀动态调定动压缸的压力，模拟列车动载；在测试结束后，电磁球阀 16 通电切换至左位，使蓄能器卸压，电磁换向阀 10 通电使泵 11 卸荷。

③ 系统特点。采用双级伺服液压缸作为激振器；双级伺服液压缸通过连接板与挖掘机连接，实现野外作业的机动性；伺服阀通过伺服阀座紧靠液压缸连接，有利于提高系统动态响应速度；双级伺服液压缸静压腔的压力通过蓄能器保持恒压，工作时液压泵不给蓄能器供油，仅给活塞面积较小的动压缸供油，有利于减少系统工作流量，实现节能。

2.8 电液伺服阀的使用维护要点

2.8.1 电液伺服阀的选型

电液伺服阀是电液伺服控制系统的核心元件，其选用合理与否，对于系统的动、静态性能及工作品质具有决定性影响。电液伺服阀规格型号选择的主要依据是控制功率及动态响应，选型要点如下。

（1）选择阀的类型

首先按照系统控制类型选定伺服阀的类型。一般情况下，对于位置或速度伺服控制系统，应选用流量型伺服阀；对于力或压力伺服控制系统，应选用压力型伺服阀，也可选用流量型伺服阀。然后根据性能要求选择适当的电气-机械转换器的类型（动铁式或动圈式）和液压放大器的级数（单级、两级或三级）。阀的类型选择工作可参考各类阀的特点并结合制造商的产品样本进行。

（2）选择静态指标

① 额定值。

a. 额定压力。由 2.5.1（4）所述的最佳效率原则，输出功率为极大值时的负载压力 $p_L=\frac{2}{3}p_s$，则电液伺服阀的供油压力 p_s 为

$$p_s=\frac{3}{2}p_L \tag{2-23}$$

阀的额定压力取大于供油压力 p_s 的系列值，常用的有 32MPa、21MPa、14MPa、7MPa，还有的伺服阀的供油压力为 1.4～21MPa（例如日本油研公司 SVD 力矩马达型喷嘴挡板式二级电液伺服阀）、35MPa（例如日本油研公司 LSVG 系列高速线性伺服阀）。

b. 额定流量。伺服阀的额定流量应根据最大负载流量并考虑不同的阀压降确定。额定流量不应选得过大，否则会降低分辨率，影响控制精度和工作范围，还将使阀的价格提高。

执行元件为液压缸和液压马达的最大负载流量 q_{max} 分别按式（2-24）和式（2-25）计算。

$$q_{max}=A_c v_{max} \tag{2-24}$$

$$q_{max}=V_m n_{max} \tag{2-25}$$

式中，A_c 为液压缸有效作用面积；v_{max} 为负载最大移动速度；V_m 为液压马达排量；n_{max} 为液压马达最高转速。

考虑到制造公差及执行元件泄漏等因素的影响，伺服阀的输出流量应留有 15%～30% 的余量，快速性要求高的系统，取较大值，则伺服阀的负载流量 q_L 应为

$$q_L=(1.15\sim1.30)q_{max} \tag{2-26}$$

额定流量总是对应于某一阀压降，通常为 7MPa，有些则为额定压力。实际工作中当最大负载流量工作点对应的阀压降与额定流量对应的阀压降不等时，应按式（2-27）进行换算。

$$q_n=q_L\sqrt{\frac{p_n}{p_v}} \tag{2-27}$$

式中，q_n 为额定流量；q_L 为负载流量；p_n 为额定流量对应的阀压降；p_v 为负载流量对应的阀压降。

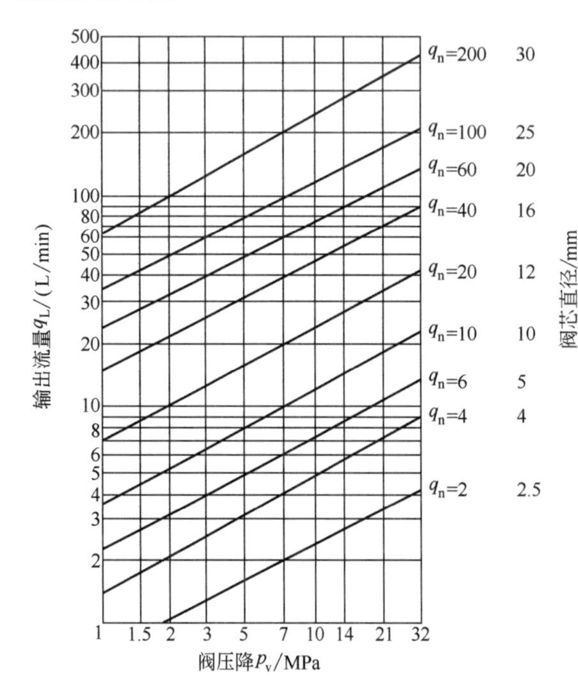

图 2-78 流量-阀压降关系曲线

额定流量也可根据生产厂家提供的流量-阀压降关系曲线（图 2-78）由负载流量和对应的阀压降（7MPa）查取相应的伺服阀额定流量并确定其规格。

c. 额定电流。伺服阀的额定电流是为产生额定流量，线圈任一极性所规定的输入电流。额定电流与电气-机械转换器及其线圈的连接形式有关，通常为（正、负）10mA、15mA、30mA 至几百毫安，电气-机械转换器为直线电机时，其线圈电流达几安（日本油研公司的 LSVG-03-60 型高速线性伺服阀，其电机线圈电流为 2A，最大达 6A），有的则可视放大器的输出电流选取。伺服放大器的输入电压通常为 ±10V。有的伺服阀内附放大板，此类阀的输入为电压信号。

有些伺服阀提供配套供货的伺服放大器，但有时需根据使用要求自行配套

设计放大器。伺服放大器的功用要求、分类与选用及典型的伺服放大器电路原理参见 2.3.4 小节。选择和设计伺服放大器时应具体考虑的因素有：具有足够大的增益，以满足调整系统开环增益需要且便于增益调整和调零；具有足够大的输出电压和功率，以提供给伺服阀足够大的额定电流；具有限幅特性，以限定伺服阀线圈最大电流，避免烧坏线圈；零点漂移小，线性度好；具有良好的频率特性；具有深度电流负反馈，以提供低输入阻抗与高输出阻抗特性，与伺服阀线圈匹配良好，从而可以忽略电气-机械转换器的动态响应；具有必要的电压和电流仪表，以方便系统调试与操作；能够提供高频（通常为伺服阀频宽的 2～3 倍）低幅值颤振电信号，且颤振电流幅值可调等。

② 精度。阀的非线性度、滞环、分辨率及零漂等静态指标直接影响控制精度，必须按照系统精度要求合理选取。

③ 寿命。阀的寿命与阀的类型、工况和产品质量有关，连续运行工况下一般寿命为 3～5 年。有些可以更长，但性能明显下降。

（3）选择动态指标

伺服阀的动态指标根据系统的动态要求选取：对于开环控制系统，伺服阀的频宽大于 3～5Hz 即可满足一般系统的要求。对于性能要求较高的闭环控制系统，伺服阀的相频宽 f_v 应为负载固有频率 f_L 的 3 倍以上，即

$$f_v \geqslant 3f_L \tag{2-28}$$

对于液压缸为执行元件的系统，负载固有频率 f_L 为

$$f_L = \frac{1}{2\pi}\sqrt{\frac{K_h}{M_c}} = \frac{1}{2\pi}\sqrt{\frac{4\beta A_c^2}{M_c V_{c0}}} \tag{2-29}$$

对于液压马达为执行元件的系统，负载固有频率 f_L 为

$$f_L = \frac{1}{2\pi}\sqrt{\frac{K_h}{J_m}} = \frac{1}{2\pi}\sqrt{\frac{4\beta V_m^2}{J_m V_{m0}}} \tag{2-30}$$

式中，K_h 为液压弹簧刚度，液压缸系统 $K_h = \frac{4\beta A_c^2}{V_{c0}}$（N/m），液压马达系统 $K_h = \frac{4\beta V_m^2}{V_{m0}}$（N · m/rad）；$\beta$ 为液压油弹性模量，$\beta = 700 \sim 1400$MPa，或者取实测值；A_c 为液压缸的有效作用面积，m^2；V_m 为液压马达的排量，m^3/rad；M_c 为液压缸及其移动部件的总质量，kg；J_m 为液压马达轴上的等效转动惯量，N · m · s^2；V_{c0} 为伺服阀工作油口到液压缸活塞的控制容积，m^3；V_{m0} 为伺服阀工作油口到液压马达的高压测控制容积，m^3。显然，减小控制容积对提高系统响应特性有利，因此通常将伺服阀近靠液压缸或液压马达安装（图 2-79），以减小因管

图 2-79 电液伺服阀紧靠执行元件安装以减小控制容积

路长度而增大的控制容积。

如果安装结构的刚度较差，则负载固有频率应按整个机构刚度 K_A（液压弹簧刚度 K_h 与结构刚度 K_s 的组合）确定，即

$$f_L=\frac{1}{2\pi}\sqrt{\frac{K_A}{M_c}} \tag{2-31}$$

$$f_L=\frac{1}{2\pi}\sqrt{\frac{K_A}{J_m}} \tag{2-32}$$

$$K_A=\frac{K_hK_s}{K_h+K_s} \tag{2-33}$$

伺服阀样本上提供的动态指标都是指空载情况，带载后会有所下降。注意，不同输入条件时动态指标也不同。工作参数越小，动态响应越高。

（4）其他因素

在电液伺服阀选型时，除了额定参数和规格外，还应考虑抗污染能力、电功率、颤振信号、尺寸、重量、抗冲击振动、寿命和价格等。如前所述，特别值得注意的是，为了减小控制容积，以增加液压固有频率，应尽量减小伺服阀与执行元件之间的距离；若执行元件是非移动部件，伺服阀和执行元件之间应避免用软管连接；伺服阀和执行元件最好不用管道连接而直接装配在一起。同时，伺服阀应尽量处于水平状态，以免阀芯因自重造成零偏。

2.8.2 电液伺服阀使用注意事项

（1）线圈的连接形式

一般伺服阀有两个线圈，表 2-9 列出了其五种连接形式及其特点，可根据需要选用。

表 2-9 伺服阀线圈的五种连接形式及其特点

连接形式	连接图	特点	连接形式	连接图	特点
单线圈	1 2 3 4	输入电阻等于单线圈电阻，线圈电流等于额定电流。可以减小电感的影响	双线圈并联	1 2 3 4	输入电阻为单线圈电阻的一半，额定电流等于单线圈时的额定电流。工作可靠性高，一个线圈损坏时，仍能工作，但易受电源电压变动的影响
单独使用两个线圈	1 2 3 4	一个线圈接输入控制信号，另一个线圈可用于调偏、接反馈或接颤振信号。如果只使用一个线圈，则把颤振信号叠加在控制信号上。适合以模拟计算机作为电控部分的情况	双线圈差动连接	1 2 3 4	电路对称，温度和电源波动的影响可以互补
双线圈串联	1 2 3 4	线圈匝数加倍，输入电阻为单线圈电阻的两倍，额定电流为单线圈时的一半。额定电流和电功率小，易受电源电压变动的影响			

（2）液压油源

电液伺服阀通常采用定压液压油源供油，几个伺服阀可共用一个液压油源（可参见图 2-68 所示的轧机液压压下装置的电液伺服控制系统），但必须减少相互干扰。油源应采用定量泵或恒压变量泵或压力补偿变量泵，并通过在油路中接入蓄能器以减小压力波动和负载流

量变化对油源压力的影响，通过设置卸荷阀减小系统无功损耗和发热。应按 2.8.2（3）所述要点在有关部位设置过滤器，以防油液污染降低系统的工作可靠性。表 2-10 给出了三种常用的伺服阀液压油源及其特点与适用场合。

表 2-10　三种常用的伺服阀液压油源及其特点与适用场合

油源名称	原　理　图	特点与适用场合
定量泵-溢流阀定压油源	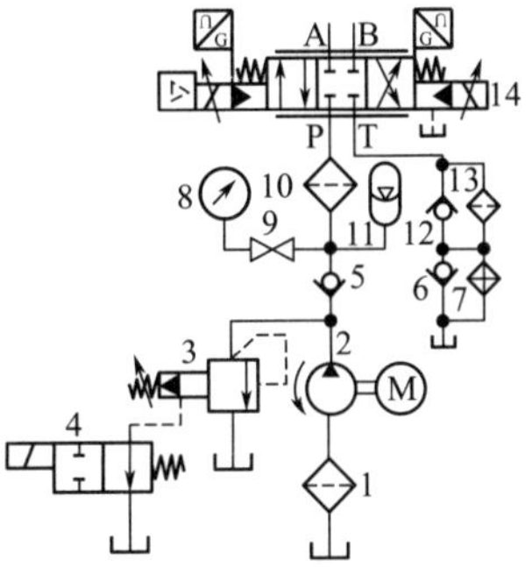 1—吸油过滤器； 2—定量液压泵； 3—定压溢流阀； 4—二位二通电磁阀； 5,6,12—单向阀； 7—冷却器； 8—压力表； 9—压力表开关； 10—高压过滤器； 11—蓄能器； 13—回油低压过滤器； 14—电液伺服阀	原理：通过溢流阀 3 的溢流使供油压力恒定 特点：结构简单，反应迅速，压力波动小；液压源的流量按系统峰值流量确定，系统效率低，发热和温升大；利用蓄能器可减小泵的规格，并减少发热和温升 适用场合：压力小于 7MPa 的系统
定量泵-蓄能器-卸荷阀油源	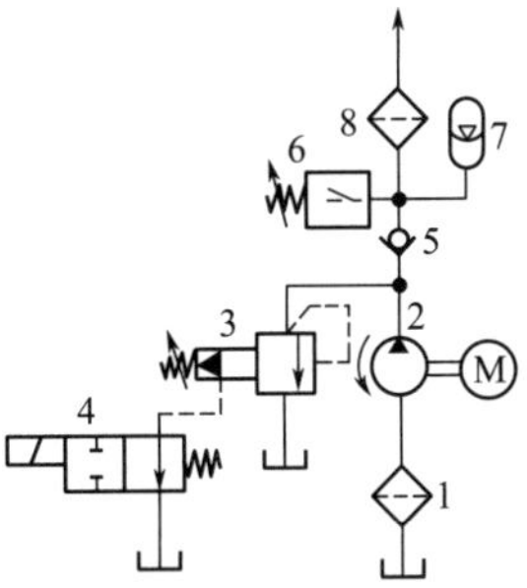 1—吸油过滤器； 2—定量液压泵； 3—卸荷溢流阀； 4—二位二通电磁阀； 5—单向阀； 6—压力继电器； 7—蓄能器； 8—高压过滤器	原理：供油压力变动范围可由压力继电器 6 通过电磁阀 4 和卸荷溢流阀 3 控制，泵卸荷时，由蓄能器保压 特点：供油压力在一定范围内波动，否则泵频繁启停会降低泵的寿命 适用场合：一般均可
恒压式变量泵油源	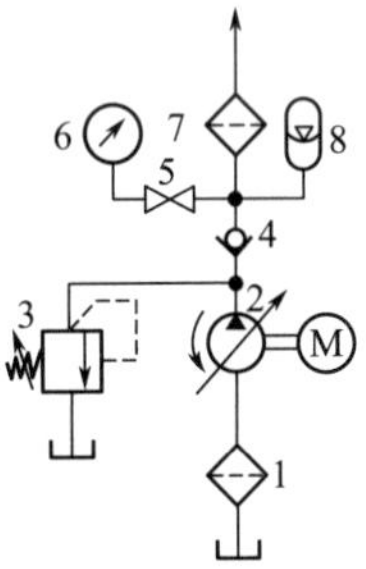 1—吸油过滤器； 2—恒压变量液压泵； 3—卸荷溢流阀； 4—单向阀； 5—压力表开关； 6—压力表； 7—高压过滤器； 8—蓄能器	原理：油源压力靠改变恒压变量液压泵 2 的排量进行调节，泵的流量决定于系统的需要 特点：组成简单，重量轻；效率高，经济性好；泵的动态响应较慢，所以必须配置蓄能器；小流量时，泵内运动件的摩擦产生较高温升，影响泵的寿命 适用场合：高压大功率系统

（3）污染控制

由于阀芯配合精度高、阀口开度小，电液伺服阀最突出的问题就是对油液的清洁度要求特别高，油液清洁度一般要求 ISO 4406 标准的 15/12 级（5μm），航空上则要求 ISO 4406 标准的 14/11 级（3μm）（参见表 2-11），否则容易因污染堵塞而使伺服阀及整个系统工作失常。因此，使用时必须注意以下几点。

① 在设计电液伺服系统时，通过在控制系统的主泵出口设置高压过滤器、伺服阀前设置高压过滤器、主回油路设置低压过滤器、循环过滤器、磁性过滤器和油箱顶盖设置空气过滤器等，并定期检查、更换和清洗过滤器滤芯，以防污物和空气侵（混）入系统。

② 油管采用冷拔钢管或不锈钢管，管接头处不能用胶黏剂；油管必须进行酸洗、中和及钝化处理，并用干净的压缩空气吹干。

③ 油路安装完毕后，伺服阀装入系统前，必须用伺服阀清洗板代替伺服阀对系统进行

循环冲洗，其油液清洁度应达到 ISO 4406 标准的 15/12 级以上。

④ 向油箱中注入新油时，要先经过一个名义过滤精度为 5μm 的过滤器。

表 2-11 典型液压系统清洁度等级

级别[①]	4	5	6	7	8	9	10	11	12	13	14
清洁度等级[②] / 系统类型	12/9	13/10	14/11	15/12	16/13	17/14	18/15	19/16	20/17	21/18	22/19
污染极敏感系统	—	—	—	—	—						
伺服系统		—	—	—	—	—					
高压系统			—	—	—	—	—				
中压系统					—	—	—	—	—		
低压系统						—	—	—	—	—	
低敏感系统							—	—	—	—	—
数控机床液压系统		—	—	—	—	—					
机床液压系统					—	—	—	—	—		
一般机器液压系统							—	—	—	—	
行走机械液压系统				—	—	—	—	—			
重型设备液压系统					—	—	—	—	—		
重型和行走设备传动系统						—	—	—	—	—	
冶金轧钢设备液压系统				—	—	—	—	—			

注：采用此表确定系统目标清洁度时，需根据系统中对污染最敏感的元件进行。

①指 NAS1638；②相当于 ISO 4406。

（4）性能检查、调整与更换

伺服阀通电前，务必按说明书检查控制线圈与插头线脚的连接是否正确。闲置未用的伺服阀，投入使用前应调整其零点，且必须在伺服阀试验台上调零，如装在系统上调零，则得到的实际上是系统零点。由于每台阀的制造及装配精度有差异，因此使用时务必调整颤振信号的频率及振幅，以使伺服阀的分辨率处于最高状态。

由于力矩马达式伺服阀内的弹簧管壁厚只有百分之几毫米，有一定的疲劳极限，反馈杆的球头与阀芯间隙配合，容易磨损，其他各部分结构也有一定的使用寿命，因此伺服阀必须定期检修或更换，工业控制系统连续工作情况下每 3～5 年应予更换。

2.9 电液伺服阀及系统的常见故障诊断排除方法及典型案例

2.9.1 常见故障诊断排除方法

电液伺服控制系统出现故障时，应首先检查和排除电路和伺服阀以外各组成部分的故障。当确认伺服阀有故障时，应按产品说明书的规定拆检清洗或更换伺服阀内的滤芯（内置过滤器）或按使用情况调节伺服阀零偏，除此之外用户一般不得分解伺服阀。如故障仍未排除，则应妥善包装后返回制造商处修理排除。维修后的伺服阀，应妥为保管，以防二次污染。

电液伺服阀的常见故障及其诊断排除方法见表 2-12。

表 2-12 电液伺服阀的常见故障及其诊断排除方法

故障现象	产生原因	排除方法
阀不工作（伺服阀无流量或压力输出）	①外引线或线圈断路 ②插头焊点脱焊 ③进、出油口接反或进出油路未接通	①接通引线 ②重新焊接 ③改变进、出油口方向或接通油路

续表

故障现象	产生原因	排除方法
伺服阀输出流量或压力过大或不可控制	①阀控制级堵塞或阀芯被脏物卡住 ②阀体变形、阀芯卡死或底面密封不良	①过滤油液并清理堵塞处 ②检查密封面,减小变形
伺服阀输出流量或压力不能连续控制	①油液污染严重 ②系统反馈断开或出现正反馈 ③间隙大、摩擦或其他非线性因素 ④阀的分辨率低、滞环增大	①更换油液或充分过滤 ②接通反馈,改为负反馈 ③设法减小 ④提高阀的分辨率、减小滞环
伺服阀反应迟钝,响应降低,零漂增大	①油液脏,阀控制级堵塞 ②系统供油压力低 ③调零机构或电气-机械转换器部分(如力矩马达)零组件松动	①过滤、清洗 ②提高系统供油压力 ③检查、拧紧
系统出现抖动或振动	①油液污染严重或混入大量气体 ②系统开环增益太大、系统接地干扰 ③伺服放大器电源滤波不良 ④伺服放大器噪声大 ⑤阀线圈或插头绝缘变差 ⑥阀控制级时通时堵	①更换或充分过滤、排空 ②减小增益、消除接地干扰 ③处理电源 ④处理放大器 ⑤更换 ⑥过滤油液、清理控制级
系统(例如速度、响应)变慢	①油液污染严重 ②系统极限环振荡 ③执行元件及工作机构阻力大 ④伺服阀零位灵敏度差 ⑤阀的分辨率差	①更换或充分过滤 ②调整极限环参数 ③减小摩擦力、检查负载情况 ④更换或充分过滤油液,锁紧零位调整机构 ⑤提高阀的分辨率
外泄漏	①安装面精度差或有污物 ②安装面密封件漏装或老化损坏 ③弹簧管损坏	①维修或清理安装面 ②补装或更换 ③更换

2.9.2 故障诊断排除典型案例

(1) MOOG30 系列伺服阀流量单边输出故障诊断排除

① 功能结构。MOOG30 系列伺服阀是一种适用于小流量精密液压控制系统的双喷嘴挡板式力反馈伺服阀。该系列伺服阀的工作压力可达 21MPa,流量为 0.45～5.0L/min。

该系列伺服阀的电气-机械转换器为力矩马达,先导级阀为双喷嘴挡板阀,功率放大级主阀为滑阀,故是一个典型的两级流量控制伺服阀。其中双喷嘴挡板阀为对称结构(图 2-80)。高压油经过阀的内置过滤器分流到两个固定节流孔 R_1 和 R_2,再分别流过两喷嘴挡板之间间隙形成的可变节流孔 R_3 和 R_4,最后汇总经过回油阻尼孔 R_5 回到油箱。简化的工作原理组成两个对称的桥路(图 2-81),桥路中间点的控制压力 p_{c1}、p_{c2} 为左、右两喷嘴前的压力,其压差推动滑阀运动。

② 故障现象。MOOG30 系列伺服阀在国产化研制过程中曾出现过流量单边输出故障,即当伺服阀控制执行机构运动时,无论给伺服阀加上正向或反向电流,执行机构都作同一方向运动,直至活塞碰缸。将伺服阀装在试验台进行空载性能测试,出现下列异常现象:伺服阀喷嘴前控制压力 p_{c1}、p_{c2} 均与供油压力 p_s 基本相同,而正常值应为供油压力的一半左右;阀的内泄漏量小于 82mL/min,而正常值应小于或等于 350mL/min;从空载流量曲线上看,−10mA 时流量为−3.96L/min,0mA 时流量为−0.42L/min,+10mA 时流量为−0.242L/ min,流量负向单边输出;检测两喷嘴前压差 Δp_c 与输入电流之间的对应关系,输入 0～+10mA 电流时,压力不变,压差为恒定值 Δp_c=0.05MPa(正常值 Δp_c=0.4～

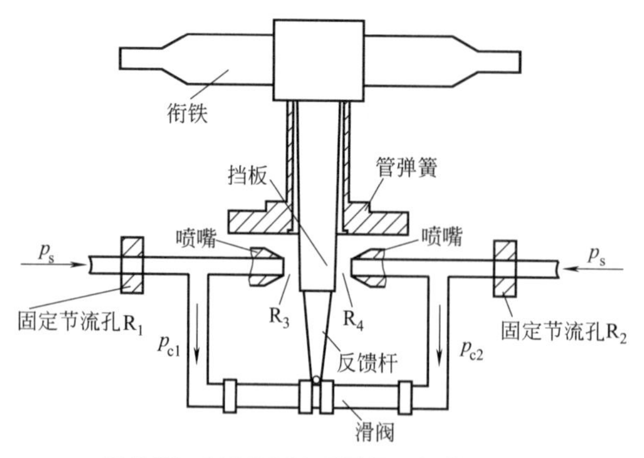

图 2-80 MOOG30 系列伺服阀结构原理

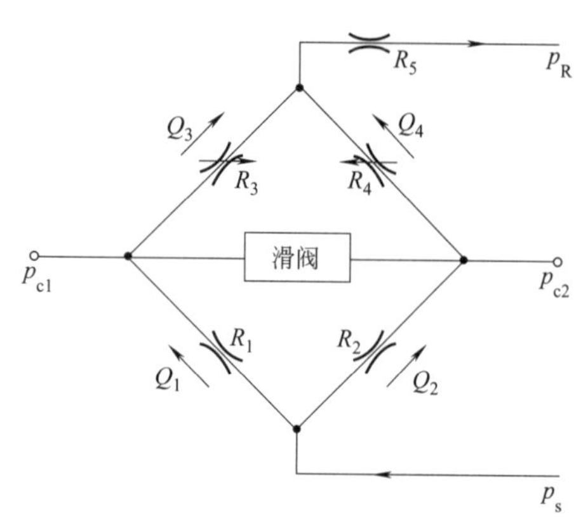

图 2-81 伺服阀简化工作原理

0.5MPa)，输入 0～－10mA 电流时，左、右喷嘴前压力同时开始降低，－10mA 时左、右喷嘴前最大压差 $\Delta p_c=0.55$MPa。

③ 故障分析。在伺服阀初调时，操作者通过改变的液阻 R_3 和 R_4，即调整喷嘴与两个挡板之间的间隙，使 $R_1R_3=R_2R_4$，此时 $p_{c1}=p_{c2}$，滑阀处于中位，当输入某一控制电流时，力矩马达电磁力矩的作用使挡板产生位移，液阻 R_3、R_4 发生反向变化，桥路失去平衡，即 $p_{c1}\neq p_{c2}$，形成先导级阀控制压差 Δp_c。在 Δp_c 的作用下，滑阀产生位移，通过反馈杆的反力矩作用，使桥路到达新的平衡位置，伺服阀输出相应的流量。伺服阀的输出流量与阀芯位移成正比，阀芯位移与输入电流成正比，伺服阀的输出流量与输入电流之间建立了一一对应关系。

从故障现象上看，无信号输入时，伺服阀的控制压力 p_{c1}、p_{c2} 增大且近似相等，与供油压力 p_s 接近，说明两侧的喷嘴挡板之间基本没有间隙，液阻 R_3、R_4 趋于无穷大，流量 q_3、q_4 接近零，阀的内泄漏量小于 82L/min 也证明了这一点。从空载流量曲线上看，当伺服阀输入正向电流时，控制压力 p_{c1}、p_{c2} 不变，阀芯位置不变，无流量输出。而当伺服阀输入负向电流量，控制压力 p_{c1}、p_{c2} 发生变化，产生压差 Δp_c，伺服阀有负向流量输出，说明伺服阀的挡板在电磁力矩的作用下能向右侧移动，却不能向左侧移动。当挡板向右侧移动后左侧产生间隙，使控制压力 p_c 下降，压差推动滑阀阀芯向左侧移动，伺服阀产生负向流量输出。可以判断该伺服阀的故障为先导级阀堵塞，且堵塞处为右侧喷嘴与挡板间，左侧喷嘴与挡板靠死。

将该伺服阀拆解检查，在右喷嘴口发现条状堵塞物。取出堵塞物，在工具显微镜下观察，条状堵塞物形态为月牙形，尺寸为 1.497mm×0.392mm×0.22mm，材质为橡胶。

当伺服阀输入正向电流时，电磁力矩使挡板向左侧喷嘴偏转，由于喷嘴与挡板已接触，故堵塞状态无改善，控制压力无压差，阀芯无位移，伺服阀无输出流量。当伺服阀输入负向电流时，电磁力矩使挡板向右侧喷嘴偏转，由于堵塞物为弹性体，故挡板有位移，左侧喷嘴与挡板间堵塞状态改善，前置放大级有压差，阀芯有位移，伺服阀有流量输出。确定是右侧喷嘴挡板间隙被堵塞物堵塞造成了伺服阀流量负向单边输出的异常。

④ 解决方案及效果。伺服阀先导级控制压力油必须经过伺服阀内部 10μm 的过滤器才能到达喷嘴。经检查，过滤器并未失效。可以肯定，如此大的橡胶堵塞物是无法通过过滤器进入喷嘴的。仔细检查过滤器到喷嘴之间的所有密封件，在右端盖的密封圈上发现了与条状堵塞物形态相似、尺寸相似的凹形缺陷。经实物拼合，确认条状堵塞物即为右端盖密封圈上的脱落物。

经对该伺服阀端盖与阀体安装实际尺寸计算和作图分析，确定该伺服阀端盖密封圈挤伤、脱落的原因如下（图 2-82）：该伺服阀的端盖为非对称性结构，密封圈的中心距上下螺钉安装孔的距离分别为 6.9mm 和 7.0mm（图中括号内尺寸），但没有识别标志，在实际装配中很难辨别方向；在装配端盖时将偏心方向装反，使端盖密封圈槽内径尺寸 ϕ11.7mm 与阀体喷嘴安装孔 ϕ3.2mm 边缘产生干涉，在端盖与阀体界面形成尺寸约为 1.5mm×0.15mm 月牙形通道，当端盖与壳体之间通过螺钉连接紧固后，端盖密封圈受到压缩变形，变形后的密封圈内圈覆盖在月牙形通道上的部分实体被挤入通道形成压痕；喷嘴安装孔 ϕ3.2mm 孔口在图纸上有 R0.1mm 的圆角要求，但在加工过程中未加以控制，以至最后的零件孔口为锐边；由于伺服阀在调试及各项工艺试验中工作压力需反复在 0～21MPa 之间变化，密封圈月牙形的实体压痕因被喷嘴安装孔的孔口锐边剪切变为挤伤，在工作中该实体最终产生脱落，进入喷嘴孔内形成堵塞物。

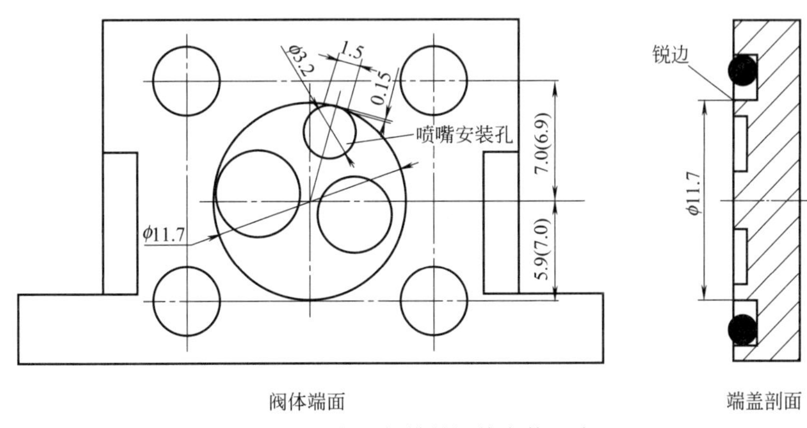

图 2-82 伺服阀端盖阀体安装尺寸

针对上述故障产生的原因，提出以下解决方案：将壳体端面喷嘴安装孔由 ϕ3.2mm 改为 ϕ3.1mm，并将孔口倒圆角 R0.2mm；将端盖密封圈槽内径尺寸由 ϕ11.7mm 改为 ϕ12.1mm，且将槽口锐边倒圆角 R0.2mm，经计算端盖与阀体装配时密封圈槽内孔 ϕ12.1mm 离开壳体喷嘴安装孔 ϕ3.1mm 边缘的最小距离为 0.1mm；将密封圈规格由 ϕ12.5mm×1.5mm 改为 ϕ12.9mm×1.3mm，将端盖密封圈槽深尺寸由 1.1mm 改为 1.0mm；在端盖尺寸 6.9mm 一侧写标记，便于端盖装配时识别方向。

经过上述改进，该系列伺服阀从根本上杜绝了密封圈损坏发生堵塞故障，并在实际使用中得到验证。

⑤ 启示。伺服阀单边输出故障的根本原因，既有设计问题，又有工艺问题，具有代表性。尽管伺服阀出现这种故障的概率很低，但是一旦出现，对整套电液控制系统却是致命的。故在同类产品开发研制时应予以重视。

（2）电液伺服阀力矩马达衔铁变形及反馈杆端部轴承磨损故障诊断排除

① 功能结构。某轧钢分厂进口的奥地利 GFM 公司扁钢轧机组，其轧辊的速度及转矩驱动机构采用电液伺服阀控变量马达系统。该机组为 5 架轧机（平轧 3 架，立轧 2 架），采用连轧方式，微张力控制。平轧机由 4 台变量马达驱动，立轧机由 3 台变量马达驱动。马达的变量机构采用电液伺服阀控缸系统，使用的伺服阀为德国力士乐公司的 4WSZEM10-45/45B3ET315 型力反馈两级电液伺服阀。

喷嘴挡板式力反馈两级电液伺服阀的常见故障是电气-机械转换器的力矩马达线圈烧断、先导级的喷嘴因液压油污染堵塞（占 50%以上）、功率级滑阀卡死、滑阀锐边磨损、力反馈杆疲劳折断、力反馈杆上插入滑阀凹槽的小球磨损等，且这些故障能够通过伺服阀静态试验（包括空载流量、负载流量、压力增益和泄漏特性试验）以及伺服阀线圈的测试进行判断。

② 故障现象。在轧机机组上，当计算机给出控制指令后，该伺服阀能够控制马达斜盘摆动，但与正常情况相比，摆动速度十分缓慢：若给定100%指令信号，伺服阀控斜盘摆动到位时间需3s多，而正常伺服阀控斜盘摆动到位时间应小于0.15s。若给定30%指令信号，斜盘基本不动作。设备出现这种现象，可以断定是伺服阀有问题。

③ 故障分析。为了确定故障原因，对伺服阀进行了测试。测试前对伺服阀进行冲洗，根据额定参数按照国标搭建伺服阀测试油路（压力传感器量程为0～10MPa；流量传感器为齿轮式，量程为±80L/min）。对该伺服阀进行静态性能测试，试验结果是无论控制信号如何变化（监控伺服阀电流是正常的），伺服阀的压力增益特性和空载流量特性均是一条偏向最大值的水平直线。

由于通过伺服阀静态试验结果很难判断出伺服阀的故障，故对其进行拆解。卸掉伺服阀力矩马达的外壳，发现衔铁向一侧偏至最大。给线圈一个三角波交变电流，仔细观察衔铁的运动情况（此时未通液压油），发现它没有比例变化现象，用万用表检测线圈电流，变化规律正常。断电后测量伺服阀线圈电阻，检查接线也无任何问题。由此可以断定是力矩马达部分出现故障。经仔细观察，发现力矩马达衔铁两端上翘，中间下凹（见图2-83中衔铁虚线）。变形最大处有0.5mm。变形造成了衔铁与上、下磁钢（导磁体）气隙不均匀。衔铁受到不平衡极化磁通产生的力矩的作用产生转动，而且该不平衡力矩大于控制信号产生的可变力矩。这就是该伺服阀压力增益和空载流量试验时为一个常数的根本原因。

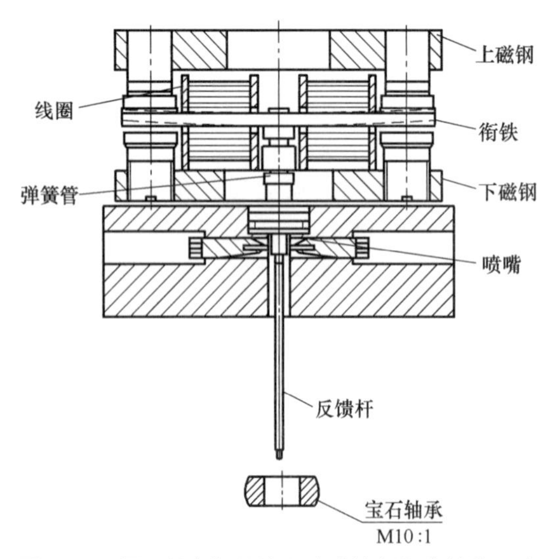

图2-83 伺服阀力矩马达和喷嘴挡板部分结构示意

另外，在拆解该伺服阀时还发现另一个故障：力反馈杆端部与滑阀接触的宝石球面轴承破损。该电液伺服阀的小球选用了人工红宝石球面轴承（直径为ϕ1.5mm，厚为0.17mm）（见图2-83中宝石轴承）。从控制角度来看，小球磨损后相当于在伺服阀力反馈回路中加入了一个非线性环节。当小球磨损严重时必然引起伺服阀静、动态性能的变化，在静态特性上表现为空载流量增益突跳，在动态特性上表现为不稳定。

④ 解决方案。

a. 衔铁变形的修复。用人工方式调直衔铁，在测量平板上选用等高块规垫起衔铁，用百分表量取衔铁上的几个点（不少于5个），调整衔铁使误差小于0.02mm。

b. 更换人工红宝石轴承。由于阀芯定位槽与小球之间有0.005～0.01mm的过盈，故在选配人工红宝石轴承时，关键在于测量阀芯定位槽1.5mm尺寸的精确性上。因1.5mm的尺寸太小，而且还要保证小球与定位槽之间的过盈量精确控制在0.005～0.01mm之间，要由丰富检测经验的人员使用0级块规进行定位槽尺寸的精确测量，再根据测量确定的最终尺寸定做人工红宝石轴承，只有这样才能保证维修后的电液伺服阀正常工作。

⑤ 装配与调试。

a. 力矩马达气隙的调试。该伺服阀线圈的额定电流为±7.5mA，用低频信号发生器输出三角波，周期选30s，通过直流伺服放大器输出±10mA电流，调节下磁钢螺钉与衔铁最大偏转位置保持 10μm 的间隙。再调节上磁钢，调节位置与下磁钢相同。

b. 力矩马达与滑阀的装配。装配的关键是小球与定位槽之间的准确安装。由于人工红宝石只有 0.17mm 厚，位置略有偏差将会破坏。在安装力矩马达之前先将滑阀调零挡块和滑阀阀套端部的堵头卸下，使人工能自由移动阀芯，当阀芯上的定位槽居中时用 50～100N 的力将小球压入定位槽，人工移动阀芯，观察阀芯与衔铁的运动关系是否正确，确认无误再安装其他部件。

c. 喷嘴与挡板间隙的调试。电液伺服阀喷嘴与挡板间隙是直接影响静、动态性能的重要尺寸。理想的喷嘴与挡板间隙是喷嘴直径的 1/3 左右。因此必须通过试验台调试才能完成。按照电液伺服阀空载流量测试回路，用周期为 30s 的三角波，调整左、右喷嘴与挡板之间的位置，使伺服阀在额定阀压降下通过的流量大于或等于额定流量（45mL/min），并尽量保证伺服阀正、反向流量最大值接近。调试合格后，锁紧喷嘴调整螺母，再反复观察伺服阀的正、反向流量，若无变化，伺服阀喷嘴挡板间隙调整完毕。

⑥ 试验效果与启示。对维修调整好的伺服阀进行全性能测试（含空载流量、负载流量、压力增益和泄漏特性四个静态试验和伺服阀频宽测试动态试验），当试验结果完全满足伺服阀出厂指标时，说明伺服阀维修合格，否则重新检查、分析、调整、试验。所维修的伺服阀最终测试结果表明该伺服阀维修合格。

伺服阀出现难以作出判断的特殊故障时，可通过反复试验、拆解分析来确定故障部位，并通过仔细修理、调整、试验来修复伺服阀。

（3） PV18 型电液伺服双向变量轴向柱塞泵难以启动故障诊断排除

① 功能结构。PV18 型电液伺服双向变量轴向柱塞泵是美国 RVA 公司生产的石棉水泥管卷压成型机电液压力控制系统的主液压泵，通过控制变量泵的排油压力间接对压辊装置压下力实施控制。PV18 型泵是整个系统的核心部件，图 2-84 所示为该泵的结构，它主要由柱塞泵主体 9、伺服缸 8 和控制盒 2［内装电液伺服阀 13 及用凸轮耳轴 5 与斜盘 6 机械连接的位置检测器（LVDT）3］组成，与泵配套的电控柜内，装有伺服放大器和泵控分析仪。由该泵的液压原理（图 2-85）可知，PV18 型泵内还附有双溢流阀组 2、溢流阀 3 和双单向阀

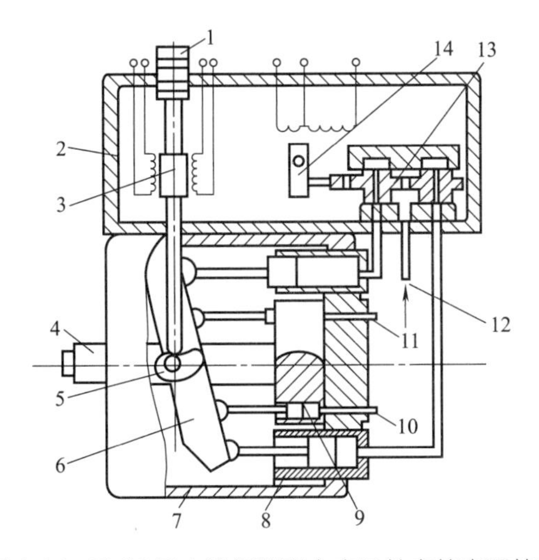

图 2-84 PV18 型电液伺服双向变量轴向柱塞泵结构

1—机械指示器；2—控制盒；3—位置检测器（LVDT）；4—泵主轴；5—耳轴；6—斜盘；7—壳体；8—伺服缸；9—柱塞泵主体；10,11—泵主体进、出油口；12—控制油进口；13—电液伺服阀；14—力矩马达

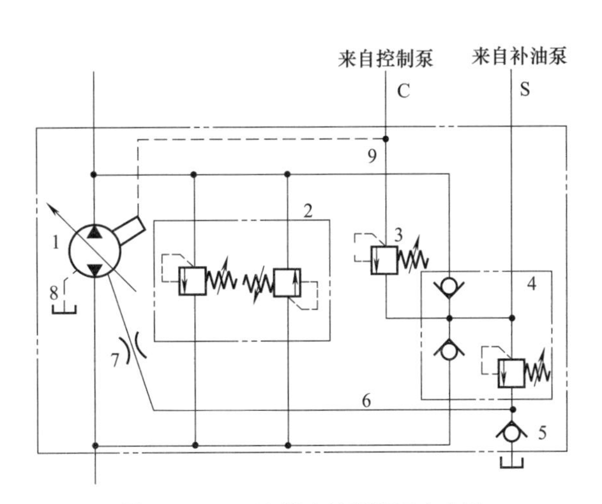

图 2-85 PV18 型电液伺服双向变量轴向柱塞泵液压原理

1—柱塞泵；2—双溢流阀组；3—溢流阀；4—双单向阀的溢流阀组；5—单向阀；6,9—油路；7—节流小孔；8—泄油管

的溢流阀组 4 等液压元件。当泵工作时，控制压力油从油口 C 经油路 9 进入 PV18 型泵的电液伺服变量机构，通过改变斜盘倾角，改变泵的流量和方向；控制压力由溢流阀 3 调定；斜盘位置可通过与位置检测器（LVDT）3 相连的机械指示器观测并反馈至信号端；双溢流阀组 2 对 PV18 型泵双向安全保护；另配的补油泵可通过油口 S 和阀组 4 向 PV18 型泵驱动的液压系统充液补油；由阀组 4 和阀 3 排出的低压油经油路 6 及节流小孔 7 可冷却泵内摩擦副并冲洗磨损物，与泵内泄油混合在一起从泄油管 8 回油箱；阀 5 为单向背压阀。PV18 型泵的额定压力为 12MPa；额定流量为 205L/min；额定转速为 900r/min；驱动电机功率为 18kW；控制压力为 3.5MPa；控制流量为 20L/min。PV18 型泵实质上是一个闭环电液位置控制系统，其控制原理框图如图 2-86 所示。

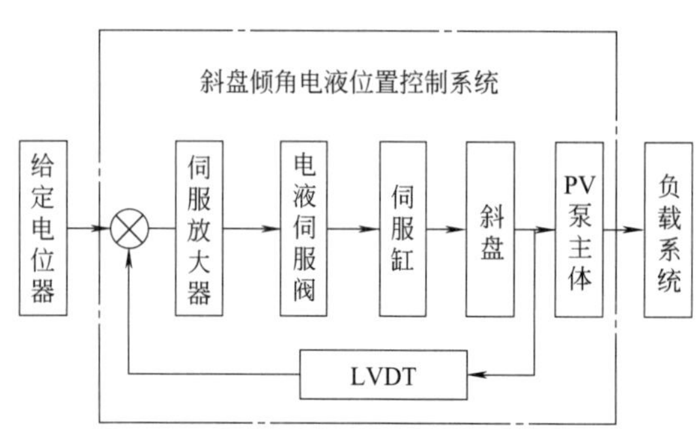

图 2-86 PV18 型泵控制原理框图（闭环电液位置控制系统）

② 故障现象及其分析排除。PV18 型泵一般情况下工作良好，但有时出现难以启动甚至完全不能启动的故障，在现场观察，图 2-84 中的机械指示器 1 并无上下运动。起初，试图用加大控制信号（调高电路增益）的方法解决，但未能奏效。后经认真分析认为，石棉水泥管卷压成型机及其液压系统工作环境恶劣，粉尘较多，容易对液压系统的油液造成污染，从而引起 PV18 型泵内电液伺服阀堵塞和卡阻。检查果然发现，伺服阀周围有大量铁磁物质和非金属杂质，冲洗后故障得以排除。进一步分析发现，该泵的控制油路原已装有 10μm 过滤精度的过滤器，但仍出现这样问题，表明使用的过滤器过滤精度太低，不能满足要求，因此更换为 5μm 纸质带污染发信过滤器，效果较好。

③ 启示。柱塞泵特别是电液伺服变量柱塞泵综合性能优良，但对油液清洁度要求较高，为保证其工作可靠性，应特别重视介质防污染工作。

（4）航空电液伺服系统高频颤振故障诊断排除

① 功能原理。电液伺服系统是航空器的重要附件之一，飞机上的舵机系统、自动驾驶系统和起落架控制系统等均采用电液位置伺服系统作为执行机构。

图 2-87 所示为电液伺服系统原理框图，偏差电压信号经放大器放大后变为电流信号，控制电液伺服阀输出压力，推动液压缸移动，随着液压缸的移动，反馈传感器将反馈电压信号与输入信号进行比较，然后重复以上过程，直至达到输入指令所希望的输出量值。电液伺服系统试验台液压原理如图 2-88 所示，计算机自动生成控制信号，自动检测系统的状态及分析系统的时域响应和频域响应等，实现控制系统自动运行。

② 故障现象。在试验台上对电液伺服系统（图 2-88）调试时，发现液压缸在运动过程中出现高频颤振现象，尤其当输入信号频率在 5～7Hz 时更为严重。

③ 原因分析与故障排除。经分析及检查，发现液压缸的高频颤振现象是由于电液伺服阀颤振造成的。电液伺服阀 1～7Hz 的输入信号被 50Hz 的高频交流信号所调制，致使伺服阀低幅值高频抖动。如

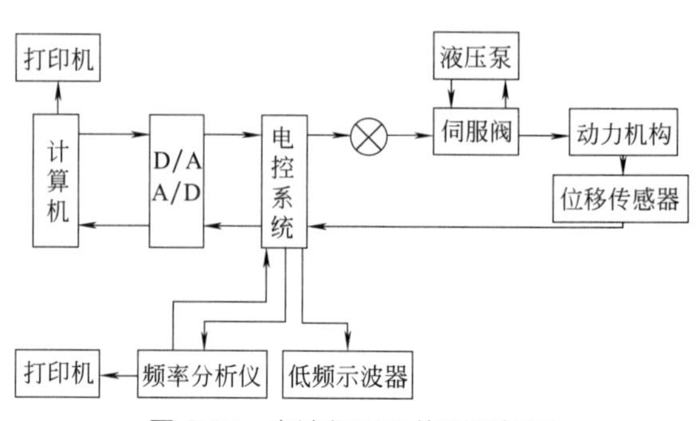

图 2-87 电液伺服系统原理框图

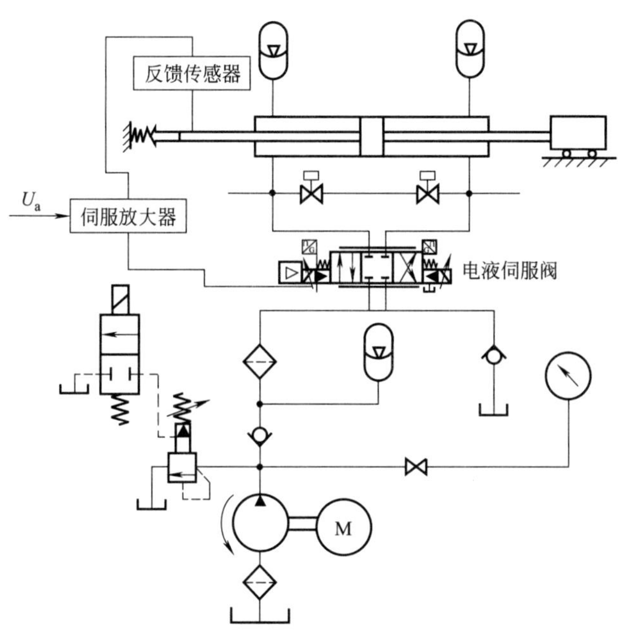

图 2-88 电液伺服系统试验台液压原理

果伺服阀经常处于这种工作状态，则伺服阀的弹簧管将加速疲劳，刚度迅速降低，最终导致伺服阀损坏。此 50Hz 的高频交流信号为干扰信号，其来源可能有两方面，一是电源滤波不良，二是外来的干扰信号。

由于整个电路工作正常，所以排除了电源滤波不良的可能性。在故障诊断中，将探头靠近控制箱内腔的任何部位，都出现干扰信号，即使将电源线拔下，还是有干扰信号，于是检查与控制箱连接的地线，发现未与地线网相连，而是与暖气管路相连接。由于暖气管路与地接触不良，不但起不到接地作用，反而成为了天线，将干扰信号引入了系统。将地线重新与地线网连接好，试验台工作恢复正常。

第3章 电液比例阀及系统的使用维护

3.1 电液比例阀的基本构成

电液比例阀是介于普通液压阀和电液伺服阀之间的一种液压控制阀。与电液伺服阀的功能类同，电液比例阀既是电液转换元件，又是功率放大元件。如图3-1所示，电子放大器根据一个输入电信号电压值的大小（通常在0～±9V之间）转换成相应的电流信号，例如1mV→1mA。这个电流信号作为比例阀的输入量被送入作为电气-机械转换器的比例电磁铁，它将此电流转换为作用于阀芯上的力，以克服弹簧的弹力。电流增大，输出的力相应增大，该力或位移又作为输入量加给液压阀，后者产生一个与前者成比例的流量或压力。比例电磁铁断电后，复位弹簧使阀芯返回中位。在先导操作的阀中，比例先导阀调节并作用于主阀芯控制其流量和压力。通过这样的转换，一个输入电信号的变化，不但能控制执行元件（液压缸或液压马达）及其拖动的工作部件的运动方向，而且可对其位移（或转速）、速度（或角速度）、加速度（或角加速度）和力（或转矩）进行无级调节。

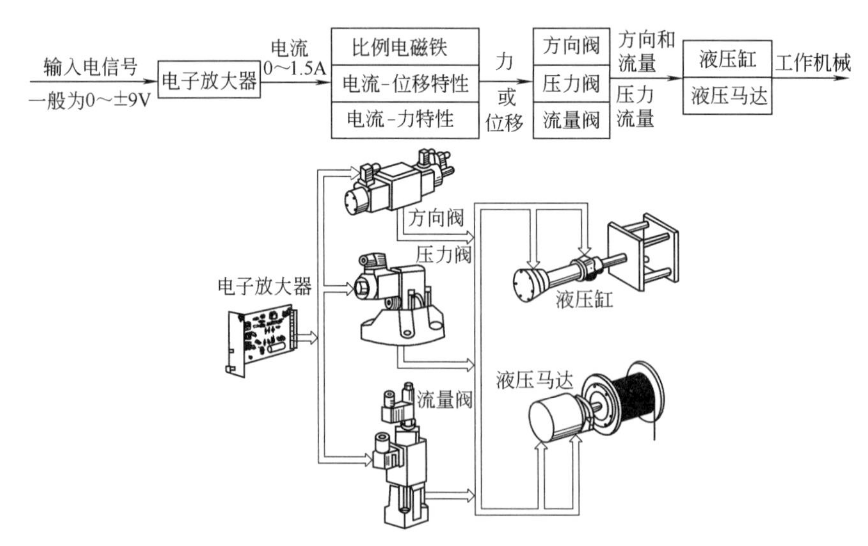

图3-1 电液比例控制阀的信号流程

电液比例阀类型也很多，与电液伺服阀类似，通常是由电气-机械转换器、液压放大器

（先导级阀和功率级主阀）和检测反馈机构组成（图 3-2）。若是单级阀，则无先导级阀。比例电磁铁、力马达或力矩马达等电气-机械转换器用于将输入的电流信号转换为力或力矩，以产生驱动先导级阀运动的位移或转角。先导级阀（又称前置级阀）可以是锥阀式、滑阀式、喷嘴挡板式或插装式，用于接受小功率的电气-机械转换器输入的位移或转角信号，将机械量转换为液压力驱动主阀；主阀通常是滑阀式、锥阀式或插装式，用于将先导级阀的液压力转换为流量或压力输出；设在阀内部的机械、液压及电气检测反馈机构将主阀控制口或先导级阀口的压力、流量或阀芯的位移反馈到先导级阀的输入端或比例放大器，实现输入输出的平衡。

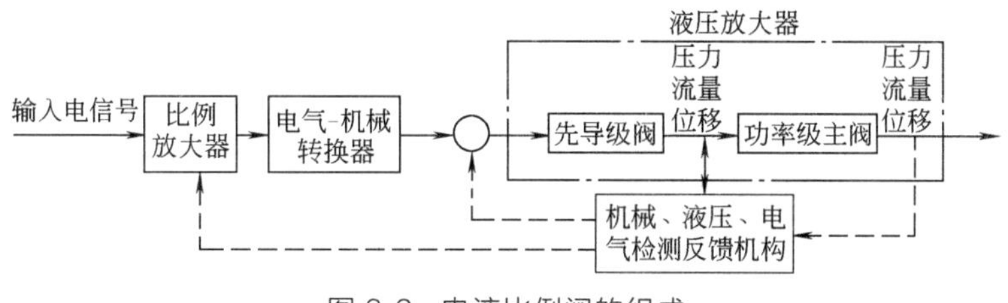

图 3-2 电液比例阀的组成

电液比例阀多用于开环液压控制系统中，实现对液压参数的遥控，也可以作为信号转换与放大元件用于闭环控制系统。与手动调节和通断控制的普通液压阀相比，它能明显地简化液压系统，实现复杂程序和运动规律的控制，便于实现机电一体化，通过电信号实现远距离控制，大大提高液压系统的控制水平；与电液伺服阀相比（表 3-1），尽管其动、静态性能有些逊色，但在结构与成本上具有明显优势，能够满足多数对动、静态性能指标要求不高的场合。但随着电液伺服比例阀（也称高性能比例阀）的出现，电液比例阀的性能已接近甚至超过了伺服阀，体现了电液比例控制技术的生命力。

表 3-1 电液比例阀与电液伺服阀的一些项目比较

项目	比例阀	伺服阀	开关阀
功能	压力控制、流量控制、方向和流量同时控制、压力流量同时控制	多为四通阀，同时控制方向和流量、压力	压力控制、流量控制、方向控制
电气-机械转换器	功率较大（约 50W）的比例电磁铁，用来直接驱动主阀芯或先导阀芯	功率较小（0.1～0.3W）的力矩马达，用来带动喷嘴挡板或射流管放大器。其先导级的输出功率为 100W	开关式电磁铁（电磁换向阀或电液换向阀）
过滤要求	约 25μm	1～5μm	25～80μm
线性度	在低压降（0.8MPa）下工作，通过较大流量时，阀体内部的阻力对线性度有影响（饱和）	在高压降（7MPa）下工作，阀体内部的阻力对线性度影响较大	—
滞环	1%～3%	0.1%～0.5%	—
重复精度	0.5%～1%	约 0.5%	—
遮盖	不大于 20%；一般精度，可以互换	0；极高精度，单件配作	有
阶跃响应时间	40～60ms	5～10ms	—
频率响应	10～70Hz，比例伺服阀为 50～150Hz	100～500Hz 或更高，有的高达 1000Hz	—
控制放大器	比例放大器较为简单，与阀配套供应	伺服放大器在很多情况下需专门设计，包括整个闭环电路	—
应用领域	多用于开环控制，有时也用于闭环控制	闭环控制	一般液压传动系统
价格比	1	3	0.5

3.2 电液比例阀的类型

电液比例阀的类型、结构繁多，可按图 3-3 所示的四类方式对其进行分类。

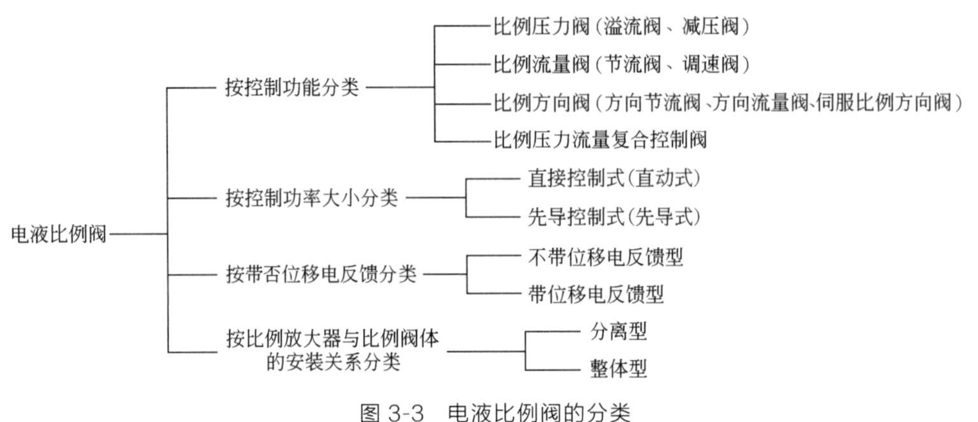

图 3-3 电液比例阀的分类

3.3 电液比例阀主要组成部分的原理及特点

3.3.1 电气-机械转换器（比例电磁铁）

电气-机械转换器的功用要求及分类参见 2.3.1（1）。此处重点介绍作为电液比例阀电气-机械转换器的比例电磁铁的功用特点及结构原理等。

（1）比例电磁铁的功用特点及要求

比例电磁铁是电液比例控制元件中应用最为广泛的电气-机械转换器，其功用是将比例控制放大器输给的电信号（通常为 24V 直流，800mA 或更大的额定电流）转换为力或位移信号输出，去驱动阀的主体部分运动，实现对液流方向、压力或流量的控制，最终达到控制系统执行机构运动方向、力（转矩）、位移、速度（转速）等目的。比例电磁铁具有结构简单、成本低廉、输出推力和位移大、对油质要求不高、维护方便等特点。

比例电磁铁的特性及工作可靠性，对电液比例控制系统和元件具有十分重要的影响。对比例电磁铁的主要要求如下。

① 水平的位移-力特性，即在比例电磁铁有效工作行程内，当线圈电流一定时，其输出力保持恒定，与位移无关。

② 稳态电流-力特性具有良好的线性度，较小的死区及滞回。

③ 动态特性阶跃响应快，频响高。

（2）比例电磁铁的结构原理

按照输出位移的形式，比例电磁铁有单向和双向两种，其中单向比例电磁铁较为常用。

① 单向比例电磁铁。典型的耐高压单向比例电磁铁结构原理如图 3-4 所示，它由推杆 1、可动衔铁 7、导向套 10、壳体 11、轭铁 13 等部分组成。其结构特点如下。

a. 筒状结构的导向套前、后两段由导磁材料（工业纯铁）制成，两段之间通过非导磁材料（隔磁环 9）焊接成整体。导向套具有足够的耐压强度，可承受 35MPa 油液压力，耐高压电磁铁因此而得名。

b. 导向套前段和轭铁组合，形成锥形盆口极靴。

c. 壳体 11 采用导磁材料，以形成磁回路。

d. 壳体与导向套之间配置同心螺线管式控制线圈 3。

e. 衔铁 7 前端所装的推杆 1，用以输出力或位移；衔铁支承在轴承上，以减小黏滞摩擦力。

f. 后端所装的调节螺钉 5 和弹簧 6 组成调零机构，可在一定范围内对比例电磁铁及整个比例阀的稳态控制特性进行调整，以增强其通用性（几种阀共用一个电磁铁）。

g. 比例电磁铁通常为湿式直流控制（内腔要充入液压油），使其成为一个衔铁移动的阻尼器，以保证比例元件具有足够的动态稳定性。

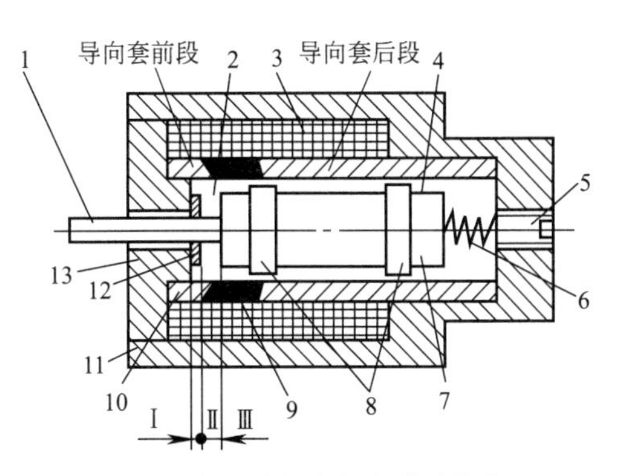

图 3-4 耐高压单向比例电磁铁结构原理

1—推杆；2—工作气隙；3—线圈；4—非工作气隙；5—调节螺钉；6—弹簧；7—衔铁；8—轴承环；9—隔磁环；10—导向套；11—壳体；12—限位片；13—轭铁

比例电磁铁的工作原理是，磁力线总是沿着磁阻最小的路径闭合，并力图缩短磁通路径以减小磁阻。工作时，控制线圈通电后形成的磁路经壳体、导向套、衔铁后分为两路（图 3-5），一路 Φ_1 直接由轭铁到衔铁端面而产生表面吸力 F_1，另一路 Φ_2 由导向套前段径向穿过工作气隙再进入衔铁而产生斜面吸力 F_3，两者的综合（合成力）即为比例电磁铁的输出力 F_2（图 3-6）。可见，比例电磁铁在整个行程区内，可以分为吸合区Ⅰ、有效行程区Ⅱ和空行程区Ⅲ三个区段：在吸合区Ⅰ，工作气隙接近于零，输出力很大但急剧变化，由于这一区段不能正常工作，因此结构上用加不导磁的限位片（图 3-4 中的件 12）的方法将其排除，使衔铁不能移动到该区段内；在空行程区Ⅲ，工作气隙较大，电磁铁输出力明显下降，这一区段尽管也不能正常工作，但有时是需要的，例如用于直接控制式比例方向阀的两个比例电磁铁中，当通电的比例电磁铁工作在有效行程区时，另一端不通电的比例电磁铁则处于空行程区Ⅲ；在有效行程区（工作行程区）Ⅱ，比例电磁铁具有基本水平的位移-力特性（工作区的长度与电磁铁的类型等有关）。由于比例电磁铁具有与位移无关的水平的位移-力特性，所以一定的控制电流对应一定的输出力，即输出力与输入电流成比例（图 3-7），改变电流即可成比例地改变输出力。

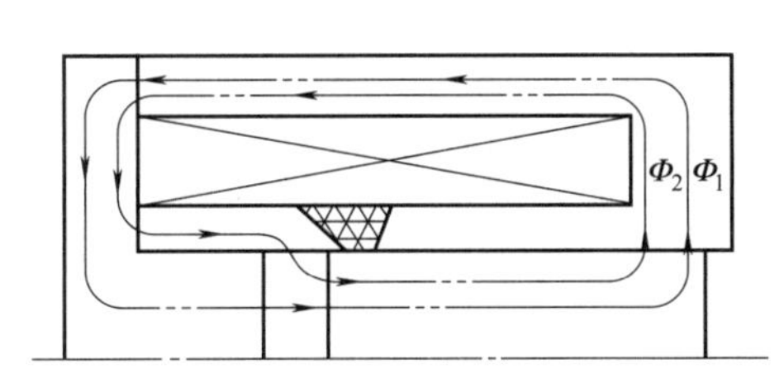

图 3-5 比例电磁铁线圈通电形成磁路

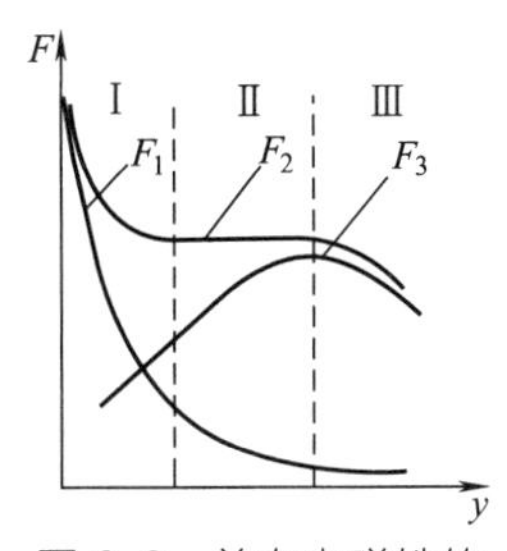

图 3-6 单向电磁铁的位移-吸力特性

y—行程；F_1—表面吸力；F_2—合成力；F_3—斜面吸力

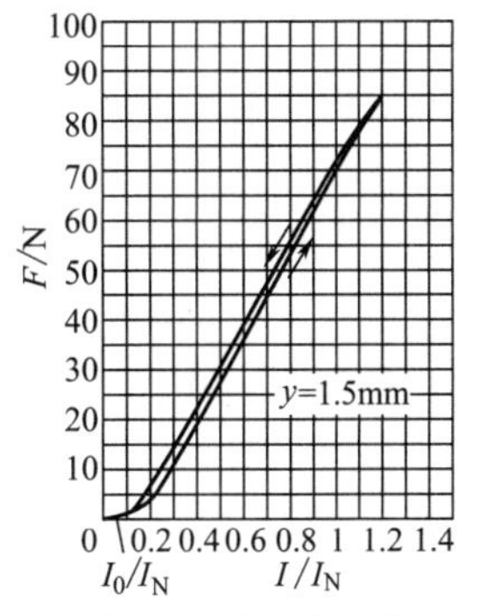

图 3-7 比例电磁阀的电流-力特性

I_0—比例电磁铁输出为零时的最大输入电流；I—工作电流；I_N—额定电流；F—吸力；y—行程

当电磁铁输入电流往复变化时，相同电流对应的吸力不同，一般将相同吸力对应的往复输入电流差的最大值与额定电流的百分比称为滞环。引起滞环的主要原因有电磁铁中软磁材料的磁化特性及摩擦力等因素。为了提高比例阀等比例元件的稳态性能，比例电磁铁的滞环越小越好，还希望比例电磁铁的零位死区（比例电磁铁输出力为零时的最大输入电流 I_0 与额定电流 I_N 的百分比）小且线性度好。

② 双向比例电磁铁。图 3-8 所示为耐高压双向极化式比例电磁铁结构原理。这种比例电磁铁采用了左右对称的平头-盆口形动铁式结构。左右两线圈中各有一个励磁线圈 1 和控制线圈 2。当励磁线圈 1 通入恒定的励磁电流后，在左右两侧产生极化磁场。仅有励磁电流时，由于电磁铁左右结构及线圈的对称性，左右两端吸力相等，方向相反，衔铁处于平衡状态，输出力为零。当控制线圈通入差动控制电流后，左右两端总磁通分别发生变化，衔铁两端受力不相等而产生与控制电流数值与方向对应的输出力。

该比例电磁铁把极化原理与合理的平头-盆口形动铁式结构结合起来，使其具有良好的位移-力水平特性以及良好的控制电流-输出力比例特性（图 3-9），且无零位死区，线性度好，滞环小，动态响应特性好。不但用于组成比例阀，还可作为动铁式力马达用于组成工业伺服阀。

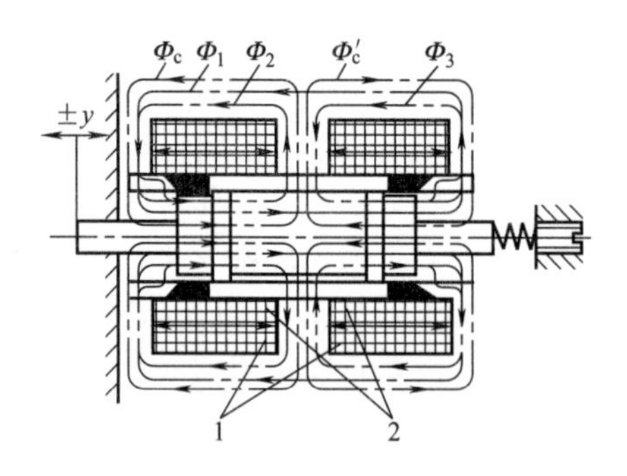

图 3-8 耐高压双向极化式比例电磁铁结构原理
1—励磁线圈；2—控制线圈

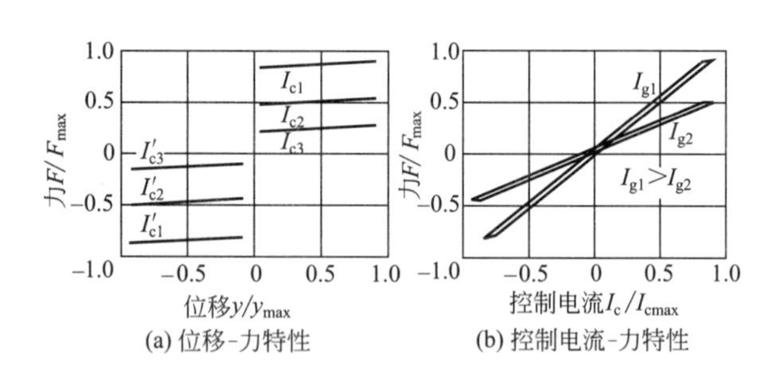

图 3-9 双向极化式比例电磁铁的控制特性

比例电磁铁还可细分为力控制、行程控制和位置调节几种类型。其中，力控制型比例电磁铁的行程短，输出力与输入电流成正比，常用在比例阀的先导控制级上；行程控制型比例电磁铁由力控制型比例电磁铁加负载弹簧组成，电磁铁输出的力通过弹簧转换成输出位移，输出位移与输入电流成正比，工作行程可达 3mm，线性好，可以用在直控式比例阀上；位置调节型比例电磁铁，其衔铁的位置由传感器检测后，发出一个阀内反馈信号，在阀内进行比较后重新调节衔铁的位置，在阀内形成闭环控制，精度高，衔铁的位置与力无关，精度高的比例阀（如德国的博世公司产品、意大利的阿托斯公司产品等）都采用这种结构。

表 3-2 给出了德国 SCHULTZ 公司几种比例电磁铁产品的技术参数，通过此表可对比例电磁铁的性能参数有一个全面了解。尽管比例电磁铁的端面外形尺寸和螺孔安装尺寸基本上已标准化，但同一规格的比例电磁铁产品的结构、参数会因制造商不同而异，这是在比例电磁铁选用中特别应注意的。

表 3-2 德国 SCHULTZ 公司几种比例电磁铁产品的技术参数

参数名称	035 型	045 型	060 型	参数名称	035 型	045 型	060 型
衔铁质量/kg	0.03	0.06	0.14	有效行程/mm	2	3	4
电磁铁质量/kg	0.43	0.75	1.75	理想工作行程范围/mm	0.5～1.5	0.5～2.5	0.5～3.5
总行程/mm	4±0.3	6±0.3	8±0.4	空行程/mm	2	3	4

续表

参数名称	035 型	045 型	060 型	参数名称	035 型	045 型	060 型
额定电磁输出力/N	50	60	145	额定电流/A	0.68	0.81	1.11
静态输出力滞环/%	至 1.2	至 1.7	至 1.9	最大限制电流/A	0.68	0.81	1.11
动态输出力滞环/%	至 2	至 3	至 3.5	线性段起始电流/A	0.14	0.15	0.15
额定电流滞环/%	<2.5	<2.5	<4	始动电流/A	0.05	0.02	0.05
非线性度误差/%	2	2	2	额定功率/W	11.4	13.8	21
额定线圈电阻/Ω	24.6	21	16.7				

普通液压阀的开关式电磁铁只要求有吸合和断开两个位置（无中介状态），并且为了增加电磁吸力，磁路中几乎没有气隙。而比例电磁铁根据电磁原理，在结构上进行了特殊设计，使之形成特殊的磁路（这种磁路在衔铁的工作位置上，磁路中必须保证一定的气隙），以获得基本的吸力特性，即水平的位移-力特性，能使其产生的机械量（力或力矩和位移）与衔铁的位移无关，而与输入电信号（电流）的大小成比例。这个水平力再连续地控制液压阀阀芯的位置，进而实现液压系统的压力、方向和流量的连续控制。由于比例电磁铁可以在不同的电流下得到不同的力（或行程），因此可以无级地改变压力、流量。

3.3.2 液压放大器

（1）先导级阀

电液比例阀的先导级阀主要有锥阀式、滑阀式、喷嘴挡板式或插装式等结构，而大多采用锥阀及滑阀。滑阀式及喷嘴挡板式的结构及特点参见 2.3.2（1），插装式结构及特点可参见本书参考文献［1］的第 9 章。在现有电液比例压力阀中，采用锥阀作先导级的占大多数。传统的锥阀［图 3-10（a）］具有加工方便、关闭时密封性好、效率高、抗污染能力强等优点。为了改善锥阀阀芯的导向性和阻尼特性或降低噪声等，有时增加圆柱导向阻尼［图 3-10（b）］或减振活塞［图 3-10（c）］部分，但往往又增大了阀芯尺寸和重量。

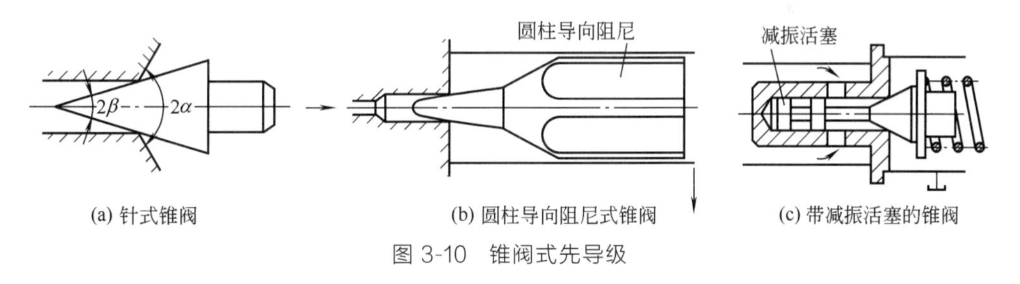

(a) 针式锥阀　(b) 圆柱导向阻尼式锥阀　(c) 带减振活塞的锥阀

图 3-10　锥阀式先导级

（2）功率级主阀

电液比例阀的功率级主阀通常是滑阀式、锥阀式或插装式，其结构与普通液压阀的滑阀、锥阀或插装阀结构类同，可参见本书参考文献［1］的第 9 章，此处从略。

3.3.3 检测反馈机构

设在比例阀内部的检测反馈机构将先导阀或主阀控制口的压力、流量或阀芯的位移反馈到先导级阀的输入端或控制放大器的输入端或比例放大器，实现输入输出的平衡。常用的反馈形式有机械反馈、液压反馈和电气反馈等。

3.3.4 电液比例控制放大器

（1）作用类型

控制放大器在电液控制阀中的主要功用、一般要求、分类及选用要点和典型构成等参见

2.3.4（1），此处着重介绍电液比例阀的控制放大器。

电液比例控制放大器的作用是控制比例阀中的比例电磁铁，并对比例阀或电液比例控制系统构成开环或闭环调节。

电液比例控制放大器有多种类型（表 3-3），其特点也各不相同。

表 3-3 电液比例控制放大器的类型及特点

分类方式		特点
按控制比例阀所带电磁铁数量分类	单路比例控制放大器	用于控制单个比例电磁铁驱动工作的比例阀，如比例流量阀、比例压力阀、二位（三位）比例方向阀（单电磁铁）等
	双路比例控制放大器	主要用于控制双比例电磁铁驱动工作的三位比例方向阀等。双路比例控制放大器工作时，始终只让其中一个比例电磁铁通电，这是三位比例方向阀工作要求的，因此它不是双通道控制放大器
按通道分类	单通道比例控制放大器	就是单路比例控制放大器，智能
	双通道和多通道比例控制放大器	将两个或两个以上的比例控制放大器集中在一块标准的控制板上，就构成双通道或多通道比例控制放大器。因此，双通道或多通道比例控制放大器能同时单独控制两个或两个以上比例电磁铁。当然，双通道或多通道比例控制放大器并不是两个或多个单通道比例控制放大器的简单组合，而是在结构上作了有机调整组合而成的，如公用电源等。此类比例控制放大器用于比例压力流量复合控制阀、多路比例阀等需要两个或多个比例电磁铁同时工作的比例阀，这样可以减少配置单通道放大器的数量，增加集中控制功能
按是否带电反馈分类	带电反馈比例控制放大器	带反馈比例控制放大器用来控制电反馈比例阀，也可作为某些闭环控制系统的控制器。这种放大器设有测量放大、反馈比较电路和调节器，但不一定有颤振信号发生器
	不带电反馈比例控制放大器	不带电反馈比例控制放大器用来控制不带电反馈的比例阀，不能作为闭环控制系统的控制器。这种放大器没有测量放大、反馈比较电路和调节器，但一般有颤振信号发生器
按比例电磁铁的形式分类	单向比例控制放大器	通常所称的比例控制放大器泛指单向比例控制放大器，它用于控制普通单向比例电磁铁
	双向比例控制放大器	用于控制双向比例电磁铁。单向比例电磁铁一般制成一对线圈，而双向比例电磁铁通常制成主、副两对线圈，因此决定了与两者相适应的比例控制放大器需采用不同的功率放大级线路
按比例电磁铁控制线圈所需恒定信号分类	恒压式比例控制放大器	控制线圈需要恒定电压信号
	恒流式比例控制放大器	控制线圈需要恒定电流信号，与恒压式放大器相比，恒流式能抑制负载阻抗热特性影响，且有较好的动态特性，因而恒流式结构的比例控制放大器应用较多
按信号处理单元所采用的电路性质分类	模拟式处理单元比例放大器	传统比例放大器对输入信号的处理是采用运算放大器所构成的模拟电路实现的，可靠性高，但硬件电路复杂，灵活性差
	数字式处理单元比例放大器	数字化是比例放大器的必然趋势。在数字式比例放大器中引入了微处理单元，它通过模数转换单元对外部输入的模拟信号进行采样，将其转换为数字信号；然后由微处理器上的软件完成该数字信号的实时处理；最后将处理完的数字信号由数字量输出端口直接输出给功率级或者通过数模转换单元转换为模拟量而输出给功率驱动级。具体输出何种信号则由采用的功率级形式决定。这种放大器的优点是数据处理单元的灵活性好，可通过软件实现较为复杂信号的处理任务，而无需改变硬件电路；除了提供传统的模拟量和数字量接口外，还可提供各种总线接口，符合电控系统的网络化趋势。其缺点是稳定性不易做好，一旦因外扰导致程序跑飞或复位，将造成严重的错误输出。但通过合理设计，软件和硬件系统还是可以最大限度地减小故障率的

（2）典型电液比例控制放大器

① 电液比例溢流阀用比例控制放大器——单路、电反馈、模拟式比例控制放大器。如图 3-11 所示，该比例控制放大器由指令信号输入装置 1、斜坡信号发生器 2、比较器 3、电流调节器 4、输出功率级 5、放大器 6、电源块 7 等组成。电磁铁衔铁行程正比于电指令输入信号，电磁铁衔铁行程用一位移传感器检测，反馈线路构成了比例电磁铁衔铁位置电反馈

闭环。在线路板上，通过内部开关（M4 A，M4 B）切换，可以使电路带斜坡信号发生器或不带斜坡信号发生器。当带有斜坡信号发生器时，压力上升和下降速度可以用“斜坡上升”和“斜坡下降”旋转电位器分别调节。调节器为常用的 PID（比例-积分-微分），而功率放大级则采用模拟式电路结构。

图 3-12 所示为一种压力和流量比例阀的控制放大器的实物外形。

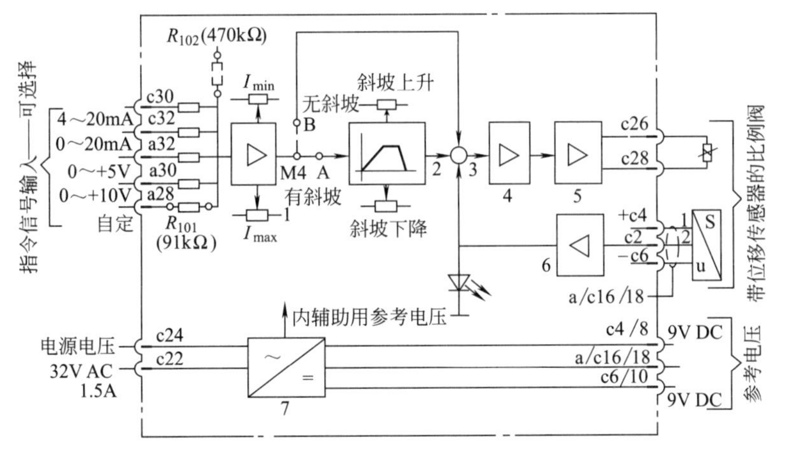

图 3-11 单路、电反馈、模拟式比例控制放大器——电反馈比例溢流阀比例控制放大器结构框图

1—指令信号输入装置；2—斜坡信号发生器；3—比较器；4—电流调节器；5—功率输出级；6—放大器；7—电源块

图 3-12 压力和流量比例的控制放大器实物外形（上海立新液压 VT-2000 型）

② 电液比例方向阀用比例控制放大器——不带电反馈的比例控制放大器。图 3-13 所示为 WRZ 系列先导式比例方向阀中电磁铁阻抗为 19.5Ω 的阀所用 VT3006 型比例放大器结构框图，它由指令信号控制装置 1、差动放大器 2、加法器 3 和 6、斜坡信号发生器 4、阶跃信号发生器 5、功率放大级 7 和电源 8 等组成。

图 3-14 所示为一种双通道（双路）双工比例控制放大器（德国 Bosch 公司 2M45-2.5A 型）电路，该放大器可用于所有不带位移控制（反馈）的比例阀，具有输入、输出带短路保护、脉宽调制输出级的特点。表 3-4 为该比例控制放大器的部分技术参数，供参考。

表 3-4 比例控制放大器（图 3-14）的部分技术参数

应用对象	所有不带位移控制的比例阀	
电磁铁	2.5A/25W	
质量/kg	0.25	
单通道单向工作输入信号 $V_{IN}=0\sim+10V$	通道 1	通道 2
	b26 和/或 z24	z12 和/或 z14
	两通道中，都以 b12 作为控制零的参考点	
双通道双向工作输入信号 $V_{IN}=0\sim\pm10V$	要么是差动输入信号 z16/z18(0V)，要么是以 b12 为控制零参考点，输入端为 b10 或 z10 输入信号；放大器处于双向工作时，在 b26/z24 及 z12/z14 端不能有任何信号	
双向工作时的输出	V_{IN} 为＋时，通道Ⅰ(b6/b8)；V_{IN} 为－时，通道Ⅱ(z2/z4)	
缓冲时间	0.05～5s 可调	
缓冲切除	通道Ⅰ	通道Ⅱ
	b20	b22
	V＝6…40V，来自 b32 的＋10V	

③ 数字式双路带位移电反馈比例放大器——REXROTH VTVRPD-I 型比例放大器。图 3-15 所示为 REXROTH VTVRPD-I 型比例放大器结构框图，其核心部分是一个高性能的微

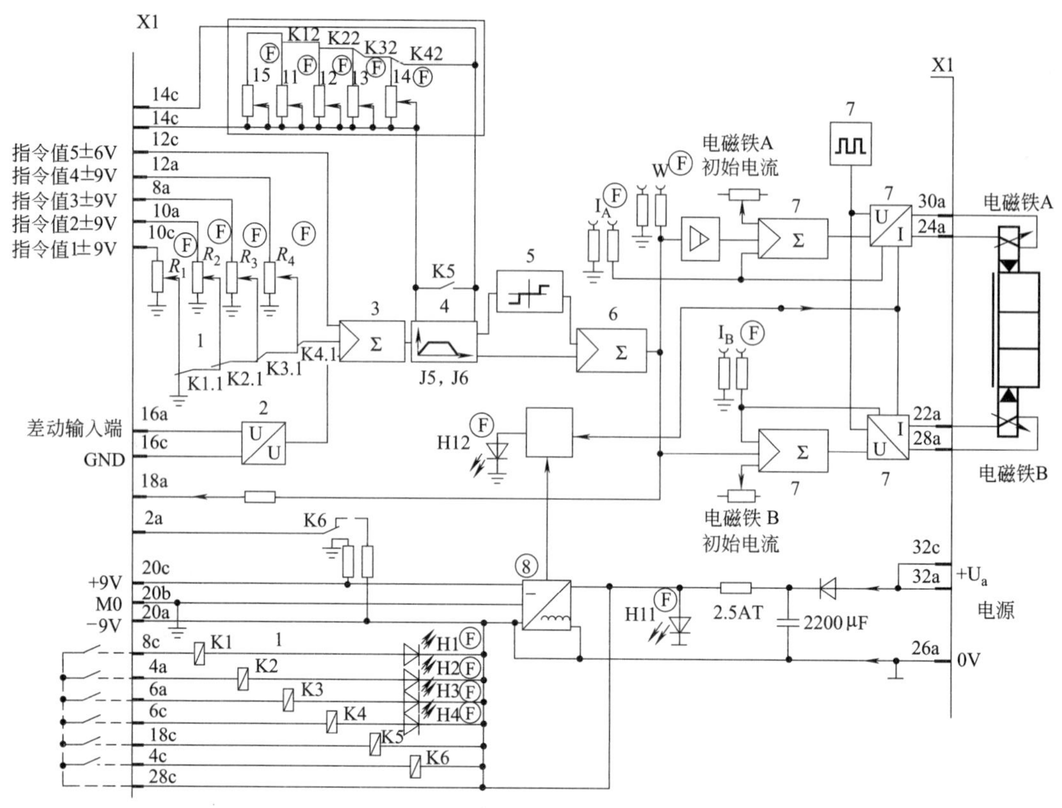

图 3-13 电液比例方向阀用比例控制放大器——不带电反馈的比例控制放大器结构框图

1—指令信号控制装置；2—差动放大器；3,6—加法器；4—斜坡信号发生器；5—阶跃信号发生器；7—功率放大级；8—电源

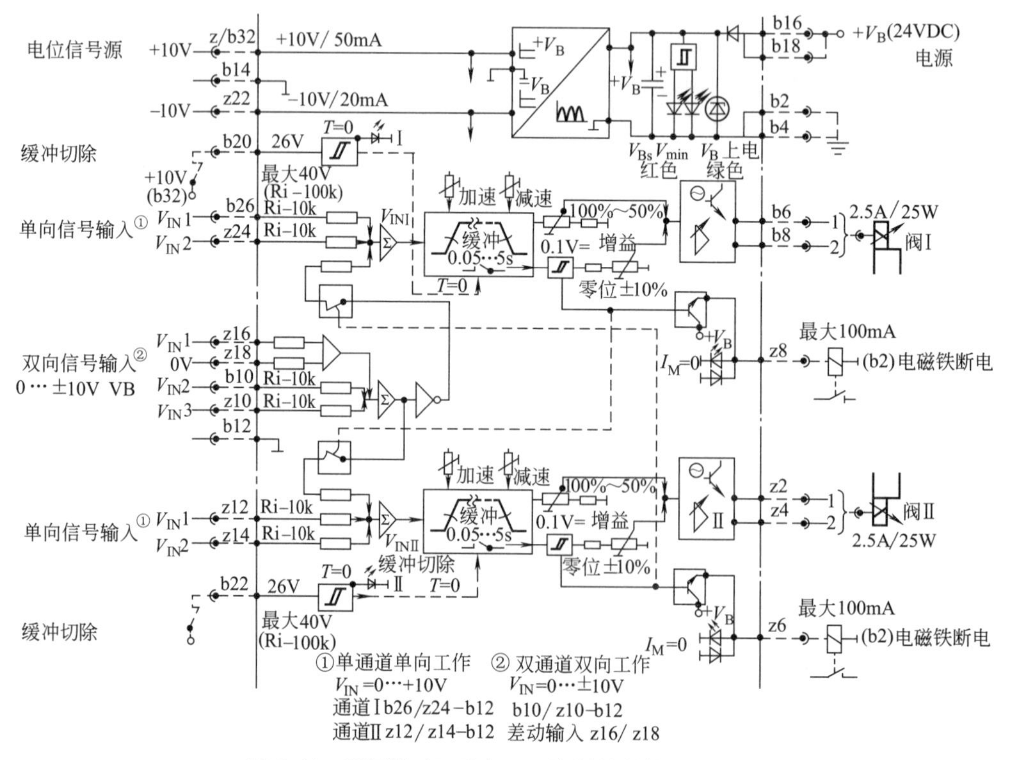

图 3-14 双通道（双路）双工比例控制放大器电路

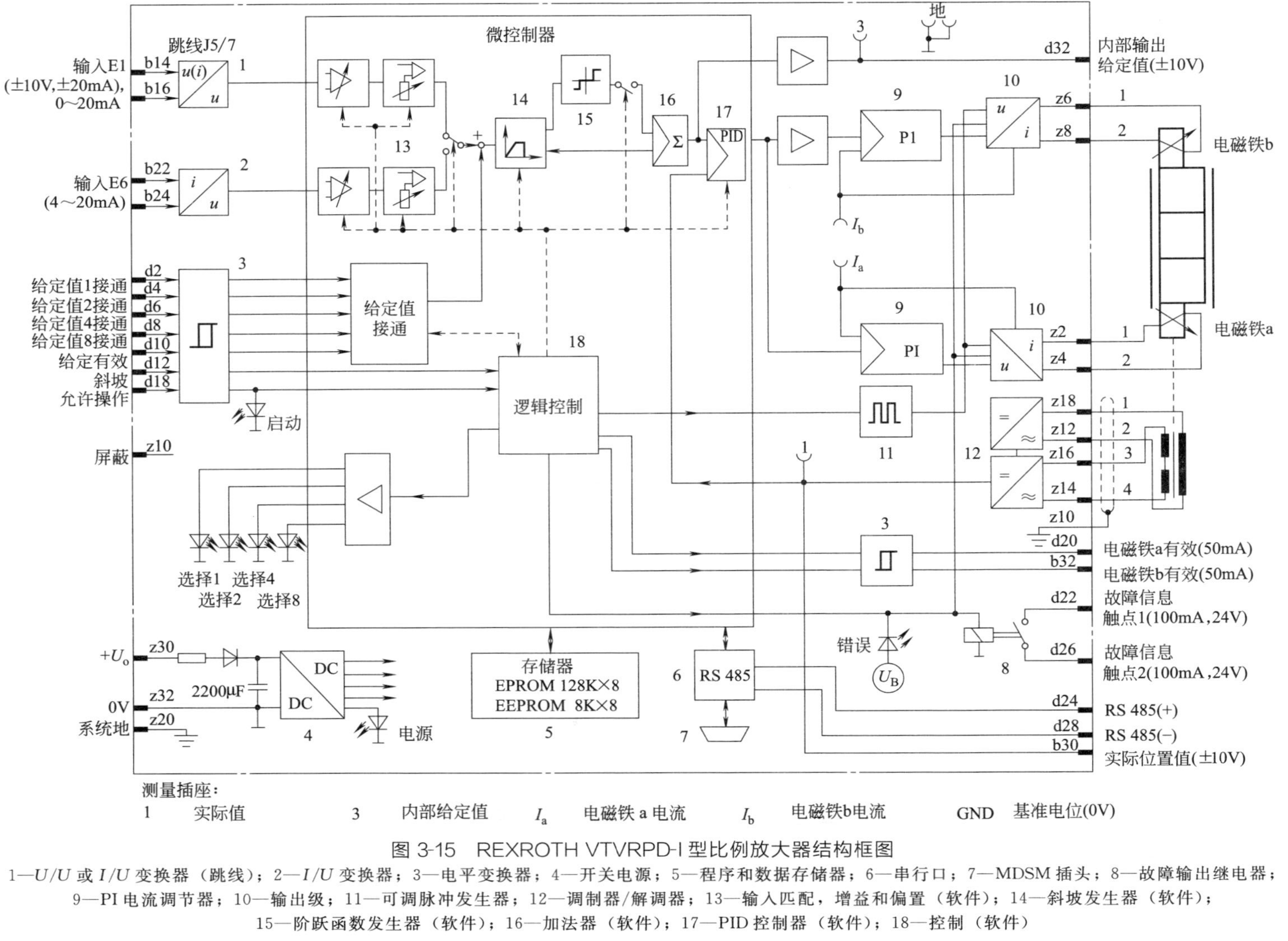

图 3-15 REXROTH VTVRPD-I 型比例放大器结构框图

1—U/U 或 I/U 变换器（跳线）；2—I/U 变换器；3—电平变换器；4—开关电源；5—程序和数据存储器；6—串行口；7—MDSM 插头；8—故障输出继电器；9—PI 电流调节器；10—输出级；11—可调脉冲发生器；12—调制器/解调器；13—输入匹配，增益和偏置（软件）；14—斜坡发生器（软件）；15—阶跃函数发生器（软件）；16—加法器（软件）；17—PID 控制器（软件）；18—控制（软件）

控制器，通过其中的软件程序可实现模拟式比例放大器中信号处理电路的所有功能，而对比例电磁铁的电流进行闭环调节部分的功能仍然采用模拟电路实现。

该比例放大器的基本特征是：适用于控制带位置电反馈的比例阀；通过 485 串行接口对放大器进行配置和参数设置；采用一个功能强大的微控制器实现信号处理任务；程序内预置各种适用类型的阀参数，通过串行接口选择受控阀的型号；设定值的输入可进行增益及偏置调节；内部电源为开关电源；四个二进制代码的输入信号用于启动来自记忆体的参数设置，该存储器可存储 16 套参数。

3.4 电液比例阀典型结构及其工作原理

3.4.1 电液比例压力阀

电液比例压力阀的作用是对液压系统中的油液压力进行比例控制，进而实现对执行元件输出力或输出力矩的比例控制。按照控制功能不同，电液比例压力阀分为电液比例溢流阀和电液比例减压阀；按照控制功率大小不同分为直接控制式（直动式）和先导控制式（先导式），直动式的控制功率较小；按照阀芯结构形式不同可分为滑阀式、锥阀式、插装式及喷嘴挡板式等。电液比例溢流阀中的直动式比例溢流阀，由于它可以作先导式比例溢流阀或先导式比例减压阀的先导级阀，并且根据它是否带电反馈，决定先导式比例压力阀是否带电反馈，所以经常直接称直动式比例溢流阀为电液比例压力阀。先导式比例溢流阀多配置直动式压力阀作为安全阀；当输入电信号为零时，还可作卸荷阀用。电液比例减压阀中，根据通口数目有二通和三通之分。直动式二通减压阀不常见，新型结构的先导式二通减压阀，其先导控制油引自减压阀的进口。直动式三通减压阀常以双联形式作为比例方向节流阀的先导级阀，新型结构的先导式三通减压阀，其先导控制油引自减压阀的进口。

（1）直动式电液比例压力阀（溢流阀）

① 不带电反馈的直动式电液比例压力阀。如图 3-16 所示，此类比例压力阀由比例电磁铁和直动式压力阀两部分组成。其结构与普通压力阀的先导阀相似，所不同的是阀的调压弹簧换为传力弹簧 3，手动调节螺钉部分换装为比例电磁铁。锥阀芯 4 与阀座 6 间的弹簧 5 主

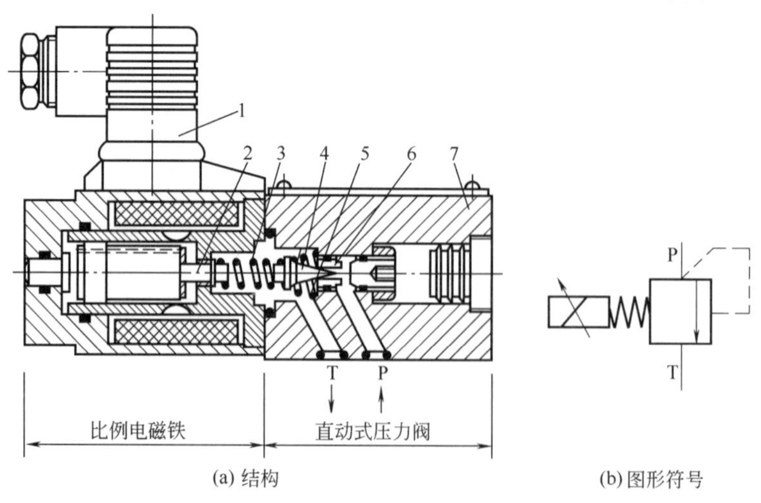

(a) 结构　　(b) 图形符号

图 3-16　不带电反馈的直动式电液比例压力阀

1—插头；2—衔铁推杆；3—传力弹簧；4—锥阀芯；5—防振弹簧；6—阀座；7—阀体

要用于防止阀芯的振动撞击。阀体 7 为方向阀式阀体，板式连接。

当比例电磁铁输入控制电流时，衔铁推杆 2 输出的推力通过传力弹簧 3 作用在锥阀芯 4 上，与作用在锥阀芯上的液压力相平衡，决定了锥阀芯 4 与阀座 6 之间的开口量。由于开口量变化微小，故传力弹簧 3 变形量的变化也很小，若忽略液动力的影响，则可认为在平衡条件下，这种直动式比例压力阀所控制的压力与比例电磁铁的输出电磁力成正比，从而与输入比例电磁铁的控制电流近似成正比。这种直动式压力阀除了在小流量场合作为调压元件单独使用外，更多地作为先导阀与普通溢流阀、减压阀的主阀组合，构成不带电反馈的先导式电液比例溢流阀、先导式电液比例减压阀，改变输入电流大小，即可改变电磁力，从而改变先导阀前腔（亦即主阀上腔）压力，实现对主阀的进口或出口压力的控制。博世（Bosch）NG6 直动比例溢流阀即为此结构。

② 位移电反馈型直动式电液比例压力阀。如图 3-17 所示，这种电液比例压力阀与图 3-16 所示的压力阀结构组成类似，只是比例电磁铁带有位移传感器 1。

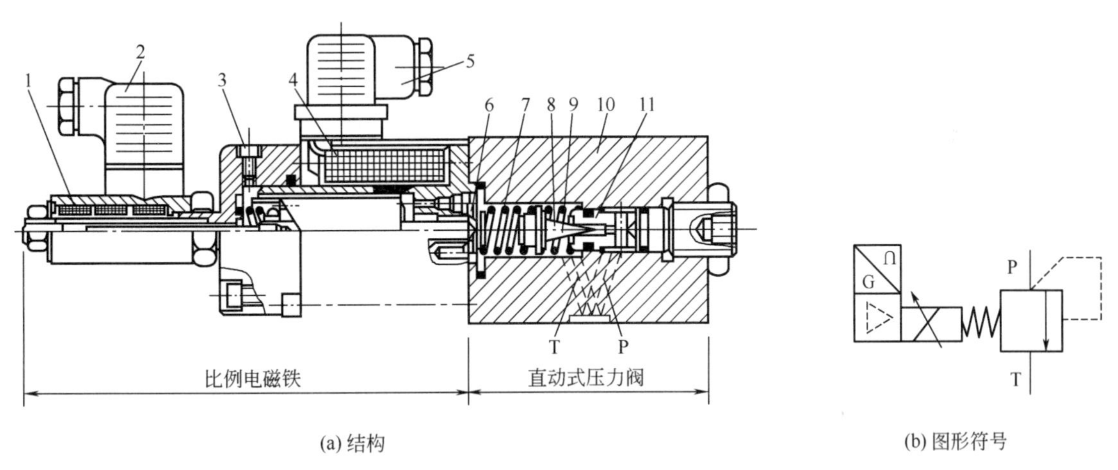

(a) 结构　　(b) 图形符号

图 3-17　位移电反馈型直动式电液比例压力阀

1—位移传感器；2—传感器插头；3—放气螺钉；4—线圈；5—线圈插头；6—弹簧座；7—传力弹簧；8—锥阀芯；9—防振弹簧；10—阀体；11—阀座

工作时，给定设定值电压，比例放大器输出相应控制电流，比例电磁铁推杆输出的与设定值成比例的电磁力，通过传力弹簧 7 作用在锥阀芯 8 上；同时，电感式位移传感器 1 检测电磁铁衔铁推杆的实际位置（即弹簧座 6 的位置），并反馈至比例放大器，利用反馈电压与设定电压比较的误差信号去控制衔铁的位移，即在阀内形成衔铁位置闭环控制。利用位移闭环控制可以消除摩擦力等干扰的影响，保证弹簧座 6 能有一个与输入信号成正比的确定位置，得到一个精确的弹簧压缩量，从而得到精确的压力阀控制压力。电磁力的大小在最大吸力之内由负载需要决定。当系统对重复精度、滞环等有较高要求时，可采用这种带电反馈的比例压力阀。

③ 线性比例压力阀。如图 3-18 所示，其中部为直动式压力阀，阀的换向阀式阀体 2 左、右两端分别装有位移传感器和比例电磁铁。比例电磁铁推杆 8 将阀座 6 推向锥阀芯 4，位于锥阀心背面的弹簧 3 的压缩量，决定了作用在锥阀芯 4 上的力，即压力阀的开启压力。比例放大器调节电磁铁的电流（亦即电磁力），以使锥阀弹簧被压缩至一个所需的位置。位移传感器 1 构成了弹簧压缩量的闭环控制。由于设置了位移传感器，使输入电信号与调节压力之间成线性关系，故又称线性比例压力阀。该阀的工作原理及图形符号与图 3-16 所示的阀相

同，具有线性好、滞环小、动态响应快及抗磨损能力强等优点。博世（Bosch）NG6 型线性比例溢流阀即为此结构。

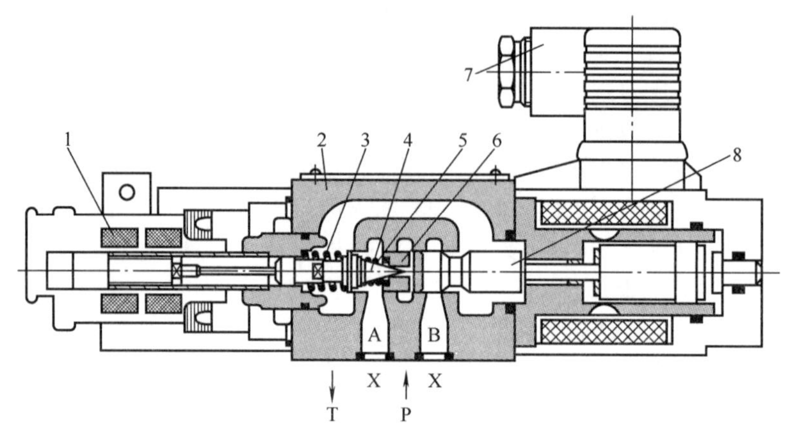

图 3-18 位移电反馈型直动式电液比例压力阀（线性比例压力阀）
1—位移传感器；2—换向阀式阀体；3—传力弹簧；4—锥阀芯；5—防振弹簧；6—阀座；7—插头；8—比例电磁铁推杆

④ 力马达喷嘴挡板式直动电液比例压力阀。如图 3-19 所示［图形符号可参见图 3-16(b)］，它与上述三种电液比例压力阀有较大区别。阀由力马达和喷嘴挡板阀两部分组成，力马达为类似比例电磁铁的结构，挡板 4 直接与力马达衔铁推杆 1 固接，压力油进入喷嘴腔室前经过固定节流器。阀的工作原理为，力马达在输入控制电流后通过推杆 1 使挡板 4 产生位移，改变力马达输入电流信号的大小，可以改变挡板 4 和喷嘴 2 之间的距离 x，因而能控制喷嘴处的压力 p_c。这种喷嘴挡板阀结构与喷嘴挡板式伺服阀相比，结构简单，加工容易，对污染不太敏感，作为比例阀来说，它的压力-流量特性比较容易控制，线性较好，工作比较可靠，是提高比例阀控制精度和响应速度的一种结构形式。

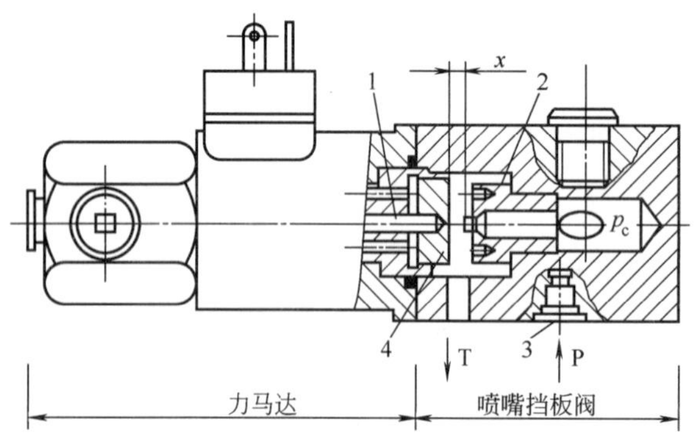

图 3-19 力马达喷嘴挡板式直动电液比例压力阀
1—衔铁推杆；2—喷嘴；3—节流器；4—挡板

图 3-20 所示为两种直动式电液比例压力阀实物外形。

（2）先导式电液比例溢流阀

① 间接检测先导式电液比例溢流阀。

a. 带手调限压阀的先导式电液比例溢流阀。如图 3-21 所示，该阀上部为先导级，是一个直动式比例压力阀，下部为功率级主阀组件（带锥度的锥阀结构）5，中部配置了手调限压阀 4，用于防止系统过载。A 为压力油口，B 为溢流口，X 为遥控口，使用时其先导控制回油必须单独从外泄油口 2 无压引回油箱。该阀除先导级采用比例压力阀之外，与普通先导式溢流阀基本相同，为系统压力间接检测型（与输入控制信号比较的不是希望控制的系统压力，而是经先导液桥前固

(a) 榆次油研系列EDG型

(b) 北部精机系列ER型

图 3-20 直动式电液比例压力阀实物外形

定液阻后的液桥输出压力）。依靠液压半桥的输出对主阀进行控制，从而保持系统压力与输入信号成比例，同时使系统多余流量通过主阀口流回油箱。这种阀的启闭特性一般较系统压力直接检测型差。手调限压阀与主阀一起构成一个普通的先导式溢流阀，当电气或液压系统发生意外故障，例如过大的电流输入比例电磁铁或液压系统出现尖峰压力时，它能立即开启使系统泄压，以保证液压系统的安全。手调限压阀的设定压力一般较比例溢流阀调定的最大工作压力高 10%左右。由于这种溢流阀的主阀为锥阀，尺寸小、重量轻，工作时行程也很小，故响应快；另外，阀套的三个径向分布油孔，可使阀开启时油液分散流走，故噪声较低。上海液二液压件制造有限公司的 BY_2 型电液比例溢流阀即为类似结构。

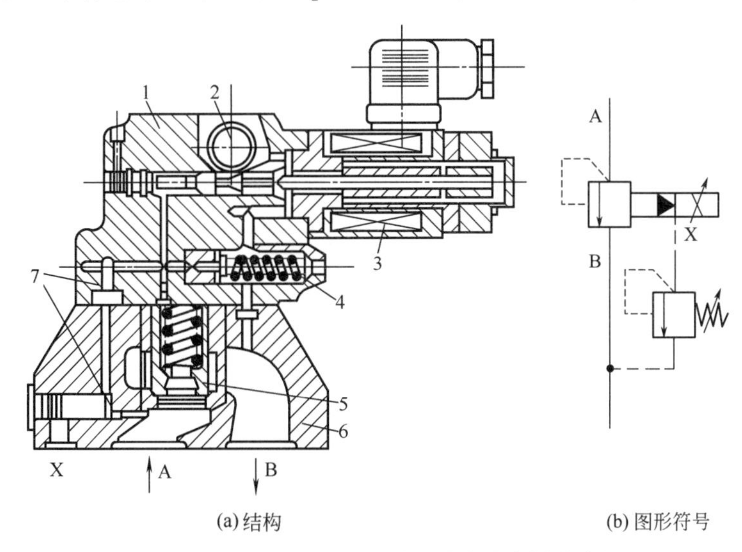

(a) 结构　　(b) 图形符号

图 3-21　带手调限压阀的先导式电液比例溢流阀

1—先导阀体；2—外泄油口；3—比例电磁铁；4—限压阀；5—主阀组件；6—主阀体；7—固定液阻

b. 位移电反馈型先导式电液比例溢流阀。如图 3-22 所示，其先导阀部分为图 3-17 所示

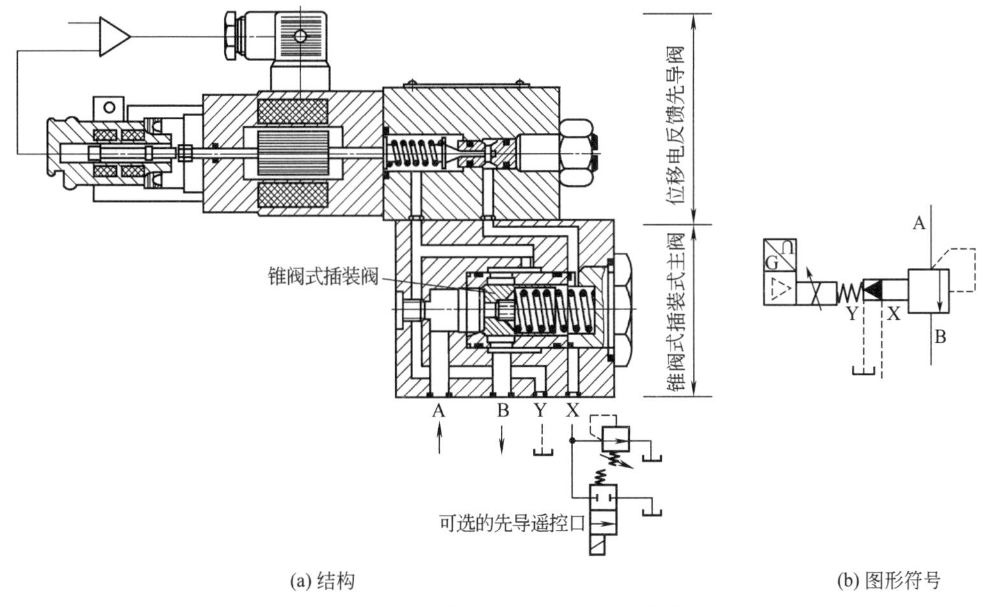

(a) 结构　　(b) 图形符号

图 3-22　位移电反馈型先导式电液比例溢流阀

的位移电反馈型直动式比例压力阀（锥阀）结构，主阀部分为锥阀式插装阀结构。先导阀与主阀轴线平行，故主阀拆检安装方便。此阀的工作原理也为系统压力间接检测型。遥控口X为可选油口，通过接溢流阀或二位二通电磁换向阀可以实现液压系统的远程调压（限压）或卸荷。

c. 力马达喷嘴挡板先导式电液比例溢流阀。如图3-23所示，它是将力马达喷嘴挡板直动式比例压力阀（参见图3-19）作为先导阀与传统定值控制溢流阀（由三级同心式主阀和手调定值控制先导压力阀组成）叠加在一起而成。手调定值控制先导压力阀用来设定系统的最高压力，起安全阀的作用。它与力马达喷嘴挡板直动式比例压力阀并联，并都通过主阀芯内部回油。当主阀输出压力低于手动调定的最高压力时，可以通过调节先导式比例压力阀的输入控制电流连续按比例地调节输出压力，当输入控制电流为零时，该阀将起卸荷阀的作用。

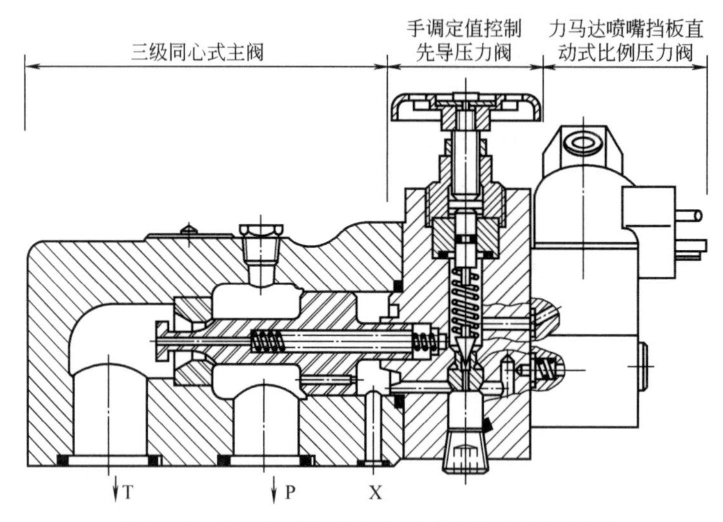

图 3-23 力马达喷嘴挡板先导式电液比例溢流阀

综合图3-21～图3-23所示的三种间接检测先导式电液比例溢流阀，其输入方式与传统溢流阀相比，只是将手调机构变换成了位置调节型电磁铁而已。作用在先导阀芯上的压力并非所希望控制的溢流阀进口压力，而是经先导液桥固定液阻减压后的进口压力分压。此种间接检测方式仅能构成先导级的局部反馈，主阀芯上的各种干扰力的影响未受到抑制，故压力控制精度不高，其流量-压力特性曲线有明显压力超调，这是其主要弊端之一。

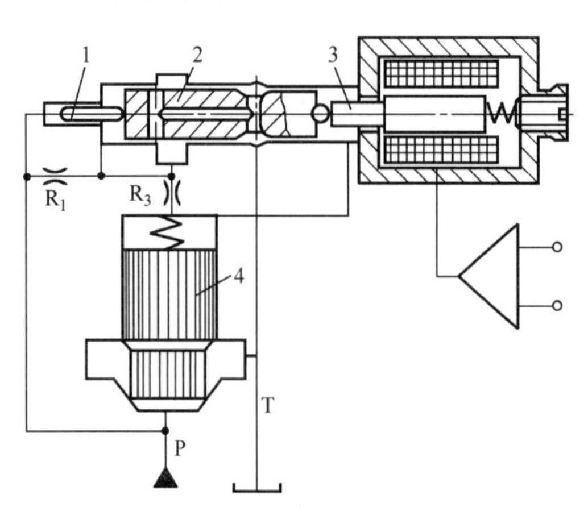

图 3-24 直接检测先导式电液比例溢流阀结构原理

1—压力检测杆；2—先导阀芯；3—比例电磁铁推杆；4—主阀芯

② 直接检测先导式电液比例溢流阀。如图3-24所示，它所控制的系统压力直接作用在先导阀芯2左端的压力检测杆1上，所产生的液压力与通过电磁铁推杆3作用在先导阀芯2右端的电磁力相平衡，从而控制先导阀口开度，再由前置液阻R_1与先导阀口所组成的液压半桥控制主阀口开度。此外，液阻R_3构成先导级与

主阀之间的动压反馈。由于这种原理革新，使该种阀的流量-压力特性曲线较间接检测式电液比例溢流阀有了较大改善，溢流流量变化对设定压力的干扰基本被抑制；此外，这种阀的动态特性较好，运行平稳性有了较大改善，消除了溢流阀啸叫噪声。

图 3-25 所示为一种先导式电液比例溢流阀实物外形；图 3-26 所示为一种螺纹插装式电液比例溢流阀实物外形。

图 3-25 先导式电液比例溢流阀实物外形（DBE/DBEM 型，上海立新力士乐系列）

图 3-26 螺纹插装式电液比例溢流阀实物外形（BLCY 型，宁波华液）

（3）电液比例减压阀

① 二通电液比例减压阀。

a. 普通先导式二通电液比例减压阀。如图 3-27 所示，该阀的先导阀为不带位移电反馈的直动式比例压力阀（锥阀），主阀为滑阀式定值减压阀。结构上的重要特点是与普通减压阀相同，先导控制油引自主阀的出口 P_2。原理上与普通手调先导减压阀相似，当 P_2 口的输出压力小于先导比例压力阀的设定压力值时，主阀下移，阀口开至最大，不起减压作用。当 P_2 口的输出压力上升至给定压力时，先导液桥工作，主阀上移，起到定值减压作用。只要进口 P_1 的压力大于允许的最低值，调节输入控制电流即可按比例连续地调节输出的二次压力。

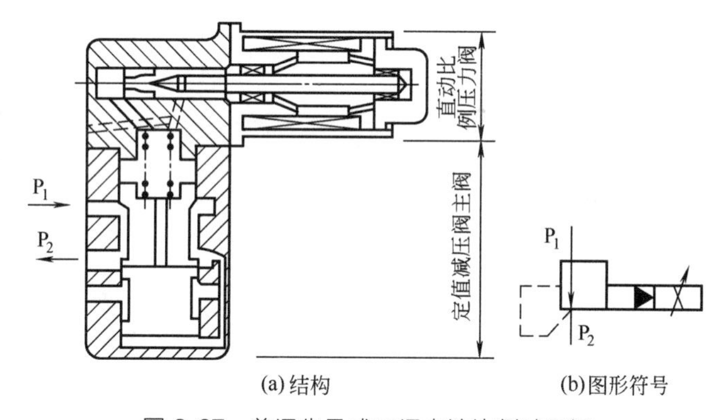

图 3-27 普通先导式二通电液比例减压阀

图 3-28 所示为位移电反馈型普通先导式二通电液比例减压阀，其先导阀部分为图 3-18 所示的位移电反馈直动式比例压力阀（锥阀）结构，主阀部分为锥阀式插装阀结构。先导阀与主阀轴线平行，故主阀拆检安装方便。此阀的工作原理也与普通手调定值减压阀类似。其遥控口 X 为可选油口，通过接压力阀 1 或电磁阀 2 可以实现液压系统的远程调压（减压）或卸荷。博世（Bosch）NG10 型比例减压阀即为此结构。

b. 新型先导式二通电液比例减压阀。如图 3-29 所示，其基本特征是，先导控制并非引自减压阀的出口 A，而是引自进口 B；在先导控制油路上配置了先导流量稳定器；可消除反向瞬间压力峰值，保护系统安全；带单向阀，允许反向自由流通。阀的工作原理为，由于先导流量稳定器实质是一个 B 型液压半桥控制的定流量阀，故当主阀进口压力变化时，液压半桥的可变液阻随之变化，以保证进入先导级的流量为一个稳定值，从而使先导阀前压力不

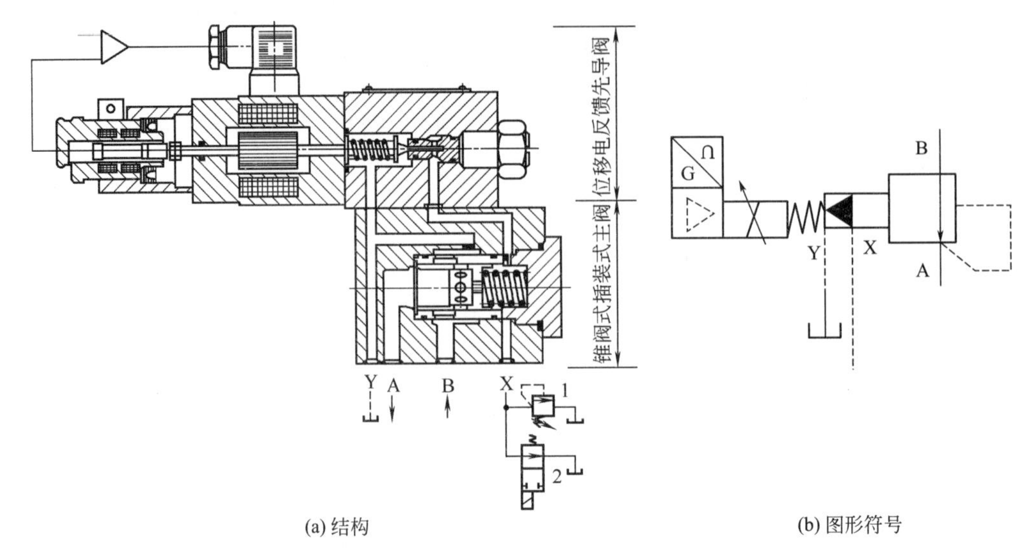

(a) 结构　　(b) 图形符号

图 3-28　位移电反馈型普通先导式二通电液比例减压阀

1—压力阀；2—电磁阀

受进口压力变化的影响。先导阀前压力的大小由给定电信号确定，而减压阀的主阀芯依靠先导阀前压力与减压阀出口压力平衡而定位。故主阀的出口压力只与输入信号成比例，不受进口压力变化的影响。

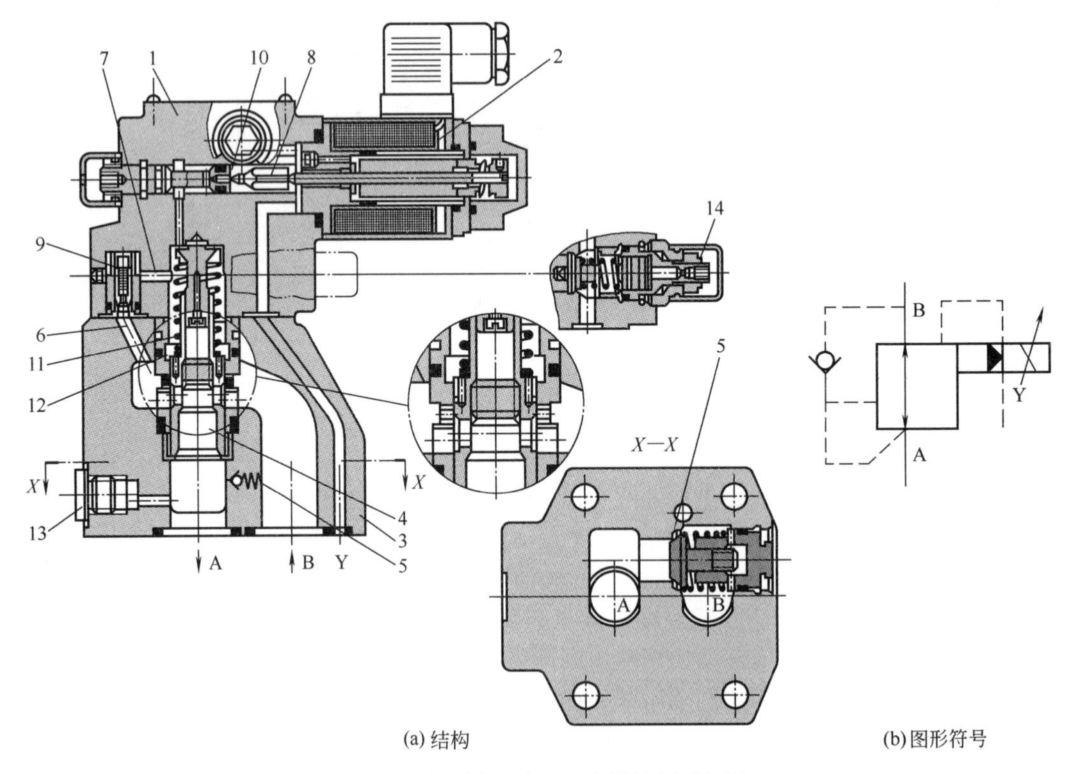

(a) 结构　　(b) 图形符号

图 3-29　新型先导式二通电液比例减压阀

1—先导阀；2—比例电磁铁；3—主阀体；4—主阀芯；5—单向阀；6，7—先导油孔道；8—先导阀芯；9—先导流量稳定器；10—先导阀座；11—弹簧；12—弹簧腔；13—压力表接口；14—最高压力溢流阀

减压阀出口 A 所连接的执行元件因突然停止运动等出现瞬间高压而 A、B 间的单向阀来不及打开时，消除反向瞬间高压的机理为，在执行元件将停止运动时，先给比例减压阀一个接近于零的低输入信号，执行元件停止运动时，主阀芯在下部高压和上部低压作用下快速上移，受压液体产生的瞬时高压油进入主阀弹簧腔而泄向先导阀回油口。

由于减压阀进、出口压力的变化对先导级的影响被抑制，故此种减压阀的抗干扰能力强，压力稳定性好。

② 三通电液比例减压阀。

a. 直动式三通电液比例减压阀。如图 3-30 所示，该阀的主体部分为螺纹插装式结构。它有进油口 P、负载出口 A 和回油口 T 三个工作油口。结构上 A→T 与 P→A 之间可以是正遮盖或负遮盖。工作原理为，三通减压阀正向流通（P→A）时为减压阀功能，反向流通（A→T）时为溢流阀功能。三通减压阀的 A 口输出压力作用在反馈面积上，与比例电磁铁 2 的输入电磁作用力 F_M 进行比较后，可通过自动启闭 P→A 或 A→T，维持输出压力稳定不变，其压力控制精度优于二通电液比例减压阀。

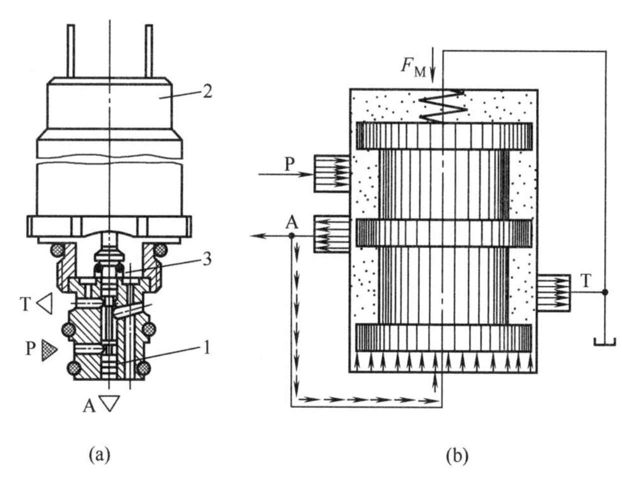

图 3-30 直动式三通电液比例减压阀

1—阀芯；2—比例电磁铁；3—回弹弹簧

常见的三通插装式比例减压阀，有 2mm 和 4mm 两种通径规格，最大流量分别为 2L/min 和 6L/min，A 口最高设定压力为 2MPa 和 3MPa，适用于电液遥控，特别适用于构成控制车辆与工程机械的电液比例多路换向阀。

b. 先导式三通电液比例减压阀。如图 3-31 所示，该阀不带位移电反馈，其主阀为三通滑阀结构，先导阀为不带电反馈的直动式电液比例压力阀。先导控制油引自主阀进口 P，配有先导流量稳定器和手动应急推杆。工作原理与二通减压阀相似，P→A 流通时为减压功能，反向 A→T 流通时为溢流功能。

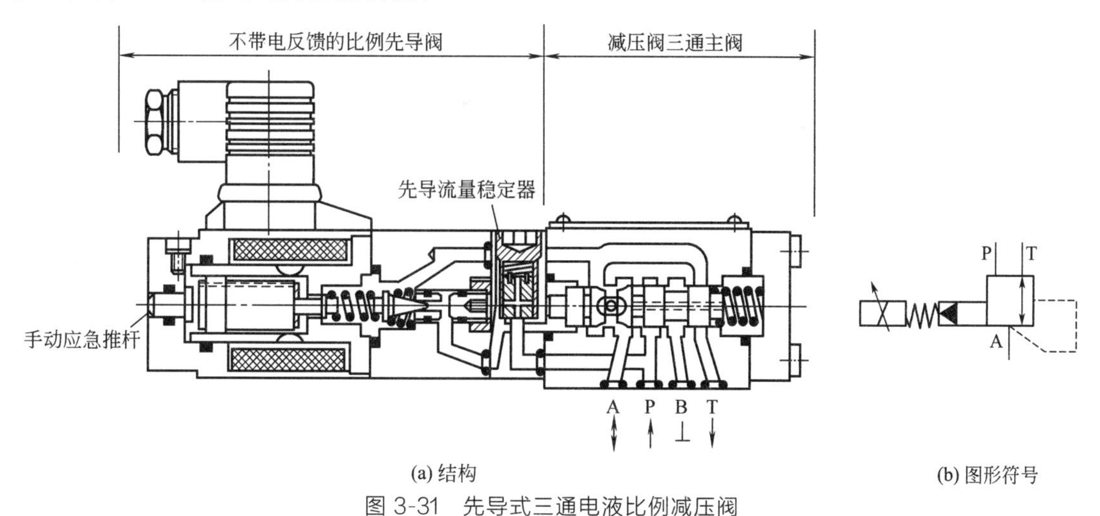

图 3-31 先导式三通电液比例减压阀

图 3-32 所示为位移电反馈型先导式三通电液比例减压阀，与图 3-31 所示的减压阀的结构组成类似，所不同的是它的先导阀为位移电反馈型比例压力阀，并且不带应急推杆。工作原理与二通减压阀相似，P→A 流通时为减压功能，反向 A→T 流通时为溢流功能。能够对进油压力和负载动压力实行补偿，滞环、响应时间等静态、动态性能优于不带位移电反馈的先导式三通电液比例减压阀。

博世（Bosch）NG6 三通比例减压阀（不带位移控制和带位移控制）即为图 3-31 和图 3-32 所示的结构。

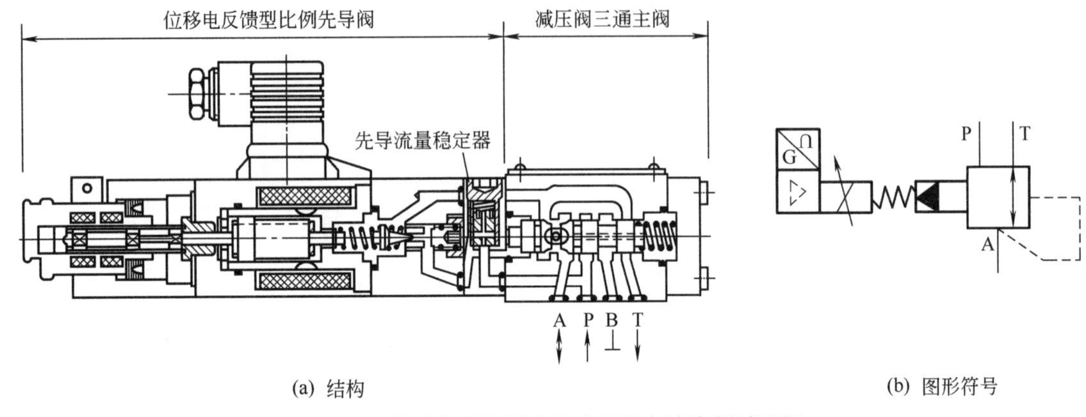

(a) 结构 (b) 图形符号

图 3-32 位移电反馈型先导式三通电液比例减压阀

c. 双向三通电液比例减压阀。三通电液比例减压阀经常作比例方向阀的先导级阀，由于需对两个方向进行控制，要两个三通比例减压阀组合成一个双向三通电液比例减压阀（图 3-33）。其工作原理与单向作用完全相同，区别是它有两个比例电磁铁 1 和 2，为构成反馈，它的阀芯由控制阀芯 4 及压力检测阀芯 5 和 6 三件组成。当两个电磁铁均不通电时，控制阀芯 4 处于中位，P 口封闭，A、B 两口与回油口 T 相通；当电磁铁 1 通电时，电磁力使控制阀芯 4 右移，压力油从 P 口流向 A 口。A 腔压力油经阀芯 4 上的径向孔进入其内腔，作用于检测阀芯 6 和控制阀芯 4 上，最终使控制阀芯 4 停留在 B 口产生的液压力与电磁力相平衡的位置上。电磁铁 2 通电时的动作情况与上相反。

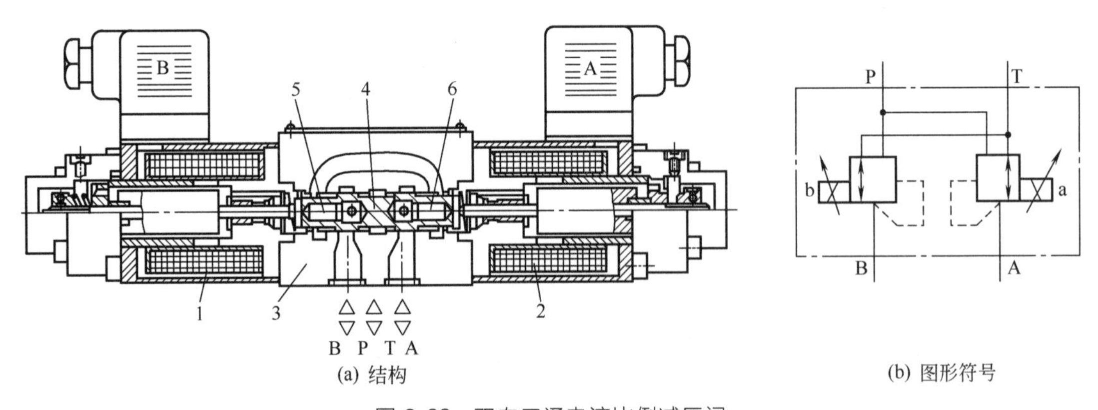

(a) 结构 (b) 图形符号

图 3-33 双向三通电液比例减压阀

1,2—比例电磁铁；3—阀体；4—控制阀芯；5,6—压力检测阀芯

③ 力马达喷嘴挡板先导式电液比例减压阀。如图 3-34 所示，先导阀为力马达喷嘴挡板阀，而主阀为定值减压阀。力马达衔铁 1 悬挂于左、右两片铍青铜片弹簧 4 中间，与导套不

接触，避免了衔铁 1-推杆（挡板）3 组件运动时的摩擦力，减小了滞环。工作时线圈 2 输入控制电流，则衔铁或挡板产生一个与之成比例的位移，从而改变了喷嘴挡板的可变液阻，控制了喷嘴前腔的压力，进而控制了比例减压阀输出的压力。

图 3-35 所示为几种先导式电液比例减压阀实物外形。

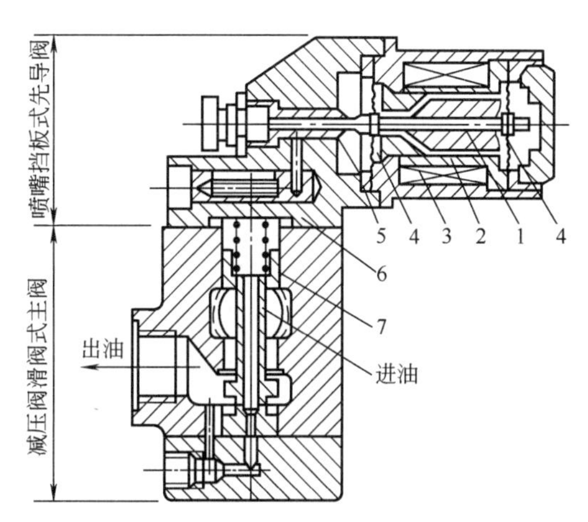

图 3-34 力马达喷嘴挡板先导式电液比例减压阀
1—力马达衔铁；2—线圈；3—推杆（挡板）；4—铍青铜片弹簧；5—喷嘴；6—精过滤器；7—主阀芯（滑阀）

3.4.2 电液比例流量阀

电液比例流量阀的作用是对液压系统中的流量进行比例控制，进而实现对执行元件输出速度或输出转速的比例控制。按照功能不同比例流量阀可以分为比例节流阀和比例调速阀两大类；按照控制功率大小不同电液比例流量阀又可分为直接控制式（直动式）和先导控制式（先导式），直动式的控制功率及流量较小。比例节流阀属于节流控制功能阀类，其通过流量与节流口开度大小有关，同时受到节流口前后压差的影响。电液比例调速阀属于流量控制功能阀类，它通常由比例节流阀加压力补偿器或流量反馈元件组成，其中前者用于流量的比例调节，后者则可使节流口前后压差基本保持为定值，从而使阀的通过流量仅取决于节流口开度大小。直动式比例流量阀是利用比例电磁铁直接驱动接力阀芯，从而调节节流口的开度和流量，根据阀内是否含有反馈，直动式又有普通型和位移电反馈型两类。先导式比例流量阀是利用小功率先导级阀对功率级主阀实施控制，根据反馈形式，先导式比例节流阀有位移力反馈、位移电反馈等形式，先导式比例调速阀有流量位移电反馈、流量电反馈等形式。

(a) 宁波华液公司BYJ型（带限压阀）

(b) 上海立新力士乐系列DRE/DREM型（带可选单向阀）

(c) 威格士K(B)X(C)G-6/8系列（带内置放大器）

图 3-35 先导式电液比例减压阀实物外形

（1）电液比例节流阀

① 直动式电液比例节流阀。

a. 普通型直动式电液比例节流阀。如图 3-36 所示，力控制型比例电磁铁 1 直接驱动节流阀阀芯（滑阀）3，阀芯相对于阀体 4 的轴向位移（即阀口轴向开度）与比例电磁铁的输入电信号成比例。此种阀结构简单，价廉，滑阀机能除了图 3-36 所示常闭式外，还有常开式；但由于没有压力或其他检测补偿措施，工作时受摩擦力及液动力的影响，故控制精度不高，适用于低压小流量液压系统。

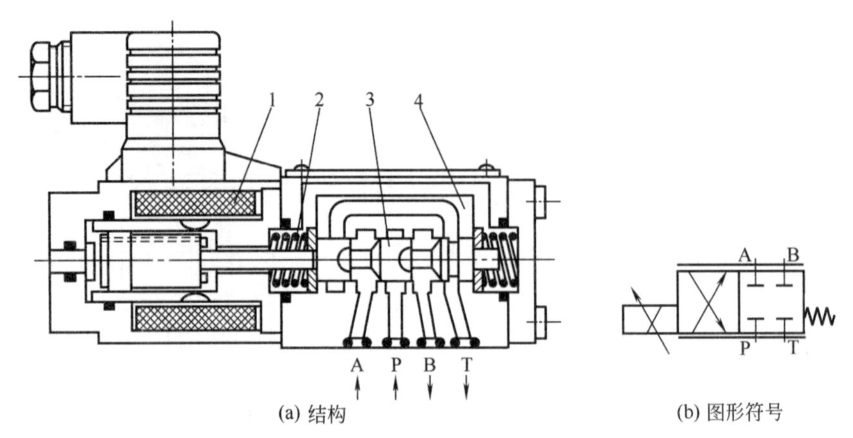

(a) 结构　　(b) 图形符号

图 3-36　普通型直动式电液比例节流阀

1—比例电磁铁；2—弹簧；3—节流阀阀芯（滑阀）；4—阀体

b. 位移电反馈型直动式电液比例节流阀。如图 3-37 所示，与图 3-36 所示的普通型直动式电液比例节流阀的差别在于增设了位移传感器 1，用于检测阀芯（滑阀）3 的位移，通过电反馈闭环消除干扰力的影响，以得到较高的控制精度。此种阀结构更加紧凑，但由于比例电磁铁的功率有限，故此种阀也只能用于小流量系统。

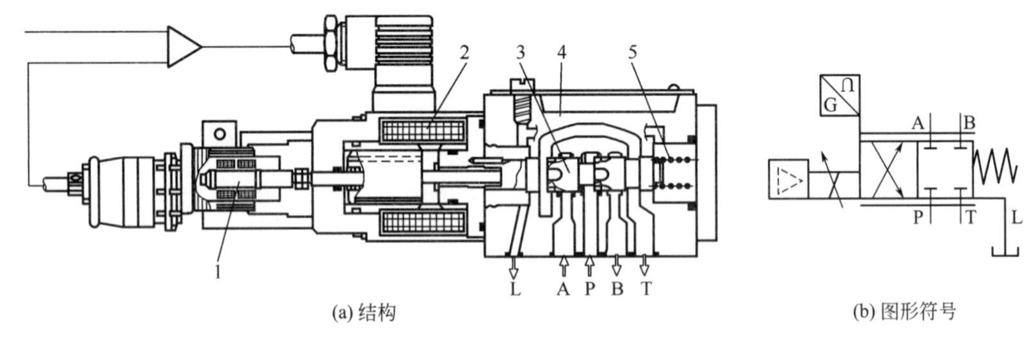

(a) 结构　　(b) 图形符号

图 3-37　位移电反馈型直动式电液比例节流阀

1—位移传感器；2—比例电磁铁；3—节流阀阀芯（滑阀）；4—阀体；5—弹簧

应当说明的是，上述两种电液比例阀的图形符号之所以类似伺服阀，是因其采用的换向阀式阀体之故。

② 先导式电液比例节流阀。此类阀有位移力反馈、位移电反馈及位移流量反馈和三级控制等多种结构形式。

a. 位移力反馈型先导式电液比例节流阀。该阀结构原理如图 3-38 所示，其主阀芯 5 为插装式结构，电液比例先导阀的阀芯 2 为滑阀式结构，先导阀芯与主阀芯之间的位置联系通过反馈弹簧 3 实现。固定液阻 R_1 与先导阀口的可变液阻 R_2 构成 B 型液压半桥。整个阀的基本工作特征是利用主阀芯位移力反馈和级间（功率级和先导级间）动压反馈原理实现控制。液阻 R_3 为级间动压反馈液阻。

当比例电磁铁 1 未输入电信号时，在反馈弹簧 3 的作用下，先导阀口关闭，主阀上、下容腔的压力 p_A、p_x 相同，由于阀芯上下面积差的存在及复位弹簧 4 的作用，主阀关闭；当比例电磁铁输入电信号时，先导阀芯在电磁力的作用下向下运动，先导阀口开启，由于液压半桥的作用，主阀上腔的压力 p_x 下降，主阀芯在压差 p_A-p_x 作用下克服弹簧力上移，主阀口开启。同时，主阀芯位移经反馈弹簧转化为反馈力，作用在先导阀芯上，先导阀芯在反馈力的作用下向上运动，达到新的平衡，从而实现了给定电信号到主阀芯轴向位移（亦即主阀口开度或流量）的比例控制。级间动压反馈液阻 R_3 是为了改进阀的动态性能而设的，它在稳态工况下不起作用。

位移力反馈型先导式电液比例节流阀结构简单紧凑，主阀行程不受电磁铁位移的限制，但也未进行压力检测补偿反馈，故其通过流量仍与阀口压差相关。

b. 位移电反馈型先导式电液比例节流阀。如图 3-39 所示，该比例节流阀由带位移传感器 5 的插装式主阀与三通先导比例减压阀 2 组成。三通先导比例减压阀 2 插装在主阀的控制盖板 6 上。先导油口 X 与进油口 A 连接；先导泄油口 Y 引回油箱。外部电信号 u_i 输入比例放大器 4，与位移传感器的反馈信号 u_f 比较得出差值，此差值驱动先导阀芯运动，控制主阀芯 8 上部弹簧腔的压力，从而改变主阀芯的轴向位置即阀口开度。与主阀芯相连的位移传感器 5 的检测杆 1 将检测到的阀芯位置反馈到比例放大器 4，以使阀的开度保持在指定的开度上。这种位移电反馈构成的闭环回路，可以抑制负载以外的各种干扰力。

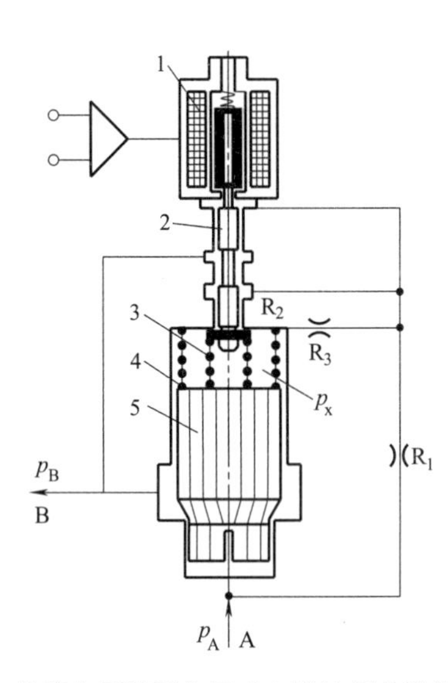

图 3-38 位移力反馈型先导式电液比例节流阀结构原理
1—比例电磁铁；2—先导阀芯；3—反馈弹簧；
4—复位弹簧；5—主阀芯

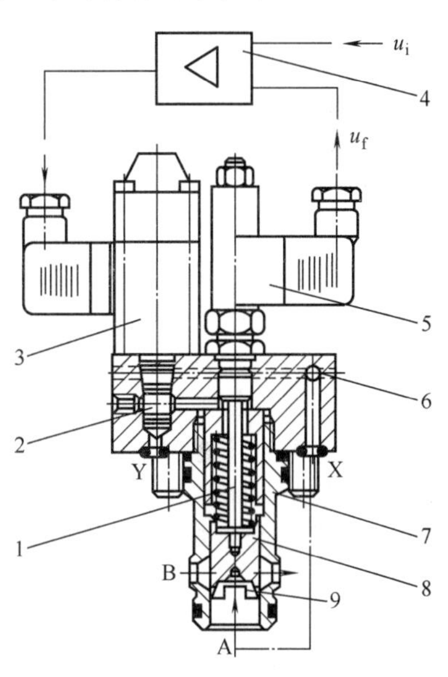

图 3-39 位移电反馈型先导式电液比例节流阀
1—位移检测杆；2—三通先导比例减压阀；
3—比例电磁铁；4—比例放大器；5—位移传感器；
6—控制盖板；7—阀套；8—主阀芯；9—主阀节流口

c. 三级控制型大流量电反馈电液比例节流阀。对于 32mm 通径以上的比例节流阀，为了保持一定的动态响应和较好的稳态控制精度，可采用三级控制方案，即通过经两级液压放大的液压信号，再去控制第三级阀芯的位移。

图 3-40 所示为一种电液比例节流阀的实物外形。

图 3-40 电液比例节流阀的实物外形（北部精机系列，EFOS 系列位移力反馈带比例放大器）

（2）电液比例调速阀

① 直动式电液比例调速阀。为了补偿节流口前后压差变化对通过普通电液比例节流阀阀口流量的影响，传统的做法是在节流阀口前面（或后面）串联一个定差减压阀，普通调速阀中的手调节流阀换成比例节流阀，使节流阀口的压差

保持为基本恒定。图 3-41 所示为这种传统型直动式电液比例调速阀，A、B、Y 三口分别为阀的进油口、出油口、泄油口。比例电磁铁代替了传统调速阀中节流阀 2 的手动调节部分，比例电磁铁的可动衔铁与推杆连接并控制节流阀芯 2，由于节流阀芯处于静压平衡，因而操纵力较小。要求节流阀口压力损失小、节流阀芯位移量较大而流量调节范围大，一般采用行程控制型比例电磁铁。

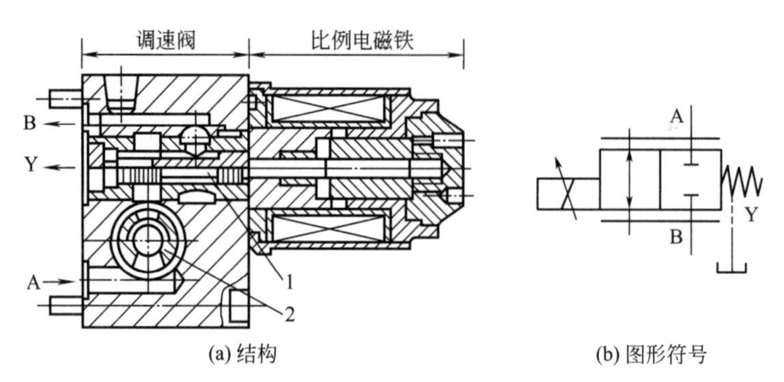

(a) 结构　　(b) 图形符号

图 3-41　传统型直动式电液比例调速阀

1—压力补偿减压阀；2—节流阀

当给定某一设定值时，通过比例放大器输入相应的控制电流信号给比例电磁铁，比例电磁铁输出电磁力作用在节流阀芯上，此时节流阀口将保持与输入电流信号成比例的稳定开度。当输入电流信号变化时，节流阀口的开度将随之成比例地变化，由于减压阀的压力补偿作用使节流阀口前后的压差维持定值，阀的输出流量与阀口开度成比例，与输入比例电磁铁的控制电流成比例，只要控制输入电流，就可与之成比例地、连续地、远程地控制比例调速阀的输出流量。

这种传统压力补偿型电液比例调速阀，结构组成简单，但由于液动力等的干扰，存在着启动流量超调大、体积较大和动态响应慢等不足。

图 3-42 所示为位移电反馈型直动式电液比例调速阀。它由节流阀芯 3、作为压力补偿器的定差减压阀 4 及单向阀 5 和电感式位移传感器 6 等组成。节流阀芯 3 的位置通过位移传感器 6 检测并反馈至比例放大器。当液流从 B 口流向 A 口时，单向阀开启，不起比例流量控制作用。这种比例调速阀与不带位移电反馈的比例调速阀相比，可以克服干扰力的影响，静、动态特性都有明显改善，但这种阀还是根据直接作用式的原理，所以用于较小流量的系统。

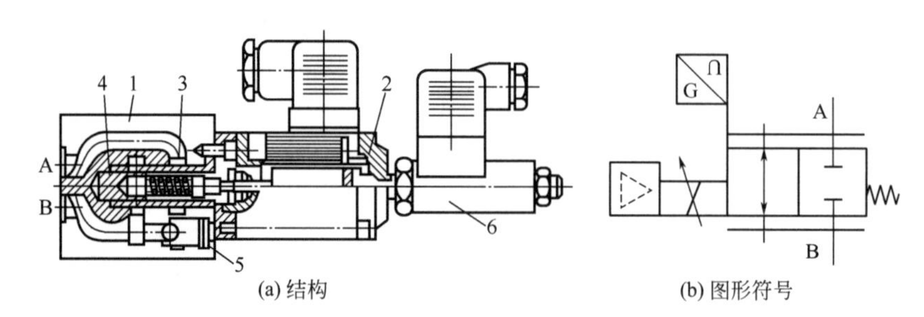

(a) 结构　　(b) 图形符号

图 3-42　位移电反馈型直动式电液比例调速阀

1—阀体；2—比例电磁铁；3—节流阀芯；4—作为压力补偿器的定差减压阀；5—单向阀；6—电感式位移传感器

另外，在工程实用上，实现压差补偿的一种非常简单的方法，是在普通电液比例节流阀基础上，采用叠加阀安装形式串联一个定差压力补偿器，即可以实现 P→A 或 P→B 的阀口压差补偿。

② 先导式电液比例调速阀。

a. 流量位移力反馈型先导式二通电液比例调速阀。图 3-43 所示为这种比例调速阀的结构原理。该阀主要由电液比例先导阀 1（单边控制）、流量传感器 2 和二通插装结构的主调节器 3 等组成，主调节器与流量传感器为串联配置。R_1、R_2、R_3 为液阻，有两个主油口 P（接油源）和 A（接负载）。

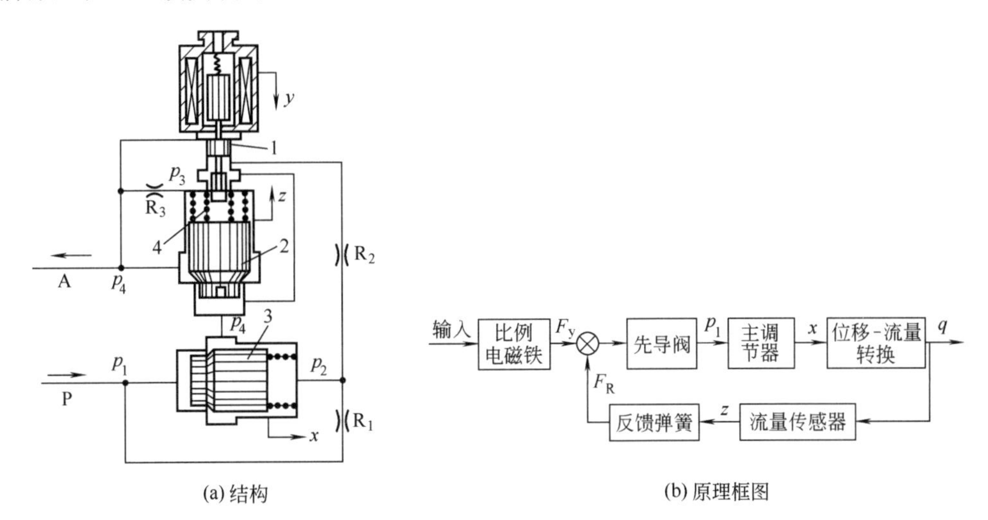

(a) 结构 (b) 原理框图

图 3-43 流量位移力反馈型先导式二通电液比例调速阀结构原理

1—电液比例先导阀；2—流量传感器；3—主调节器；4—反馈弹簧

阀的工作特征为流量-位移-力反馈和级间（主级与先导级之间）动压反馈。流量-位移-力反馈的原理是，当比例电磁铁输入控制电流时，电磁铁输出与之近似成比例的电磁力，此电磁力克服先导阀端面上的反馈弹簧 4 的反馈力，使先导阀口开启，从而使主调节器 3 控制腔压力 p_2 从原来等于其进口压力 p_1 降低。在压差 p_1-p_2 作用下，主调节器 3 节流阀口开启，流过该阀口的流量经流量传感器 2 检测后通向负载。流量传感器 2 将所检测的主流量转换为与之成比例的阀芯轴向位移（经设计，流量传感器阀芯的抬起高度，即阀芯的轴向位移，与通过流量传感器的主流量成比例），并通过作用在先导阀端面的反馈弹簧 4 转换为反馈力。当此反馈力与比例电磁铁输出的电磁力相平衡时，则先导阀、主调节器、流量传感器均处于其稳定的阀口开度，比例流量阀输出稳定的流量。这种阀内部的流量-位移-力反馈闭环具有很强的抗干扰能力。当负载发生变化，例如负载压力 p_2 增大时，流量传感器原稳定平衡状态被破坏，形成关小流量传感器阀口开度、使通过流量减小的趋势，但这一趋势使反馈弹簧力减小，进而使先导阀口开大，进一步使主调节器控制腔压力有所降低，主调节器阀口开度增大，使通过流量传感器的流量增大，即使流量传感器恢复到原来的与输入信号相对应的阀口开度及流量。

液阻 R_3 构成了主级与先导级之间的动压反馈，当流量传感器处于稳定状态时，先导阀两端油压相等。当有干扰出现，例如流量传感器有关小阀口的运动趋势，其上腔压力 p_3 随关小速度相应地降低，引起先导阀芯两端压力失衡；先导阀芯出现一个附加的向下作用力，使先导阀口开大，进而降低主调节器控制腔压力，其阀口向开大的方向适应，从而使通过的主流量增大，直至主流量以及反映流量值的流量传感器阀口开度恢复到与输入电信号相一致的稳定值。

由于这种阀形成了流量-位移-力反馈自动控制闭环，并将主调节器等都包容在反馈环路中，作用在闭环各环节上的外干扰（如负载变化、液动力等的影响）可得到有效的补偿和抑制，加上级间动压反馈，故这种阀克服了传统电液比例调速阀启动流量超调大、流量的负载刚度差、体积大、频响低的缺陷，稳态特性和动态特性都较好，在定压系统中可以实现执行元件速度的精确调节与控制。

如果将这种阀中的流量传感器的位移信号转化为电信号，再反馈至比例放大器，即可构成流量位移电反馈型比例调速阀。

由于流量位移力反馈比例调速阀要增设流量传感器，从而形成了一个实际上的先导式两级阀，所以这种阀的结构较为复杂，且运行中存在较大节流损失，调速系统效率较低。但如果将流量传感器和主调节器并联配置，便可得到下述流量位移力反馈三通比例流量阀，这种阀用于调速系统，可获得高的系统效率。

b. 流量位移力反馈型先导式三通电液比例调速阀。图 3-44 所示为这种电液比例调速阀的结构原理，与二通比例调速阀类似，它由电液比例先导阀 1（单边控制）、流量传感器 2 和二通插装结构的主调节器 3 等组成，流量传感器 2 与先导阀之间的位置联系通过反馈弹簧 4 实现。R_1、R_2、R_3 为液阻，液阻 R_1、R_2 与先导阀口构成 B 型液压半桥。与二通电液比例调速阀不同的是，三通电液比例调速阀的主调节器与流量传感器为并联配置，且有三个主油口 P（接油源）、A（接负载）、T（接油箱）。

采用三通调速阀的调速系统，实际上是一种负载敏感系统，其效率远较二通调速阀调速系统高。工作时，由流量传感器 2 检测负载口 A 的流量，并将流量转化为成比例的位移信号，由反馈弹簧 4 进一步转化为弹簧力并反馈到先导阀芯，从而形成闭环流量控制；而主阀口的开度与上述液压半桥控制，即由主阀口控制的是多余流量，而不是去负载的流量。

图 3-45 为直动式和先导式电液比例调速阀的实物外形。

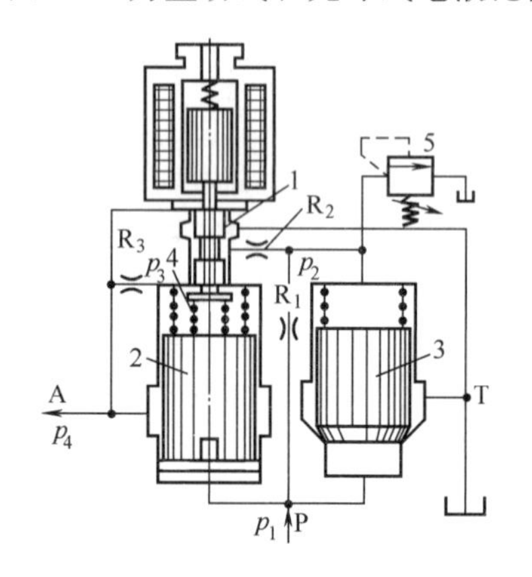

图 3-44　流量位移力反馈型先导式三通电液比例调速阀结构原理

1—电液比例先导阀；2—流量传感器；3—主调节器；4—反馈弹簧；5—限压先导阀

(a) 直动式二通阀

(b) 先导式三通阀

图 3-45　电液比例调速阀实物外形（德国哈威公司 SE/SHE 型）

3.4.3　电液比例方向阀

电液比例方向阀能按输入电信号的极性和幅值大小，同时对液压系统液流方向和流量进行控制，从而实现对执行元件运动方向和速度的控制。在压差恒定条件下，通过电液比例方向阀的流量与输入电信号的幅值成比例，而流动方向取决于比例电磁铁是否受到激励。就结构而言，电液比例方向阀与开关式方向阀类似，其阀芯与阀体（或阀套）的配合间隙不像伺服阀那样小（比例阀为 3～4μm，伺服阀约为 0.5μm），故抗污染能力远强于伺服阀；就控制特点与性能而言，电液比例方向阀又与电液伺服阀类似，既可用于开环控制，也可用于闭环控制，但比例方向阀工作中存在死区（一般为控制电流的 10%～15%），阀口压降较伺服阀低（约低一个数量级），比例电磁铁控制功率较高（约为伺服阀的 10 倍以上）。现代电液比例方向阀中一般引入了各种内部反馈控制和采用零搭接，所以在滞环、线性度、重复精度即分辨率等方面的性能与电液伺服阀几乎相当，但动态响应性能还是不及较高性能的伺服阀。按照对流量的控制方式不同，电液比例方向阀可分为电液比例方向节流阀和电液比例方向流量阀（调速阀）两大类，前者与比例节流阀相当，其受控参量是功率级阀芯的位移或阀口开度，输出流量受阀口前后压差的影响，后者与比例调速阀相当，它由比例方向阀和定差减压阀或定差溢流阀组成压力补偿型比例方向流量阀。按照控制功率大小不同电液比例方向阀又有直接控制式（直动式）和先导控制式（先导式）之分，前者控制功率及流量较小，由比例电磁铁直接驱动阀芯轴向移动实现控制，后者阀的功率及流量较大，通常为二级甚至三级阀，级间有位移力反馈、位移电反馈等多种耦合方式，而先导级通常是一个小型直动三通比例减压阀或其他压力控制阀，电信号经先导级转换放大后驱动功率级工作。按照主阀芯的结构形式不同电液比例方向阀还可分为滑阀式和插装式两类，其中滑阀式居多。

（1）电液比例方向节流阀

① 直动式电液比例方向节流阀。此类阀有普通型和位移电反馈型两种。

a. 普通型直动式电液比例方向节流阀。如图 3-46 所示，它主要由两个比例电磁铁 1 和 6、阀体 3、阀芯 4（四边滑阀）、对中弹簧 2 和 5 组成。当比例电磁铁 1 通电时，阀芯右移，油口 P 与 B 通，A 与 T 通，而阀口的开度与电磁铁 1 的输入电流成比例；当电磁铁 2 通电时，阀芯左移，油口 P 与 A 通，B 与 T 通，阀口开度与电磁铁 6 的输入电流成比例。与伺服阀不同的是，这种阀的四个控制边有较大的遮盖量，端弹簧具有一定的安装预压缩量。阀的稳态控制特性有较大的中位死区。另外，由于受摩擦力及阀口液动力等干扰的影响，这种直动式电液比例方向节流阀的阀芯定位精度不高，尤其是在高压大流量工况下，稳态液动力的影响更加突出。为了提高电液比例方向节流阀的控制精度，可以采用下述位移电反馈型直动式电液比例方向节流阀。

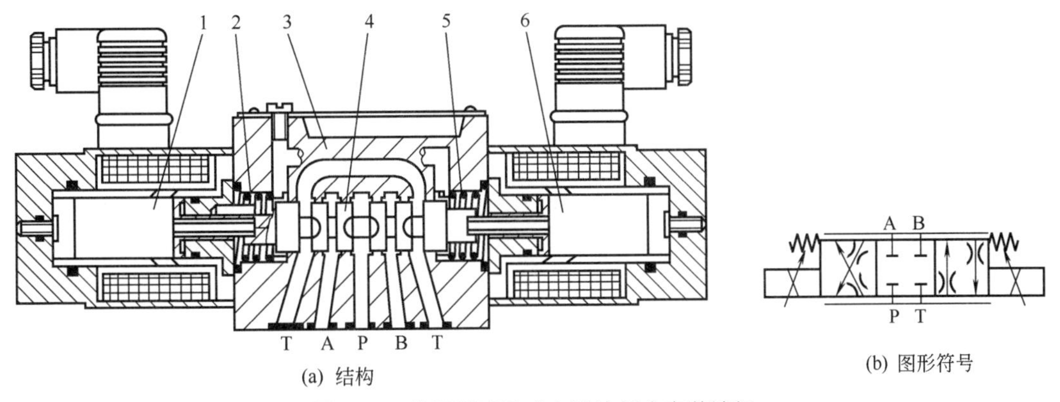

(a) 结构

(b) 图形符号

图 3-46 普通型直动式电液比例方向节流阀

1,6—比例电磁铁；2,5—对中弹簧；3—阀体；4—阀芯

b. 位移电反馈型直动式电液比例方向节流阀。如图 3-47 所示，与图 3-46 所示普通型阀的结构所不同的是，阀中增设了位移传感器 7，用于检测阀芯 4 的位移，并反馈至比例放大

器 8，构成阀芯位移闭环控制，使阀芯的位移仅取决于输入信号，而与流量、压力及摩擦力等干扰无关。这种阀中，当液动力及摩擦力小于比例电磁铁所能达到的最大电磁力时，阀口的流量将取决于给定电信号及阀口的压降。

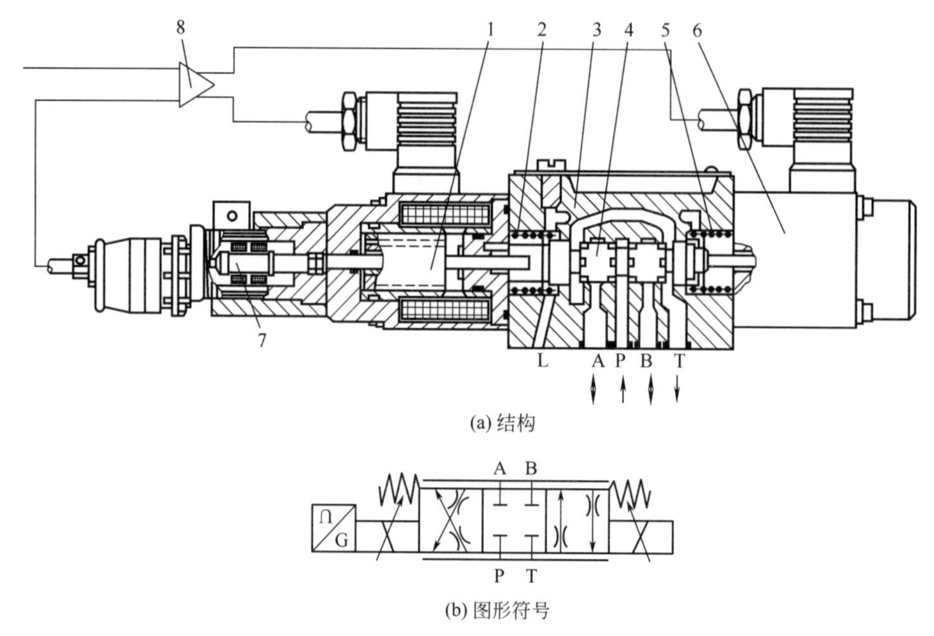

(a) 结构

(b) 图形符号

图 3-47 位移电反馈型直动式电液比例方向节流阀

1，6—比例电磁铁；2，5—对中弹簧；3—阀体；4—阀芯；7—位移传感器；8—比例放大器

图 3-48 给出了两种直动式电液比例方向节流阀的实物外形。

(a) 宁波华液BFW型

(b) 威格士KBSDG4V-5，1*系列带反馈

图 3-48 直动式电液比例方向节流阀实物外形

② 先导式电液比例方向节流阀。

a. 减压型先导级＋主阀弹簧定位型电液比例方向节流阀。如图 3-49 所示，电液比例减压型先导阀能输出与输入电信号成比例的控制压力，与输入信号极性相对应的两个出口压力，分别被引至主阀芯 2 的两端，利用它在两个端面上所产生的液压力与对中弹簧 3 的弹簧力平衡，而使主阀芯 2 与输入信号成比例地定位。

采用减压型先导级的优点在于，不必像原理相似的先导溢流型那样，持续不断地耗费先导控制油。先导控制油既可内供，也可外供，如果先导控制油压力超过规定值，可用先导减压阀块将先导压力降下来。

主阀采用单弹簧对中形式，弹簧有预压缩量，当先导阀无输入信号时，主阀芯对中。单弹簧既简化了阀的结构，又使阀的对称性好。

这种阀的优点是对制造和装配无特殊要求，通用性好，调整方便。缺点是主阀芯的位移

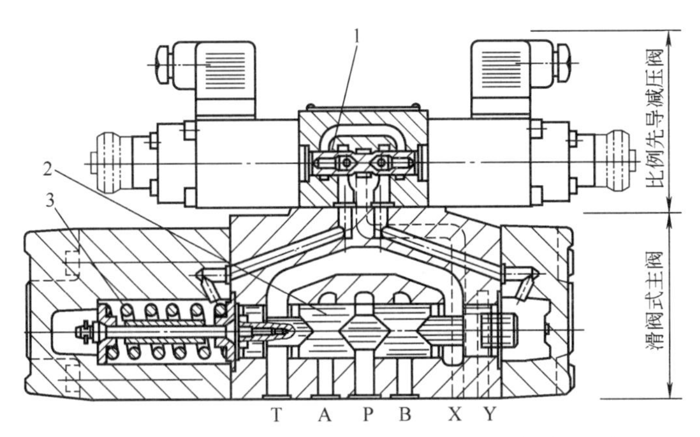

图 3-49 减压型先导级+ 主阀弹簧定位型电液比例方向节流阀

1—先导减压阀芯；2—主阀芯；3—对中弹簧

受到液动力、摩擦力等干扰力的影响，即主阀芯的位移控制精度不高，从而影响流量控制精度。

b. 级间位移-电反馈型电液比例方向节流阀。如图 3-50 所示，它主要由先导级、减压级、功率级及位移传感器等组成。功率级主阀为四边滑阀结构，主阀芯 4 靠双弹簧 2、5 机械对中。在先导级与功率级之间设减压级，是为了保证先导级有一个恒定的进口压力，从而保证阀性能的一致性。位移传感器 1 检测主阀芯 4 的位移，并反馈至比例放大器，从而构成从比例放大器给定信号至主阀芯位移的闭环位移控制。由于把比例放大器、比例电磁铁及先导级都包含在闭环中，因此阀具有更高的稳态控制精度。

c. 两级位移电反馈的电液比例方向节流阀。如图 3-51 所示，它是在主阀芯一级电反馈的基础上，给先导级也增设位移传感器，构成先导级及功率级两级位移电反馈。主阀芯位移电反馈提高了主阀芯的抗干扰（如摩擦力、液动力的变化）能力，快速、正确地跟踪输入电信号的变化。附加的先导级位移电反馈的作用，在于提高阀的运行可靠性以及优化整阀的动态特性。

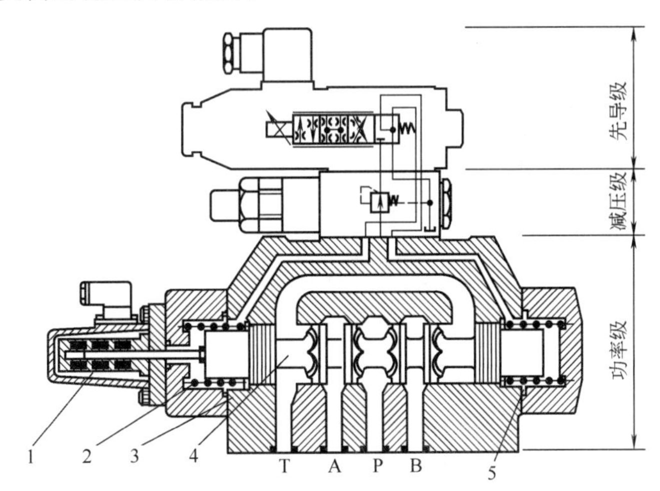

图 3-50 主阀芯位移电反馈电液比例方向节流阀

1—位移传感器；2,5—对中弹簧；3—阀体；4—主阀芯

（2）电液比例方向流量阀（调速阀）。此类阀是在电液比例方向节流阀的基础上，加上压力补偿或者流量补偿装置所构成，它可使通过电液比例方向节流阀的流量与负载无关，只取决于阀口的开度。传统的补偿方法与电液比例流量阀类似，有定差减压型、定差溢流型及压差可调型等。以下仅介绍定差减压型电液比例方向流量阀。

定差减压型电液比例方向流量阀的结构原理是在电液比例方向节流阀的进油路上串联一个定差减压阀，对节流口压降进行补偿，使方向阀阀口压降恒定，从而使流量只取决于阀口

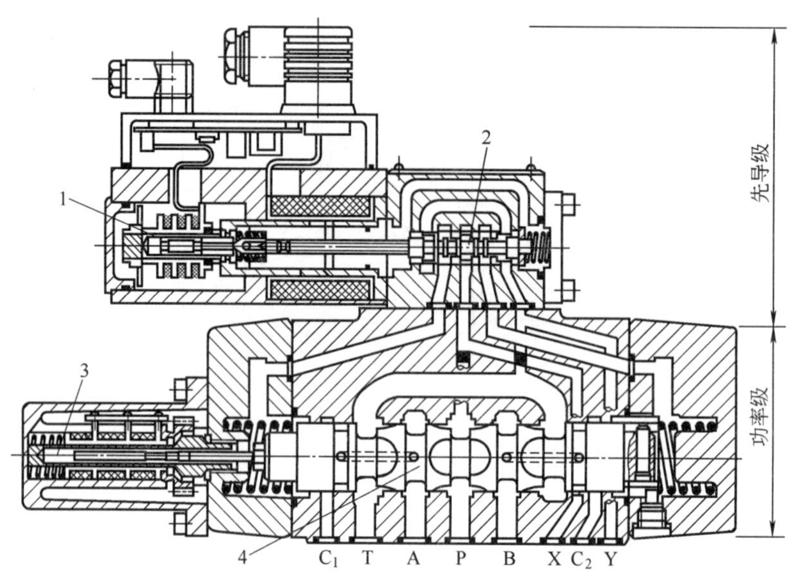

图 3-51　两级位移电反馈的电液比例方向节流阀

1—先导阀芯位移传感器；2—先导阀芯；3—主阀芯位移传感器；4—主阀芯

开度。由于电液比例方向节流阀的出口有两个油口 A 和 B，因此要采取附加措施将电液比例方向节流阀的负载压力引出。目前主要有两种不同的方法。一种方法是，在小通径（6mm、10mm 通径）阀中，通常利用图 3-52（a）所示原理，用梭阀 1 来选择其中进入工作状态的一路（梭阀取压），再将它引到定差减压阀 3 的弹簧腔，减压阀的另一端作用着电液比例方向节流阀 2 的进口压力。图 3-52（b）表示加入了由固定液阻 R_1 与可调压力先导阀 R_Y 组成的 B 型液压半桥后，比例方向节流阀阀口压差可在小范围内调节的油路原理。另一种方法是，在大通径（16mm 通径及以上）阀中，在阀体中配置附加的两个负载压力引出

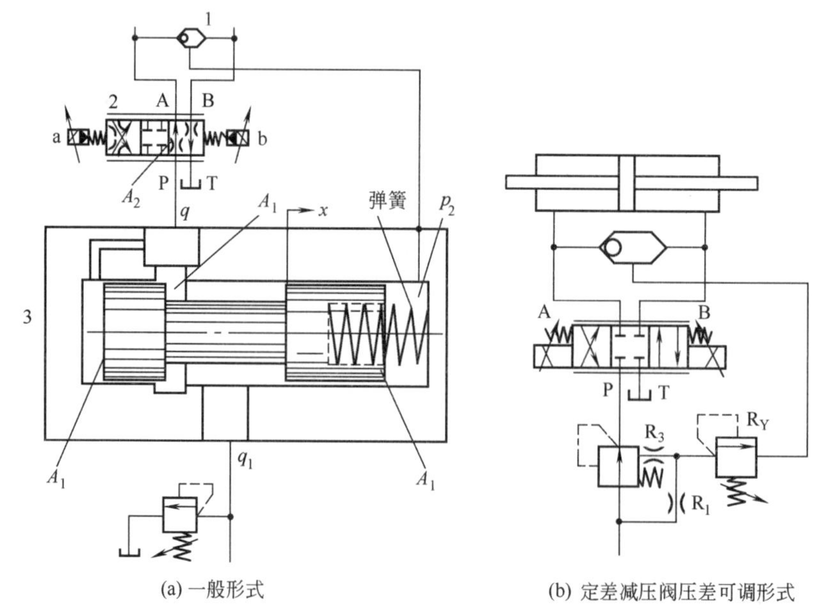

(a) 一般形式　　(b) 定差减压阀压差可调形式

图 3-52　定差减压型电液比例方向流量阀结构原理（梭阀取压）

1—梭阀；2—电液比例方向节流阀；3—定差减压阀

口 C_1、C_2（图 3-53），通过电液比例方向节流阀 2 的阀芯上的附加通道，取出 A 口或 B 口的负载压力，并经引出口 C_1 和 C_2 引到压力补偿器 1。这种方法确保了执行元件 3 在承受超越负载 F（拉负载或负负载）情况下，例如在制动过程中，得到的始终是液压缸的正确压力，而在用梭阀提取信号时，则要采取例如配置出口压力补偿器等措施来解决。

（3）插装式电液比例方向阀。插装阀与电液比例控制技术相结合，可组成插装式电液比例方向阀。

如图 3-54 所示，二通插装式电液比例方向阀由一个三位三通电液比例先导阀（滑阀）1、插装阀芯 2、阀盖 3、位移传感器 4 等组成。利用位移传感器 4 检测插装阀芯 2 的位移，构成位移闭环控制，可以无级调节插装阀芯的位移，从而调节 A 与 B 之间的液阻。显然要用两个二通型插装阀才能控制一个容腔的压力，要用四个二通插装阀才能实现对两个工作腔的方向-流量-压力的控制功能。

插装阀是一种理想的大功率控制器件，其应用为高压大流量电液比例控制系统提供了复合功能及集成化的技术条件。

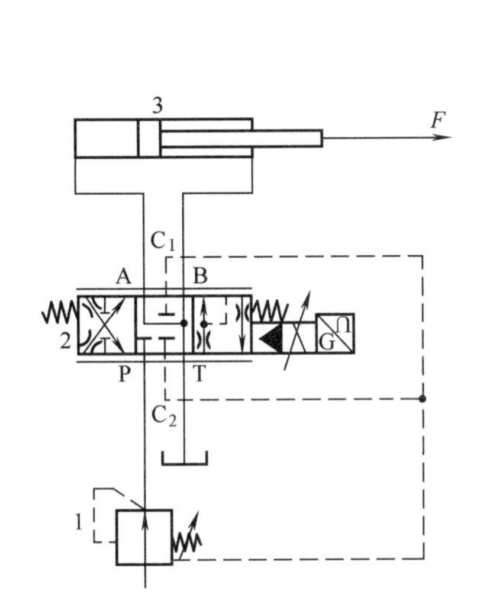

图 3-53 定差减压型电液比例方向流量阀结构原理（附加负载压力引出口取压）
1—压力补偿器；2—电液比例方向节流阀；3—执行元件（液压缸）

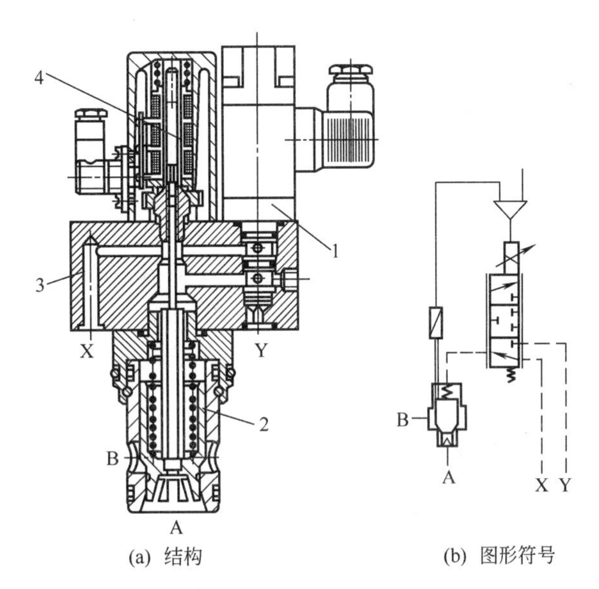

(a) 结构　(b) 图形符号

图 3-54 二通插装式电液比例方向阀
1—三位三通电液比例先导阀（滑阀）；2—插装阀芯；3—阀盖；4—位移传感器

（4）电液伺服比例方向阀。该阀又称高性能或高频响电液比例方向阀，其动、静态性能指标已达到（其中一些甚至超过了）传统伺服阀的指标。高性能电液比例方向阀的结构性能特点是电气-机械转换器采用大电流比例电磁铁而不采用伺服阀的力马达或力矩马达；阀芯和阀套采用伺服阀加工精度，功率级主阀阀口为零遮盖（或零重叠）形式；无零位死区，频率响应比一般比例阀高，可靠性比一般伺服阀高，因此可用于传统上曾是电液伺服阀的应用场合（例如闭环位置控制等）。

此处以三位四通先导式电液伺服比例方向阀（图 3-55）为例简要说明这种阀的结构原理。它是由单电磁铁驱动的直动式高性能电液比例方向阀作为先导阀，带位移传感器的三位四通滑阀作为主阀的两级阀，其比例放大器与阀集成为一体。主阀芯 4 及先导阀芯 2 的位移信号均反馈到比例放大器，从而构成二级位移闭环控制。所以可以得到表 3-5 所列的优良性能，特别是其频宽可达30～70Hz，有些电液伺服比例阀的频宽甚至高达150Hz。

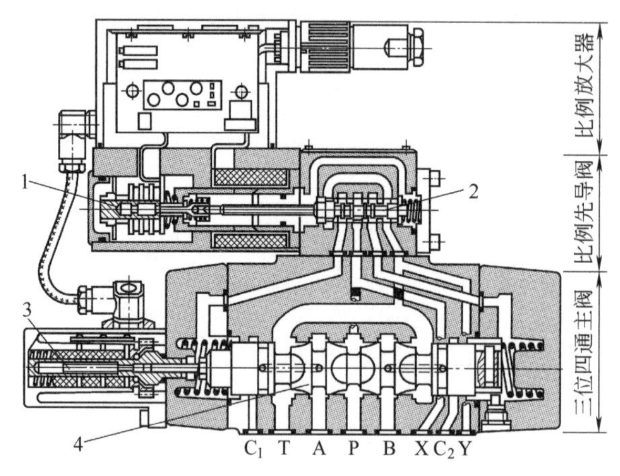

图3-55 三位四通先导式电液伺服比例方向阀

1—先导阀芯位移传感器；2—先导阀芯；3—主阀芯位移传感器；4—主阀芯

表3-5 三位四通先导式电液伺服比例方向阀的主要性能

通径/mm	10	16	25	32
公称流量/(L/min)(先导级压降3.5MPa)(主级节流口压降0.5MPa)	75	200	370	1000
公称压力/MPa	35			
滞环/%	<0.1			
压力增益/%	<1.5			
频宽/Hz	70	60	50	30

除了上述三位四通先导式结构外，电液伺服比例方向阀还有四位四通直动式及二位三通插装式等形式，它们的频宽分别可达120Hz和80Hz。

图3-56所示为一种高频响先导式电液比例换向阀的实物外形。

图3-56 高频响先导式电液比例换向阀实物外形（美国Parker公司D41FH系列）

（5）电液比例多路阀

应用电液比例技术可以大为改善多路阀的性能，提高其自动化程度。电液比例多路阀与普通多路阀相比较，主要区别在于电液比例多路阀采用了比例压力阀作先导阀，通过先导阀控制主阀芯的位移。目前电液比例多路阀主要采用比例减压阀和比例溢流阀作先导阀。图3-57（a）所示为采用三通型比例减压阀作先导阀的形式，先导比例减压阀2和3的输出压力与比例电磁铁的线圈电流成比例，换向阀1的阀芯在先导控制油压力的作用下处于平衡，其平衡位置与输入电流相对应，改变电流即可连续地控制主阀芯的位移。稳态时，先导阀基本上关闭，因而流量损失小，动态特性较好。图3-57（b）所示为采用比例溢流阀4、5作先导阀的形式。先导阀与固定液阻6、7串联成一B型半桥，半桥输出压力油引至换向阀1的阀芯端部油腔，阀芯位移与电流成正比。此种形式的比例多路阀在稳态下有流量损失，响应速度也不及用比例减压阀作先导阀的多路阀。图3-57（c）所示为用PWM控制的高速开关阀作先导阀的形式。工作时，液桥输出的平均压力与输入脉冲信号脉宽占空比成比例关系。

当先导级采用电反馈时，先导阀可用比例方向节流阀，其快速性要优于用减压阀和溢流阀作先导阀的情况。

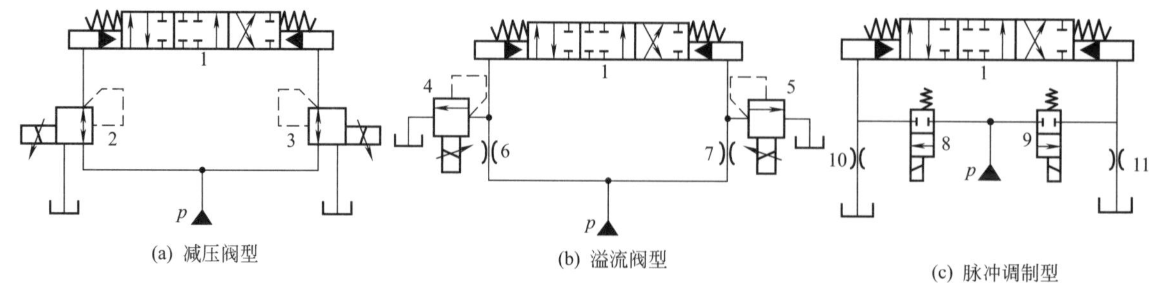

(a) 减压阀型　(b) 溢流阀型　(c) 脉冲调制型

图3-57 电液比例多路阀先导阀的基本形式

1—换向阀；2,3—比例减压阀；4,5—比例溢流阀；6,7,10,11—固定液阻；8,9—开关阀

图 3-58 所示为一种电液比例多路阀实物外形。

图 3-58 电液比例多路阀实物外形

3.4.4 电液比例压力流量复合控制阀（PQ 阀）

电液比例压力流量复合控制阀是根据塑料机械、压铸机械液压控制的需要，在三通调速阀基础上发展起来的一种精密比例控制阀。这种阀是将电液比例压力控制功能与电液比例流量控制功能复合到一个阀中，简称 PQ 阀。它可以简化大型复杂液压系统及其油路块的设计、安装与调试。

图 3-59 所示为一种 PQ 阀的结构原理，它是在一个定差溢流节流型三通电液比例流量阀（调速阀）（参见图 3-44）的基础上，增设一个电液比例压力先导控制级而成。当系统处于流量调节工况时，首先给比例压力先导阀 1 输入一个恒定的电信号，只要系统压力在小于压力先导阀的调节压力范围内变动，压力先导阀总是可靠关闭，此时压力先导阀仅起安全阀作用。比例节流阀 2 阀口的恒定压差，由作为压力补偿器的定差溢流阀来保证，通过比例节流阀 2 阀口的流量与给定电信号成比例。在此工况下，PQ 阀具有溢流节流型三通比例流量阀的控制功能。当系统进行压力调节时，一方面给比例节流阀 2 输入一个保证它有一固定阀口开度的电信号，另一方面调节比例压力先导阀的输入电信号，就可得到与之成比例的压力。在此工况下，PQ 阀具有比例溢流阀的控制功能。手调压力先导阀 3，可使系统压力达到限压压力时，与定差溢流阀主阀芯一起组成先导式溢流阀，限制系统的最高压力，起到保护系统安全的作用。在 PQ 中通常设有手调先导限压阀，故采用了 PQ 阀的系统中，可不必单独设置大流量规格的系统溢流阀。

事实上，PQ 阀的结构形式多种多样。例如，在流量力反馈的三通比例流量阀的基础上，增加一比例压力先导阀，即构成另一种结构形式的 PQ 阀；再如，若以手调压力先导阀取代电液比例压力先导阀，就可构成带手调压力先导阀的 PQ 阀。图 3-60 所示为 PQ 阀的两种实物外形。

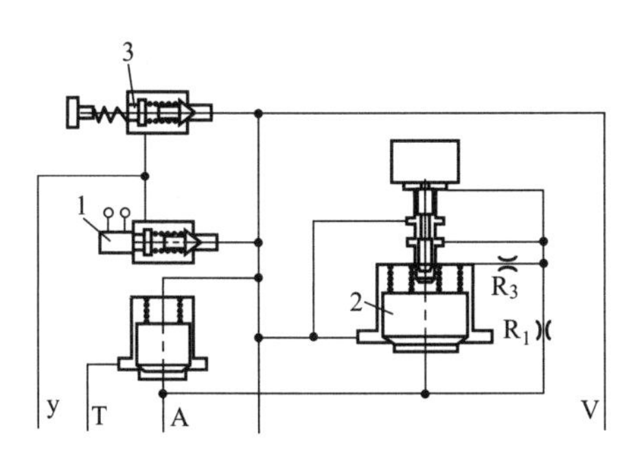

图 3-59 电液比例压力流量复合控制阀的结构原理

1—比例压力先导阀；2—比例节流阀；3—手调压力先导阀

(a) 宁波华液 BYLZ/BYL 型 PQ 阀

(b) 北部精机 EFROS 型闭环高频响 PQ 阀

图 3-60 电液比例压力流量复合控制阀（PQ 阀）的实物外形

3.5 电液比例阀的技术性能指标

前已述及，电液比例阀是介于普通开关液压阀和电液伺服阀之间的一种电液控制阀，多数电液比例阀的功率级主阀部分的结构及动作原理与普通液压阀相同或类似，但其先导级部分的结构和原理又与电液伺服阀类似或相同，即都是采用通过输入电气-机械转换器的电信号控制液压量的输出。因此，电液比例阀的性能指标的表示与普通液压阀明显不同，而与电液伺服阀接近。由于电液比例阀的输入信号通常为电流或电压，输出为压力或流量，因此，电液比例阀的主要性能则是指静态或动态情况下这些参数之间的关系及参数指标。

除了上述控制性能外，在输入信号一定的情况下，电液比例阀的被控参数往往还会受到负载变化的影响，被控参数与负载之间的关系称为电液比例阀的负载特性。

3.5.1 静态特性

电液比例阀的静态特性是指稳定工作条件下，比例阀各静态参数（流量、压力、输入电流或电压）之间的相互关系。这些关系可用相关特性方程或在稳定工况下输入电流信号由0增加至额定值 I_n，又从额定值减小到0的整个过程中，被控参数（压力 p 或流量 q）的变化曲线（简称特性曲线）描述。如图3-61所示，电液比例阀的理想静态特性曲线应为通过坐标原点的一条直线，以保证被控参数与输入信号完全成同一比例。但实际上，因为阀内存在的摩擦、磁滞及机械死区等因素，故阀的实际静态特性曲线是一条封闭的回线。此回线与通过两端平均斜线之间的差别反映了稳态工况下比例阀的控制精度和性能，这些差别主要由非线性度、滞环、分辨率、重复精度等静态性能指标进行描述。

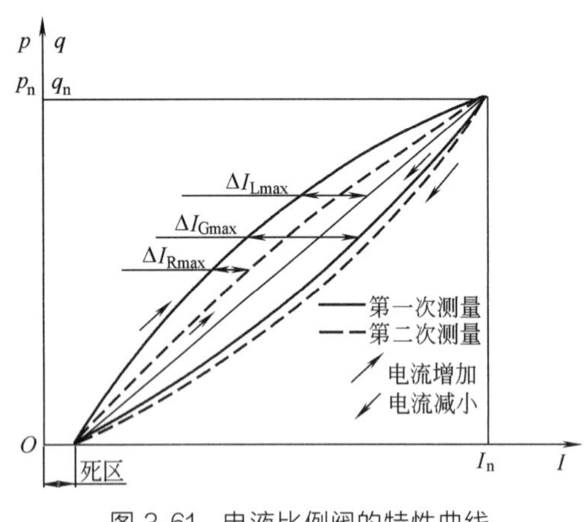

图3-61 电液比例阀的特性曲线

① 非线性度。比例阀实际特性曲线上各点与平均斜线间的最大电流偏差 I_{Lmax} 与额定输入电流 I_n 的百分比，称为电液比例阀的非线性度（图3-61）。非线性度越小，比例阀的静态特性越好。电液比例阀的非线性度通常小于10%。

② 滞环。比例阀的输入电流在一次往复循环中，同一输出压力或流量对应的输入电流的最大差值 I_{Gmax} 与额定输入电流 I_n 的百分比，称为电液比例阀的滞环误差，简称滞环（图3-61）。滞环越小，比例阀的静态性能越好。电液比例阀的滞环通常小于7%，性能良好的比例阀，滞环小于3%。

③ 分辨率。使比例阀的流量或压力产生变化（增加或减少）所需输入电流的最小增量值与额定输入电流的百分比，称为电液比例阀的分辨率。分辨率小时静态性能好，但分辨率过小将会使阀的工作不稳定。

④ 重复精度。在某一输出参数（压力或流量）下从一个方向多次重复输入电流，多次输入电流的最大差值 I_{Rmax} 与额定输入电流 I_n 的百分比，称为电液比例阀的重复精度（图3-61），一般要求重复精度越小越好。

需要说明的是，由于电液比例阀一般不在零位附近工作，而且对它的工作性能要求也不像电液伺服阀那样高，因此对比例阀的死区（图3-61）以及由于油温和进、出口压力变化引起的特性零位漂移等，对阀的工作影响不太显著，一般不作为电液比例阀的主要性能指标。

几类电液比例阀的典型静态特性曲线如图3-62～图3-68所示。

3.5.2 动态特性

与电液伺服阀一样，电液比例阀的动态特性也用频率响应（频域特性）和瞬态响应（时域特性）表示。

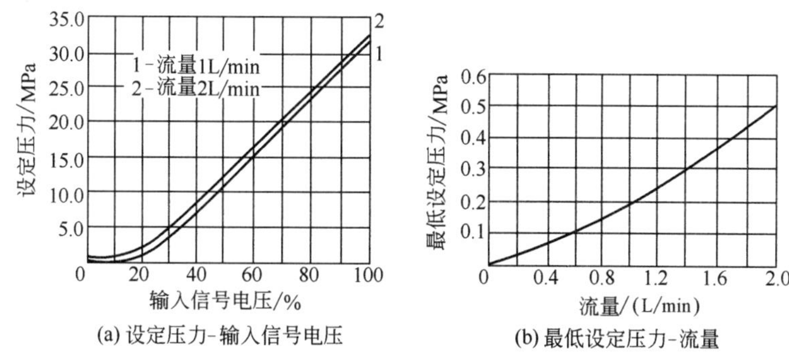

(a) 设定压力-输入信号电压　　(b) 最低设定压力-流量

图 3-62　位移电反馈直动式电液比例压力阀典型静态特性曲线

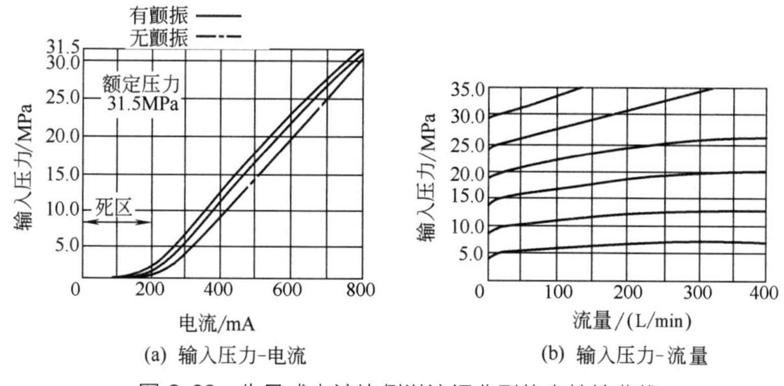

(a) 输入压力-电流　　(b) 输入压力-流量

图 3-63　先导式电液比例溢流阀典型静态特性曲线

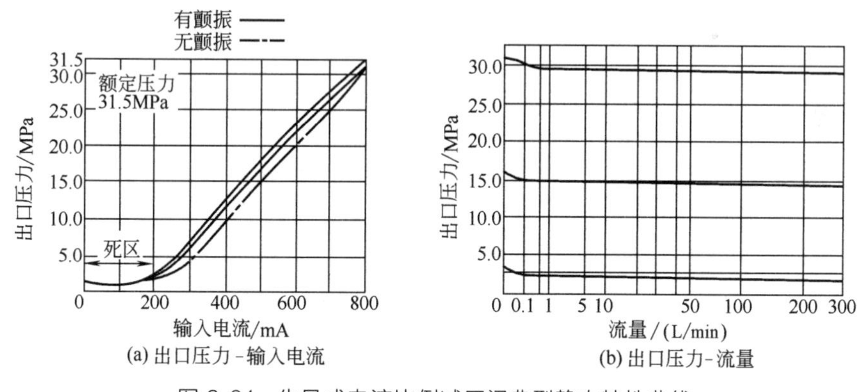

(a) 出口压力-输入电流　　(b) 出口压力-流量

图 3-64　先导式电液比例减压阀典型静态特性曲线

电液比例阀的频率响应特性用波德图（参见第 2 章）表示。并以比例阀的幅值比为－3dB（即输出流量为基准频率时输出流量的 70.7%）时的频率定义为幅频宽，以相位滞后达到－90°时的频率定义为相频宽。应取幅频宽和相频宽中较小者作为阀的频宽值。频宽是比例阀动态响应速度的度量，频宽过低会影响系统的响应速度，过高会使高频传到负载上去。一般电液比例阀的频宽在 1～10Hz 之间，而高性能的电液伺服比例阀的频宽可高达 120Hz 甚至更高。

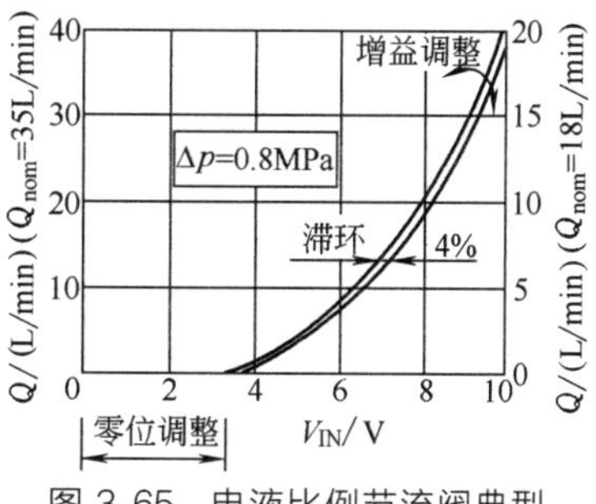

图 3-65　电液比例节流阀典型静态特性曲线

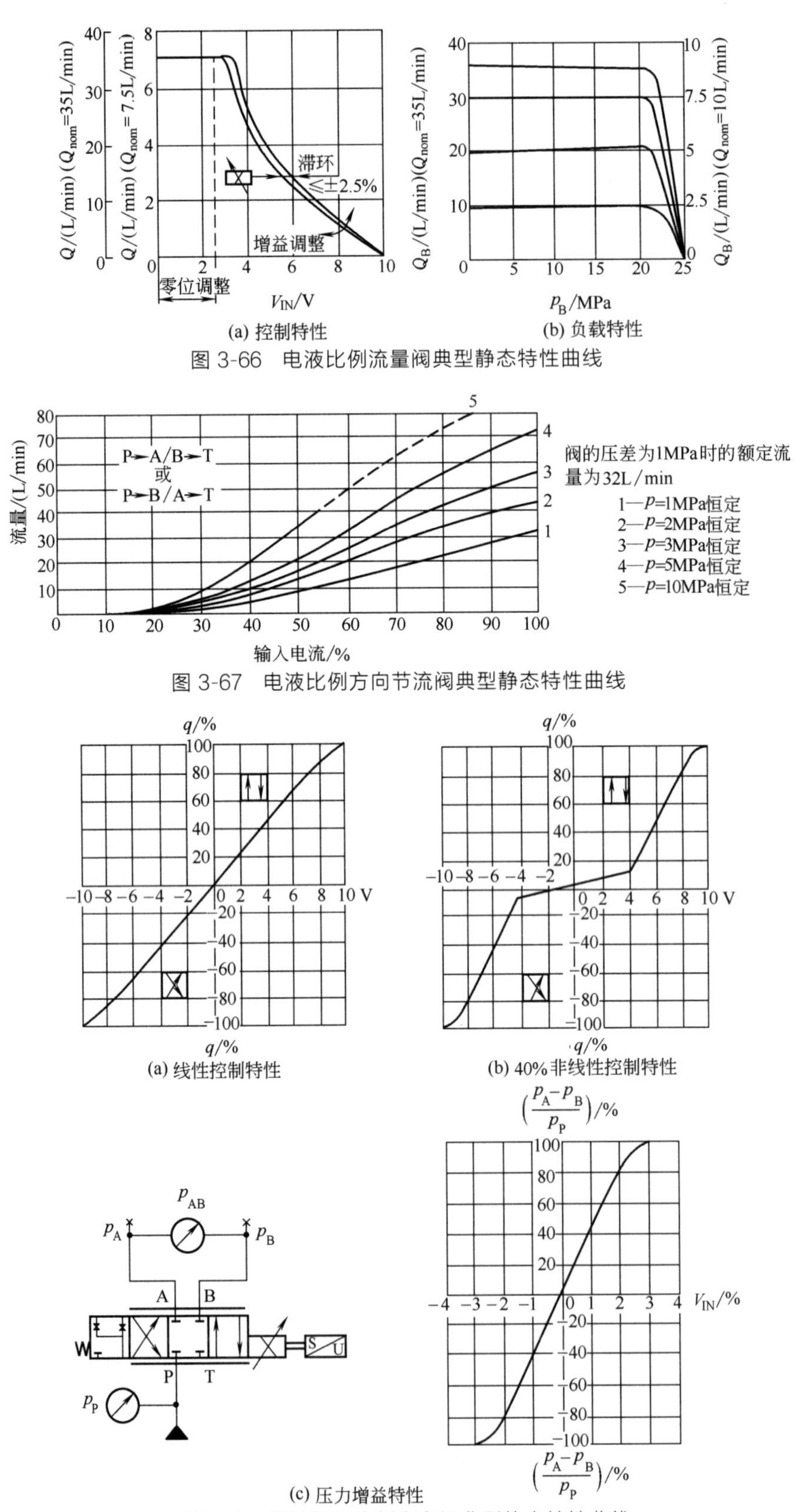

(a) 控制特性

(b) 负载特性

图 3-66 电液比例流量阀典型静态特性曲线

图 3-67 电液比例方向节流阀典型静态特性曲线

(a) 线性控制特性

(b) 40%非线性控制特性

(c) 压力增益特性

图 3-68 电液伺服比例方向阀典型静态特性曲线

电液比例阀的瞬态响应特性也是指通过对阀施加一个典型输入信号（通常为阶跃信号），阀的输出流量对阶跃输入电流的跟踪过程中所表现出的振荡衰减特性（参见第 2 章）。反映电液比例阀瞬态响应快速性的时域性能主要指标有超调量、峰值时间、响应时间和过渡过程时间。这些指标的定义与电液伺服阀的相同。

图 3-69 所示为电液比例节流阀的典型阶跃响应特性曲线（由于动态流量的测量非常困难，故图中以节流阀阀芯行程变化表示阀的阶跃响应特性）。图 3-70 所示为电液伺服比例阀的典型频率响应特性曲线。

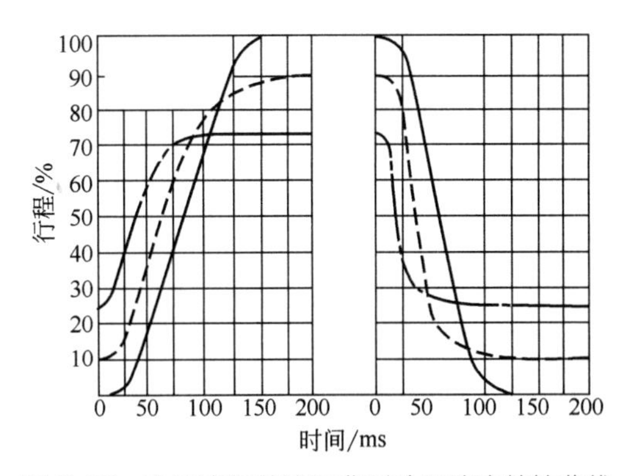

图 3-69　电液比例节流阀典型阶跃响应特性曲线

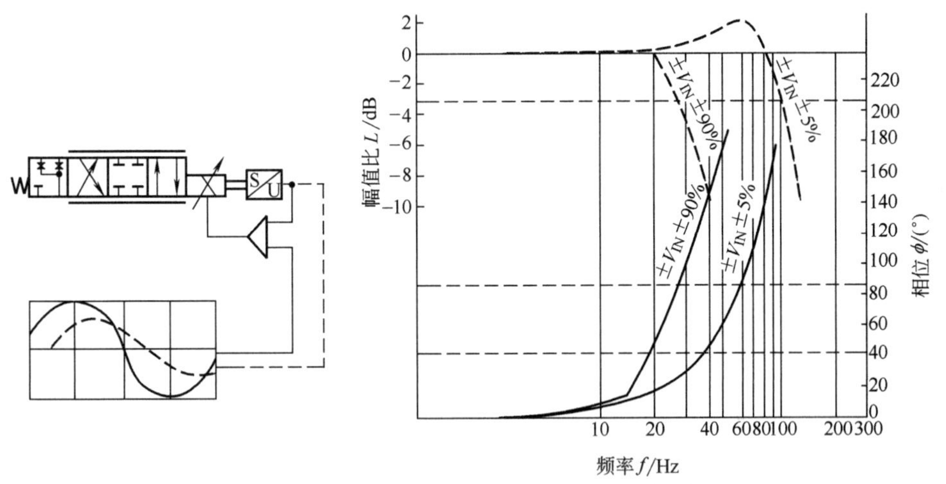

图 3-70　电液伺服比例阀典型频率响应特性曲线

3.6 电液比例阀典型产品

国内生产或销售的电液比例阀主流典型产品及其主要技术性能参数见表 3-6。

表 3-6　国内生产或销售的电液比例阀主流典型产品及其主要技术性能参数

系列简称	产品名称	型号	通径/mm	最高压力/MPa	额定流量范围/(L/min)	线性度/%	滞环/%	重复精度/%	生产厂
上海液二系列	电液比例溢流阀	BY2-H	10、20、32	31.5	63～200	5	3		①
		BY-G	16、25、32		100～400	6	4		
	电液比例节流阀	BL-G	16、25、32	25	63～320	5	3		
	电磁比例调速阀	BQ(A)F-B	8、10、20、32	31.5	25～200	5	＜7	2	
	电磁比例调速阀	DYBQ-G	16、25、32	25	80～320	5	＜7	2	
	比例方向流量复合阀	34BF	10、16、20	25	40～100	5	3	1	
广研系列	电液比例溢流阀	BYF	10、20、30	31.5	200～600	±3.5	±1.5(有颤振) ±4.5(无颤振)	≤±2	②
		BY	10、20、32				±1.5(有颤振) ±2.5(无颤振)	≤1	

续表

系列简称	产品名称	型号	通径/mm	最高压力/MPa	额定流量范围/(L/min)	线性度/%	滞环/%	重复精度/%	生产厂
广研系列	电液比例先导压力阀	BY	6	31.5	5	±3.5	±1.5(有颤振) ±2.5(无颤振)	至1	②
	电液比例减压阀	BJ	6	31.5	3	±3.5	±1.5(有颤振) ±3.5(无颤振)	≤2	
	电液比例三通减压阀	3BJF	6	10	15		≤3	≤1	
	电液比例流量阀	BQ	8、10	20	40～100		±2.5	10(对检验点)	
	电液比例复合阀	※34	10、15、20、25、32	31.5	40～250		±2.5	≤1	
浙大系列	电液比例溢流阀	BYY	6、10、16、20、25、32	2.5～31.5	2～250	3、7.5	3	1	③
	电液比例减压阀	BJY	16、32	25	100～300	8	3	1	
	电液比例节流阀	BL	16、32	31.5	30～160	4	3	1	
	比例流量控制阀	DYBQ	16、25、32	31.5	15～320	4	3	1	
	比例换向阀	34B	6、10	31.5	16～32		<5	2	
		34BY	10、16、25		85～250		<5(通径10mm) <6	3	
	电反馈直动式比例换向阀	34BD	6、10	31.5	16～32		1	1	
		34BDY	10、16		85～150		1	1	
引进力士乐技术系列	直动式电液比例溢流阀	DBETR	6	31.5	10		<1	<0.5	④
	先导式电液比例溢流阀	DBE	10、20、30	31.5	80～600		<1.5、<2.5	<2	④ ⑤
	比例减压阀	DRE	10、20、30	31.5	80～300		<2.5	<2	④
	比例调速阀	2FRE	6、10、16	31.5	2～160		±1	<1	
	电液比例换向阀	4WR	6、10、16、25、32	32、35	6～1600		<1、<5、<6、	<1、<3	
油研E系列	电液比例遥控溢流阀	EDG	3	25	2		<3	<1	⑥
	电液比例溢流阀	EBG	10、20、25	25	100～400		<2	<1	
	电液比例溢流减压阀	ERBG	10、25	25	100～250		<3	<1	
	电液比例调速阀	EFG	6、10、20、25	21	30～500		<7	<1	
	电液比例单向调速阀	EFCG	6、10、20、25	21	30～500		<7	<1	
	电液比例溢流调速阀	EFBG	6、20、25	25	125～500		<3(压力控制) <7(流量控制)	<1	
北部精机ER系列	直动式比例溢流阀	ER-G01	6	25	2				⑦
	先导式比例溢流阀	ER-G03 ER-G06	10、20	25	100～200		<2	1	
	比例式压力流量阀	EFRD-G03	10、20	25	125～160		<2(压力控制) <3(流量控制)	1	
		EFRD-G06		25	250		<2(压力控制) <3(流量控制)	1	
	比例式压力流量复合阀	EFRDC-G03	10	25	125～160		<2(压力控制) <3(流量控制)	1	
伊顿K系列	电液比例压力溢流阀	K(A)X等		35	2.5～400				⑧
	比例方向节流阀(带单独驱动放大器)	KD等	规格:03、05、07、08、10	31.5、35	最大流量1.5～550		<8、±4		
	方向和节流阀(先导式,带内装电子装置)	KAD等	规格:03、05、06、07、08	31、35	20～720		<8、±4、<1、<2、<6、<7、<0.5		

续表

系列简称	产品名称	型号	通径/mm	最高压力/MPa	额定流量范围/(L/min)	线性度/%	滞环/%	重复精度/%	生产厂
伊顿 K 系列	比例换向阀	DG	规格:02、03、05、07、08、10	21、25、35	30～1100				⑧
Atos(阿托斯)系列	直动式比例溢流阀	RZMO	6	31.5	6		<1.5	<2	⑨
	先导式比例溢流阀	AGMZO	10、25、32		200～600		<1.5	<2	
	直动式比例减压阀	RZGO	6	32	12		<1.5	<2	
	先导式比例减压阀	AGRZO	10、20	31.5	160、300		<1.5	<2	
	比例流量阀	QV * ZO	6、10	21	40、70		<5	<1	
		QVZ *	10、20	25	60、140		<5	<2	
	插装式比例节流阀	LIQ	16、25、32、50	31.5	330～1500		<5	<0.2	
	直动式比例方向阀	D *ZO	6、10	35	30、60		<5	<2	
	先导式比例方向阀	DPZO	16、25	35	130、300		<5	<2	
	高频响比例方向阀	DLHZO	6、10	31.5	9、60		<0.1	<0.1	
Parker(派克)系列	直动式比例溢流阀	RE06M * W2	6	35	5		<1.5	<1	⑩
	先导式比例溢流阀	RE(插装)	16～63	35	200～4000		<3	<1	
	先导式比例减压阀	DW	10、25、32	35	150～350		<2.5	<2	
	比例流量阀	DUR * 06	6	21	18		<6	<2	
	比例流量阀(节流)	TDAEB	25	35	500		<4	<3	
	插装式比例节流阀	TDA	16～63	35	220～2000		<3	<1	
	直动式比例方向阀	D * FW	6	35	15		<6	<4	
		WL * * 10	10	35	40		<4	<2	
	先导式比例方向阀	D * 1F *	10、16、25、32	35	70～1000		<5	<2	
	高频响比例方向阀	D * 6FH	10、16、25	35	38～350		<0.1	<0.1	

注：各系列电液比例阀的型号意义及安装连接尺寸详见产品样本。

①上海液二液压件制造有限公司；②广州机械科学研究院；③宁波高新协力机电液有限公司（宁波电液比例阀厂）；④北京华德液压集团液压阀分公司；⑤上海立新液压有限公司；⑥榆次油研液压公司；⑦北部精机（Northman）公司；⑧伊顿（Eaton）流体动力（上海）有限公司；⑨意大利阿托斯（Atos）公司中国代表处；⑩派克汉尼汾流体传动产品（上海）有限公司。

3.7 典型电液比例控制回路及系统

3.7.1 电液比例压力控制回路及系统

采用电液比例压力控制可以非常方便地按照生产工艺及设备负载特性的要求，实现一定的压力控制规律，并避免压力控制阶跃变化而引起的压力超调、振荡和液压冲击，与普通手调阀的压力控制相比，既可简化控制回路及系统，又能提高控制性能，而且安装、使用和维护都较方便。在电液比例压力控制回路中，有用比例阀控制的，也有用比例泵或马达控制的，尤以采用比例压力阀控制为基础的应用最广泛。

（1）电液比例调压回路

构成比例调压回路的主要元件是电液比例溢流阀。通过改变比例溢流阀的输入电信号，可在额定值内任意设定系统压力。此类调压回路有两种基本形式：其一如图 3-71（a）所示，用直动式电液比例溢流阀 2 与普通先导式溢流阀 3 的遥控口相连，电液比例溢流阀 2 作远程比例调压阀，而普通先导式溢流阀 3 除作主溢流阀外，还作系统的安全阀；其二如图 3-71（b）所示，直接用先导式电液比例溢流阀 5 对系统压力进行比例调节，电液比例溢流阀 5 的输入电信号为零时，可使系统卸荷。接在阀 5 遥控口的普通直动式溢流阀 6，可预防过大的故障

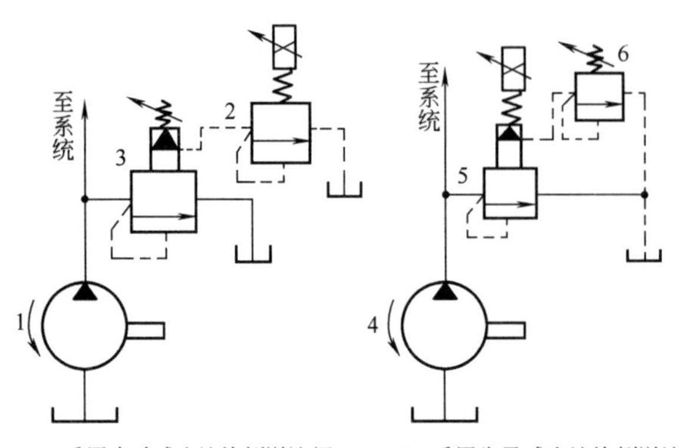

(a) 采用直动式电液比例溢流阀　(b) 采用先导式电液比例溢流阀

图 3-71　电液比例溢流阀的比例调压回路

1,4—定量液压泵；2—直动式电液比例溢流阀；3—普通先导式溢流阀；5—先导式电液比例溢流阀；6—普通直动式溢流阀

电流输入致使压力过高而损坏系统。

采用普通溢流阀的远程控制原理也可实现多级压力控制，但所用元件较多。如图 3-72（a）所示，其压力变换时会产生一定的压力冲击，升压时间 t_1 和降压时间 t_2 由所采用的溢流阀性能所决定，在使用中无法调节和控制。采用电液比例溢流阀控制，其特性曲线如图 3-72（b）所示，压力转换过程平稳，压力上升和下降时间可利用比例控制放大器的斜坡函数进行调节和控制，故可针对不同的负载工况，使系统压力转换达到既快速又平稳的目的。采用比例控制后，只要输入相应的模拟电量，就可获得按特定变化规律的无级压力控制，为随动控制和优化控制打下基础。

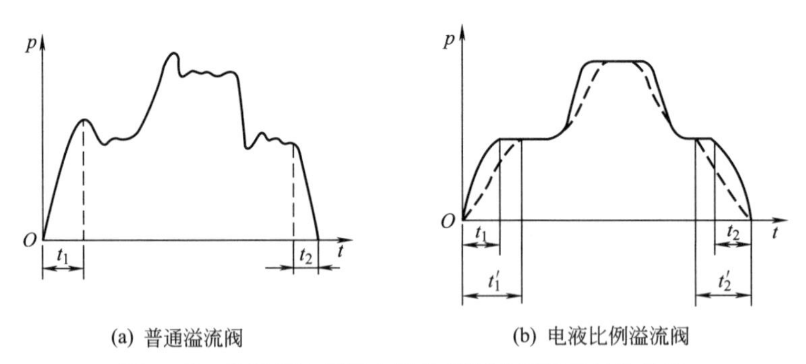

(a) 普通溢流阀　(b) 电液比例溢流阀

图 3-72　普通溢流阀及电液比例溢流阀调压特性曲线

（2）电液比例减压回路

构成比例减压回路的主要元件是电液比例减压阀。通过改变比例减压阀的输入电信号，可在额定值内任意降低系统压力。此类减压回路的基本形式也有两种；其一如图 3-73（a）所示，将直动式电液比例溢流阀 3 与普通先导式减压阀 4 的先导遥控口相连，用电液比例溢流阀 3 对减压阀 4 的设定压力进行远程控制，从而实现系统的分级变压控制，液压泵 1 的最大工作压力由溢流阀 2 设定；其二如图 3-73（b）所示，直接用先导式电液比例减压阀 7 对系统压力进行减压调节，液压泵 5 的最大工作压力由溢流阀 6 设定。

（3）带材卷取设备恒张力控制闭环电液比例控制系统

如图 3-74 所示，带材卷取设备恒张力控制采用闭环电液比例控制，系统的油源为定量液压泵 1，执行元件为单向定量液压马达 3，为了使带材的卷取设备恒张力控制满足式（3-1），系统采用了电液比例溢流阀 2。

$$p_s = 20\pi FR/q \tag{3-1}$$

式中，p_s 为液压马达的入口工作压力；F 为张力；R 为卷取半径；q 为液压马达的排量。

图 3-74 中检测反馈量为 F，在工作压力一定而不及时调整时，张力 F 将随着卷取半径 R 的变化而变化。设置张力计 4 随时检测实际张力，经反馈与给定值相比较，按偏差通过比例控制放大器 7 调节电液比例溢流阀 2 的输入控制电流，从而实现连续、成比例地控制液压

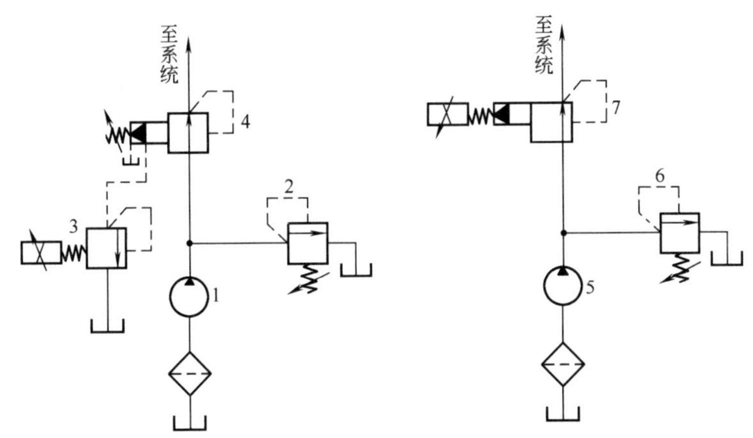

(a) 采用普通先导式减压阀和直动式比例溢流阀　　(b) 采用先导式比例减压阀

图 3-73　电液比例减压阀的比例减压回路

1,5—定量液压泵；2,6—普通直动式溢流阀；3—直动式电液比例溢流阀；4—普通先导式减压阀；7—先导式电液比例减压阀

马达的工作压力 p_s、输出转矩 T，以适应卷取半径 R 的变化，保持张力恒定。

（4）陶瓷制品液压机闭环压力控制系统

对系统工作压力进行闭环控制，可以抑制由环境变化和外来干扰所引起的影响，大大提高压力控制的精确度和稳定性。

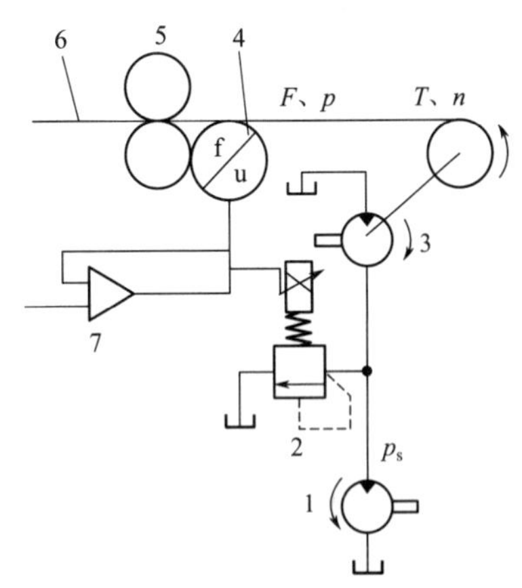

图 3-74　带材卷取设备恒张力控制闭环电液比例控制系统

1—定量液压泵；2—电液比例溢流阀；3—液压马达；4—张力计；5—卷取辊；6—带材；7—比例控制放大器

图 3-75 所示为陶瓷制品液压机闭环压力控制系统。液压机的最大压制力为 1600kN，工作时液压机首先由主缸 2 驱动合模，作用在模具 1 上的预压作用力不得超过工艺总压制力（即泥釉作用在模腔的撑开力）的 15%，否则会损坏模具；但也不得小于此值，以保证在工作过程中，即使泥釉作用在模腔的撑开力等某些条件有所变化时，也能保证良好的合模状态。合模后，开始将 60% 水加 40% 的泥釉注入模型型腔。在注入过程中，要求液压机逐渐增加压制力，以平衡泥釉作用在模腔的撑开力，使模具始终保持原有的预压作用力不变，故在液压机系统的主缸 2 的上腔设置了比例溢流阀 3，而在型腔中设置了压力传感器 5，将测得的泥釉压力，经过换算反馈到比例阀，形成闭环控制，随着模腔压力的增加，使主缸压力相应增加，从而保持模具间的预紧力不变。

（5）压力容器疲劳寿命试验电液比例压力控制系统

如图 3-76 所示，压力容器疲劳寿命试验电液比例压力控制系统，为了提高压力控制精度，系统中采用了电液比例减压阀 3，并通过压力传感器 5 构成系统试验负载压力的闭环控制，通过调节输入电控制信号，可按试验要求得到不同波形的试验负载压力 p，以满足试件 4 疲劳试验的要求。

（6）注塑机电液比例控制系统

如图 3-77 所示，注塑机电液比例控制系统由变量泵 1 供油，最大压力由溢流阀 2 设定；

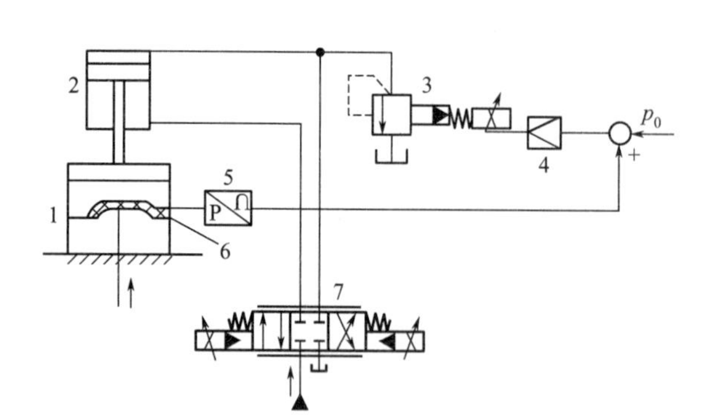

图 3-75 陶瓷制品液压机闭环压力控制系统

1—模具；2—主缸；3—比例溢流阀；4—放大器；5—压力传感器；6—泥釉；7—比例方向阀

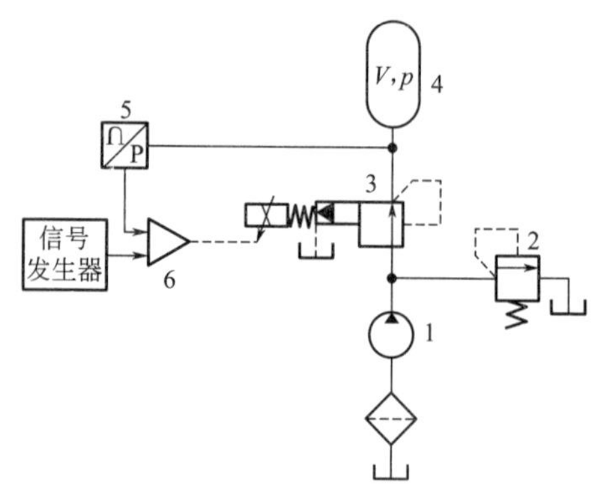

图 3-76 压力容器疲劳寿命试验电液比例压力控制系统

1—定量液压泵；2—溢流阀；3—电液比例减压阀；4—试件；5—压力传感器；6—比例控制放大器

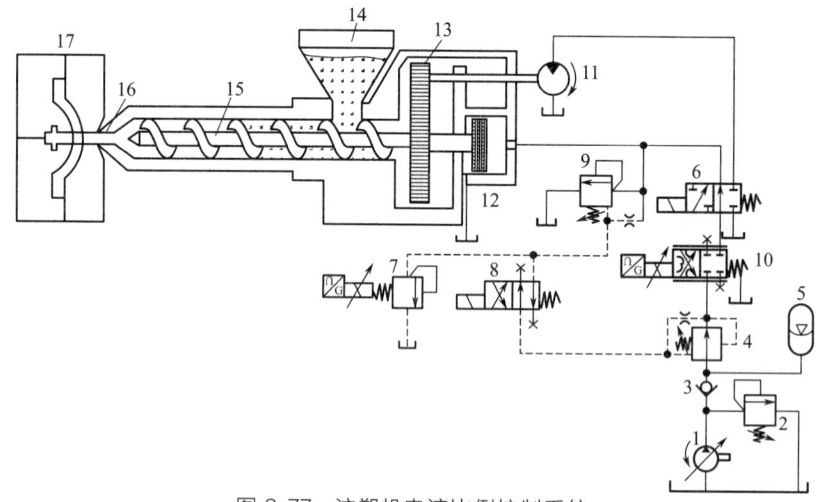

图 3-77 注塑机电液比例控制系统

1—变量泵；2—溢流阀；3—单向阀；4—减压阀；5—蓄能器；6,8—二位四通电磁阀；7—电液比例压力阀；9—先导式溢流阀；10—电液比例节流阀；11—液压马达；12—注射缸；13—齿轮减速器；14—料斗；15—螺杆；16—喷嘴；17—模具

单向阀 3 用于防止压力油倒灌；执行元件为塑化液压马达 11 和注射缸 12。系统采用电液比例压力阀 7 和电液比例节流阀 10 进行控制，以保证注射力和注射速度精确可控。阀 7 与普通先导式溢流阀 9 和先导式减压阀 4 的先导遥控口相连，电液比例节流阀 10 串联在系统的进油路上。系统工作原理是，料斗 14 中的塑料粒料进入料桶后在回转的螺杆区受热而塑化，通过液压马达 11 和齿轮减速器 13 驱动的螺杆 15 一起转动，速度由电液比例节流阀 10 确定。二位四通电磁阀 6 切换至左位，螺杆 15 向右移动，注射缸 12 经过由直动式电液比例压力阀 7 和普通先导式溢流阀 9 组成的电液比例先导溢流阀排出压力油，支撑压力由先导阀 7 确定，此时二位四通电磁阀 8 处于右位。塑化的原料由螺杆向前推进经注射喷嘴 16 射入模具 17。注射缸 12 的注射压力通过由阀 4 和阀 7 组成的电液比例先导减压阀确定，此时电磁阀 6 切换至左位。注射速度由电液比例节流阀 10 精细调节，此时阀 10 处于右位。注射过程结束时，电液比例压力阀 7 的压力在极短的时间内提高到保压压力。

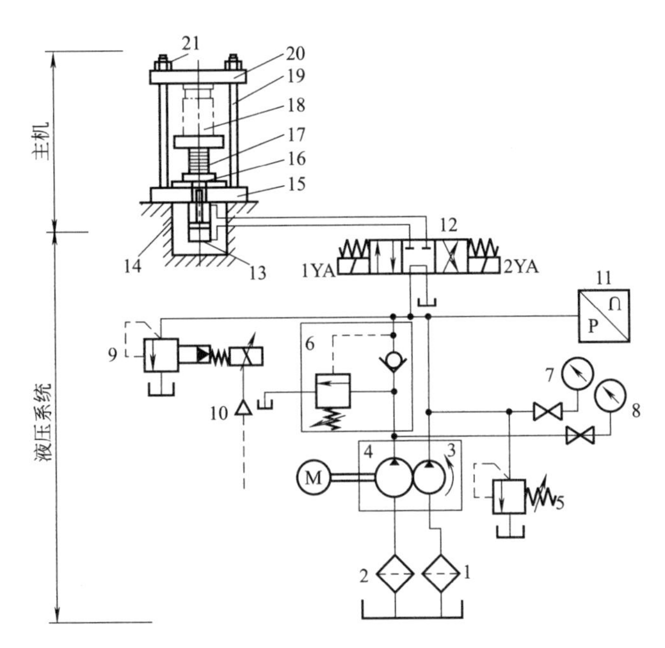

图 3-78 金刚石锯片热压烧结机电液比例加载系统

1,2—过滤器；3—高压小流量泵；4—低压大流量泵；5—溢流阀；
6—卸荷溢流阀；7,8—压力表及其开关；9—电液比例溢流阀；
10—比例控制放大器；11—压力传感器；12—三位四通电磁换向阀；
13—单杆液压缸；14—地坑；15—底座；16—活动工作台和垫块；
17—工件；18—炉体；19—立柱；20—横梁；21—螺母

（7）金刚石锯片热压烧结机电液比例加载系统

① 主机功能结构。金刚石锯片（又称磨轮）等是建筑装饰装潢业对石材、陶瓷、玻璃等非金属脆硬性材料进行切割、磨削加工的易损易耗工具。热压烧结机又称烧结炉，是金刚石锯片等工具生产中的一种关键设备，其功用是对金刚石工具进行加压烧结加工。烧结机通常由主机、液压加载系统、计算机测控系统及水冷系统四个部分组成。主机多采用单空间布局，其框架由底座、立柱（四根）和横梁构成。布有几组炉丝的圆筒形电炉（内设钢质炉胆）固结在横梁下端，下传动的加载液压缸（单杆活塞缸）设置在地坑内，缸的端盖与底座下方相连，缸的活塞杆穿过底座和用于承载垫块与工件的活动工作台。液压加载系统为旁置整体式液压站结构形式，通过管路与液压缸连接，对液压缸的运动方向、载荷与运动速度进行综合控制。

烧结机工作时，工件被液压缸的活塞杆推入炉体内腔，工件在被加热的同时，液压缸按某种规律对工件加载施压，炉膛内通入氮气等保护性气体，以免烧结中工件被氧化。温度和载荷是整个烧结工艺过程中最重要的两个参数，工艺曲线（温度-时间曲线和载荷-时间曲线）因工件不同而异，可通过计算机测控系统进行设定和控制。水冷系统用于冷却有关部件，以保证烧结机连续正常工作。

② 系统原理及特点。图 3-78 所示为金刚石锯片热压烧结机电液比例加载系统。高、低压双泵 3 和 4 为系统的液压源，系统最高压力由溢流阀 5 限定，低压泵 4 的最高工作压力由卸荷溢流阀 6 设定，泵 3 和泵 4 的压力通过压力表及其开关 7 和 8 观测。系统的工作压力（即工件所加载荷）由电液比例溢流阀 9 控制，并通过压力传感器 11 检测，液压缸 13 的运动方向由电磁换向阀 12 控制。

试件码放好并由活动工作台推进到位后，电磁铁 1YA 通电使换向阀 12 切换至左位，液压泵 3 和 4 的压力油同时经阀 12 进入液压缸 13 的下腔，由于双泵供油，故液压缸的活塞杆推动垫块及工件快速上升，当工件接触炉内上止点时，系统压力增加，当系统压力增至卸荷溢流阀 6 的设定值时，阀 6 开启，低压泵 4 卸荷，高压泵 3 单独供油，系统自动转为慢速加载过程，系统压力按照测控系统设定的规律由比例溢流阀 9 控制，并由压力传感器 11 检测反馈至测控系统输入端，从而实现压力（载荷）的闭环控制（图 3-79）。加载过程结束后，电磁铁 2YA 通电使换向阀 12 切换至右位，泵 3 和 4 同时经阀 12 向液压缸 13 的上腔供油，液压缸带动垫块及工件快速下行（缸下腔的油液经换向阀 12 排回油箱），到位后，换向阀 12 复至中位，液压泵通过阀 12 的 M 型机能的中位卸荷，等待下一工作循环的开始，同时，工件可由活动工作台拉出卸下。

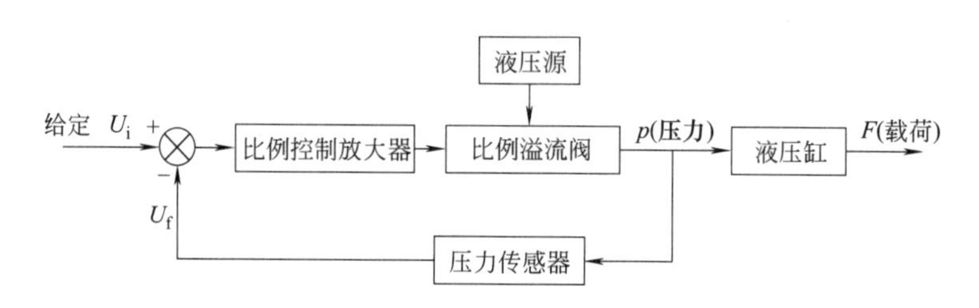

图 3-79 系统压力闭环控制原理框图

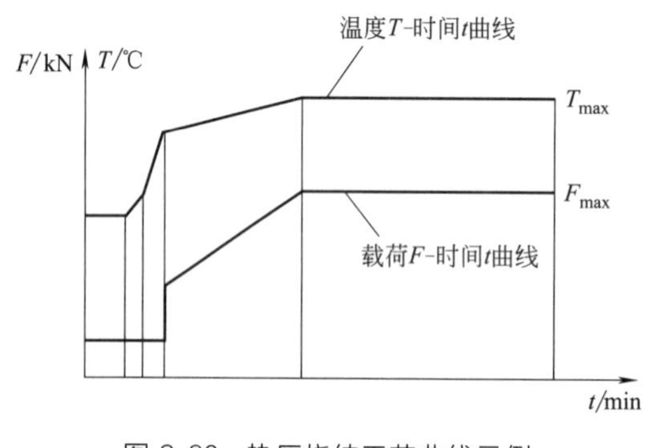

图 3-80 热压烧结工艺曲线示例

该系统方案具有以下技术特点。

a. 采用电液比例加载，机电液一体化，可方便地通过计算机测控系统设定和控制多种不同的工艺曲线（图 3-80 所示为一种热压烧结工艺曲线示例），显示和打印工艺过程数据，实现了人机对话；自动化程度、安全可靠性及工艺参数控制精度等大大提高，操作条件大为改善。

b. 整机采用液压缸下传动形式，结构紧凑，节省机器占用空间；液压系统采用高、低压双泵组合供油，以适应机器高速轻载和低速重载的工况特点。

c. 电液比例控制的烧结机的载荷检测与控制基于机-电-液模拟对应原理，根据载荷-油压-电压的模拟关系（载荷＝油压×活塞面积＝电压×模拟系数×活塞面积）间接检测载荷，即通过电液比例溢流阀或电液比例减压阀控制液压系统工作油压的变化率，通过压力传感器将检测的油压转换为电信号，送入计算机并按有关算法进行处理，间接得到工艺过程要求的载荷曲线，解决了由于负载条件及安装空间的限制，直接检测载荷不易实现的问题。

系统技术参数如表 3-7 所列。

3.7.2 电液比例速度控制回路及系统

采用电液比例节流阀或电液比例调速阀控制可以很方便地按照生产工艺及设备负载特性的要求，实现一定的速度控制规律，与普通手调阀的速度控制相比，可大大简化控制回路及系统，又能改善控制性能，而且安装、使用和维护都较方便。

表 3-7 金刚石锯片热压烧结机电液比例加载系统技术参数

项目			参数
主机	外形尺寸		1430mm×2700mm×3700mm
	质量		5.5t
	炉膛尺寸		ϕ500mm×650mm
	烧结工件尺寸		ϕ105～400mm
	最大加热功率		50kW
	最高烧结温度		1000℃
	最大压制力		600kN
	力控制精度		±2%
	预置工艺		50 组
电液比例加载系统	液压泵驱动电机（Y112M-4 型）	功率	4kW
		转速	1440r/min
	系统最高工作压力		18～22MPa
	卸荷溢流阀设定开启压力		1.5～2.2MPa
	比例溢流阀		SBY-N080BA 型
	压力传感器	工作电压	24 VDC
		输出信号	4～20mA
		基本误差	≤0.5%

(1) 电液比例节流调速回路

图 3-81 所示为电液比例调速阀设置在缸进油路上的节流调速回路（也可将该调速阀置于缸的回油路或旁路，构成回油和旁路节流调速回路），其结构与功能的特点与普通调速阀的进油节流调速回路大体相同。所不同的是，电液比例调速可以实现开环或闭环控制，可以根据负载的速度特性要求，以更高精度实现执行元件各种复杂规律的速度控制。由于电液比例调速阀具有压力补偿功能，故执行元件的速度负载特性即速度平稳性要比采用电液比例节流阀的好。

(2) 机床微进给电液比例控制回路

图 3-82 所示回路采用了普通调速阀 1 和比例调速阀 3，以实现液压缸 2 驱动机床工作台的微进给。液压缸的运动速度由其流量 $q_2(=q_1-q_3)$ 决定。$q_1>q_3$ 时活塞左移，$q_1<q_3$ 时活塞右移，故无换向阀即可实现活塞运动换向。此控制方式的优点是，用流量增益较小的比例调速阀即可获得微小进给量，而不必采用微小流量调速阀；两个调速阀均可在较大开度（流量）下工作，不易堵塞；既可开环控制也可闭环控制，可以保证液压缸输出速度恒定或

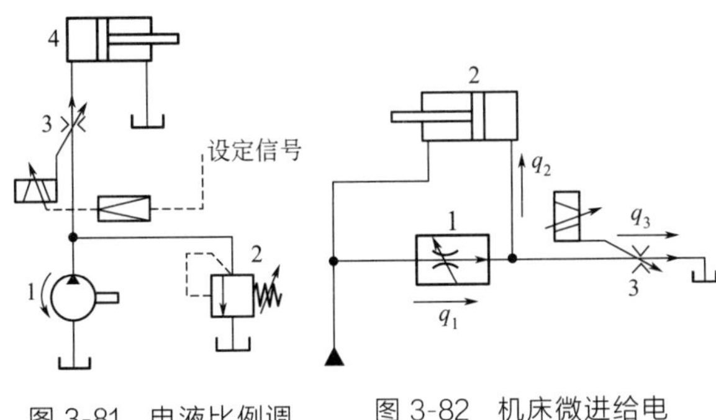

图 3-81 电液比例调速阀的节流调速回路

1—定量泵；2—溢流阀；3—电液比例调速阀；4—液压缸

图 3-82 机床微进给电液比例控制回路

1—普通调速阀；2—液压缸；3—比例调速阀

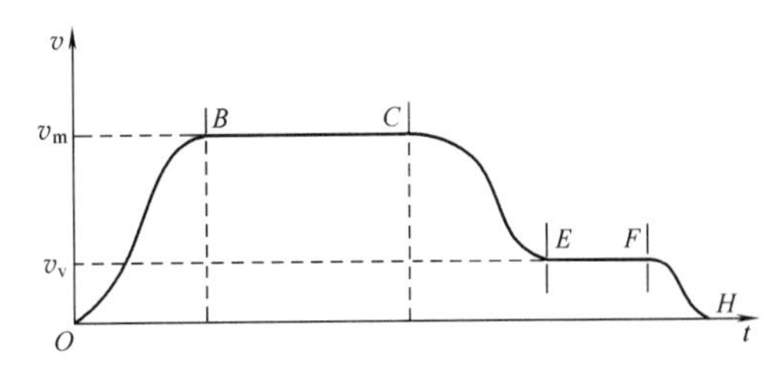

图 3-83 液压电梯理想速度曲线

O-B 为加速阶段；B-C 为匀速阶段；C-E 为减速阶段；E-F 为平层阶段；F-H 为结束阶段

按设定的规律变化。如将普通调速阀 1 用比例调速阀取代，还可扩大系统的调节范围。

（3）双缸直顶式液压电梯的电液比例系统

液压电梯是多层建筑中安全、舒适的垂直运输设备，也是厂房、仓库、车库中的重型垂直运输设备。在液压电梯速度控制系统中，对其运行性能（包括轿厢启动、加速和减速运行平稳性、平层准确性以及运行快速性等方面）都有较高的要求，并对液压电梯的速度、加速度以及加加速度的最大值都有严格的限制（图 3-83 所示为液压电梯理想速度曲线）。目前液压电梯的液压系统广泛采用电液比例节流调速方式，以满足上述要求。

图 3-84 所示为液压电梯的一种电液比例旁路节流调速液压系统。它由定量液压泵 1 供油，系统最高压力设定和卸荷控制由电磁溢流阀 6 实现，工作压力由压力表 4 显示；精过滤器 2 用于压力油过滤；单向阀 5 用于防止液压油倒灌；比例调速阀 7 用于并联的液压缸 16、17 带动电梯上升时旁路节流调速，下降时回油节流调速；比例节流阀 9 和 10 作双缸同步控制用，一个为主令控制阀，另一个用于跟随同步控制，由于节流阀只能沿一个方向通油，故加设了四个单向阀组成的液压桥路 11 和 12，使电梯上下运行时比例节流阀都能够正常工作；手动节流阀 8 为系统调试时的备用阀；电控单向阀 13 和 14 用于防止轿厢下滑和断电锁停；双缸联动的手动下降阀 15（又称应急阀）用于突然断电或液压系统因故障无法运行时，通过手动操纵使电梯以较低的速度（0.1m/s）下降。

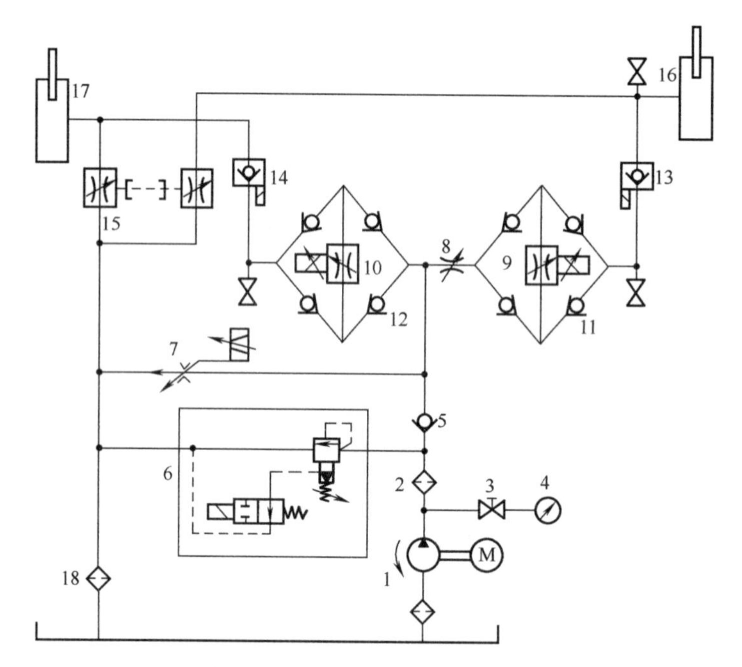

图 3-84 液压电梯电液比例旁路节流调速液压系统

1—定量液压泵；2—精过滤器；3—压力表开关；4—压力表；5—单向阀；6—电磁溢流阀；7—比例调速阀；8—手动节流阀；9,10—比例节流阀；11,12—液压桥路；13,14—电控单向阀；15—手动下降阀；16,17—液压缸；18—回油过滤器

系统的工作原理为，在电梯上升时，系统接到上行指令后，电磁溢流阀 6 中的电磁阀通电，系统升压。电梯启动阶段，由计算机控制比例调速阀 7，使它的开度由最大逐渐减小，电梯的速度逐渐上升，减速阶段与之类似。通过控制比例调速阀的流量来使电梯依据理想曲线运行，最后平层停站，电磁溢流阀 6 断电，液压泵卸荷。通过调节两个比例节流阀 9 和 10 来保证进入双缸的流量相等，从而使双缸的运动同步。电梯下行时，在系统接到下行指

令后，首先关闭比例调速阀 7，两个电控单向阀 13 和 14 通电后打开，控制比例调速阀的开度逐渐增大，液压缸中的油液经比例节流阀 9 和 10，再经比例调速阀 7 排回油箱。通过控制流经比例调速阀的流量来使电梯依据理想曲线下降。

（4）椰果采摘机电液比例控制系统

① 主机功能结构。电液比例控制的椰果采摘机用于椰果的采摘作业，图 3-85 所示为椰果采摘机结构原理示意。机器的行走部分采用后驱动拖拉机牵引。整机工作过程为：支腿伸出→大臂变幅→大臂伸缩→大臂旋转→小臂仰俯→小臂旋转→割刀倾斜→割刀旋转→收割椰子，各动作相对独立。

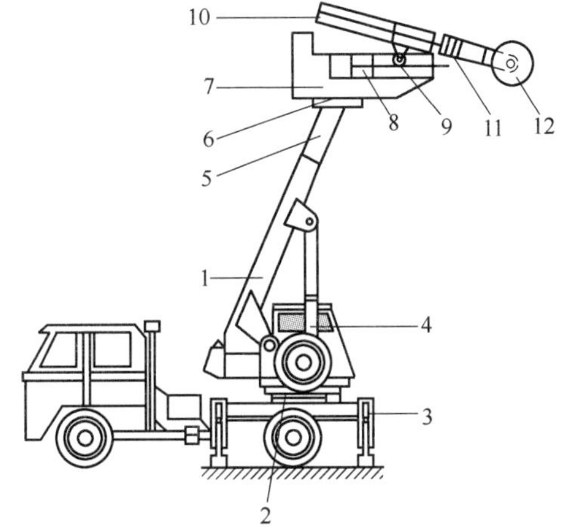

图 3-85 椰果采摘机结构原理示意

1—大臂；2—大臂回转机构；3—支腿；4—大臂变幅缸；5—大臂伸缩缸；6—小臂回转机构；7—小臂基座；8—直线液压缸（推动齿条）；9—仰俯机构；10—小臂伸缩缸；11—回转刀柄；12—割刀

② 电液比例控制系统。图 3-86 所示为椰果采摘机电液比例控制系统，包括支腿收放、工作机构（含大臂伸缩、大臂变幅、大臂基座回转、小臂基座回转、齿条伸缩、小臂伸缩、刀头摆动、割刀回转）两大独立部分。系统油源为双联定量液压泵（齿轮泵）2，其左、右两泵的压力油分别经各三位四通电磁换向阀输送到各执行元件，左泵和右泵的压力设定及卸荷由各泵出口并联的电磁溢流阀 4 控制，压力由压力表 1 显示，各泵出口的单向阀用于防止压力油倒灌以保护液压泵。压力继电器 3 用于工作机构回路的过载保护，即当过载时发信使阀 4 中的电磁铁通电，以使液压泵卸荷。系统中的所有电器均由蓄电池供电（24V）。各部分动作原理如下。

a. 支腿收放。为保证采摘机工作时的稳定性与可靠性，在采摘作业时需放下支腿。机器前后各有两条支腿，每条支腿配一个液压缸，两个前支腿液压缸 6 和两个后支腿液压缸 10 的伸出和收回动作分别由三位四通电磁换向阀 7 和 8 控制。两个前支腿液压缸和两个后支腿液压缸分别用双向液压锁 5 和 9 锁紧，以保证支腿可靠地锁定而不出现软腿现象。

b. 大臂变幅。该机构通过收放大臂仰俯程度来改变作业高度，要求负载变幅。为了提高承载能力，变幅机构采用了并联的两个液压缸 33 驱动。缸 33 的伸缩由换向阀 15 控制，其运动速度由回油路上设置的电液比例调速阀 14 调节，阀 14 的背压还可防止缸缩回时因超越负载作用导致缸自行缩回。外控平衡阀 16 可以实现大臂变幅机构的自重平衡并提高落下时的稳定性。

c. 大臂伸缩。由于椰树树干一般挺直，高 15～30m，故大臂伸缩采用多级液压缸 32 驱动，在变幅缸动作后延时 2～3s 伸缩缸才动作。缸 32 的伸缩由换向阀 12 控制，其运动速度由回油路上设置的电液比例调速阀 11 调节，阀 11 的背压还可防止缸 32 缩回时因超越负载作用导致缸自行缩回。外控平衡阀 13 可以实现大臂伸缩机构的自重平衡并提高落下时的稳定性。

d. 大臂基座回转。该机构采用双向定量液压马达（柱塞马达）34 驱动，马达通过蜗轮蜗杆和齿轮齿圈减速器带动大臂回转，回转方向控制及速度调节分别由换向阀 18 和节流阀 17 完成。

e. 小臂伸缩。该机构采用单级长液压缸 37 驱动。工作时为避免碰刀，当大臂伸缩到指定高度后，依情况通过换向阀 25 和比例调速阀 24 控制小臂伸缩和速度。外控平衡阀 26 的

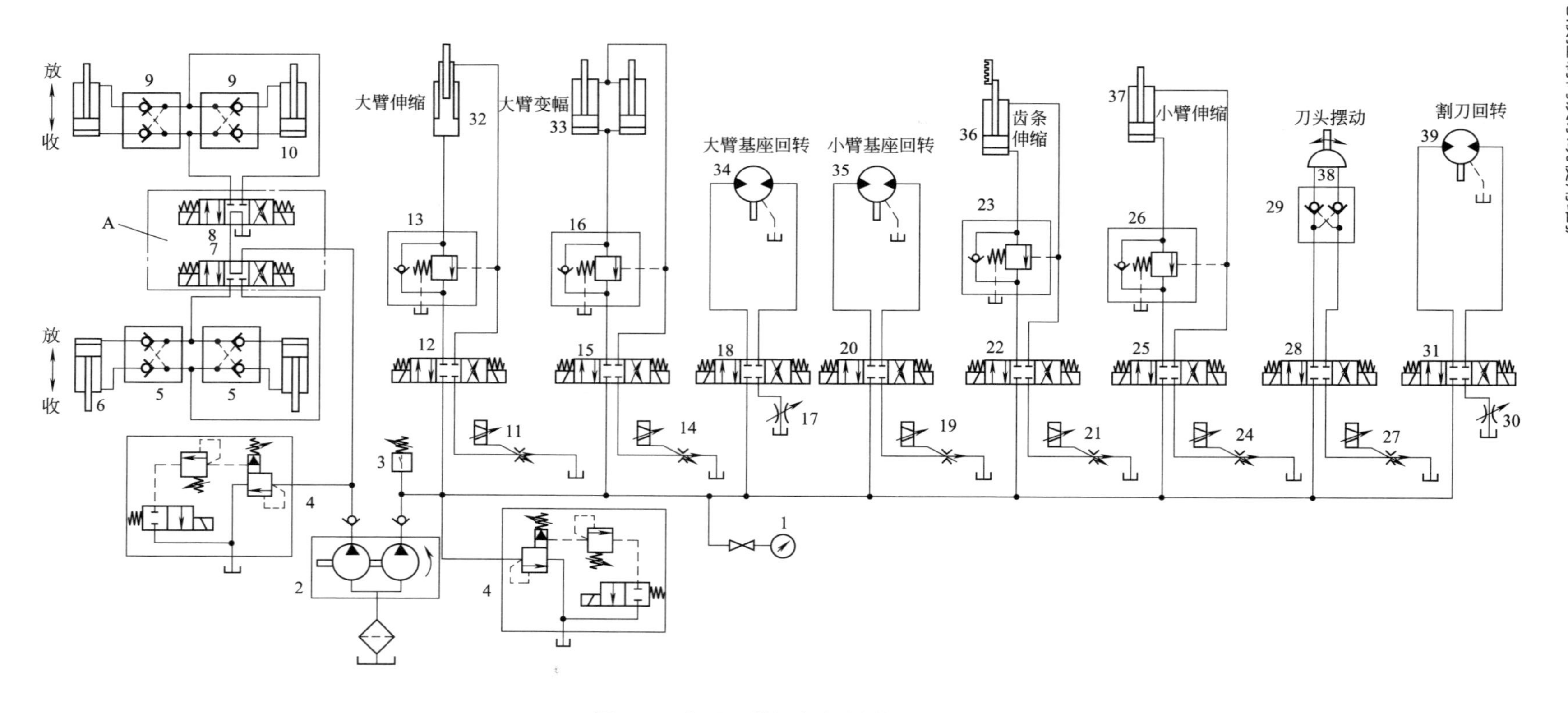

图 3-86 椰果采摘机电液比例控制系统

1—压力表；2—双联定量液压泵（齿轮泵）；3—压力继电器；4—电磁溢流阀；5,9,29—双向液压锁；6—前支腿液压缸；7,8,12,15,18,20,22,25,28,31—三位四通电磁换向阀；10—后支腿液压缸；11,14,19,21,24,27—电液比例调速阀；13,16,23,26—外控平衡阀；17,30—节流阀；32—大臂伸缩液压缸；33—大臂变幅液压缸；34—大臂基座回转液压马达；35—小臂基座回转液压马达；36—直线液压缸（带齿条）；37—小臂伸缩液压缸；38—刀头摆动液压马达；39—割刀回转液压马达作用同前。

f. 小臂仰俯（齿条伸缩）。安装在小臂基座上的直线液压缸（带齿条）36 推动齿条实现小臂仰俯动作。缸 36 的运动方向和速度分别由换向阀 22 和比例调速阀 21 控制和调节。外控平衡阀 23 的作用同前。

g. 小臂基座回转。其要求与大臂基座回转油路基本一致。该机构采用双向定量液压马达 35 驱动，回转方向控制及速度调节分别由换向阀 20 和比例调速阀 19 完成。

h. 割刀倾斜（刀头摆动）。该机构由摆动液压马达 38 驱动，其运动方向和回转量（最大 135°，常使割刀倾斜 15°～25°）分别由换向阀 28 和比例调速阀 27 控制和调节。割刀倾斜一定角度可有效减少毛刺保持刀面光洁，而且可使采摘更为轻快，减小切割时刀具的变形，降低切削力及功率。马达 38 回转定位后，可通过双向液压锁 29 锁住，以防作业中出现松动、偏转现象。

i. 割刀回转。该机构采用高速大转矩液压马达 39 驱动，回转方向控制及速度调节分别由换向阀 31 和节流阀 30 完成。

③ 技术特点推广。

a. 椰果采摘机液压系统采用双联泵供油，一路供给液压支腿，一路供给工作机构，两者相互独立，可以避免工作性质不同导致的动作干扰。

b. 控制支腿收放机构运动方向的三位四通电磁换向阀 7 和 8 油路串联；控制工作机构运动方向的三位四通电磁换向阀 12、15、18、20、22、25、28、31 油路并联。

c. 工作机构中，除大臂基座回转和割刀回转的液压马达采用节流阀调速外，其他机构中的大臂伸缩缸、大臂变幅缸、小臂基座回转马达、齿条伸缩缸、小臂伸缩缸、刀头摆动马达均采用电液比例调速阀进行调速，可以远程连续成比例地控制执行机构的速度，避免了速度转换带来的冲击，简化了油路结构，拓宽了调速范围。且所有工作机构均为回油节流调速方式，有利于散热和利用其背压作用提高工作机构的运动平稳性。

d. 在大臂变幅与伸缩及小臂伸缩及仰俯液压缸回油路上设置外控平衡阀，以实现自重平衡和回程时的稳定性。

e. 前、后支腿液压缸及刀头摆动马达采用双向液压锁实现锁紧，若各相关换向阀的中位机能可在锁紧时将液压锁的控制压力能卸除，则锁紧将更为可靠。

f. 通过计算机对机器进行数字控制（开环控制），其原理框图如图 3-87 所示。控制参数为 26 个电磁铁对应的 26 个开关量，6 个电液比例调速阀对应的 6 个模拟量。液压缸和液压马达的运动方向及启停由计算机通过驱动电路控制电磁换向阀实现，同时，计算机根据程序经逻辑运算发信，通过 D/A 转换将信号送至比例放大器，输出的电流信号调节比例调速阀的开度，得到相应流量与压力值，从而满足了椰果的采摘要求，提高了机器的自动化程度。

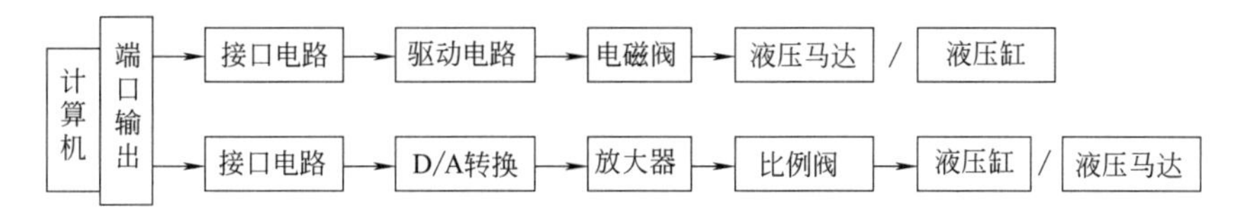

图 3-87 椰果采摘机计算机数字控制系统原理框图

g. 电液比例控制的椰果采摘机，不仅解决了人工采摘危险性大、采摘质量差及工效低的问题，而且因灵活多变、定位精准，降低了椰果及作业枝条的损伤率。

3.7.3 电液比例方向速度控制回路及系统

采用兼有方向控制和流量的比例控制功能的电液比例方向阀或电液伺服比例方向阀（高性能电液比例方向阀），可以实现液压系统的换向及速度的比例控制。

（1）焊接自动线提升装置的电液比例方向速度控制回路

图 3-88（a）所示为焊接自动线提升装置的运行速度循环图，要求升、降最高速度达 0.5m/s，提升行程中点的速度不得超过 0.15m/s，为此采用了电液比例方向节流阀 1 和电子接近开关 2（模拟式触发器）组成的提升装置电液比例控制回路［图 3-88（b）］。在工作时，随着活动挡铁 4 逐步接近开关 2，接近开关输出的模拟电压相应降低直到零，通过比例放大器控制电液比例方向节流阀，使液压缸 5 按运行速度循环图的要求通过四杆机械转换器 6 将水平位移转换为垂直升降运动。此回路对于控制位置重复精度较高的大惯量负载相当有效。

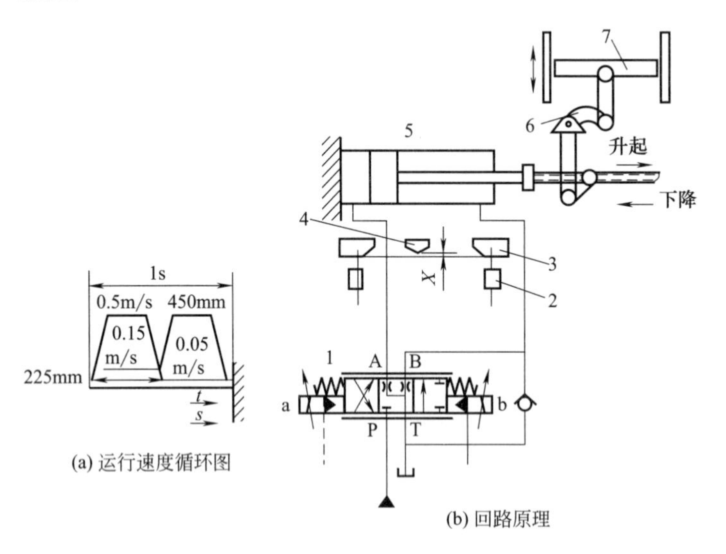

图 3-88 焊接自动线提升装置的电液比例方向速度控制回路

1—电液比例方向节流阀；2—接近开关（模拟式触发器）；3—制动挡块；4—活动挡铁；5—液压缸；6—四杆机械转换器；7—工作装置

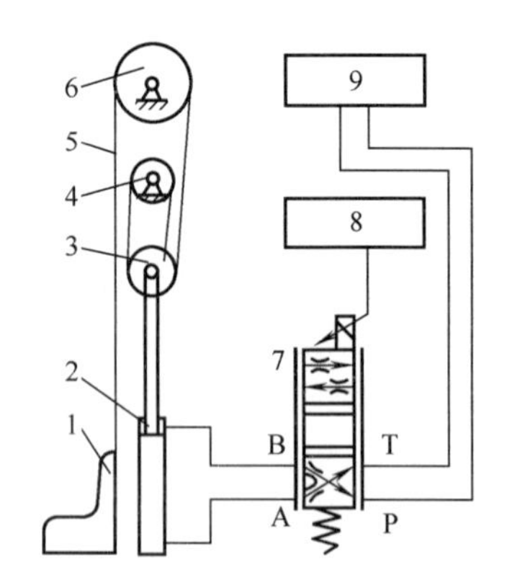

图 3-89 液压蛙跳游艺机结构及电液比例控制系统示意

1—座椅；2—液压缸；3—动滑轮；4—定滑轮；5—钢丝绳；6—导向轮；7—高性能电液比例方向阀；8—信号源；9—液压站

（2）液压蛙跳游艺机电液比例控制系统

蛙跳游艺机是为儿童提供失重感受的游艺机械，图 3-89 所示为其结构和电液比例控制系统示意。该机采用高性能电液比例方向阀（DLKZO-TE-140-L71 型）7 和液压缸 2 组成的开环电液比例控制系统驱动。液压缸 2 的活塞杆连接倍率为 m 的双联增速滑轮组（动滑轮 3、定滑轮 4 和导向轮 6），钢丝绳 5 的自由端悬挂一个可乘坐六人的单排座椅 1。该机的运行过程及原理为启动液压站，阀控缸 2 将载有乘客的座椅 1 缓慢提升到 4.5m 高度，此时预置程序电信号操纵阀控缸模拟蛙跳，增速滑轮组随即将此蛙跳行程和速度增大到 m 倍，为了避免冲击过大伤及乘客，采用自上而下多级蛙跳模式，每级蛙跳坠程小于 0.5m，最后一次蛙跳结束时座椅离地面 1.5m 以上。上述蛙跳动作重复 3 次以后阀控缸将座椅平稳落地。

为了保证整机性能及安全运行，系统中高性能电液比例方向阀 7 配有内置式位移传感器和集成电子放大器，以闭环方式实现阀的调节和可靠控制，是优化了的集成电液系统，其动态和静态特性可与伺服阀媲美，能够根据输入电信号提供方向控制和压力补偿的流量控制，亦即方向和速度控制，并具有性能可靠、对油液的过滤要求低等优点。采用该阀的液压蛙跳机能够准确控制座椅的坠落行程、速度和加速度，既能避免座椅失控坠地，也能避免液压缸和滑轮组钢丝绳承受过大的冲击而损伤，还能让乘客最大限度地体验失重的感觉。液压蛙跳游艺机电液比例控制系统的技术参数见表 3-8。

表 3-8 液压蛙跳游艺机电液比例控制系统的技术参数

项　目			参数
座椅静负载	座椅自重 G_1		2.60kN
	6 名儿童的总重量 G_2		(0.40kN×6=)2.40kN
	总重量 G		5.00kN
座椅加速度			$2.47m^2/s$
座椅最大惯性力	N_{max}		1.26kN
座椅最大动负载	$P_{max}=N_{max}+G$		6.26kN
液压缸	最大牵引力 $F_{max}=3P_{max}$		18.78kN
	最高坠落速度 v_{max}		0.785m/s
	最大外伸速度 $v_{1max}=v_{max}/3$		0.262m/s
	缸筒内径		80mm
	活塞杆直径		50mm
	最大负载流量		79L/min
液压源	控制阀最大供油流量		136L/min
	供油压力		10.5MPa
	蓄能器(2 个)容积		25×2=50L
	液压泵(25MCY14-1B 型轴向柱塞泵)	转速	1500r/min
		功率	7.5kW

(3) 冶金企业运输车电液比例方向速度控制系统

运输车是冶金企业用于转炉等大型器件的转运设备，运输车连同转炉的总重量可达 120t，装车后的高度达 9m；运输车用四个双向定量液压马达驱动，其运行速度为 15m/min，启动与停止的加（减）速都必须精确地无级可调，不能出现冲击现象；运输车停止的位置精度为±30mm。如此重的车辆，如果没有精确的速度控制，这个要求是很难达到的。由图 3-90 可以看出，运输车采用比例方向阀 1 来控制，在通道 A，B 上都装有出口压力补偿阀 2，以补偿轨道摩擦等负载变化的影响。压力阀 3 的功能是调节压力补偿阀 2 所控制的阀口压差。该压差越大，阀 2 的通流能力越大。安全阀 4 分别控制液压马达 6 两端的最高压力。单向阀 5 的作用是，当运输车停止时，由于惯性的作用有少量前冲，液压马达的一侧由阀 4 排出少量油液，另一边则由单向阀补油，以免液压马达的此侧产生吸空

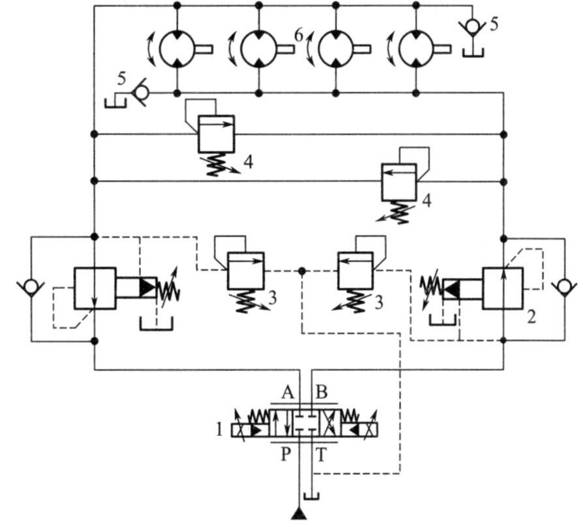

图 3-90 冶金企业运输车电液比例方向速度控制系统

1—比例方向阀；2—压力补偿阀；3—压力阀；4—安全阀；5—单向阀；6—双向定量液压马达

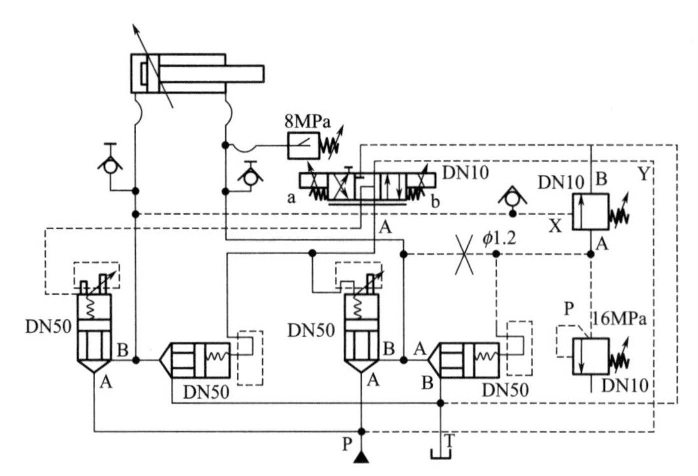

图 3-91　无缝钢管主产线穿孔机芯棒送入机构电液比例控制系统

而破坏其正常工作。

（4）无缝钢管主产线穿孔机芯棒送入机构电液比例控制系统

如图 3-91 所示，穿孔机的芯棒送入液压缸，其行程为 1.59m，最大运行速度为 1.987m/s，启动和制动时的最大加（减）速度均为 $30m^2/s$，在两个运行方向运行所需流量分别为 937L/min 和 168L/min。系统采用通径 10mm 的比例方向节流阀为先导控制级，通径 50mm 的二通插装组件为功率输出级，组合成插装式电液比例方向节流控制阀。采用通径 10mm 的定值控制压力阀作为先导控制级，通径 50mm 的二通插装组件为功率输出级，组合成先导控制式定值插装压力阀，以满足大流量和快速动作的控制要求。采用进油节流调节速度和加（减）速度，以适应阻力负载；采用液控插装式锥阀锁定液压缸活塞，采用接近开关、比例放大器、电液比例方向节流阀等的配合控制，控制加（减）速度或斜坡时间，控制工作速度。

3.7.4　多级压力调节和多级速度变换电液比例控制系统——XS-ZY-250A 型注塑机比例阀液压系统

（1）主机简介

XS-ZY-250A 型注塑机属中小型注塑机，其机筒螺杆有 ϕ40mm、ϕ45mm 和 ϕ50mm 三种可选直径，分别对应的一次注射量为 201g、254g 和 314g。本机装 ϕ50mm 的机筒螺杆，其他机筒螺杆由用户选购。该机采用液压-机械式合模机构，锁模力为 1600kN。采用电机进行预塑。

（2）电液比例控制系统及其工作原理

如图 3-92 所示，系统由一台双联定量泵 28 和一台定量单泵 26 组合供油；液压执行元件有合模缸 1、顶出缸 4、注射缸 9 和注射座移动缸 10 等。缸 1 通过对称五连杆机构推动模板进行启闭模，缸 1 的运动方向由电液动换向阀 14 控制。缸 4 用于顶出工件，其运动方向由电磁换向阀 15 控制，顶出速度由单向节流阀 12 控制；缸 9 的运动方向由电液动换向阀 17 控制；缸 10 的运动方向由电磁换向阀 16 控制。电液比例溢流阀 19 和 23 可对注塑机的启闭模、注射座前移、注射、顶出、螺杆后退工况的压力进行控制，系统压力由压力表及其开关 18 读取。电液比例流量阀 21 用来控制启闭模和注射时的速度。

系统的动作状态表见表 3-9，各工况下的油液流动路线如下。

表 3-9 XS-ZY-250A 型注塑机液压系统动作状态表

工况		电磁铁状态									
		1YA	2YA	3YA	4YA	5YA	6YA	7YA	E_1	E_2	E_3
闭模	闭模							+	+	+	+
	低压保护							+	+	+	+
	锁紧							+		+	+
注射座前进				+/−						+	+
注射		+							+	+	+
保压		+								+	+
预塑				+						+	+
注射座后退					+/−					+	+
启模							+		+	+	+
顶出						+				+	
螺杆后退			+							+	+

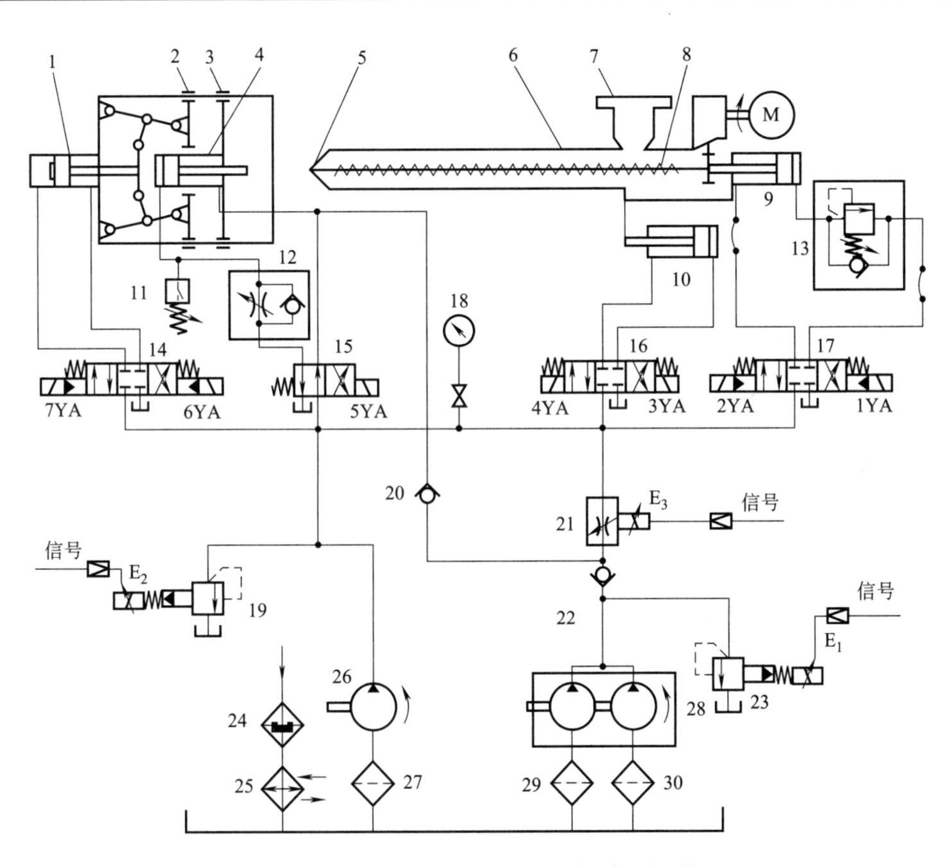

图 3-92 塑料注射成型机电液比例控制系统

1—合模缸；2—动模板；3—定模板；4—顶出缸；5—喷嘴；6—料筒；7—料斗；8—螺杆；9—注射缸；10—注射座移动缸；11—压力继电器；12—单向节流阀；13—单向顺序阀；14,17—三位四通电液动换向阀；15—二位四通电磁换向阀；16—三位四通电磁换向阀；18—压力表及其开关；19,23—电液比例溢流阀；20,22—单向阀；21—电液比例流量阀；24—磁芯过滤器；25—冷却器；26—单级泵；27,29,30—过滤器；28—双联泵

① 闭模。该过程按快、慢顺序分三个阶段进行。

a. 快速闭模。电磁铁 7YA 通电使换向阀 14 切换至左位，同时比例电磁铁 E_1、E_2、E_3 通入控制信号（0～10V 电压信号或 4～20mA 电流信号）控制系统相应压力和流量，双联泵 28 和单级泵 26 的压力油经比例流量阀 21 和换向阀 15 进入合模缸 1 的无杆腔，推动活塞带动连杆机构快速闭模，有杆腔的油液经阀 14 和过滤器 24、冷却器 25 排回油箱。

b. 慢速低压闭模。由于是低压闭模，缸的推力较小，即使在两个模板间有硬质异物，继续进行闭模动作也不致损坏模具表面，从而起保护模具的作用。此时，合模缸的速度受比例流量阀 21 的影响。

c. 慢速高压闭模。比例电磁铁 E_1 断电（电压信号为零），双联泵 28 卸荷。提高控制信号 E_2 的电压信号，比例溢流阀 19 输出的压力随之升高，泵 26 单独向缸 1 高压供油。因系统压力高而流量小，故实现了高压闭模、模具闭合并使连杆产生弹性变形，从而牢固地锁紧模具。

② 注射座整体前移。比例电磁铁 E_1 断电（电压信号为零），双联泵 28 卸荷。电磁铁 3YA 通电使换向阀 16 切换至右位，比例电磁铁 E_2、E_3 通入控制信号，阀 19 和 21 分别控制系统压力和流量，泵 26 的压力油经阀 16 进入注射座移动缸 10 的无杆腔，推动注射座整体向前移动（速度受比例流量阀 21 的影响），有杆腔的油液则经阀 16 和过滤器 24、冷却器 25 排回油箱。

③ 注射。该过程按慢、快、慢三种速度注射，同时对比例电磁铁 E_1、E_2、E_3 通入控制信号，注射速度大小由比例流量阀 21 的电压信号控制。此时电磁铁 1YA 通电使电液动换向阀 17 切换至右位，液压泵输出的压力油经阀 17 和阀 13 中的单向阀进入注射缸 9 的无杆腔，有杆腔的油液经阀 17、过滤器 24 和冷却器 25 排回油箱。

④ 保压。电磁铁 1YA 处于通电状态，此时比例电磁铁 E_1 断电（电压信号为零），双联泵 28 卸荷。由于保压时只需要极少的油液，故泵 26 单独向系统供油，系统工作在高压、小流量状态。

⑤ 预塑、冷却。电机 M 带动左旋螺杆旋转后退，料斗中的塑料颗粒进入料筒并被转动着的螺杆带至前端，进行加热预塑。当螺杆后退到预定位置时，停止转动，准备下一次注射。在模腔内的制品冷却成型。

⑥ 防流涎。电磁铁 3YA 通电使换向阀 16 切换至右位，液压泵输出的压力油经阀 16 进入注射座移动缸 10 的无杆腔，使喷嘴继续与模具保持接触，从而防止了喷嘴端部流涎。

⑦ 注射座后退。电磁铁 4YA 通电使换向阀 16 切换至左位，比例电磁铁 E_1 断电（电压信号为零），双联泵 28 卸荷。泵 26 的压力油经阀 16 进入注射座移动缸 10 的有杆腔，无杆腔通油箱，缸带动注射座后退。

⑧ 启模。同时对比例电磁铁 E_1、E_2、E_3 通入控制信号，各泵同时工作，电磁铁 6YA 通电使电液动换向阀 14 切换至右位，各液压泵的压力油经比例流量阀 21、换向阀 14 进入合模缸有杆腔，推动活塞带动连杆进行开模，合模缸无杆腔的油液经换向阀 14 和过滤器 24、冷却器 25 排回油箱。工艺要求启模过程为慢速→快速→慢速，其速度大小的调节由输入比例流量阀 21 的控制信号来实现。

⑨ 顶出缸运动

a. 顶出缸前进。电磁铁 5YA 通电使换向阀 15 切换至右位，给比例电磁铁 E_2 通入控制信号（此时比例电磁铁 E_1 和 E_3 的控制信号为零，比例流量阀 21 关闭），双联泵 28 卸荷，泵 26 单独向系统供油，系统压力由比例溢流阀 19 控制。泵 26 的压力油经阀 15 和阀 12 中的节流阀直接进入顶出缸 4 的无杆腔，有杆腔油液经阀 15 回油，于是推动顶出杆顶出制品。

b. 顶出缸后退。电磁铁 5YA 断电使换向阀 15 复至图 3-92 所示左位，泵 26 的压力油经阀15进入顶出缸4的有杆腔，无杆腔油液经阀12中单向阀和阀15回油，于是顶出缸后退。

⑩ 装模、调模。安装、调整模具时，采用的是低压、慢速启闭动作。

a. 启模。电磁铁6YA通电使换向阀14切换至右位，液压泵的压力油经比例流量阀21和阀14进入合模缸1的有杆腔，使模具打开。

b. 闭模。电磁铁7YA通电、6YA断电，使换向阀14切换至左位，液压泵的压力油使合模缸闭模。

c. 调模。采用液压马达（图中未示出液压回路部分）来进行，液压泵输出的压力油驱动液压马达旋转，传动到中间一个大齿轮，再带动四根拉杆上的齿轮螺母同步转动，通过齿轮螺母移动调模板，从而实现调模动作，另外还有手动调模，只要扳手动齿轮，便能实现调模板进退动作，但移动量很小（0.1mm），故手动调模只作微调用。

⑪ 螺杆后退。电磁铁2YA通电使换向阀17切换至左位，给比例电磁铁E_2、E_3通入控制信号（此时E_1断电），双联泵28卸荷，泵26的压力油进入注射缸9的有杆腔，无杆腔经阀13中的顺序阀和阀17回油，螺杆返回初始位置，为下一动作循环做准备。

综上可以看出，该注塑机液压系统中的执行元件数量多，是一种典型的速度和压力均变化较多的系统。在完成自动循环时，主要依靠行程开关；而速度和压力的变化则主要靠电液比例阀控制信号的变化来获得。

（3）系统特点

① 采用一台独立单泵和一台双联泵的液压源，通过组合供油，满足主机不同执行机构在不同工作阶段对流量的不同要求，实现了节能。

② 采用了比例溢流阀和比例流量阀，可实现注射成型过程中的压力和速度的比例调节，以满足不同塑料品种及不同制品的几何形状和模具浇注系统对压力与速度的不同需要，大大简化了液压回路及系统，减少了液压元件用量，提高了系统的可靠性。

③ 由于注塑机通常要将熔化的塑料以40～150MPa的高压注入模腔，模具合模力要足够大，否则注射时会因模具闭合不严而产生塑料制品的溢边现象。系统中采用液压-机械式合模机构，合模缸通过增力和自锁作用的五连杆机构实现闭模与启模，可减小合模缸工作压力，且闭模平稳、可靠。最后闭模是依靠合模缸的高压，使连杆机构产生弹性变形来保证所需的合模力，并把模具牢固地锁紧。

④ 为了缩短空行程时间以提高生产率，又要考虑闭模过程中的平稳性，以防损坏模具和制品，故合模机构在闭模、启模过程中需有慢速→快速→慢速的顺序变化，系统中的快速是用液压泵通过低压、大流量供油来实现的。

⑤ 为了使喷嘴与模具浇口紧密接触，注射座移动缸无杆腔在注射、保压工况时，应一直与压力油相通，以保证注射座移动缸活塞具有足够的推力。

⑥ 为了使塑料充满容腔而获得精确的形状，同时在塑料制品冷却收缩过程中，熔融塑料可不断补充，以防止充料不足而出现残次品，在注射动作完成后，注射缸仍通压力油来实现保压。

⑦ 调模采用液压马达驱动，因而给装拆模具带来不便。

3.7.5 电液比例位置控制系统

（1）汽轮机进气阀闭环位置控制系统

很多液压机械都需要精确的位置控制，以获得精密的工件或完成精细的工作。图3-93所示为汽轮机进气阀闭环位置控制系统。该系统由二位四通比例方向阀1进行控制，由于比例阀阀芯的位置与输入电流成比例，故该阀除了控制液压缸2换向外，还可以通过阀口开启的大小，实现节流调速。因阀芯可停留在任意中间位置，该阀除了图 3-93 所示两个位置可控制缸向前或向后运动外，还有一个中间位置，四个油口全相通，相当于 H 型的中位机能，可使缸停止运动。当输入信号为零时，缸处于右端，使汽轮机进汽阀关闭。当给定某一信号后，缸逐渐向左移动，使进汽阀打开。同时位移传感器发出的信号反馈至控制放大器，与给定信号相比较，当达到给定值时，控制缸停止运动。这时进汽阀打开至相应的某一开度。由于在位置闭环控制系统中，位移传感器的精度直接影响位置控制精度，所以在这种系统中常常采用精度较高的数字式位移传感器，如感应同步器、光栅、磁栅或光电主轴脉冲发生器等。

（2）汽车纵梁冲压液压机同步控制系统

如图 3-94 所示，该系统的两个比例调速阀 1 和 2 都给定同样的电流，控制左、右两缸的输入流量使之相等，以保证液压机横梁同步运行。调节比例调速阀的给定值可以调节液压机运行的速度。若不装横梁偏斜量反馈机构，则该系统是一个开环同步控制系统。该系统的同步控制精度决定于比例调速阀的等流量特性和液压缸泄漏量的大小。其同步控制精度可达 0.5mm/m 左右。若加上钢带式横梁偏斜量测量机构 3，则构成闭环同步控制系统，测量机构 3 的钢带末端带有位移传感器 4。当横梁同步下行时，虽然钢带由右滚轮下端转移到左滚轮上端。但由于横梁左、右两端下行的距离相同，故位移传感器 4 维持在零位不变，不输出信号电压。当横梁左、右两端不能同步运行时，则位移传感器 4 按照横梁偏斜的情况将输出不同的电压信号。此电压信号将被反馈到比例调速阀 2 的比例放大器，并相应地控制比例调速阀 2 的输出流量，从而纠正横梁产生的偏斜。闭环同步控制系统的同步控制精度可达 0.2mm/m，如液压机台面长为 10m，则工作时在台面两端测得的同步偏差将不超过 2mm。

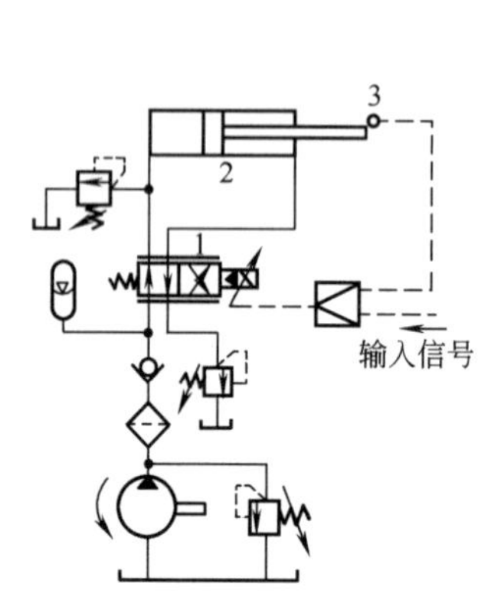

图 3-93 汽轮机进气阀闭环位置控制系统

1—二位四通比例方向阀；2—液压缸；3—位移传感器

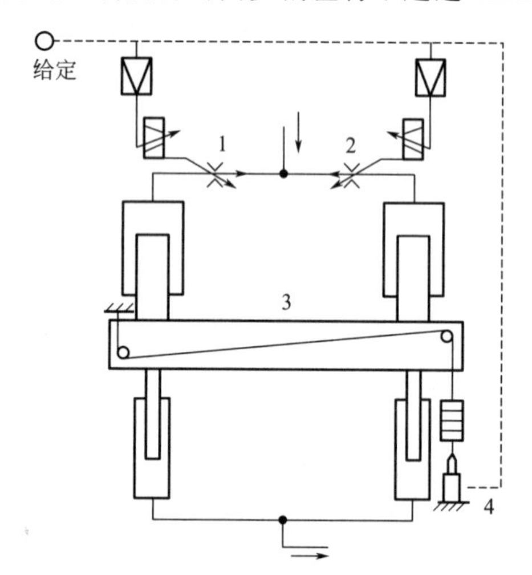

图 3-94 汽车纵梁冲压液压机同步控制系统

1，2—比例调速阀；3—测量机构；4—位移传感器

（3）深潜救生艇对接机械手的电液比例控制系统

在救援失事潜艇的过程中，需要深潜救生艇与失事艇对接，建立一个生命通道，将失事艇内的人员输送到救生艇内，完成救援任务。救生艇共有两对对接机械手，是救生艇的重要执行装置，具有局部自主功能，图 3-95 所示为其对接原理（仅给出一对机械手）。当深潜救生艇 1 按一定要求停留在失事艇 9 上方后，通过对称分布的四个液压缸驱动的对接机械手的局部自主控制，完成机械手与失事艇对接裙平台 6 初连接、救生艇对接裙 7 与失事艇对接裙

平台自动对中、收紧机构手使两对接裙正确对接三步对接作业过程，以解决由于风浪流、失事艇倾斜等因素，难于直接靠救生艇的动力定位系统实现救生艇与失事艇的对接问题。为了避免因重达 50t 的救生艇的惯性冲击力损坏机械手，在伸缩臂与手爪之间设有压缩弹簧式缓冲装置 4，并通过计算机反馈控制手臂液压缸，减小手爪 5 与甲板间的接触力；同时采用电液比例系统对机械手进行控制，使其具有柔顺功能。

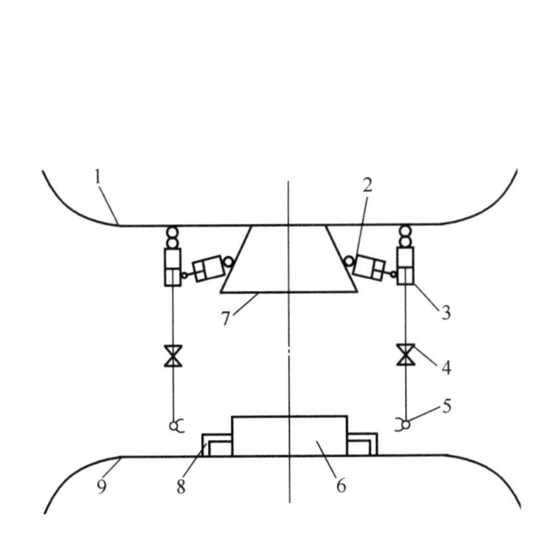

图 3-95 深潜救生艇与失事艇的对接原理

1—深潜救生艇；2—摆动臂；3—伸缩臂；4—缓冲装置；5—手爪；6—对接裙平台；7—对接裙；8—目标环；9—失事艇

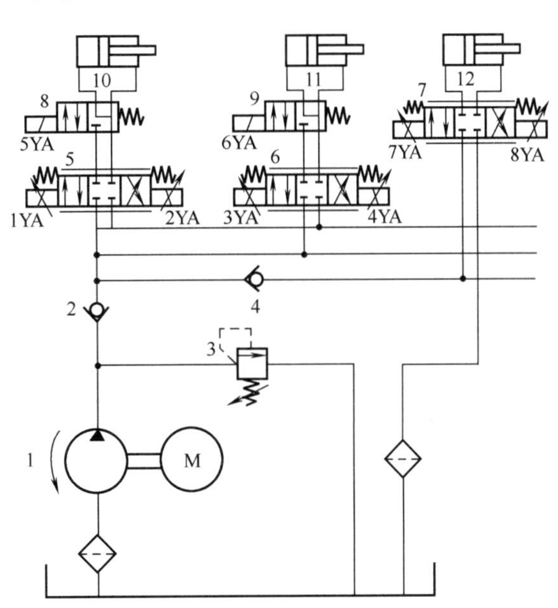

图 3-96 机械手电液比例控制系统

1—定量泵；2,4—单向阀；3—溢流阀；5～7—电液比例换向阀；8,9—二位四通电磁换向阀；10—摆动缸；11—伸缩缸；12—手爪开合缸

图 3-96 所示为一只机械手的电液比例控制系统（其他三只机械手的控制回路与此相同）。系统的执行元件为实现对接机械手摆动和伸缩两个自由度的液压缸 10、11 及驱动手爪开合的液压缸 12，其中摆动和伸缩两个自由度采用具有流量调节功能的电液比例换向阀 5 和 6 实现闭环位置控制，与二位四通电磁换向阀 8 和 9 结合实现手臂的柔顺控制。手爪开合缸 12 的运动由电液比例换向阀 7 控制。系统的油源为定量泵 1，其供油压力由溢流阀 3 设定，单向阀 2 用于防止油液向液压泵倒灌，单向阀 4 用于隔离手爪开合缸 12 与另外两缸的油路，防止动作相互产生干扰。

以伸缩缸 11 为例说明系统的控制原理。当电磁铁 6YA 通电使换向阀 9 切换至左位时，伸缩缸便与比例换向阀 6 接通，此时，通过阀 6 的比例控制器控制比例电磁铁 3YA 和 4YA 的输入电信号规律，可以实现液压缸活塞的位置控制，系统工作在位置随动状态。当 6YA 断电并且 3YA 和 4YA 之一通电时，伸缩缸 11 的无杆腔与有杆腔通过换向阀 9 的 Y 型机能连通并接系统的回油，使缸的两腔卸荷，活塞杆可以随负载的运动而自由运动，实现伸缩的柔顺功能。这样既能保证该机械手与失事艇上的目标环初连接，同时也为其他三只机械手对接创造了条件，还可以缓冲因救生艇运动而带来的惯性力，避免损坏机械手。摆动缸回路的控制原理与伸缩缸类同。

本系统的特点为，通过电液比例换向阀与电磁换向阀的配合控制，实现机械手的柔顺功能；通过设置缓冲装置和电液比例闭环控制，使深潜救生艇的对接机械手不致因惯性冲击的因素而损坏，并提高了对接的成功率。

3.7.6 步进梁电液比例升降控制系统

（1）步进梁升降运动要求

步进框架和板坯具有很大的重量和惯性，故梁的升降有着严格的速度要求，如图 3-97 所示，步进梁先以一定的加速度上升→匀速上升→当接近固定梁时，减速成匀低速上升，轻轻托起置于固定梁上的板坯→再加速到一定速度→匀速上升→当接近终点时，减速至停止；步进梁下降时，也是加速→匀速→减速→匀低速→加速→匀速→减速的运动过程，从而实现板坯的轻拿轻放，以及步进梁在启动和停止时平稳过渡。为此采用了电液比例升降控制系统。

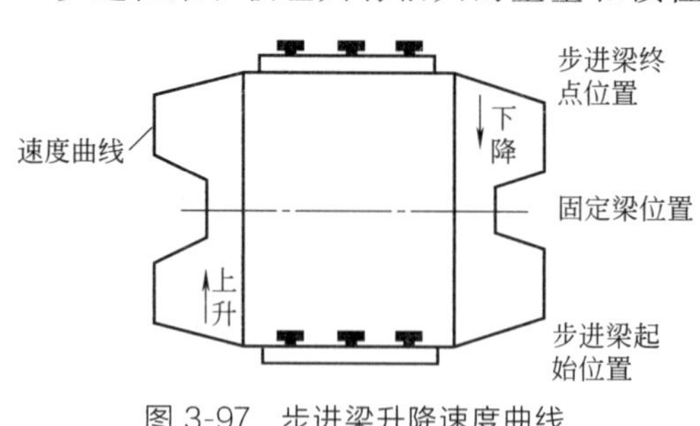

图 3-97 步进梁升降速度曲线

（2）电液比例升降控制系统

① 系统组成。如图 3-98 所示，系统的主泵 1（双向轴向柱塞变量泵）与单杆活塞式执行缸 2 形成泵控缸闭式油路结构，并用溢流阀 3、4 进行安全保护；主泵变量机构则是由阀控缸机构（电液比例方向阀 9 和变量缸 14）进行调节（油源为控制泵 10 及溢流阀 11）；通过改变斜盘的倾斜方向和倾角大小来改变供油方向和流量大小，以满足执行缸 2 拖动步进梁在不同的位置有不同的升降速度要求。

补油泵 5 在溢流阀 6 的设定压力下经单向阀 7、8 取向补油，以补偿因液压缸两腔的面积差、泵本身吸油能力差和一些泄漏对系统运转的影响。系统设置了多种传感器，整个系统由 PLC 控制。

比例溢流阀 12 用于执行缸 2 因大小两腔的面积差，在缸活塞下降时，将无杆腔一部分油液溢出；同时，保证无杆腔的压力适应于炉内板坯的重量。

② 系统工作原理。主泵斜盘的控制过程如下。在启动 PLC 后，首先给比例方向阀 9 一个静态信号，驱动阀芯到达零位。如果有零偏，则调整放大器中的死区补偿环节④，使阀芯达到精确零位。

当步进梁需动作时，PLC 发出斜盘转动的名义矢量信号至放大器①，信号放大后，经调节器②PID 调节、斜坡信号发生器③和 PWM⑤等处理，同时，通过⑥叠加一个幅值可调的高频颤振信号。经过放大器⑦处理过的信号驱动阀芯移动。阀芯的移动方向和大小取决于该信号的方向（正负）和幅值大小。阀上的线性差动变压器（LVDT 传感器）⑧把阀芯的位移以电压形式输出反馈给放大器⑨，形成阀芯位移的闭环控制。

当阀芯移动时，控制油就推动主泵上的变量缸带动斜盘倾动，同时，通过角位移传感器⑩，把倾角信号转换成电信号反馈给放大器⑪。该信号与 PLC 给定的名义信号相比较形成差值信号，从而实现了斜盘倾角的闭环控制。这样就控制了缸 2 的升、降及升降速度，满足步进梁升降运动的要求。

另外，由于执行缸 2 两腔的面积差，在缸活塞下降时，一部分无杆腔的油需要溢出，同时，又要保证无杆腔的压力适应于炉内板坯的重量，这里采用了电液比例溢流阀 12 来控制。通过压力传感器⑫把无杆腔油压信号转换成电信号，经过 A/D 转换发出信号，通过放大器⑬放大和斜坡信号发生器⑭等处理，驱动比例阀阀芯，使阀的开度对应于炉内板坯的重量，从而在实现了溢流的同时又保证了无杆腔的压力。

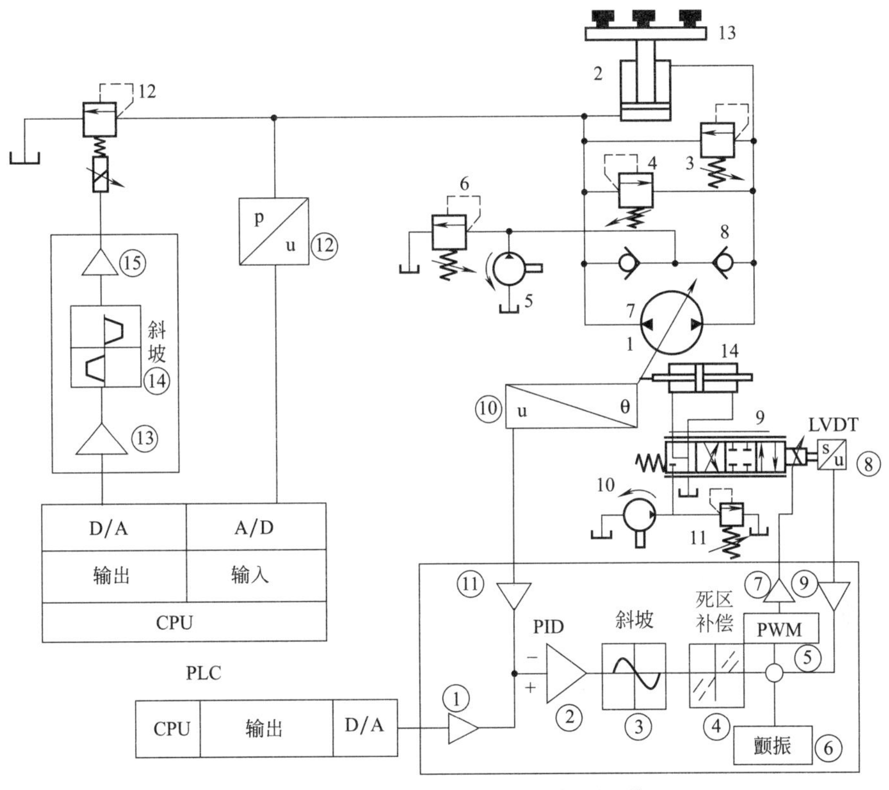

图 3-98　步进梁电液比例升降控制系统

1—主泵（双向轴向柱塞变量泵）；2—执行缸；3，4，6，11—溢流阀；5—补油泵；7，8—单向阀；9—电液比例方向阀；10—控制泵；12—电液比例溢流阀；13—步进梁；14—变量缸

③ 系统的使用维护要求见表 3-10。

表 3-10　系统的使用维护要求

项目		要　求
液压部分	油液清洁度	在含有比例阀或伺服阀的液压系统中，要特别保证油液的高清洁度，为此应注意：原油的清洁度；设备的清洗和安装；避免注油时带入污染物；定期更换过滤器滤芯，并防止带入污染物；设置循环过滤泵；定期检验油液的品质和换油
	启动	当系统静置一段时间后，油液中原来受压缩的空气将会逸出，再加上泄漏和虹吸等原因，会使系统中产生大量空气。另外，主泵和控制泵都是柱塞泵，本身吸油能力就比较差，在启动时容易造成汽蚀和干摩擦，甚至使整个系统产生剧烈振动，还会引起继电器、启动器等电气设备的损坏。应避免频繁启动
	异常噪声	系统出现故障的最明显的征兆是异常噪声，需要密切注意。首先，要判断产生噪声的部位，然后分析产生噪声的原因，最后再排除故障
电气部分	PLC 以外电气设备	采用 PLC 的电气控制系统比继电接触电控系统的可靠性要高得多，95%的故障发生在 PLC 以外的设备。电气部分需要注意以下几个方面：各种继电器、接触器的触点和各连接线的接头；各种传感器、限位开关、仪表的定期性能检测；各种传感器的弱信号和控制用弱信号的屏蔽保护
	PLC 本身	PLC 是专门为工业生产而设计的，因周围环境一般比较恶劣，它采用了多种抗干扰的措施。但由于外界干扰的多样性和随机性，难免会引起 PLC 运行中断或内存信息被破坏（这时，一般可重新启动 PLC，恢复内存，便可继续运行）。因此，虽然 PLC 具有抗干扰能力，也要防止 PLC 被恶劣的环境干扰，另外，PLC 机内的电池要视工作情况定期更换
	环境	要防止环境过分潮湿和高温，对于 PLC 和放大器板等设备要防止灰尘进入，以免引起印制电路板的绝缘性降低
管理方面	一套系统的正常运行，一方面需要有高性能的设备，另一方面还需要一批技术素质较高的使用维护人员和一套有效的管理体制。电液比例伺服技术专业性和理论性很强，它与机械、液压、电气及计算机专业不可分割，故系统的使用维护都应从机械、液压、电气和电子这几方面综合考虑	

3.7.7 工程机械-集装箱AGV（自动导引车）比例制动系统

工程机械广泛用于建筑、矿山、水电、交通、能源、通信和国防建设的工程施工作业。除了传统的已经使用液压技术多年的挖掘机、装载机、推土机等工程机械外，近年来通过创新或增设辅具还出现或派生出了大量的液压工程机械设备。其中集装箱自动导引车即为一种新型专用工程车辆。自动导引车是指具有磁条、轨道或者激光等自动导引设备，沿规划好的路径行驶，以液压或电力驱动为动力并且装备安全保护以及各种辅助机构的无人驾驶的自动化车辆，简称AGV（Automated Guided Vehicle）。将AGV技术运用于集装箱运输系统已成为目前国际上先进的集装箱装卸工艺。电力驱动方式的集装箱自动导引车液压系统主要包括液压转向系统和液压行车制动系统，分别用于集装箱自动导引车的定位转向和行车制动。前者采用电液伺服控制，而后者则采用了电液比例控制。

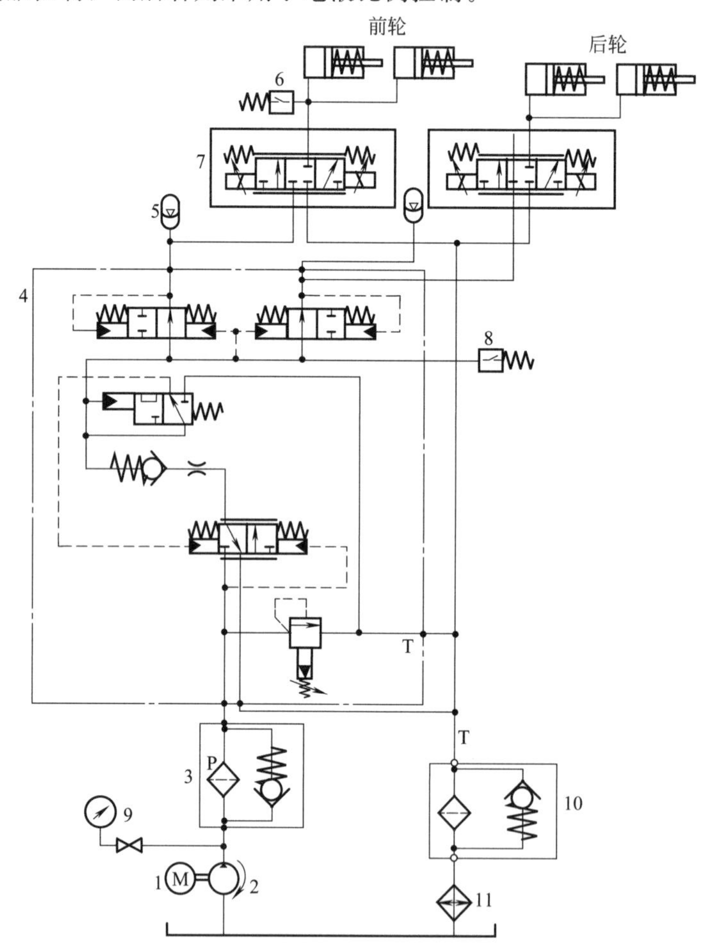

图3-99 自动导引车液压行车电液比例制动系统

1—电机；2—定量泵；3,10—过滤器；4—双路充液阀；5—蓄能器；6,8—压力继电器；7—电磁比例制动阀；9—压力表；11—冷却器

集装箱自动导引车的制动系统由行车制动和驻车制动两部分组成，前者由液压制动系统实现，后者则由配有钳盘式制动器的变频驱动电机的反向制动实现。行车制动为全轮制动方式，即四个车轮都设有制动器。行车制动器采用钳盘式制动器，制动盘装在车轮的转轴上，

随车轮一起转动，制动器安装在驱动桥桥体上，通过电磁比例制动阀控制实现行车制动功能。如图 3-99 所示，系统采用电机 1 驱动的定量泵 2 供油，系统压力由充液阀 4 中的溢流阀设定；过滤器 3 和 10 用于压力油和回油的过滤。前轮和后轮制动缸由电磁比例制动阀 7 控制，整车控制系统根据运行状态得出制动力信号，从而提供比例电信号，调节电磁比例制动阀的制动压力。蓄能器 5 用于在车辆无动力的状态下仍能保证多次制动情况下的制动压力。压力继电器 6 和 8 分别用于控制刹车尾灯和行车制动低压报警。系统还对蓄能器压力进行检测，当达到所要求制动压力时断开；制动压力不足时压力继电器 8 常闭，整车不允许行驶，从而保证了车辆的安全性。压力继电器 6 对制动阀出口制动压力进行检测，当压力高于设定压力时，行车制动灯亮。

3.8 常用电液比例阀使用维护要点

3.8.1 电液比例阀的选型

通常，电液比例阀的选择工作是在整个系统的设计计算之后进行的。此时，系统的工作循环、速度及加速度、压力、流量等主要性能参数已基本确定，故这些性能参数及其他静态和动态性能要求是电液比例阀选择的依据。

（1）阀的种类选择

通常，对于压力需要远程连续遥控、连续升降、多级调节或按某种特定规律调节控制的系统，应选用电液比例压力阀（比例溢流阀或比例减压阀）；对于执行元件速度需要进行遥控或在工作过程中速度按某种规律不断变换或调节的系统，应选用电液比例流量阀（比例节流阀或比例调速阀）；对于执行元件方向和速度需要复合控制的系统，则应选用电液比例方向阀，但要注意其进、出口同时节流的特点；对于执行元件的力和速度需要复合控制的系统，则应选用电液比例压力流量复合控制阀。然后根据性能要求选择适当的电气-机械转换器的类型、配套的比例放大器及液压放大器的级数（单级或两级）。阀的种类选择工作可参考各类阀的特点并结合制造商的产品样本进行。

（2）选择静态指标

① 压力等级。对于电液比例压力阀，其压力等级的改变是靠先导级座孔直径的改变实现的。所选择的比例压力阀的压力等级应不小于系统的最大工作压力，最好在 1～1.2 倍之间，以便得到较好的分辨率；比例压力阀的最小设定压力与通过溢流阀的流量有关，先导式比例溢流阀的最小设定压力一般为 0.6～0.7MPa，如果阀的最小设定压力不能满足系统最小工作压力要求，则应采取其他措施使系统卸荷或得到较小的压力。

对于电液比例流量阀和电液比例方向阀，所选择的压力等级应不小于系统的最大工作压力，以免过高的压力导致密封失效或损坏及增大泄漏量。

② 额定流量及通径。对于比例压力阀，为了获得较为平直的流量-压力曲线及较小的最低设定压力，推荐其额定流量为系统最大流量的 1.2～2 倍，并据此在产品样本中查出对应的通径规格。

对于比例流量阀，由于其通过流量与阀的压降和通径有关，故选择时应同时考虑这两个因素。一般以阀压降为 1MPa 所对应的流量曲线作为选择依据，即要求阀压降 1MPa 下的额定流量为系统最大流量的 1～1.2 倍，这样可以获得较小的阀压降，以减小能量损失，同时使控制信号范围尽量接近 100%，以提高分辨率。

对于比例方向阀，其通过流量与阀的压降密切相关，且比例方向阀有两个节流口，当用于液压缸差动连接时，两个节流口的通过流量不同。一般将两个节流口的压降之和作为阀的总压降。通常以进油节流口的通过流量和上述阀压降作为选择通径的依据。总的原则是在满足计算出的阀压降条件下，尽量扩大控制电信号的输入范围。

③ 结构。阀内含反馈闭环的电液比例阀其稳态特性和动态品质都较不含内反馈的阀好。内含机械液压反馈的阀具有结构简单、价廉、工作可靠等优点，其滞环在3%以内，重复精度在1%以内。采用电气反馈的比例阀，其滞环可达1.5%以内，重复精度可达0.5%以内。

④ 精度。电液比例阀的非线性度、滞环、分辨率及重复精度等静态指标直接影响控制精度，应按照系统精度要求合理选取。

（3）选择动态指标

电液比例阀的动态指标选择与系统的动态性能要求有关。对于比例压力阀，产品样本通常都给出全信号正负阶跃响应时间，如果比例压力阀用于一般的调压系统，可以不考虑此项指标，但用于要求较高的压力控制系统，则应选择较短的响应时间。对于比例流量阀，如果用于速度跟踪控制等性能要求较高的系统，则必须考虑阀的阶跃响应时间或频率响应（频宽）。对于比例方向阀，只有用于闭环控制、或用于驱动快速往复运动部件时、或快速启动和直动的场合才需要认真考虑其动态特性。

（4）比例阀的功率域（工作极限）

对于直动式电液比例节流阀，由于作用在阀芯上的液动力与通过阀口的流量及流速（压力）成正比，因此，当电液比例节流阀的工况超出其压降与流量的乘积，即功率表示的面积范围（称功率域或工作极限）时［图3-100（a）］，作用在阀芯上的液动力可增大到与电磁力相当的程度，使阀芯不可控。类似地，对于直动式电液比例方向阀也有功率域问题，当电液比例方向阀的阀口上的压降增加时，流过阀口的流量增加，与比例电磁铁的电磁力作用方向相反的液动力也相应增加，当阀口的开度及压降达到一定值后，随着阀口压降的增加，液动力的影响将超过电磁力，从而造成阀口的开度减小，最终使阀口的流量不但没有增加反而减少，最后稳定在一定的数值上，此即为电液比例方向阀的功率域的概念［图3-100（b）］。综上，在选择比例节流阀或比例方向阀时，一定要注意不能超过其功率域。

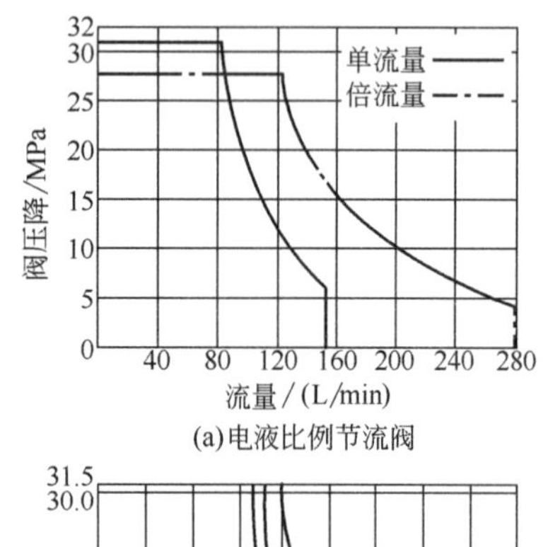

(a) 电液比例节流阀

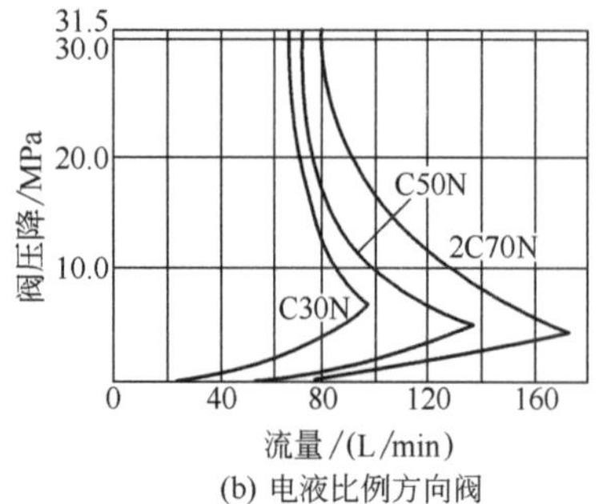

(b) 电液比例方向阀

图3-100 电液比例阀的功率域（工作极限）

（5）比例阀与比例控制放大器的配套

比例阀与放大器必须配套。通常比例控制放大器能随比例阀配套供应。

① 电源。一般而言，比例控制放大器既能使用220V、50Hz交流电源（配置电源供给装置等），也能使用过程控制及工业仪表电气控制相内的公用标准$24V_{eff}$全波整流单极性直流电源。对车辆与行走机械中使用的比例控制放大器，一般采用12V蓄电池直流电源。

② 规格及插座。电比例控放大器按其结构形式有板式、盒式、插头式和集成式四种形式。

a. 板式比例控制放大器主要应用于工业电控系统中，其特点是性能好、控制参数可调但需要安装机箱。其印制电路板的幅面已标准化，如EURO（欧罗卡）印制电路板幅面规格为160mm×100mm，配用符合德国工业标准 DIN41612 的 D32 型插座或 F32 型插座（图 3-101）和相应的电路板保持架。由于比例阀功能相差很大，因此与 D32 型或 F32 型插座相配的放大器插头各引脚的含义随放大器功能的不同而变化。在接线时必须按产品样本或其他技术资料查明各引脚的含义。

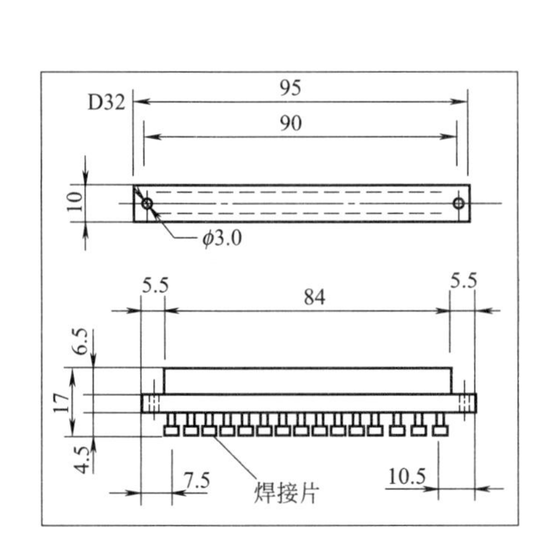

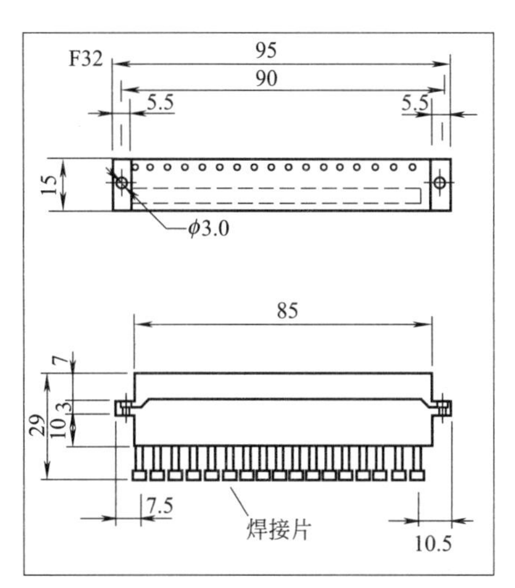

图 3-101 D32 型与 F32 型插座

b. 盒式比例控制放大器主要应用于行走机械。它有保护外壳，可防水、防尘，其控制参数也可通过电位器调整。

c. 插头式比例控制放大器结构紧凑，但功能较弱。一般不带位移控制，可调整参数少。

d. 集成式比例放大器是与比例阀制成一体的，主要用于工业控制系统，其控制参数在出厂时均已根据阀的特性调整完毕，用户一般不能调整。

③ 输入信号。工业仪表和过程控制中信号传输主要采用电压传输和电流传输两种。比例控制放大器也同样，一般能接受控制源的标准电压及电流控制信号。常用的标准信号有 0～±5V 直到达到 0±10V 和 0～20mA、4～20mA 等。当然，比例控制放大器也可引用其内部的参考电压（±9V、±10V 等）作为输入电压控制信号。

放大器一般有深度电流负反馈，并在信号电流中叠加着颤振电流。放大器设计成断电时或差动变压器断线时使阀芯处于原始位置或使系统压力最低，以保证安全。放大器中有时设置斜坡信号发生器，以便控制升压、降压时间或运动加速度、减速度。驱动比例方向阀的放大器往往还有函数发生器以便补偿比较大的死区特性。

3.8.2 电液比例阀的使用注意事项

① 污染控制。比例阀对油液的清洁度要求通常为 NAS1638 的 7～9 级（1SO 的 16/13、17/14、18/15 级）。决定这一指标的主要环节是先导级。虽然比例阀较伺服阀的抗污染能力强，但也不能因此对油液污染掉以轻心，因为电液比例控制系统的很多故障也是由油液污染所引起的。故在油液进入比例阀前，一般要经过过滤精度为 20μm 以下的过滤器。

② 比例阀的泄油口要单独接回油箱。

③ 比例控制放大器的安装与调整。

a. 比例阀与比例控制放大器安置距离可达 60m，信号源与放大器的距离可以是任意的。

b. 在接线与安装时的注意事项见表 3-11。

表 3-11　放大器接线与安装注意事项

序号	注 意 事 项
1	放大器接线要仔细，不要误接
2	只能在断电时拔插头
3	一些比例控制放大器的内部测量零点比电源电压的"0V"高出一内部参考电压(例如＋9V 等)，此时测量零点不得与电源电压的"0V"相连。另一些比例控制放大器的内部参考零点与电源电压"0V"是相同的，此时可以将设定值输入端子的负相端直接与电源地相连。因此，使用前必须确认放大器内部参考地与电源地线是否共地。即使是共地的情况，也应该考虑到放大器供电线路上的压损导致放大器参考地与电源地之间有可能具有一定的压差。如果存在这种现象，信号源的地线与设定值输入端子的负相端应直接相连
4	电感式位移传感器的接地端不得与电源电压的"0V"相连，传感器的电缆必须屏蔽且长度不得超过 60m(就 100pF/m 而言)
5	放大器必须距离各种无线电设备 1m 以上
6	若附近有扩散电信号装置和感应电压的可能性，则输入信号应采用屏蔽电缆
7	比例电磁铁导线不应靠近动力线缆敷设，印制电路板不应直接装在功率继电器旁，否则感应电压的峰值可能引起集成电路损坏
8	只能用电流不超过 1mA 的触点进行设定值的切换
9	如果由于空间位置所限，放大器滤波电容不能装在印制电路板上，则必须尽可能靠近印制电路板安装(≤0.5m)
10	诸如直流 24V 的电源，电容器(滤波电容)及连接到比例电磁铁的功率输送线的截面积必须大于或等于 0.75mm²

c. 调整。比例控制放大器在安装后一般进行如下现场调节。

ⅰ. 初始检查。按电路图检查接线，确保电源电压在允许的范围内，且输出级已被接通；比例阀的零位、增益调节均设置在放大器上。

ⅱ. 零位调整。由于大多数放大器存在一调节死区，当输入信号在调节死区范围内时，输出电流信号始终为零，因此，当输入信号为零时调节零位电位器是无效的。正确的方法是由零开始逐渐增大输入信号，观测比例电磁铁两端电压，当其产生跳变时说明输入信号已越过零位调节死区。此时保持输入信号不变，调节零位电位器，直到比例阀所控制的物理量(如压力、流量或执行元件的速度)达到所需的最小值即可。对压力阀用放大器，调节零位电位器，直到压力发生变化并得到所需的最小压力。对节流阀、流量阀用放大器，调节零位电位器，直到执行机构有明显的运动，然后反向旋转电位器，直到执行机构刚好停止为止。对方向阀用放大器，通过调整零位电位器，使控制机构在两个操纵方向的运动对称。

ⅲ. 灵敏度调整。在零位调整完毕后，将比例控制放大器的输入设置值信号增加至信号源所能提供的最大值(一般是±10V 或 20mA)，然后调节灵敏度电位器，使比例阀所控制的物理量(如压力、流量或执行机构速度)达到所需要的最大值即可。对控制比例压力阀的放大器，通过调整灵敏度电位器，可使阀建立所需的最大压力。对比例节流阀、流量阀和比例方向阀而言，可调定所需的阀的最大控制开度，即执行机构的最大速度。

ⅳ. 斜坡时间调整。通过调整斜坡信号发生器电位器，调节斜坡时间，即压力或流量的变化率，直到达到所要求的平稳度为止。

通常，对比例控制放大器而言，除零位(初始设定值)、灵敏度(p_{max}、q_{max})和斜坡时间可在现场进行必要的调整外，其他诸如颤振信号幅值、频率、调节器参数等在出厂时均已调整好，一般不应在现场再次调整，以免引起故障。

④ 比例阀工作时，应先启动液压系统，然后再施加控制信号。

3.9 电液比例阀及系统的常见故障诊断排除方法及典型案例

3.9.1 常见故障诊断排除方法

电液比例阀常见故障及其诊断排除方法见表3-12。

表3-12 电液比例阀常见故障及其诊断排除方法

故障现象、可能原因及排除方法
放大器接线错误或电压过高烧损放大器，改正接线，调整电压
电气插头与阀连接不牢，重新连接或更换
比例电磁铁不能工作(不能通入电流)，插头组件的接线插座(基座)老化、接触不良以及电磁铁引线脱焊等所致。此时可用万用表检测，如发现电阻无限大，可重新将引线焊牢，修复插座并将插头插牢；比例放大器和电磁铁之间连线断线或放大器接线端子接线脱开也会导致电磁铁不工作，此时应更换断线，重新连接牢靠
使用不当致使电流过大烧坏比例电磁铁或电流太小驱动力不够，正确使用并合理选择电流
比例电磁铁线圈老化、线圈烧断、线圈内部断线以及线圈温升过大。线圈温升过大会造成比例电磁铁的输出力不够，其余会使比例电磁铁不能工作。对于线圈温升过大，可检查通入电流是否过大，线圈漆包线是否绝缘不良，阀芯是否因污物卡死等，查明原因并排除；对于断线、烧坏等现象，需更换线圈
比例电磁铁衔铁组件力滞环增加，衔铁与导磁套构成的摩擦副在使用过程中磨损及推杆导杆与衔铁不同心，会引起力滞环增加，应逐一检修排除
比例电磁铁导磁套焊接处断裂或导磁套变形，力滞环增大。检修更换导磁套，减小脉冲压力，减小磨损
比例放大器有故障，导致比例电磁铁不工作。对照产品说明书，检查放大器电路的各元件情况，排除比例放大器电路故障
比例阀安装错误，进出油口不在油路块的正确位置，或油路块安装面加工粗糙，底面外渗油液，漏装密封件。正确安装、处理安装面和补装密封件
油液污染致使阀芯卡死，杂质磨损零件使内泄漏增大。充分过滤或换油，配磨和更换磨损零件

3.9.2 电液比例压力阀和电液比例流量阀的故障及其诊断排除

由于电液比例压力阀和电液比例流量阀的主体结构组成及特点与普通压力阀和普通流量阀相差无几，只是将调压或流量调节机构换成了比例电磁铁而已，因此主体结构常见故障及诊断排除方法可以参照普通液压阀的相关方法进行处理。此外还有以下故障需处理。

(1) 电液比例压力阀的故障及其诊断排除

① 比例电磁铁无电流通过，调压失灵。此时可参照表3-12所列的比例电磁铁故障排除方法来解决，发生调压失灵时，可先用万用表检查电流值，判定是电磁铁控制电路的问题，还是比例电磁铁的问题，或者阀的主体结构有问题，进行相应处理。

② 尽管流过比例电磁铁的电流为额定值，但压力升上不去，或者得不到所需压力

例如，图3-102所示的电反馈电液比例溢流阀，在比例先导调压阀（先导阀）1和主阀5之间，仍保留了起过载保护作用的普通先导式溢流阀的先导手调调压阀（安全阀）4。当阀4设定压力过低时，尽管比例电磁铁3的通过电流为额定值，但压力也升不上去，此时相当于两级调压（阀1为一级，阀4为另一级）。若阀4的设定压力过低，则先导流量从阀4流回油箱，使压力升不上来。此时应使阀4调定的压力比阀1的最大工作压力高1MPa左右。

(2) 电液比例流量阀的故障及其诊断排除

① 流量不能调节，节流调节作用失效。比例电磁铁未能通电会导致此故障，产生原因

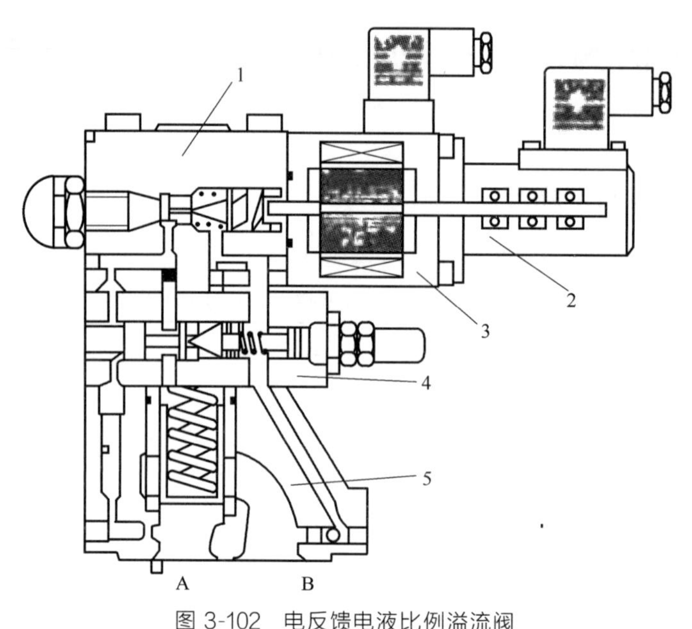

图 3-102 电反馈电液比例溢流阀

1—先导阀；2—位移传感器；3—比例电磁铁；4—安全阀；5—主阀

有以下几个。

a. 比例电磁铁插座老化，接触不良。

b. 电磁铁引线脱焊。

c. 线圈断线等。

可参照表 3-12 所列相关方法进行处理。

② 调好的流量不稳定。比例流量阀流量的调节是通过改变通入其比例电磁铁的电流决定的，输入电流值不变，调好的流量应该不变，但实际上调好的流量（输入同一信号值时）在工作过程中常发生某种变化，这是力滞环增加所致。

影响力滞环的主要因素是存在径向不平衡力及机械摩擦。减小径向不平衡力及减小摩擦因数等可减少对力滞环的影响。减小力滞环的具体措施如下。

a. 尽量减小衔铁和导磁套的磨损。

b. 推杆导杆与衔铁要同心。

c. 油液要清洁，防止污物进入衔铁与导磁套之间的间隙内使衔铁卡阻，衔铁能随输入电流值按比例地均匀移动，不产生突跳现象。突跳现象一旦产生，比例流量阀输出液量也会跟着突跳而使所调流量不稳定。

d. 导磁套和衔铁磨损后，要注意修复，使两者之间的间隙保持在合适的范围内。

这些措施对比例流量阀所调流量的稳定性相当有利和有效。

另外，一般比例电磁铁驱动的比例阀滞环为 3%～7%，力矩马达驱动的比例阀滞环为 1.5%～3%，伺服电机驱动的比例阀滞环为 1.5%左右。可见采用伺服电机驱动的比例流量阀，流量的改变量相对要小一些。

3.9.3 故障诊断排除典型案例

（1） SD42-3 型推土机电液系统油温异常转向行走失常故障诊断排除

① 技术参数。SD42-3 型履带式推土机可用于大型基础建设、能源交通、水利工程及土

石方工程施工作业。该机的主要技术参数：发动机额定功率为 310kW/(2000r/min)；质量为 53000kg；总体尺寸（长×宽×高）为 9630mm×4315mm×3955mm；履带中心距为 2260mm；履带接地长度为 3560mm；履带板宽度为 610mm；离地间隙为 575mm；接地比压为 0.123MPa；最小转弯半径为 3700mm；爬坡能力为 30°。各挡速度：前进Ⅰ挡为 0～3.69km/h；后退Ⅰ挡为 0～4.39km/h；前进Ⅱ挡为 0～6.82km/h；后退Ⅱ挡为 0～8.21km/h；前进Ⅲ挡为 0～12.24km/h；后退Ⅲ挡为 0～14.79km/h。

② 故障现象。该机在某工地作业时，出现油温高、无右转向及行走时断时续故障现象。

③ 原因分析。据操作人员介绍，该机油温上升快而水温较正常。根据经验判断，该种情况可能为变矩器壳体油多造成。拆卸变矩器滤芯，发现其已严重堵塞，变矩器内积存大量机油，此应为造成油温高的原因。在更换后桥箱机油及滤芯、终传动及工作油箱机油后重新试车，开始无右转向，接着左转向也消失。

用压力表在图 3-103 所示系统的 B、C 测压口处测量压力，操纵手柄至各相应动作，压力均为零；由于该机采用电控操作，用小灯泡对转向制动各电器输出接头进行测试，同时操纵手柄至各相应动作，发现小灯泡都亮，由此判断转向制动电器部分正常，无转向应为液压故障。用压力表测试转向泵出口压力，在 1.1～1.9MPa 范围内，基本正常，由此怀疑转向制动阀故障。该机转向制动阀 6 中装有四个电磁比例调压阀（图 3-104），分别控制左、右转向和左、右制动。电磁比例调压阀有三个油口：进油口 P，控制油口 RP，回油口 T。

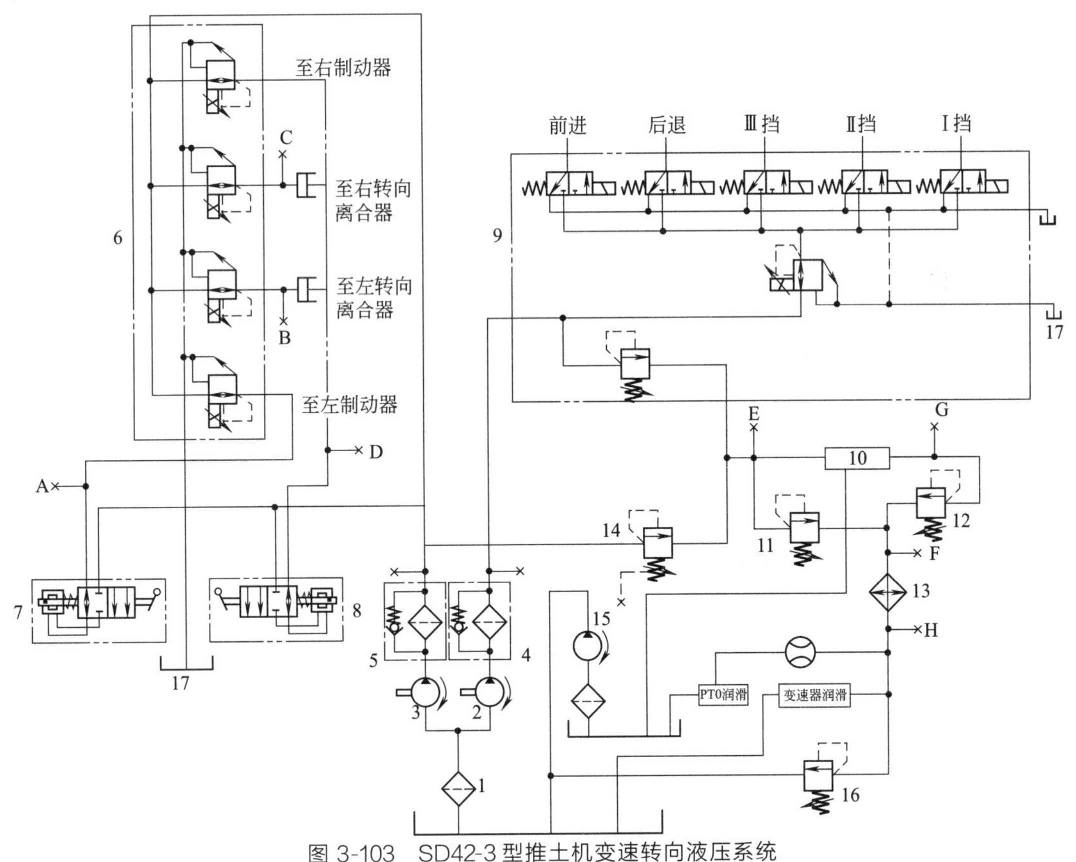

图 3-103 SD42-3 型推土机变速转向液压系统

1—过滤器；2—变速泵；3—转向泵；4—变速过滤器；5—转向过滤器；6—转向制动阀；7—左制动助力器；8—右制动助力器；9—变速阀总成；10—液力变矩器；11—溢流阀；12—安全阀；13—冷却器；14—转向溢流阀；15—回油泵；16—润滑阀；17—后桥箱；A～H—测压口

电磁比例调压阀工作原理如下。当比例阀线圈不通电时，控制口的压力油通过主阀芯上的反馈节流口进入弹簧腔，与弹簧共同作用，将阀芯推到最上端。主阀芯处于封死状态，P口和 RP 口不相通。P 口少量的先导供油通过主阀芯中央油孔，经过滤器，从主阀芯上方的先导节流口流出，通过常开的先导（定位）球阀直接回油。

当比例阀线圈通入 PWM 电流信号时，衔铁柱塞产生一个与电流成正比的向下的推力，作用在推杆和定位球阀上，通过限制先导回油逐渐建立起球阀和主阀芯间先导腔的压力。限压：先导油需克服球阀的压力，将球阀顶开，才能流回油箱。建压：随着线圈电流增加，作用在球阀上的力增加，主阀芯上方的油压相应升高。该油压克服弹簧力将主阀芯向下推，进油口和控制油口相通，先导油经 P 口和 RP 口流入离合器摩擦片的活塞腔。同时，控制口离合器摩擦片的活塞腔的先导油经主阀芯上的反馈节流口，进入弹簧腔作用于主阀芯下端，将主阀芯向上推，最终上下压力一致，阀芯处于平衡状态。当阀线圈中的电流变化时，主阀芯上腔的油压变化，主阀芯下腔的压力自动进行相应的调整，最终使阀芯处于平衡状态。

从以上原理分析可知，当先导油不能顺利通过主阀芯时，将不能实现调压作用，比例阀 P 口将不能给 RP 口供油，故怀疑是阀芯或过滤网有问题。

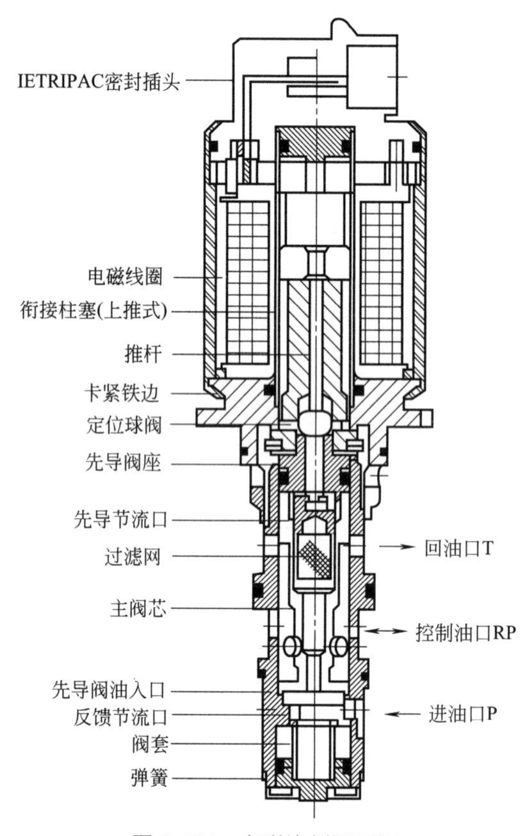

图 3-104 电磁比例调压阀

④ 排除方法。拆卸转向阀并清洗电磁阀，发现阀内过滤网已不同程度地堵塞。清洗过滤网后再装机试验，左转向、制动正常，右侧无转向，但右制动正常。把左转向软管接到右离合器入口，操作手柄至左转向位置（因左转向正常，此时可确定右离合器有压力油进入)，同时踏下右制动踏板，车辆向右侧转弯，说明右离合器正常，可判断为右转向电磁阀有故障。换装新电磁阀后，右转向也正常。

试车 2h 后，在推土机行走过程中，又出现掉挡现象（有时挂不上挡)，时断时续，初步判断为控制器故障或接触不良。经拆检控制手柄，发现手柄上的挡位开关故障，更换后行走正常。

（2）铁路捣固车液压系统常见故障诊断排除

① 功能原理。捣固车是铁路大型养路机械设备，广泛应用于铁路的新线路建设、旧线路大型清筛作业和线路维修中，包括线路拨道、起道抄平、道床石碴捣固和道床石碴的夯实作业。使用捣固车作业可以使轨道的方向、左右的水平高度差和前后的高度均达到线路设计要求。液压捣固装置是捣固车主要执行机构，用于道床捣实，由此保证线路道床的稳定。以 08-32 型捣固车为例，它有左右两套捣固装置，可以同时对道床上的石碴进行捣固作业，也可以单独使用一套捣固装置工作。捣固装置工作时下插深度、夹持时间和夹持力均据施工要求进行调节，捣固作业时可按需选择夯实器对两旁石碴夯实。当需用夯石器配合捣固装置作业时，夯实器升降缸与捣固装置升降缸同步动作；捣固装置横移缸根据线路情况

随时动作。除振动液压马达外，捣固装置夹持缸及升降缸均为间歇式工作。捣固作业时，液压缸的基本动作循环是：升降缸使捣固镐插入道床一定的深度→夹持缸动作→升降缸把捣固装置升起，与此同时，夹持缸动作使内外捣固镐张开→准备下一次捣固。

图3-105所示为08-32型捣固车左右捣固装置液压系统。升降缸、横移缸和夹持缸由三个不同压力的回路供油，系统可分为几个独立的液压回路。各回路的主要功能原理特点分述如下。

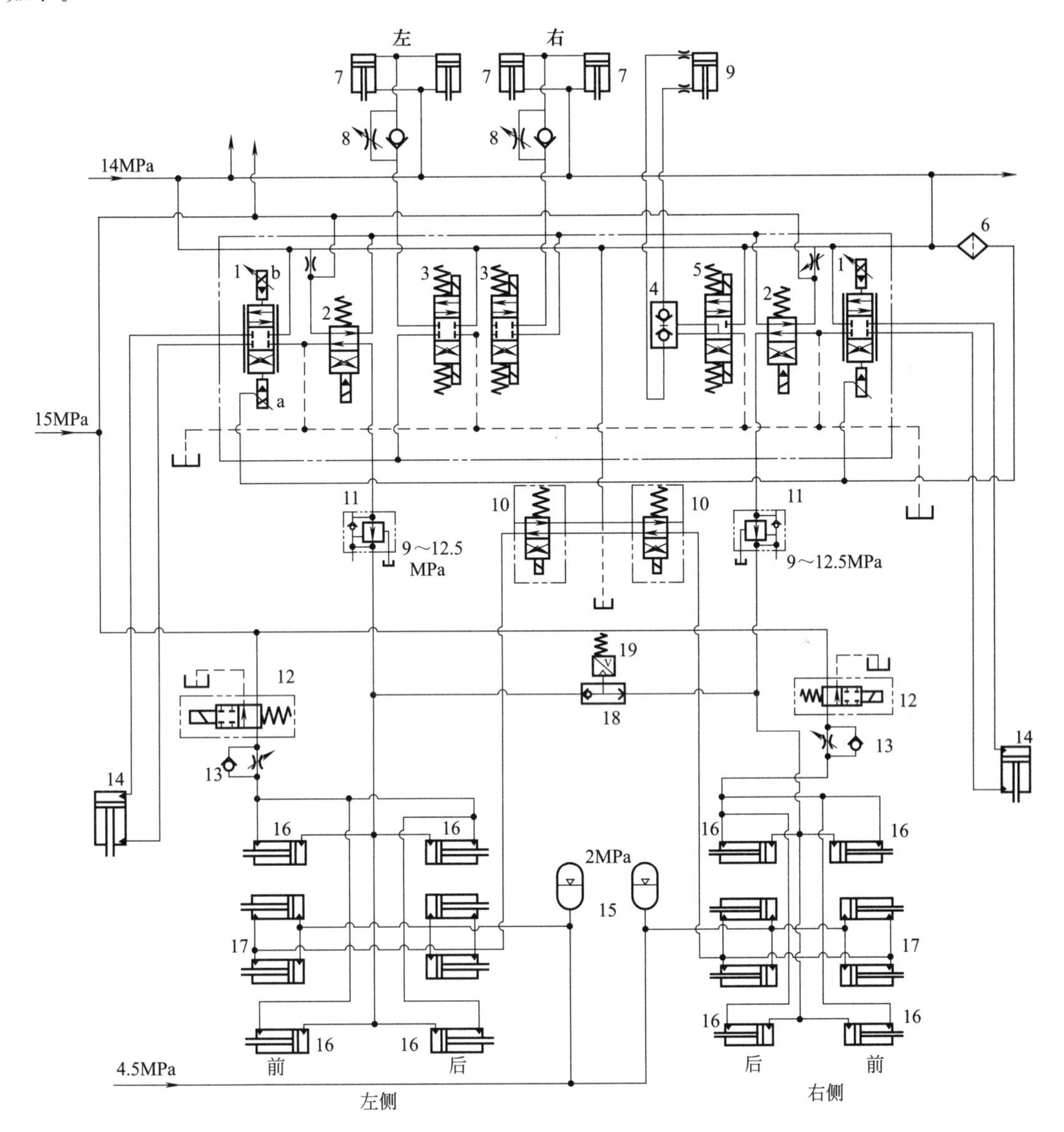

图3-105 08-32型捣固车左右捣固装置液压系统

1—电液比例方向阀；2,10,12—二位四通电磁换向阀；3,5—三位四通电磁换向阀；4—液压锁；6—过滤器；7—夯实器升降缸；8,13—单向节流阀；9—横移缸；11—减压阀；14—升降缸；15—蓄能器；16—外侧夹持缸；17—内侧夹持缸；18—梭阀；19—压力继电器

a. 外侧夹持缸液压回路。该液压回路的压力为15MPa。一侧捣固装置上的四个外侧夹持缸16并联，油缸的大腔和小腔油路分别由二位四通电磁换向阀2和12控制。通往外侧夹

持缸的小腔油路上装有二位四通电磁换向阀12和单向节流阀13。在初始位置，15MPa压力油通油缸小腔。通往外侧夹持缸大腔油路上装有二位四通电磁换向阀2和单向减压阀11，初始油路大腔通油箱。当电磁换向阀不动作时，油缸小腔的压力油使活塞缩回，捣固镐头处于张开状态。

外侧夹持缸动作时，电磁换向阀2通电切换至下位，15MPa的压力油经单向减压阀11减压到9～12.5MPa后进入油缸大腔。此时虽然油缸的大、小腔都有压力油，但活塞大腔端的作用力大于小腔端的作用力，活塞伸出，捣固装置进行夹持动作。当阀12通电换向时，切断油缸小腔的油路，外侧夹持缸不能进行夹持动作。这时只有内侧夹持缸的夹持动作，即实现单侧夹持捣固作业。

在外侧夹持缸小腔的进油路上，单向节流阀13用于改变油缸小腔回油的流量，从而改变外侧夹持缸的夹持动作速度。外侧夹持缸的大腔油路上装有梭阀18和压力继电器19，用于检测夹持动作时的油液压力。当油压达到压力继电器的设定值时，压力继电器动作，为捣固过程自动循环的控制系统提供夹持终了电信号。

b. 内侧夹持缸液压回路。一侧捣固装置的四个内侧夹持缸17并联，油缸的大腔由4.5MPa的液压泵供油，油缸的小腔由14MPa压力的液压泵经阀10供油。阀10初始位置使油缸小腔通油箱。阀不动作时，内侧夹持缸大腔内有4.5MPa的低压油，活塞伸出，捣固镐头处于张开状态。当阀10换向时，高压油进入油缸小腔，作用在内侧油缸活塞小腔端的力大于大腔端的作用力，活塞杆缩回，夹持缸进行夹持作业。两个蓄能器15用于吸收压力脉动和液压冲击，同时兼有补油保压作用。

c. 捣固装置横移缸液压回路。捣固装置横移油缸9由电磁换向阀5控制，油缸的大、小腔油路上装有固定节流器和液压锁4。阀5不动作时，油缸的大、小油腔由液压锁关闭，活塞杆处于某一固定位置不移动。阀5动作时，压力油将液压锁顶开，沟通油缸的大、小腔油路，活塞杆移动。因捣固装置横移速度较低，故油缸进出油路上用固定节流器限制流量，降低横移缸的动作速度。

d. 夯实器升降缸液压回路。左右两台夯实器各有两个升降缸7，两个升降缸采用并联油路，由电磁换向阀3控制其升降。油缸的大腔油路上装有单向节流阀8，用以调节油缸的进油流量，改变夯实器的下降速度。

e. 捣固装置升降缸液压回路。捣固装置升降缸14由比例方向阀1控制，因采用电液位置比例控制，故具有位置控制精度高、捣固镐头下插深度调整方便等特点。该回路压力油为14MPa，比例控制要求油液清洁度高，故装有高压管路过滤器6。捣固电液位置控制系统由电液比例方向阀、电子放大器、设定电位器、位置传感器和升降缸组成。其原理为捣固装置下降时，位置传感器把下降位置变成电信号输入电子放大器，与设定电位器的信号进行比较，偏差信号经放大后输入比例方向阀1的比例电磁铁b，比例方向阀输出的与输入电信号成比例的压力油进入升降缸，推动活塞下移。随着捣固装置插入深度接近设定深度，偏差信号逐步减少到零，比例方向阀回到零位。此时，输出流量也为零，升降缸停止动作。捣固装置的夹持动作完成后，放大器向电液比例方向阀1的比例电磁铁a输入一定的电信号，压力油进入升降缸小腔，捣固装置上升至设定的高度。

② 捣固装置液压系统中各执行元件不能动作或动作不到位故障诊断排除。

执行元件不能动作或动作不到位，可能原因是控制这个油缸的电磁阀或比例阀不动作或动作不到位。可以用压力测量仪器实测进油路上的压力。如果压力正常，则可能是液压阀出现故障。这时要分析是哪种情况引起阀工作不正常。如果油液污染严重或其中有较大的固体颗粒，这时要更换或拆解液压阀进行清洗，以免污物进入液压阀体使阀卡滞或不动作。控制电信号不正常也会引起阀工作失常，可用万用表测量控制电压和电流，检查其是否和阀规定电压和电流相同。施工作业中曾经出现过控制捣固装置的升降缸因比例方向阀的伺服电流过低而使阀不能动作导致捣固装置不能下插的情况，对此要检查相应的控制电路。

液压泵的输出压力不足、回路中的过滤器堵塞后也会引起压力不足而使执行机构动作无力。如果是液压泵的故障而造成输出压力和流量不足，就要检查发动机作业时的转速，发动机在作业时的转速不够 2000r/min 会引起液压泵的输出压力和流量不足，这时要调整转速到额定转速。如果发动机的转速正常，那就是液压泵的故障，可能是液压泵的摩损而使间隙加大导致内部泄漏，使泵的输出压力和流量达不到要求，这时要更换或维修液压泵。如果油液被污染，就要更换过滤器，必要时要更换液压油。

（3）波浪补偿起重机液压缸失速与系统发热故障诊断排除

① 功能原理。波浪补偿起重机原理样机是在折臂式起重机基础上，加装一套主动式波浪补偿系统改进而成的。该机是利用起重机式吊杆加油装置原有的绞车作为主起升动力，起重索在补偿液压缸驱动的两组动滑轮上缠绕后，再经过一个定滑轮来起吊重物。波浪补偿的目的是通过保持相对平稳的着船速度，减小货物着船的冲击加速度，使货物能平稳地下放到接收船上。补给物资的着船速度与补给船、接收船的升沉速度无关。如图 3-106 所示，它由主机液压系统和补偿液压系统两部分组成。

主机工作时，操作多路阀的手柄，压力油经梭阀使制动缸缩回，打开锁紧装置，同时压力油驱动绞车马达 8，绞车开始起吊或放下货物。进行波浪补偿时，先由激光传感器测得两船的相对运动参数和货物下降运动参数，然后利用有线传输方式将信号传给波浪补偿控制器，波浪补偿控制器根据控制算法计算出控制参数，然后控制电磁比例阀 13 的动作，改变液压系统油流的方向和速度，从而控制补偿液压缸 15 的伸缩，最终实现对起重索进行收放控制，实现波浪补偿的功能。其中蓄能器 9 起消振作用，减压阀 11 用于稳定电磁比例阀 13 两端的压差，限压阀 4 是为了保护缸 15 或绞车马达 8 承受过大载荷而不被损坏。

② 故障现象一：起重索下行抖动。

a. 原因分析。在系统现场调试时，未加负载时比较正常。加载后，起重索上升时运行平稳，但在下降过程中整机产生抖动现象，且载荷越重，抖动越明显。

经检查，系统的液压泵、电磁比例阀、溢流阀和减压阀等均无异常，双向液压锁开启频繁。经压力检测发现，起重索下降时，电磁比例阀出油口压力表指针摆动严重，幅度较大，其摆动规律与双向液压锁的启闭规律极为近似。分析得知，下降时负载运动方向与液压缸活塞杆缩回方向一致，液压缸活塞杆快速下降时，有杆腔供油不足产生真空，发生液压缸失速现象。失速导致有杆腔的压力快速下降，当有杆腔的压力低于液压锁的开启压力 0.14 ～ 0.20MPa 时，无杆腔双向液压锁控制油路的压力会迅速下降而使其迅速关闭。闭锁后，无杆腔无法排油，液压缸停止缩回。系统继续向有杆腔供油使有杆腔油路升压，直到油路压力升至液压锁的开启压力后，再次打开无杆腔液控单向阀，液压缸再次回收，这样无杆腔液控单向阀会时开时闭，造成活塞杆回收运动时断时续，产生抖动。

b. 改进措施。为解决液压缸失速问题，起初在无杆腔油路上设置了一单向节流阀，以增加该油路背压，保证双向液压锁的正常工作。但实际试验后发现，调节单向节流阀到一定开口后，电磁比例阀 13 的调节范围有很大限制。电磁比例阀开口全开时，液压缸速度仍然达不到预期最大值；开口太小时，起重索仍然会出现抖动。由于波浪补偿控制对补偿精度有一定要求，在高、低速不能兼顾的情况下，该措施无法满足要求。

后经进一步分析，将回路中的双向液压锁 14 改为 FD 型平衡阀可以满足要求。FD 型平衡阀可以在有杆腔压力降低时，自动控制无杆腔油路的过油面积，保证液压锁启闭过程中节

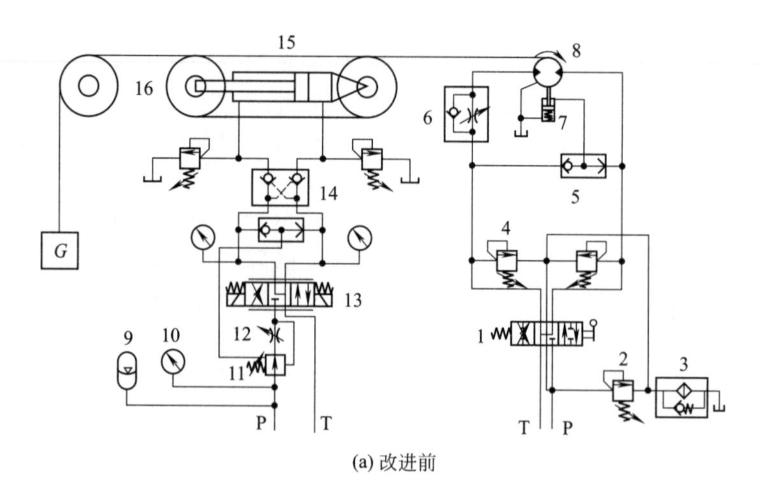

(a) 改进前

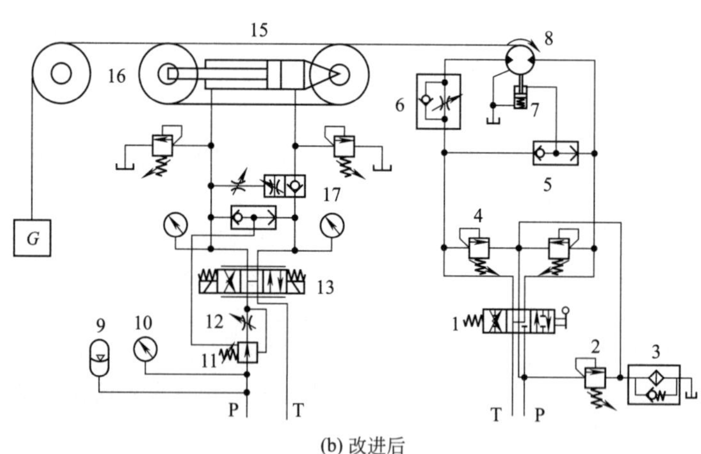

(b) 改进后

图 3-106 波浪补偿起重机液压系统

1—多路阀；2—主安全阀；3—过滤器；4—限压阀；5—梭阀；6—单向节流阀；7—制动缸；8—绞车马达；9—蓄能器；10—压力表；11—减压阀；12—节流阀；13—电磁比例阀；14—双向液压锁；15—补偿液压缸；16—滑轮组；17—平衡阀

流开口面积变化缓慢，从而使液压缸伸缩平稳，达到使用要求。该结构不仅具有液压锁的锁紧功能，同时还具有平衡液压缸两腔压力和流量的功能，防止液压缸失速。经试验使用后表明，使用效果良好。

③ 故障现象二：补偿液压系统发热严重。

a. 原因分析。补偿系统液压站开启一段时间后，无论补偿液压缸工作与否，油温很快升到 70℃，不得不停机，等待系统自然冷却，严重影响了试验进度。同时，油温过高直接导致以下几个问题：橡胶密封件变形，提前老化失效，缩短使用寿命，丧失密封性能，造成泄漏，泄漏又会进一步造成部件发热，产生温升。试验时，补偿系统液压站出油口出现喷油，拆卸检查后发现，该处密封圈严重老化变形，更换后，喷油现象消失；油液氧化变质，并析出沥青物质，缩短液压油使用寿命，析出物质堵塞阻尼小孔和缝隙式阀口，导致压力阀调压失灵、流量阀流量不稳定和方向阀卡死不换向等故障；系统压力降低，油中溶解空气逸出，产生气穴，致使液压系统工作性能降低，在电磁比例阀开口由极小慢慢变大时，偶尔出现刺耳的啸叫声。

b. 改进措施。在补偿液压系统中，电磁比例阀 13 为 Y 型中位机能［图 3-106（a）］，中位时系统处于保压状态，此时液压泵通过溢流阀高压溢流。试验时，由于经常需要调试控制程序，此时液压系统不动作，而液压泵一直连续地向系统充压，高压溢流损失转换成了系统热量，使油温很快达到 70℃。针对高压溢流现象，用 H 型中位机能电磁比例阀［图 3-106（b）］替换了 Y 型比例阀，使其在中位不动作时液压泵低压卸荷，减少了溢流损失。同时在回油管路上加装了冷却器，以保证压力油在进入油箱前充分冷却。改进后，工作时油温处于正常范围内，以上故障也得以基本消除。

④ 效果。改进后的液压系统基本稳定，控制性能较好，符合在一般情况下波浪补偿使用需求。

（4）ZL50K 型装载机电液比例控制独立热平衡系统失效故障诊断排除

① 功能原理。ZL50K 型装载机系高速轮式装载机，其发动机冷却液、液压油以及液力传动油采用了电液比例控制热平衡系统（图 3-107），根据温度变化实时控制风扇转速，以达到散热节能的目的。

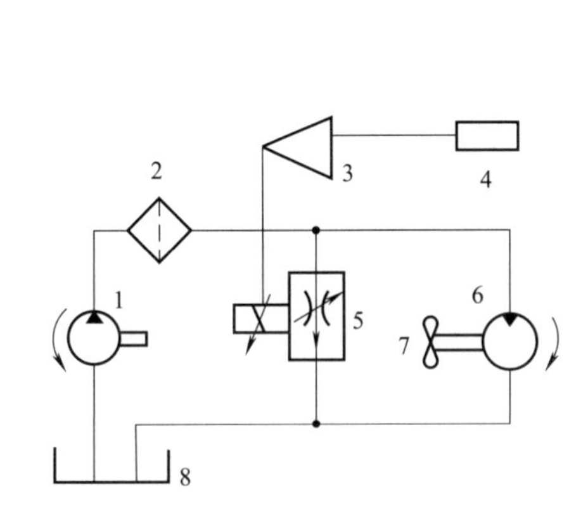

图 3-107　ZL50K 型装载机电液比例控制独立热平衡系统

1—液压泵；2—过滤器；3—控制模块；4—温度传感器；5—电液比例阀；6—液压马达；7—冷却风扇；8—油箱

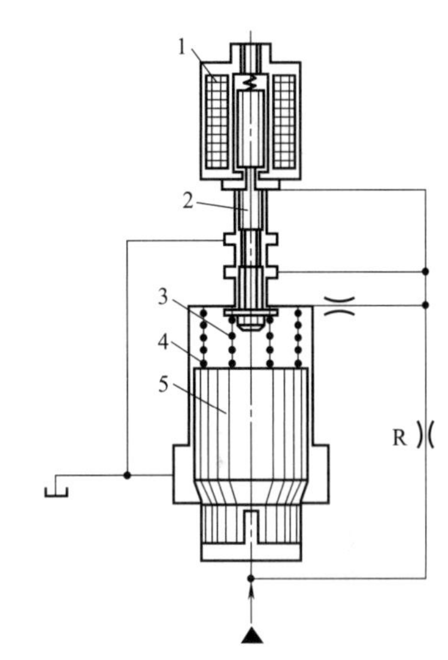

图 3-108　电液比例阀结构原理

1—比例电磁铁；2—滑阀式先导阀；3—反馈弹簧；4—复位弹簧；5—锥阀式主阀

热平衡系统由液压和电控两部分组成。前者包括系统油源（液压泵 1）、净化元件（过滤器 2）、驱动冷却风扇的执行元件（液压马达 6）、流量控制元件（比例阀 5 和油箱 8）等。液压马达与比例阀并联，泵 1 的液压油一部分流经比例阀旁路回油箱，另一部分进入液压马达。后者包括温度传感器 4、控制模块 3 和阀 5 的比例电磁铁。该系统基于旁路节流调速原理对冷却风扇 7 进行实时调控。工作时，温度传感器将温度信号转换为电信号，并用来控制比例阀 5 的开口量：油液温度升高时，比例阀开口量减小，马达的输入流量增大，风扇转速增高，油液温度降低；如果比例阀开口量增大，则通过比例阀的流量增加，马达的输入流量随之减小，风扇转速降低。控制模块上设有强制制冷开关，打开开关系统断电，比例阀关闭。

② 故障现象。在推土机一次作业过程中，冷却液温度突然升高，超过 90℃，检查发现，风扇转速不能随着冷却液温度的升高而提高，导致冷却效果降低。为防止温度继续升高，操

作者立即打开强制制冷开关，此时风扇转速升高，油液温度下降。但关闭强制制冷开关后风扇转速下降，冷却液温度再次升高。停机后，多次启动机械，故障依旧。

③ 原因分析。考虑到电控和液压中任一部分有问题都可能导致上述故障出现，分析如下。

a. 电控部分。若温度传感器损坏，不能将冷却液的温度信号转换成电信号，会造成冷却液温度升高；若控制模块故障，则不能准确地将传感器输入的温度信号准确地传输给比例阀，使液压马达和风扇转速不能随温度的变化而改变。比例电磁铁的线圈出现短路或断路也会使比例阀控制功能失效，引起上述故障。

b. 液压部分。液压泵或液压马达磨损，内漏严重，致使效率降低，虽然比例阀能够正常工作，但因系统流量不足，马达和风扇转速不能提高，造成冷却液温度不能降低；过滤器堵塞会使进入马达的流量不足，造成马达和风扇转速过低，冷却效果下降；比例阀出现故障也会导致控制失灵，使通过比例阀的流量过大，导致马达流量不足，引起上述故障。

④ 故障检查及排除。按照先电气、后液压的步骤进行。

分别替换同型号的传感器和控制单元后，故障依旧；用万用表检测比例电磁铁，电磁铁正常，故初步判断电气部分工作正常。

液压部分检查按照先易后难的顺序进行：首先查看液压油，油品质量良好，拆检过滤器，将滤芯进行彻底清洗后装复，启动机械，故障依旧；拆解液压泵和液压马达，检查后均未发现明显的磨损，液压泵和马达工作状况良好。故将故障点锁定在了比例阀上。将比例阀拆解后，发现主阀芯与先导阀芯之间的反馈弹簧折断。

电液比例阀 5 的结构如图 3-108 所示，它主要由滑阀式先导阀 2 和锥阀式主阀 5 及比例电磁铁 1 组成，主阀芯上端设有复位弹簧 4 和反馈弹簧 3。该阀实际上是一个基于位移力反馈原理工作的比例阀。

推土机启动后，系统供电，比例电磁铁通电，先导阀开启，主阀芯上下两端因液阻 R 作用产生压差，故主阀芯也随之打开。大部分液压油经比例阀流回油箱，此时马达和风扇低速运转。随着温度的升高，控制模块将传感器的温升信号输入比例阀，使先导阀芯上移。但由于反馈弹簧折断，主阀芯不能下移，阀口开度不变，通过比例阀的流量不变，马达和风扇转速也不能升高，使冷却效果下降。当打开强制制冷开关时，比例电磁铁断电，先导阀芯上移关闭，此时主阀芯两端液压油压力相等，但由于上端面积大于下端面积，故主阀芯在液压力作用下下移关闭，此时液压油全部进入马达，风扇转速升高，温度下降，说明强制制冷开关功能正常。

正是由于比例阀中反馈弹簧的折断，才使冷却系统不能适时控制温度的升高。通过更换比例阀总成，故障消失，推土机工作恢复正常。

第4章 电液数字阀及系统的使用维护

电液数字阀是用数字信号直接控制液流的压力、流量和方向的阀类。与电液伺服阀和比例阀相比，数字阀的特点是，可直接与计算机接口，不需 D/A 转换器，结构简单；价廉；抗污染能力强，操作维护更简单；而且数字阀的输出量准确、可靠地由脉冲频率或宽度调节控制，抗干扰能力强；可得到较高的开环控制精度等，故得到了较快发展。作为一种新型的电液控制技术，数字阀控制技术对传统的比例伺服控制技术提出了挑战。在计算机实时控制的电液系统中，数字阀已部分取代伺服阀或比例阀，成为当代液压元件及系统智能化的重要基础元件。

4.1 电液数字阀的基本构成

根据控制方式的不同，电液数字阀主要有增量式和脉宽调制高速开关式两大类。

4.1.1 增量式数字阀的基本构成及其发展

（1）基本构成及原理

增量式数字阀是采用由脉冲数字调制演变而成的增量控制方式，以步进电机作为电气-机械转换器，驱动液压阀芯工作的，故又称步进式数字阀。增量式数字阀及其控制系统结构原理框图如图 4-1 所示，微型计算机（下简称微机）发出脉冲序列经驱动控制器放大后使步进电机工作。步进电机是一个数字元件，根据增量控制方式工作。增量控制方式是由脉冲数字调制法演变而成的一种数字控制方法。它是在脉冲数字信号的基础上，使每个采样周期的步数在前一采样周期的步数上，增加或减少一些步数，从而达到需要的幅值，步进电机转角与输入的脉冲数成比例，步进电机每得到一个脉冲信号，便沿给定方向转动一固定的步距角，再通过机械转换器（如丝杆-螺母副或凸轮机构等）使转角变换为轴向位移，使阀口获得一相应开度，从而获得与输入脉冲数成比例的压力、流量。由于增量式数字阀无零位，因此阀中必须设置零位检测装置（传感器）或附加闭环控制，有时还附加用以显示被控量的显示装置。

由图 4-2 所示增量式数字阀的输入和输出信号波形可以看出，阀的输出量与输入脉冲数成正比，输出响应速度与输入脉冲频率成正比。对应于步进电机的步距角，阀的输出量有一定的分辨率，它直接决定了阀的最高控制精度。

（2）发展概况

自 1982 年由日本东京计器公司首次推出增量式数字阀以来，美国、德国、英国、加拿

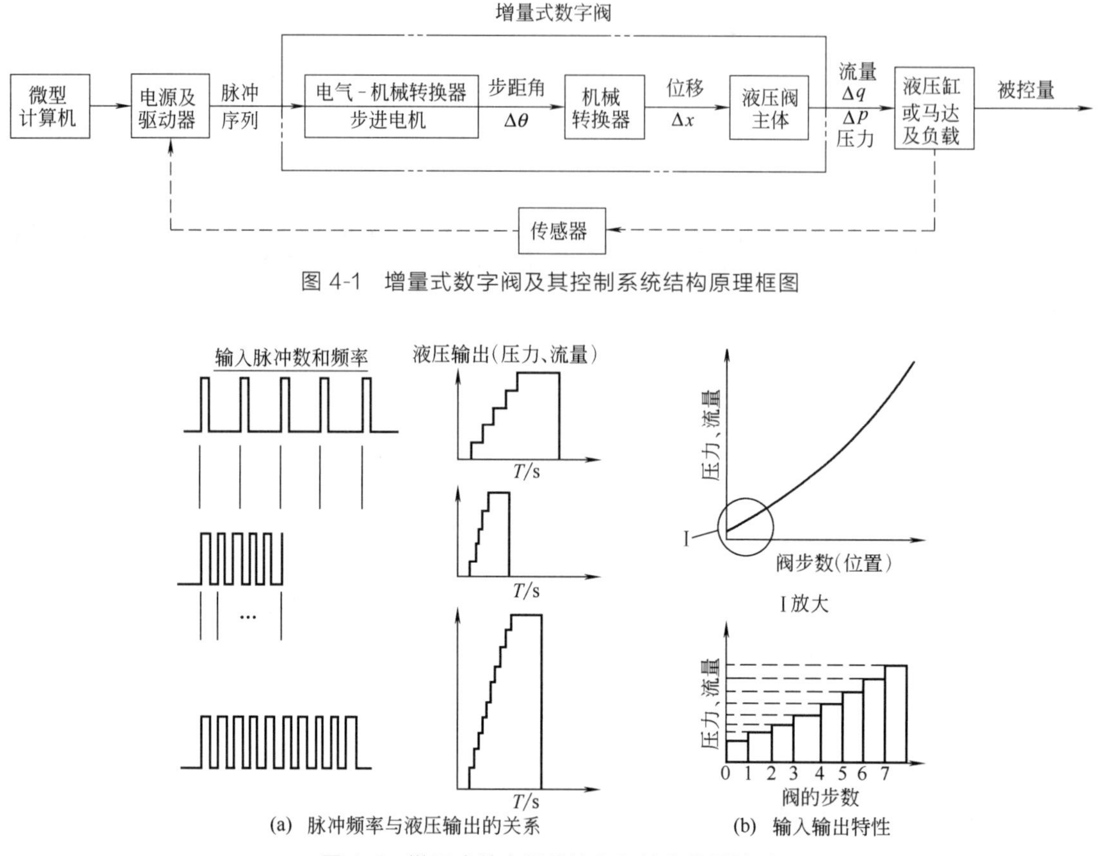

图 4-1 增量式数字阀及其控制系统结构原理框图

图 4-2 增量式数字阀的输入和输出信号波形

大和中国等国家相继进行了研究和应用，已有了很大发展，不仅已有电液数字阀系列产品可供，而且与液压泵、液压缸等复合构成数字泵及数字缸等集成化数控元件。电液数字阀已在压铸机、飞行控制器、水轮机调速器、注塑机、工程机械、金属切削机床变速系统、玻璃制品压力机、试验台及航天器、舰船舵机等液压系统中成功地获得了应用。

4.1.2 脉宽调制式高速开关阀的基本构成及其发展

（1）基本构成及原理

脉宽调制式高速开关阀（简称高速开关阀）的控制信号是一系列幅值相等、而在每一周期内有效脉冲宽度不同的信号。脉宽调制式高速开关阀及其控制系统结构原理框图如图 4-3 所示。高速开关阀的电气-机械转换器主要是力矩马达（结构原理可参见本书第 2 章）、各种电磁铁及步进电机等；阀的主体结构与其他液压阀不同，它是一个快速切换的开关。微机输出的数字信号通过脉宽调制放大器调制放大后使电气-机械转换器工作，从而驱动液压阀工作。由于作用于阀上的信号为一系列脉冲，故液压阀只有与之对应的高速切换的全开和全关两种状态，而以开启时间的长短来控制流量或压力。因此，具有压力损失和能耗小，抗污染能力强，数字信号和流量信号直接转换、控制灵活、价格低等鲜明特点，可以替代制造成本高、抗污染性差的液压伺服阀实现高精度液压伺服控制，非常适合冶金、煤炭、轧钢、锻压、车辆和工程机械等在恶劣环境下使用的机械设备。

高速开关阀的脉宽调制（PWM）信号波形如图 4-4 所示。有效脉宽 t_p 对采样周期 T 的

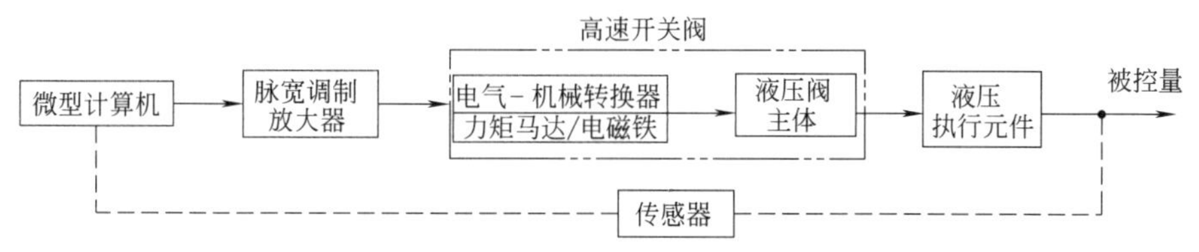

图 4-3 脉宽调制式高速开关阀及其控制系统结构原理框图

比值称为脉宽占空比 τ，即

$$\tau=\frac{t_{\mathrm{p}}}{T} \tag{4-1}$$

用它表征该采样周期时输入信号的幅值，相当于平均电流与峰值电流的比值。例如用于控制数字流量阀时，则对应的输出平均流量为

$$\bar{q}=\frac{t_{\mathrm{p}}}{T}q_{\mathrm{n}}=\tau C_{\mathrm{d}}A\sqrt{\frac{2\Delta p}{\rho}} \tag{4-2}$$

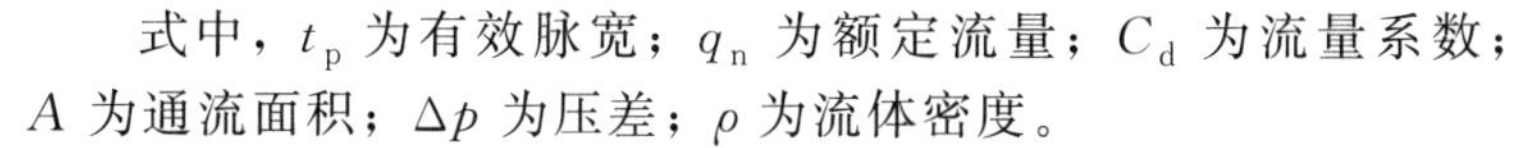

式中，t_{p} 为有效脉宽；q_{n} 为额定流量；C_{d} 为流量系数；A 为通流面积；Δp 为压差；ρ 为流体密度。

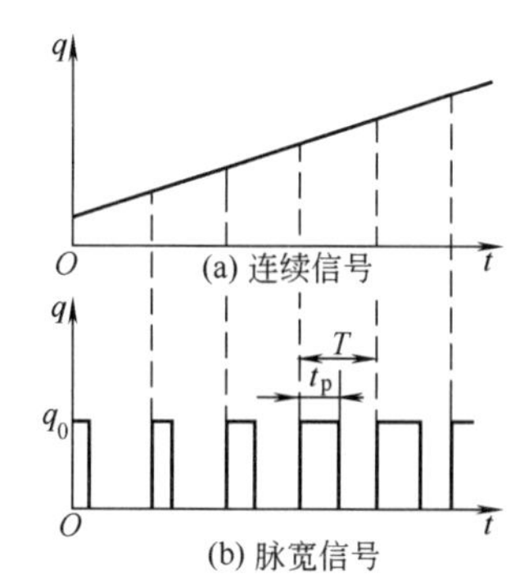

图 4-4 信号的脉宽调制

由式（4-2）可以看出，通过改变占空比，就改变了经过阀的流量。

（2）发展概况

国外很早就对高速开关阀展开了研究，例如英国于 20 世纪 70 年代末就研发出了高速开关阀中的特殊结构的电磁开关阀，阀中利用了形状和结构比较特殊的电磁铁。我国在这一领域的研究工作尽管起步稍晚，但在高速开关阀及其驱动装置的基础理论、产品研发及应用方面也有不少成果问世，例如大流量开关电磁阀、高速开关转阀、水压大流量高速开关阀、先导式大流量高速开关阀、磁回复高速开关电磁铁、永磁屏蔽式耐高压高速开关电磁铁、高速开关阀液压同步系统等。

目前高速开关阀已在汽车、工程机械、农业机械、水电站调速系统、轧钢 AGC 和旋压机械、钻探机械及国防装备等诸多领域获得了普遍应用。

4.2 增量式电液数字阀主要组成部分的结构原理及其特点

4.2.1 电气-机械转换器：步进电机

电气-机械转换器的一般要求及类型可参见 2.3.1（1），本节着重介绍作为增量式电液数字阀的电气-机械转换器的步进电机及其驱动控制器的相关内容。

（1）作用

步进电机是增量式电液数字阀必用的一种数字式回转运动电气-机械转换器，其作用是实现电能到机械能的转换，将电脉冲信号转换成相应的角位移，采用图 4-5 所示不同的机械转换器（如凸轮传动副、丝杆-螺母传动副等）将角位移转换为直线位移，通过调节杆驱动电液数字阀的阀芯（或弹簧）运动。步进电机需由专用的驱动控制器供给电脉冲，每输入一个脉冲，电机输出轴就转动一个步距角（每一脉冲信号对应的电机转角，常见的步距角有 0.75°、0.9°、1.5°、1.8°、3°等），实现步进式运动。步进电机既可按输入指令进行位置控制，也可进行速度控制。

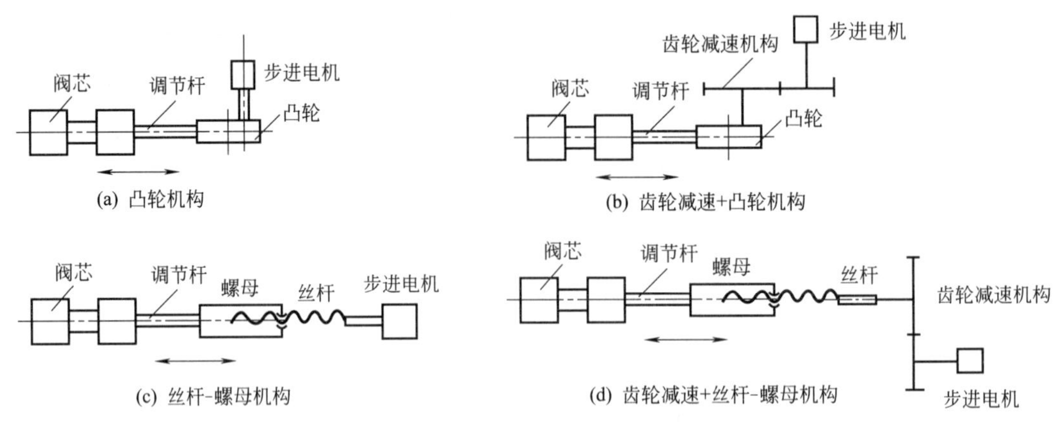

图 4-5 电液数字阀常用的机械转换器

因为步进电机直接用数字量控制，不需 DAC（数/模转换器）即能与微型计算机联用，控制方便，调速范围大，位置控制精度高，工作时的转速不易受电源波动和负载变化的影响，所以特别适合作为电液控制阀的电气-机械转换器使用，也能作为一般的转角转换元件，主要用于开环控制。但是，由于步距角固定，影响分辨率和精度，此外，步进电机承受大惯量负载能力差，动态响应速度较慢，效率较低，驱动电源结构复杂，价格较高。但随着制造技术及微电子及计算机控制技术的发展，这些问题正在逐步被克服。

（2）分类及原理

按工作原理不同，步进电机有反应式（转子为软磁材料）VR、永磁式（转子材料为永久磁铁）PM 和混合式（转子中既有永久磁铁又有软磁体）HSM 等。现以混合式两相步进电机为例，对步进电机的结构原理简要介绍如下。

图 4-6 所示为两相混合式步进电机结构组成示意，它由非导磁前端盖 1、前端轴承 2、不导磁输出轴（转轴）3、第一段转子 4、永磁体（磁钢）5、第二段转子 6、后端轴承 7、定子励磁绕组 8、定子 9、非导磁后端盖 10 与螺钉 11 等组成。第一段转子 4 和第二段转子 6

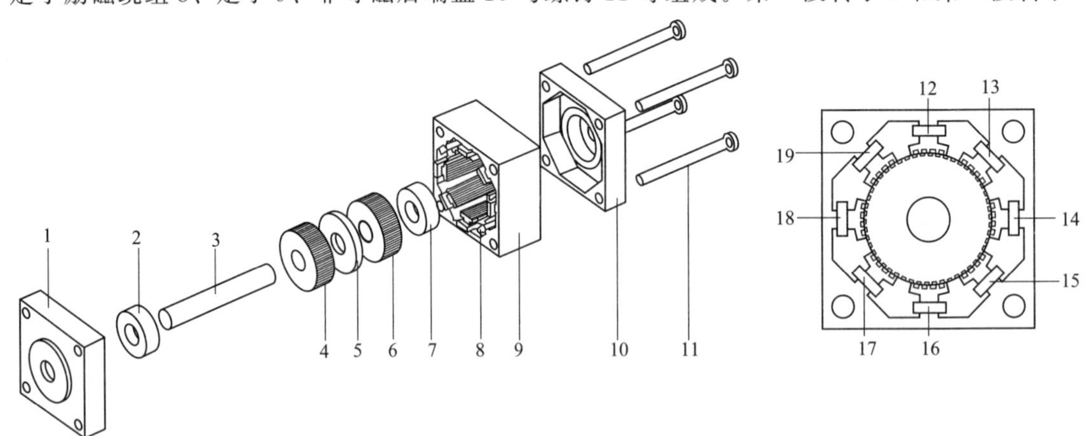

图 4-6 两相混合式步进电机结构组成示意

1—非导磁前端盖；2—前端轴承；3—不导磁输出轴（转轴）；4—第一段转子；5—永磁体（磁钢）；6—第二段转子；7—后端轴承；8—定子励磁绕组；9—定子；10—非导磁后端盖；11—螺钉；12—A 相绕组；13—B 相绕组；14—（－A）相绕组；15—（－B）相绕组；16—A 相绕组；17—B 相绕组；18—（－A）相绕组；19—（－B）相绕组

均由硅钢片叠压而成，转子上分布 50 个小齿，两段转子上的小齿互错 1/2 齿距。定子 9 也由硅钢片叠压而成，定子齿距与转子齿距相同。定子磁极之间的槽内设置励磁绕组 8，任意选定一个绕组为起始绕组，八个定子励磁绕组按顺时针方向依次为：A 相绕组 12，B 相绕组 13、－A 相绕组 14、－B 相绕组 15、A 相绕组 16、B 相绕组 17、－A 相绕组 18、－B 相绕组 19。A 相绕组与－A 相绕组反向串联，B 相绕组与－B 相绕组反向串联。永磁体（磁钢）5 置于两段转子中间，永磁体表面与两段转子表面紧贴在一起，永磁体沿与转轴轴线平行的方向充磁。定子通过螺钉与前、后端盖固定在一起。两段转子、永磁体和转轴固定在一起，通过前、后端轴承与前、后端盖安装在一起，从而转子及转轴可相对于定子及端盖转动。

其工作原理为，当定子的两相绕组按 A→B→(－A)→(－B) 的时序通电时，磁通中 $\Phi 1$ 经永磁体→第一段转子铁芯→气隙→定子铁芯→气隙→第二段转子铁芯→永磁体形成闭合回路，电机工作于混合励磁状态，转子及转轴相对于定子及端盖转动，实现电机的步进转动（每步一个步距角 θ_s）；如果改变两相绕组的通电时序，则步进电机反向旋转；如果两相绕组都通电励磁，电机输出轴将静止并锁定位置，在额定电流下使步进电机保持锁定的最大力矩称为保持力矩。

图 4-7 所示为 57 系列两相混合式步进电机（步距角为 1.8°）实物外形。

图 4-7　57 系列两相混合式步进电机实物外形（上海优爱宝智能机器人科技股份有限公司产品）

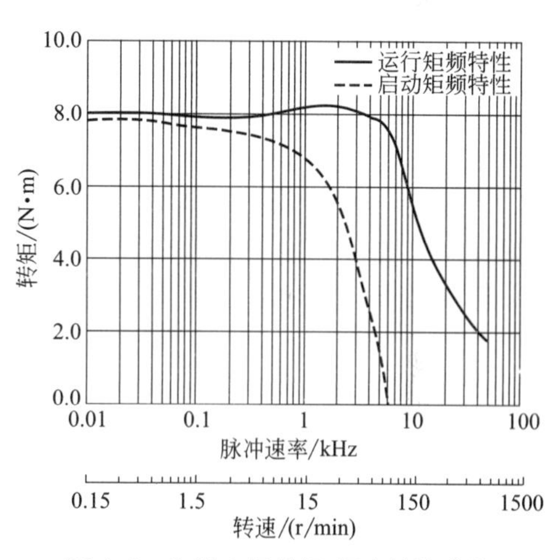

图 4-8　步进电机转矩-频率特性曲线

混合式步进电机因具有体积小、转矩大、运行平稳、可靠性好、自定位能力强且步距角较小、易于控制等显著优点，故自 20 世纪 60 年代问世以来，取得了工业自动化领域的青睐，并逐步取代了结构简单及应用普遍的反应式步进电机和步距角大及不适合控制的永磁式步进电机，而成为步进电机的主品种。

（3）使用要点

当决定采用步进电机作为液压元件的电气-机械转换器时，应根据实际使用要求的负载力矩、运行频率、控制精度等，依据制造商的产品样本及使用指南提供的运行参数和转矩-频率特性曲线，选择合适的步进电机型号及其配套的驱动控制器。

① 选用原则。选用步进电机的总体原则是运行频率高、输出转矩大、步距误差小和性价比高。但是由步进电机的转矩-频率特性（动态输出转矩与控制脉冲频率的关系）（示例见图 4-8）可见，在连续运行工况下，步进电机的电磁转矩会随工作频率升高而急剧下降，故实际选用时应全面考虑。

② 通电方式和步距角。按励磁相数不同，步进电机又有两相、三相、四相、五相、六相等形式。为了保证步进电机旋转，其各相绕组需要轮流通电，轮流通电方式有单相轮流、双相轮流和单相多相交替等多种。对于三相步进电机，在单相单三拍通电方式（即 A→B→C→A…）下，因为每次只有一相通电，容易使转子在平衡位置附近振荡，稳定性差，而且在转换时，由于一相线圈断电时，另一相线圈刚开始通电，容易失步，即不能按照信号一步一步地转动，所以不常采用这种单相轮流通电的控制方式。如果采用双相轮流通电方式（即 AB→BC→CA→AB…），则在一个循环内仍是转换三次通电状态，即三相双三拍方式，由于转换状态时始终有一相通电，所以工作稳定而不易失步，输出转矩较大，静态误差小，定位精度高，与单相轮流通电相比，步距角相同，但功耗较大。为了减小步距角，常采用单双相轮流通电方式，对三相步进电机而言称为三相六拍方式（即 A→AB→B→BC→C→CA→A…），这种通电方式的步距角为上述两种通电方式步距角的一半，同时状态转换时，始终有一相通电，增加了稳定性。

步进电机的步距角计算式为

$$\theta=\frac{360^{\circ}}{mzK} \tag{4-3}$$

式中，m 为步进电机的相数；z 为步进电机转子的齿数；K 为通电方式系数，励磁相数不变的控制方式 $K=1$；励磁相数改变的控制方式 $K=2$。

步距角的大小体现了系统的分辨能力，常用的反应式步进电机的步距角 θ 在 0.36°～3°之间，混合式步进电机的步距角在 0.36°～1.8°之间。为了提高系统精度，应选用步距角小的电机。

③ 精度与速度。为了提高数字阀的控制精度，应使脉冲当量（单位脉冲下阀的调节杆的位移）小。然而，脉冲当量过小，则机械转换器的减速比就大，而最高速度受到式（4-4）所表达的步进电机最高运行频率 $f_{\max}$ 的限制，所以要兼顾精度与速度。

$$f_{\max}=\frac{v_{\max}}{\delta} \tag{4-4}$$

式中，$v_{\max}$ 为调节杆的最高移动速度，mm/s；δ 为脉冲当量，mm。

实际应用时，通常应首先根据流量、压力的调节要求计算出脉冲当量，然后由脉冲当量选择电机的步距角和机械转换器的传动比，并根据精度要求确定电机的步距精度，以确保电机的步距误差、负载引起的附加误差和机械转换器的传动误差之和在负载所允许的定位误差内。

为了提高精度，应采用步距角小的步进电机，但小步距角电机的控制成本较高。而步进电机的运行速度与驱动控制器的特性、控制方式等有关。只要能保证每步都在最佳换相角换相，则步进电机就能按最佳矩频曲线规律（既保证要求的转矩，又具有一定快速性）运行。

④ 容量及负载。对于步进电机的容量，主要应考虑负载的大小。一方面要避免因对负载估计不足（如没有充分考虑摩擦、惯性等负载）而将电机容量选得过小，造成不能驱动负载而失步；另一方面要避免电机容量选得过大，造成浪费。通常应以制造商在产品目录中给出的矩频特性曲线作为选择依据，使各工况频段上的转矩均小于特性曲线上的转矩，并留有一定余量即可。

⑤ 断电后的要求。若电液数字控制阀在电源突然断电后有自定位要求，则应选择永磁式步进电机或混合式步进电机。因为这两种电机在供电切断时仍能保持转子的原来位置。

⑥ 其他。除上述外，选择步进电机时还应考虑阀的运行时间、温升、安装空间等。

开发研究实践表明，采用混合式步进电机作为电液数字控制压力阀和电液数字流量阀中的电气-机械转换器较为合适。其主要原因是，在同等体积下，混合式步进电机较磁阻式等步进电机产生的转矩大，步距角小，而且可断电自定位，价格适中。这些对于减小电液数字控制阀的整体尺寸、提高控制精度和性能及降低成本等都十分有利。

4.2.2 驱动控制器

步进电机需要专门的驱动控制器，其功用是接受计算机的信号将其放大后用电流信号驱动数字阀的运动，所以有时又将其称为放大器。要求的步距角越小，则电机驱动控制器的结构越复杂。

（1）基本要求

电液控制阀中控制放大装置的功用及一般要求可参见 2.3.4（1）。此外，步进电机的驱动控制器还有如下基本要求：驱动电源的相数、通电方式和电压、电流都满足步进电机的需要；要满足步进电机的启动频率和运行频率的要求；能最大限度地抑制步进电机的振荡；工作可靠，抗干扰能力强；成本低、效率高、安装和维护方便。

（2）主要构成

步进电机的驱动控制器主要由驱动电源、脉冲发生器、程序逻辑和脉冲放大器（也称功率放大器）等部分组成（图 4-9），传统电路由门电路＋触发器组成，目前则多采用集成电路。表 4-1 所列为步进电机驱动控制器的常用电路及其特点和使用对象。驱动电源为步进电机提供所需相数、通电方式和电压及电流，通常为步进电机附带的产品。脉冲发生器是一个脉冲频率在几赫兹到几十千赫之间可连续变化的脉冲信号发生器，最常见的有多谐振荡器和单结晶体管构成的张弛振荡器两种。程序逻辑则需根据具体对象由用户编制的专门的计算机软件完成，它是为控制目的编写的应用程序，所用的语言有机器语言、汇编语言和高级语言三类，具体选择取决于系统的软件配置和控制要求。脉冲发生器和程序逻辑功能非常容易由微型计算机（例如单片机）实现。功率放大器对程序逻辑输出的弱电信号进行放大转变为强电信号，以保证步进电机控制绕组所需的脉冲电流及功率，电流较大的步进电机通常需要几级放大，而通常增量式电液数字阀所需的励磁电流可达几安培。功放电路的路数与步进电机相数相同。理想的驱动系统向绕组提供的电流接近矩形波，但由于电机绕组有较大电感，故做到此点较为困难。表 4-2 给出了几种适于数字阀采用的晶体管驱动的功率放大电路。

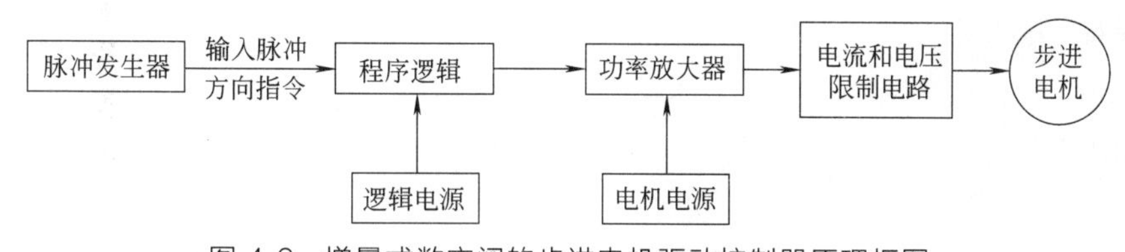

图 4-9 增量式数字阀的步进电机驱动控制器原理框图

表 4-1 步进电机驱动控制器的常用电路及其特点和使用对象

常用电路	特点和使用对象
单级驱动电路	线路结构简单，成本低，效率高。适用于小功率步进电机
双级驱动电路	线路结构复杂，效率高。适用于永磁式、混合式或大功率步进电机
高低压驱动电路	线路结构简单，效率和运行频率较高
斩波驱动电路	线路结构复杂，效率高、运行特性好
调频调压驱动电路	线路结构较复杂，可改善效率和运行特性
细分驱动电路	线路结构复杂，运行特性好，适合采用微型计算机进行控制

表 4-2 功率放大电路原理及其波形和特点

电路名称	电路原理	电压(U)、电流(I_A)波形	特点
1. 单电压电路	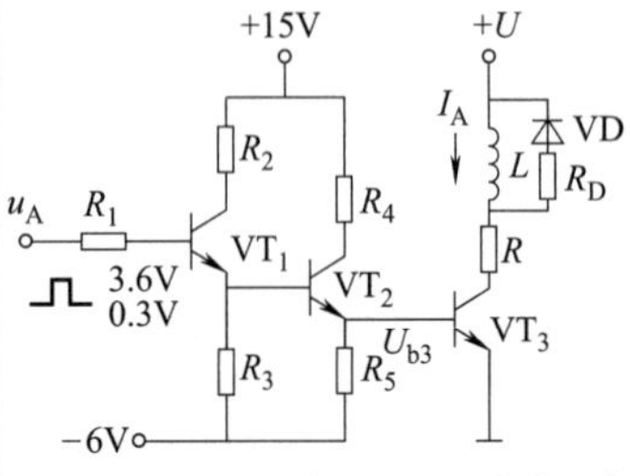 注：这是步进电机其中一相的功放电路	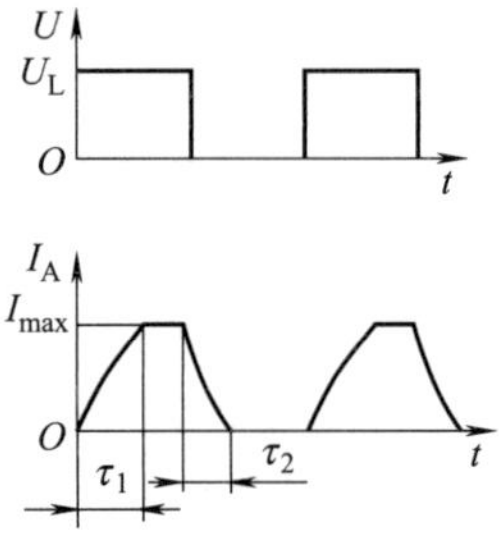	此放大电路分两级，第一级是射极跟随器(VT_1、VT_2)进行电流放大，第二级 VT_3 是功率放大，直接用来驱动电机绕组。当输入信号 u_A 为低电平 0.3V 时，虽然 VT_1 和 VT_2 都导通，但只要适当选择电阻 R_1、R_2、R_3 的阻值，使 $U_{b3}<0$(约为 $-1V$)，则 VT_3 就处于截止状态。只有当输入信号为高电平 3.6V(逻辑 1)时，$U_{b3}>0$ (约为 0.7V)，VT_3 饱和导通，步进电机绕组一相通电 在功放级中，L 为该绕组的等效电感，R 为限流电阻，VD 和 R_D 组成泄放电路，使 VT_3 在关闭瞬间免受电感反电动势造成的高压的影响，对 VT_3 起保护作用。静态时绕组电流 $I_{max}\approx U/R$；动态时，电流波形如图示。每一电压脉冲期间，步进电机的工作都处于过渡过程状态，电流上升沿时间常数为 $\tau_1=L/R$，下降沿时间常数为 $\tau_2=L/R_D$。由于电感的影响，电流滞后于电压的变化，频率越高，滞后越严重，有可能达不到 I_{max}，这就使力矩变小，造成失步。为了提高不失步的工作频率，应降低时间常数。调节 R_D 可以使下降沿时间常数变小，调节范围以不损坏三极管为限。增大 R 可以减小 τ_1，但增大只会减小最大电流，使力矩减小，另一方面，R 会消耗电能，造成发热
2. 双电压电路	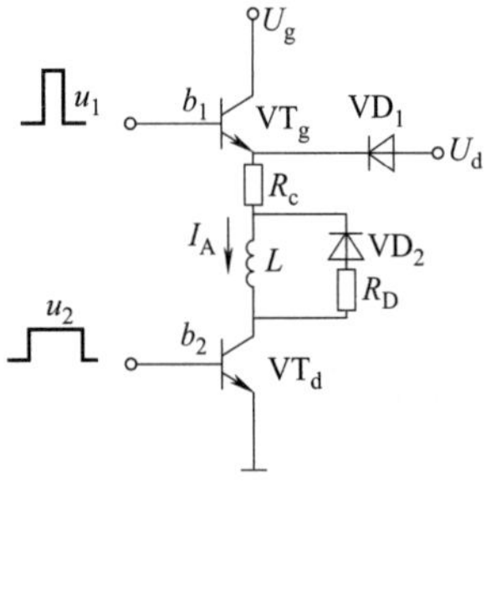	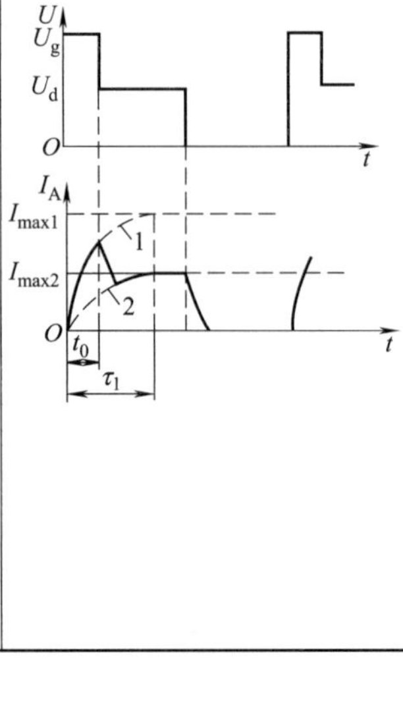	双电压电路可以改善步进电机的频率响应和电流波形。U_g 为高压 60V 或更高，U_d 为低压 12V 或 24V。开始时先接通高压 U_g，使绕组有较大的冲击电流流过，然后高压断开，低压供电，以保证绕组的稳定电流为额定值。当两管基极接收到从前置放大级来的控制信号 u_1 和 u_2 时，使 VT_g 和 VT_d 同时导通，接通高压 U_g，绕组电流按 U_g 决定的曲线 1 上升。u_1 的持续时间很短，通常设定 t_0 为 100～600μs，绕组的电流为额定电流的 1～2 倍。达到电路规定的延时 t_0 后，u_1 由高电平变为低电平，VT_g 关断，VD_1 导通改由低电压 U_d 供电，电流按 U_d 所确定的曲线 2 达到额定工作电流 I_{max2}。通电结束，电流按放电指数曲线下降到零，尽管时间常数 τ_1 未变，但由于在 t_0 期间内，电流飞升，有利于提高启动频率和连续工作频率，增大输出转矩。此外，额定电流由低压维持，只需很小的限流电阻，减小了发热损耗。因 t_0 的长短是由线路参数预先确定，故不能随意调整

续表

电路名称	电路原理	电压(U)、电流(I_A)波形	特　点
3. 高压电流斩波电路	U_g；电流放大；VT_g；VD_1；VD_2；与门；I_A；L；VT_g关断，VT_d导通；电流放大；VT_d；电流检测；VD_1；L；U_g；VD_2；VT_g和VT_d均关断；VT_d	U_L；O；t；I_A；O；t	斩波电路的特点是使励磁绕组的电流维持在额定值附近，因而能克服高、低压双电源电路中波形连接处的凹陷的缺点，改善因凹陷引起的输出转矩下降。省去低压电源而形成的单电源高压电流斩波驱动电路，其基本原理是在电机绕组回路中，串联电流检测回路，当绕组电流低于某一下限值时，电流检测回路发出信号，该信号与来自计算机的分配脉冲进行与运算后，驱动 VT_g 导通，使绕组电流重新增加。当电流回升到上限值时，电源又自动断开。这个过程反复执行，使电流波形波顶维持在设定值附近，改善了高、低电压双电源电路中电流波形下凹的问题，使在低频段矩频特性也得到改善 这种电路结构虽然复杂，但优点是没有限流电阻，使整个系统的功耗下降很多，相应地提高了效率，较好地解决了电流上升沿和下降及波顶下凹问题，改善了输出转矩及矩频特性

（3）典型产品

目前步进电机的制造商一般均能向用户提供与其步进电机所配套的驱动控制器和电源产品，这为电液数字阀的开发制造及使用维护提供了极大便利。

图 4-10 所示为本书编著者在所研制的额定压力 16MPa 的 SYF1-E63B 型电液数字溢流阀（图 4-11）和 DYQ1-E10B 型电液数字流量阀中所选用的某制造商生产的混合式步进电机（57BYG450C 型）配套的驱动控制器（SH-20806C 型）电路。该驱动控制器为双极恒流驱动方式，采用单一直流电源（24～80VDC）供电，可采用交流整流加滤波后获得。电源容量根据电机和电流大小而异。驱动控制器采用单脉冲控制方式。输入控制信号（至少提供 6mA 的电流）通过光耦隔离，采用共阳极接法，驱动控制器内部串入阻值为 510Ω 的限流电

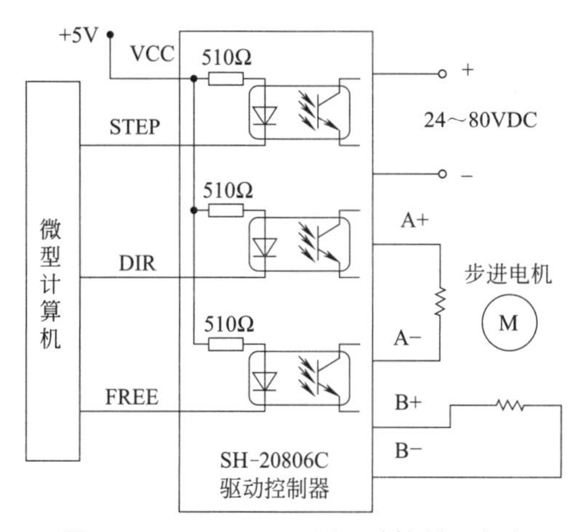

图 4-10　SH-20806C 型驱动控制器电路

图 4-11　SYF1-E63B 型电液数字溢流阀

阻，信号可使用标准的 TTL 电平，较高的信号幅值有利于提高其抗干扰能力。图 4-10 中，STEP 为步进脉冲信号端子，DIR 为方向控制信号端子，FREE 为脱机控制信号端子。运行表明，这种驱动控制器振动和噪声小，温升低，并可自动节能，使用效果良好。

图 4-12 所示为一种并行口控制系列微型高性能的步进电机驱动控制器（UIM240 系列），其最大特点在于体积小、驱动能力强。加上对应的法兰后，能直接固定在 42/57/85/110 等系列的步进电机上。其本身厚度小于 14mm。不同型号的驱动控制器使用 12～38V 直流供电；能提供 0～8A 的可调峰值电流。其高速电流补偿功能，能补偿电机高速转动时反电动势造成的影响。驱动控制器外壳为全铝合金铸件，坚固耐用，散热性能好。如果用户使用将驱动控制器和步进电机合二为一的一体机产品，则由于步进电机引线已从内部连接到控制器电机端子，故用户无需再接步进电机引线。

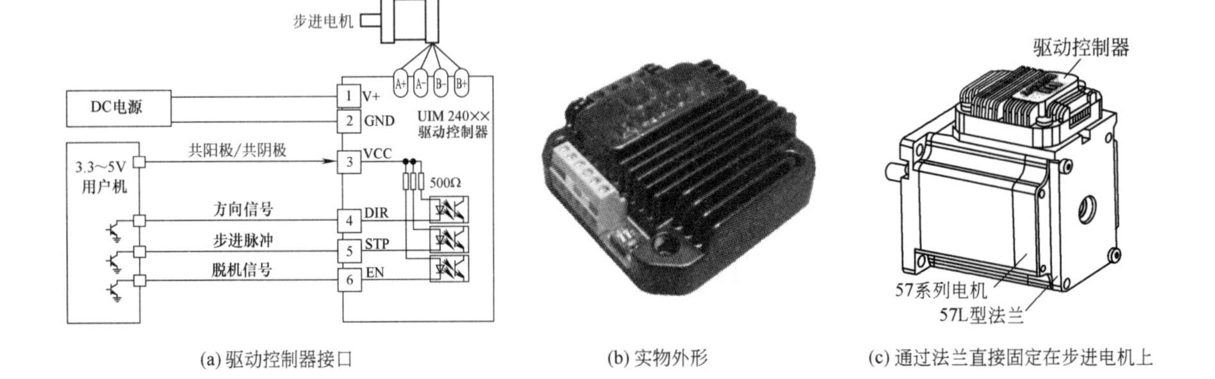

(a) 驱动控制器接口　　(b) 实物外形　　(c) 通过法兰直接固定在步进电机上

图 4-12　UIM 240系列微型一体化步进电机驱动控制器
（上海优爱宝智能机器人科技股份有限公司产品，详细使用要求以产品样本为准）

随着计算机技术特别是集成电路技术、微控制器技术的进步，步进电机及其驱动控制器正在朝着集成化、微型一体化、数字化及智能化方向发展，从而为电液数字阀的产品研发、升级换代及拓展应用提供了极大发展空间。典型产品如下。

① 将编码器内嵌入电机或控制器，从而实现闭环步进伺服控制。其典型产品为图 4-13 所示 2HSS57 系列步进伺服电机驱动控制器，它是在数字步进驱动中融入了伺服控制技术，具有以下特点：全闭环控制，电机标配 1000 线编码器，接近 100%的力矩输出，细分设定范围为 2～256，高速响应，高速度；光隔离故障报警输出接口 ALM；采用典型的三环控制方法（位置回路、速度回路以及电流回路），电流环带宽（−3dB）2kHz（典型值），速度环宽带 500Hz（典型值），位置环宽带 200Hz（典型值），可用 RS232 串口通信下载或更改参数；过流、过压、欠压、过热、超速、超差等保护；兼容步进和伺服双重优点，特别适于驱动两相混合式步进电机。

② 使用 CAN 总线通信的微型一体化步进电机运动控制器（内置 DSP 嵌入式微处理系统）以及自带微处理器的电压调速高性能步进电机运动控制器，以实现步进智能控制。其典型产品如图 4-14 所示的 UIM243 系列微型一体化步进电机驱动控制器，其特点为：自带嵌入式微处理器的电压调速（用户可通过微调电阻调速，或通过外置可调电位器调速，或使用用户提供的 0.5 ～ 4.5V 参考电压调速），结构简单，速度稳定，成本低廉；与电机一体化设计，体积小，控制简单；使用 12～38V 直流供电，能提供 2A/4A/8A 可调峰值相电流；因带有嵌入式微处理器，使在电机启动时具备加速功能，能在 0.3s 内从 0 加速到 1250r/

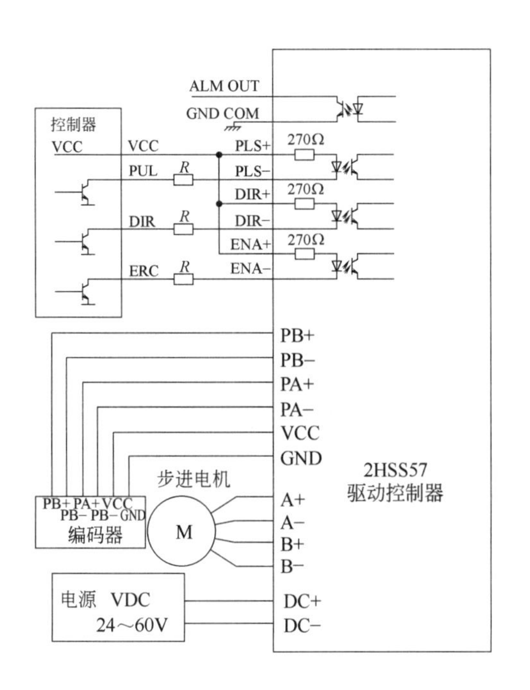

图 4-13 2HSS57 系列步进伺服电机驱动控制器
（深圳市杰美康机电有限公司产品）

min，避免了由于启动频率太快而死机；通电即转，无需上位机参与控制；同时其具备高速电流补偿功能，能补偿电机高速转动时反电动势造成的影响；驱动控制器配上相应的法兰，能直接固定在 42/57 等系列的步进电机上；驱动控制器外壳为全铝合金铸件，坚固耐用，散热性能好。

③ 使用 RS232 通信协议的微型一体化闭环步进伺服系统，用户通过结构简单的指令即可对系统进行操控。其典型产品为图 4-15 所示的使用 RS232 通信协议的 UIM241 系列微型一体化步进电机运动控制器。其技术特点为：用户通过 RS232 指令操控 UIM241 运动控制器，指令结构简单，高容错，用户无需任何关于步进电机驱动的知识；上位机（PC 机或控制设备）通过串行口连接到运动控制器后，向运动控制器发送 ASCII 指令即可控制步进电机；可实现开环或基于正交编码器的自闭环控制；内置高性能 DSP 嵌入式微处理系统，具备运动控制和实时状态变化通知功能，全部控制循环在 1ms 内完成；开环控制系统包括通信模块、基本运动控制模块以及事件变化通知模块，此外还有两个可选控制模块，即高级运动控制（线性/非线性加减速，S-曲线 PV/PVT 位置控制）模块和传感器输入控制模块。使用高级运动控制模块的控制器能在 0.25s 内将 57 系列电机从 0 加速到 4000r/min；运动控制器外壳为全铝合金铸件，坚固耐用，散热性能好，加上对应的法兰后，能直接固定在 42/57/86/110 等系列的步进电机上。

除了上述驱动控制器外，当安装空间小，系统集成化程度要求高时，还可采用智能型集成式步进电机及驱动控制器。此类产品中包含了步进电机、驱动控制器、运动控制器和编码器，将步进系统中的各个单元集成为一个整体，所占空间缩小 40%以上，减少 50%以上接线，具有良好的电磁兼容特性，系统拓扑结构简单，大大增加了步进系统的可靠性和实用性。

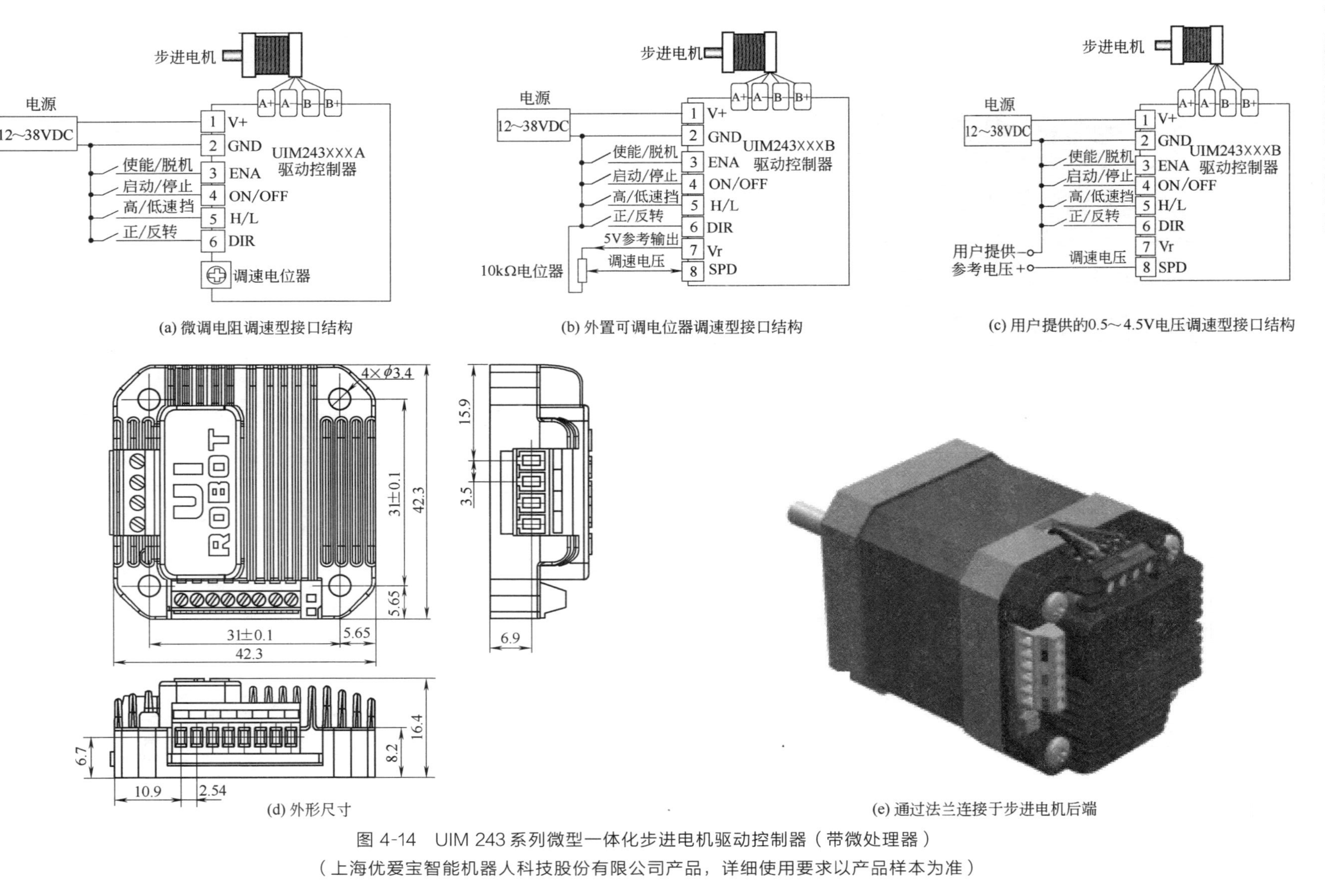

(a) 微调电阻调速型接口结构

(b) 外置可调电位器调速型接口结构

(c) 用户提供的0.5～4.5V电压调速型接口结构

(d) 外形尺寸

(e) 通过法兰连接于步进电机后端

图 4-14 UIM 243 系列微型一体化步进电机驱动控制器（带微处理器）

（上海优爱宝智能机器人科技股份有限公司产品，详细使用要求以产品样本为准）

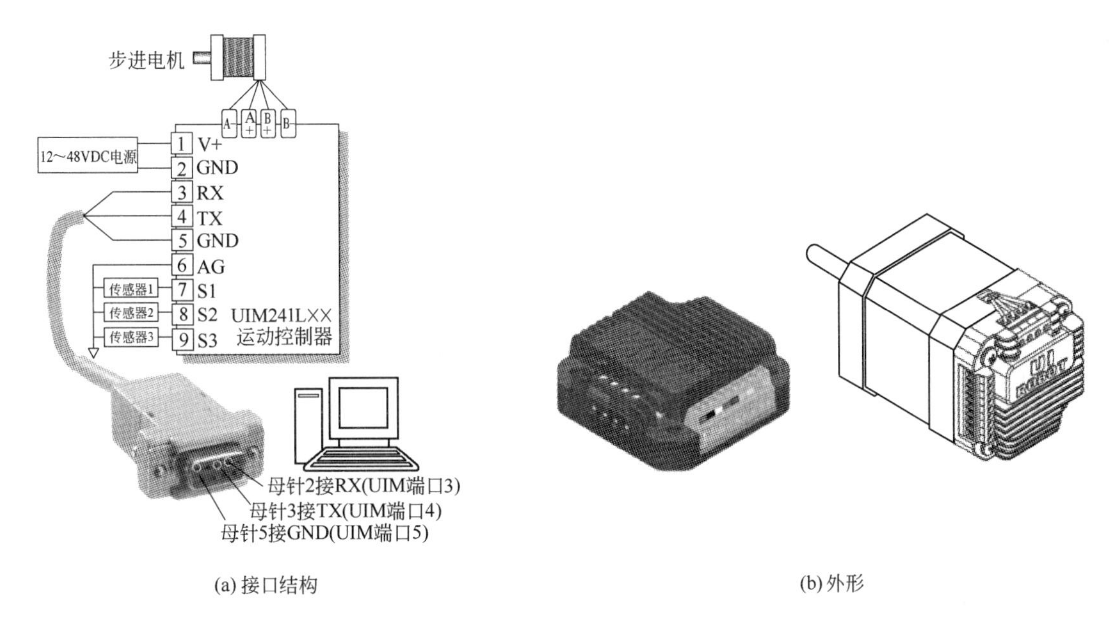

(a) 接口结构　　　(b) 外形

图 4-15　UIM 241 系列微型一体化步进电机运动控制器（内置高性能 DSP 嵌入式微处理系统）（上海优爱宝智能机器人科技股份有限公司产品，详细使用要求以产品样本为准）

4.2.3　液压阀主体

增量式数字阀的主体部分常用的阀芯结构有锥阀、滑阀和转阀等，其结构及性能特点可参见本书作者所著《液压阀原理使用与维护》一书，此处不再赘述。

4.3　高速开关电液数字阀主要组成部分的结构原理及其特点

4.3.1　电磁铁及其他驱动器

开关型电磁铁是液压阀中结构原理较为简单的一种电气-机械转换器，用于驱动液压阀芯，实现阀的通断及压力和流量控制。开关型电磁铁是一种特定结构的牵引电磁铁，主要由线圈、衔铁及推杆等组成。线圈通电后，在上述零件中产生闭合磁路及磁力（吸力特性见图 4-16），吸合衔铁，使推杆移动。断电时电磁吸力消失，依靠阀中设置的弹簧的作用力而复位。它根据线圈中电流的通与断使衔铁吸合或释放，故只有开和关两个工作状态。

按工作频率不同，开关型电磁铁分为普通开关电磁铁和高速开关电磁铁两类。普通开关电磁铁的功率大，多数与换向阀配套，组成普通电磁换向阀或电液动换向阀，工作频率较低（通常为几赫兹）。按照衔铁工作腔是否有油液浸入，每类电磁铁又有干式和湿式两种：前者电磁铁与阀体之间有密封膜隔开，电磁铁内部没有工作油液；后者则相反，如图 4-17 所示，其导磁套是一个密封筒状结构，与阀组连接时仅套内的衔铁 1 的工作腔与滑阀直接连接，推杆 5 上没有任何密封，套内可承受一定的液压力，线圈 7 仍处于干的状态。湿式电磁铁由于取消了推杆上的密封而提高了可靠性，衔铁工作时处于润滑状态，并受到油液的阻尼作用而使冲击减弱。高速开关电磁铁的功率较小，多用于脉宽调制（PWM）式数字阀，工作频率很高（可达几千赫兹）。

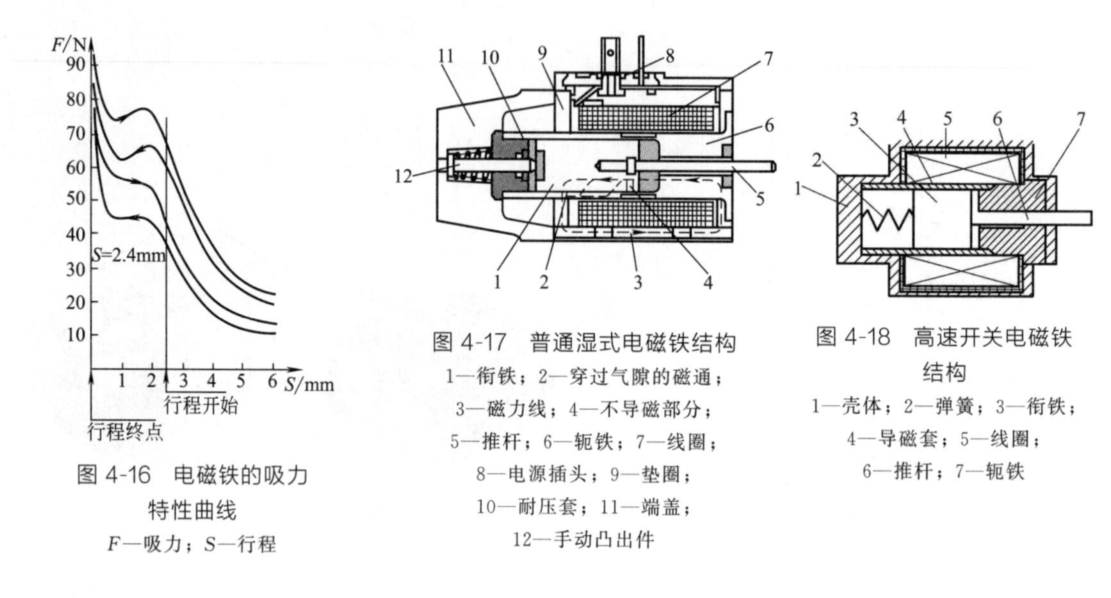

图 4-16 电磁铁的吸力特性曲线

F—吸力；S—行程

图 4-17 普通湿式电磁铁结构

1—衔铁；2—穿过气隙的磁通；3—磁力线；4—不导磁部分；5—推杆；6—轭铁；7—线圈；8—电源插头；9—垫圈；10—耐压套；11—端盖；12—手动凸出件

图 4-18 高速开关电磁铁结构

1—壳体；2—弹簧；3—衔铁；4—导磁套；5—线圈；6—推杆；7—轭铁

高速开关电磁铁作为高速电磁阀开关阀的关键驱动部件，直接决定了液压控制阀以至系统的工作特性。高速开关电磁铁的结构通常与上述普通湿式直流电磁铁类似，只是体积较小，结构更简单；其衔铁一般通过推杆与阀芯连成一体；为了隔离高压流体、保护线圈等器件，耐高压高速开关电磁铁一般采用导磁套作为耐高压套管，导磁套的常用结构为前后两段由导磁材料制成，中间一段用非导磁材料制成（隔磁环），但工艺复杂、成本高。高速开关电磁铁由脉宽调制（PWM）信号控制，输入高电平时带动阀芯动作，输入低电平时通过弹簧复位。图 4-18 所示的典型高速开关电磁铁由壳体 1、弹簧 2、衔铁 3、导磁套 4、线圈 5、推杆 6 和轭铁 7 等组成。当在线圈两端施加激励电压时，线圈电流在电感的作用下不断增大，因而使线圈环绕的衔铁电磁力不断增大，增大到一定值时推动推杆运动，产生输出位移，利用输出位移驱动阀芯打开阀口，完成高速开关电磁铁的吸合过程；当激励电压消失时，电磁力消失，推杆在弹簧力的作用下恢复原位，关闭液压阀阀口，完成高速开关电磁铁的释放过程。高速开关电磁铁的工作特性与图 4-16 基本相同。

自 20 世纪中后期至今，围绕着驱动力和响应速度的提高，高速开关电磁铁及其他驱动器一直是美国、英国、日本、加拿大及中国等国家相关领域对高速开关阀研究的热点，并取得了长足进展。例如英国早在 20 世纪 70 年代就开发出了利用形状结构较为特殊的电磁铁的电磁开关阀；加拿大多伦多大学的 C. J. Creen 等研究开发的肋状三极式电磁铁，改善了电磁铁的响应时间；巴西的 L. C. Passarini 等研究了衔铁质量对高速开关电磁铁响应时间的影响规律。我国学者在此方面也进行了大量研究工作，以寻求在高性能液压阀方面的技术突破，并取得了一系列成果。现分述如下。

（1）永磁屏蔽式耐高压高速开关电磁铁（浙江大学）

为了提高电磁力、加快响应速度，永磁屏蔽式耐高压高速开关电磁铁，采用 NdFeB 稀土永磁材料作为磁屏蔽元件，减少了漏磁并加快了动态响应。

如图 4-19 所示，永磁屏蔽式耐高压高速开关电磁铁由推杆、弹簧、隔磁片、衔铁、导磁套、永磁体、线圈、壳体和端盖等组成。衔铁在导磁套内自由移动，衔铁位移由推杆引出。导磁套由高强度的导磁材料一体化加工制成，其中部开有一环形槽，环形槽对应的部分称为耐压环。耐压环是导磁套中厚度最小的部位，其耐压能力决定了电磁铁的最高工作压力。环形永磁体置于导磁套的环形槽中，采用高性能的 NdFeB 稀土永磁材料，永磁体的作用是提供屏蔽磁场，减少通过耐压环的漏磁。隔磁片的作用是避免自锁现象发生。

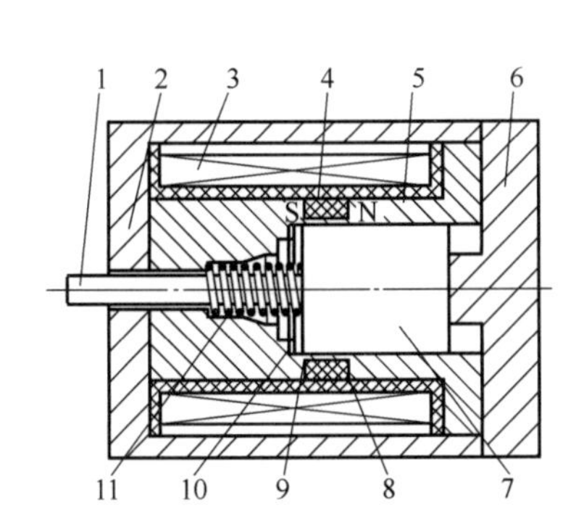

图 4-19 永磁屏蔽式耐高压高速开关电磁铁结构

1—推杆；2—壳体；3—线圈；4—永磁体；
5—导磁套；6—端盖；7—衔铁；8—耐压环；
9—环形槽；10—隔磁片；11—弹簧

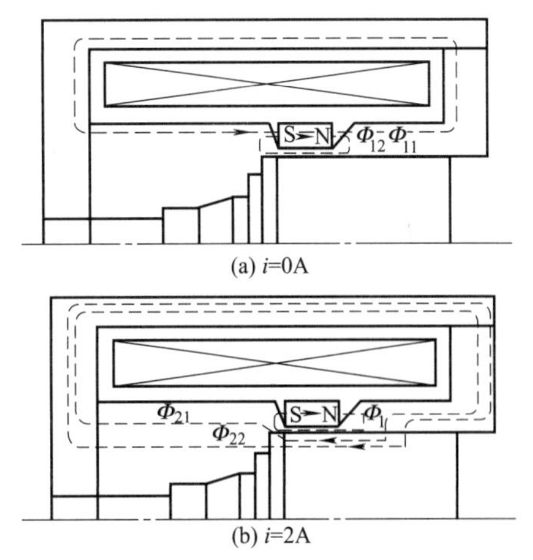

图 4-20 永磁屏蔽式耐高压高速开关电磁铁工作原理

图 4-20 所示为永磁屏蔽式耐高压高速开关电磁铁的工作原理，其中去除了不导磁材料。当线圈未通电时［图 4-20（a)］，仅有永磁体产生极化磁场，形成两条磁路：Φ_{11}（永磁体→导磁套→壳体→导磁套→永磁体）和 Φ_{12}（永磁体→耐压环→永磁体)。两者均不经过衔铁和工作气隙，故不产生自锁力。在弹簧的作用下，衔铁向右运动直至撞上端盖。当线圈通入一定极性的电流时［图 4-20（b)］，由于线圈磁通势和永磁磁通势方向相反，从而形成了相互约束的磁场状态，线圈产生的控制磁场强迫永磁体建立极化磁路 Φ_1（永磁体→耐压环→永磁体)，与此同时，极化磁路 Φ_1 使耐压环磁饱和，起到了磁屏蔽的效果，迫使控制磁路 Φ_{21}、Φ_{22} 经过衔铁及工作气隙，从而产生电磁力，吸附衔铁压缩弹簧向左运动直至撞上导磁套。该高速开关电磁铁动态特性响应时间为 2.20ms，响应误差为 3.2%，结构简单，易于控制，可很好地应用于高速开关阀。

（2）磁回复高速开关电磁铁（浙江理工大学）

如图 4-21 所示，磁回复高速开关电磁铁由衔铁、挡块、外壳、线圈、推杆、端盖、环形永磁体等组成。衔铁 5 在导磁套内可自由移动，衔铁移动带动推杆 4 输出位移。在端盖 9 上所开环形槽中放置有环形永磁体 10，环形永磁体为高性能的钕铁硼稀土永磁材料，其作用是提供永磁回复力，使衔铁复位。隔磁片 7 的作用是使线圈 3 产生的磁场回路和环形永磁体 10 产生的永磁场回路相对独立，避免互相干扰。

磁回复高速开关电磁铁的工作原理如图 4-22 所示。当线圈未通电时，仅有环形永磁体产生的极化磁场，形成磁路 Φ_1 和 Φ_2，在永磁力的作用下，衔铁带动推杆向右运动，直至撞上端盖；当线圈通入一定极性的电流时，线圈产生的控制磁通建立控制磁路，控制磁路经过工作气隙产生电磁力，以克服永磁吸力并向左运动，直至撞到限位片。

该电磁铁采用磁弹簧替代机械弹簧，简化了高速开关电磁铁的机械结构，解决了因机械弹簧疲劳破坏而导致高速开关电磁铁失效的问题。

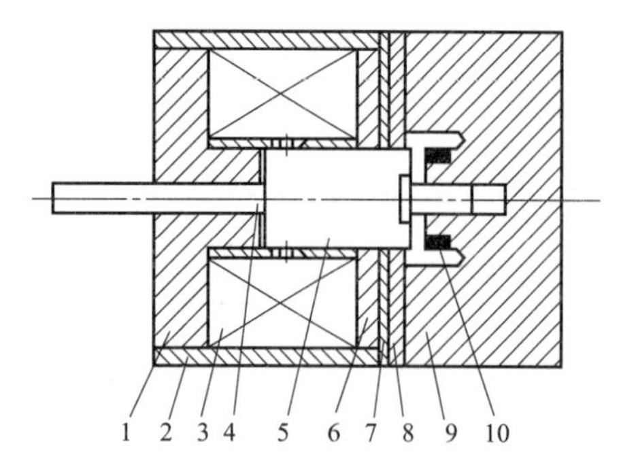

图 4-21　磁回复高速开关电磁铁结构

1—挡块；2—外壳；3—线圈；4—推杆；5—衔铁；6—法兰；7—隔磁片；8—导磁片；9—端盖；10—永磁体

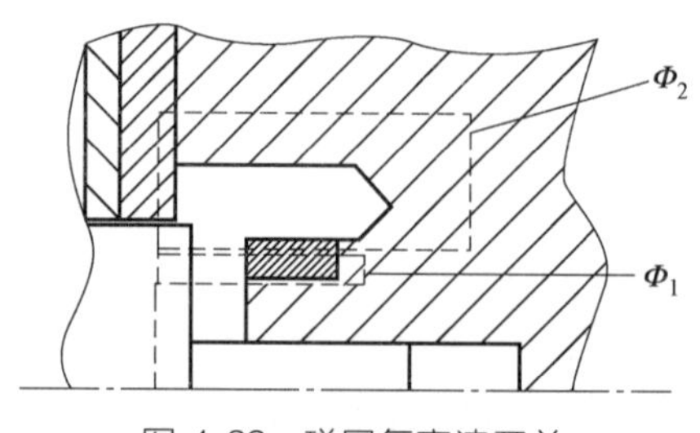

图 4-22　磁回复高速开关电磁铁工作原理

（3）新型压电晶体-弛豫型铁电（PMNT）驱动器（西南科技大学）

弛豫型铁电（PMNT）驱动器具有低能耗（输出电流 mA 级）、输出力大（可达 kN 级）、高频响（GHz）、体积小等优点，故可将其作为高速开关阀的电气-机械转换器，以期解决提高开关阀的响应速度。图 4-23 所示为一种多层压电晶体堆叠而成的长方体方管式结构的 PMNT 压电堆驱动器简化结构原理，驱动电路采用并联式连接，驱动原理是采用的 d_{33} 式的纵向驱动，既可增加输出位移，又不需要太大的工作电压，便可得到相应位移的输出。PMNT 压电堆驱动器的位移输出如式（4-5）所示：

$$\Delta L = d_{33} n U \tag{4-5}$$

式中，d_{33} 为 PMNT 纵向压电常数；n 为 PMNT 的层数；U 为工作电压。

由图 4-23 可以看出，PMNT 压电堆方管固定于固定轴上，当输入电压时压电堆向左右两边分别输出位移 ΔL 来控制阀芯的开启运动，当停止通电时又很快恢复到原长 L，实现阀芯的关闭过程。

利用压电晶体 PMNT 的逆压电效应，当外界施加一定电压时 PMNT 可产生相应的应变，输出逆向位移。采用 PMNT 压电堆驱动器作为高速开关阀驱动器可提高响应速度（反应速度在 0.005s 左右），能够满足高速开关阀高速、大流量要求。

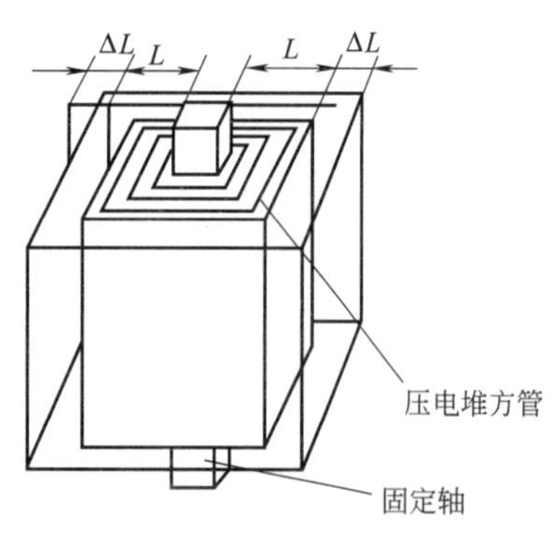

图 4-23　PMNT 压电堆驱动器简化结构原理

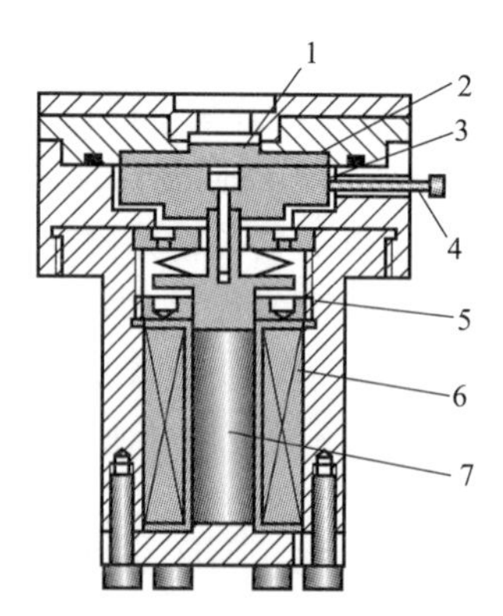

图 4-24　流体微位移放大 GMM 驱动器结构

1—铍青铜薄片；2—液压油；3—活塞；4—活塞测试杆；5—输出杆；6—线圈；7—超磁致伸缩棒

（4）流体微位移放大 GMM 驱动器（南京航空航天大学）

该驱动器是一种活塞-薄片式的液压放大器，它由位移放大器和超磁致伸缩执行器（GMA）组成。如图 4-24 所示，位移放大器由铍青铜薄片 1、活塞 3、处于活塞和铍青铜薄片间的液压油 2 和活塞测试杆 4 构成；GMA 由输出杆 5、线圈 6 和超磁致伸缩棒 7 等组成，其中输出杆和活塞固连。其工作原理为，当线圈通电后，线圈内部产生激励磁场，驱动 GMA 伸长，通过输出杆推动活塞向上运动，活塞挤压容腔内油液向小腔内运动，油液挤压铍青铜薄片使其发生变形而产生一定位移，这样即可将活塞的位移放大输出。液压放大器在输入电流为 0～6A 时，活塞位移为 0～51.1μm 时，输出位移为 0～470μm，放大倍数可达 9 倍，频响在 150Hz 左右。可以解决直驱式高速开关阀阀芯位移小的问题。

（5）磁控形状记忆合金（Magnetic Shape Memory Alloy，MSMA）驱动器

MSMA 是一种新兴智能材料，兼具传统智能材料如压电和超磁致伸缩材料响应快以及温控形状记忆合金应变大的特点，特别适合作为液压阀的高性能驱动元件。MSMA 在外加磁场的作用下能够快速引起宏观上材料的变形，同时在去掉磁场后，材料在外部应力的作用下能够恢复变形前的状态，并且具有数百万次的寿命。由于能够实现高达 12％的磁场诱导应变，故 MSMA 是制作高速开关阀较为理想的驱动材料。阀芯驱动系统动态分析结果表明，MSMA 直接驱动液压阀芯系统频率可达 200Hz 以上，动态响应时间为 5ms。

4.3.2 驱动控制器

高速开关阀的控制方式并非一个简单的开关量信号，它通常需用计算机控制。由于计算机的输出量均为微弱的脉冲信号，所以必须对其进行调制和功率放大才能驱动开关数字阀。脉宽调制信号可用硬件、软件或软、硬件结合的方法生成。

（1）基本原理

脉宽调制 PWM（Pulse Width Modulation）式驱动控制电路如图 4-25 所示，在该电路中，可以利用硬件电路或者充分发挥微处理器的 PWM 功能，对电路进行控制，其 PWM 驱动控制原理如图 4-26（a）中，u 为控制基准信号，将该信号与一高频三角波信号进行比较，如果在某时刻 u 的值大于三角波的值，则输出高脉冲，否则输出低脉冲，从而得到一系列控制指令［图 4-26（b）］。将这一系列指令（电压）施加到电磁阀线圈上，于是在每一个循环时间 T_c 内，有 T_{on} 的时间线圈上得到电压。由于 PWM 脉冲周期远远小于线圈的充放电时间，T_{on} 时间越长，线圈的平均电流也就越大［图 4-26（c）］。时间 T_{on} 与 T_c 之比即为占空比。电磁阀线圈的维持电流便可以通过控制高频 PWM 脉冲波的占空比方便地进行调节。如果与电流负反馈功能结合起来，可以减小电源电压波动对阀工作特性造成的影响。此种驱动方式可以达到很高的控制精度，是一种可以满足柔性控制要求的理想驱动方式。采用 PWM 驱动控制电路驱动高速开关阀，由于在一个脉冲周期的高电平时间内高速开关阀始终通以最大电流，当 PWM 信号的占空比较大时会导致功率开关管和电磁阀过热的情况出现，故对高速开关阀长期稳定工作不利。

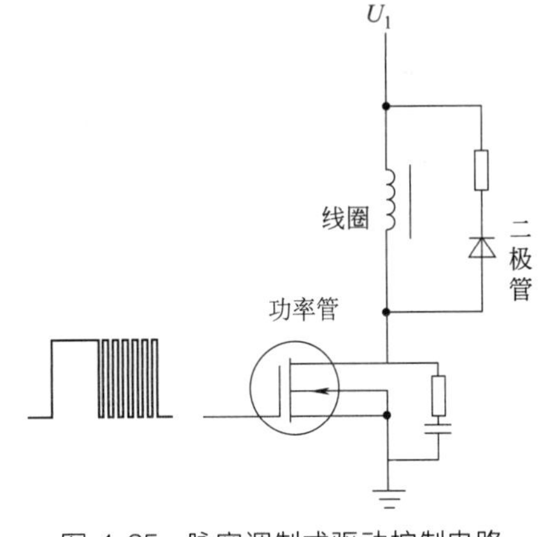

图 4-25 脉宽调制式驱动控制电路

（2）典型电路

为了解决高速开关所需要的大驱动电流和降低元件发热提高工作可靠性之间的矛盾，通常采用如下驱动控制策略：在阀开启的瞬间提供一个较大的电流从而产生一个较大的推力，使阀芯迅速克服液压和摩擦阻力完成开关动作；在开关动作完成后将电流降至一个较低的保持电流，产生维持阀芯状态所需的推力，从而降低稳态时的电磁阀发热量，使电磁铁能够长期可靠工作，峰值电流通常是保持电流的 4 倍左右。为实现上述控制策略，一般采用专用集成电路。

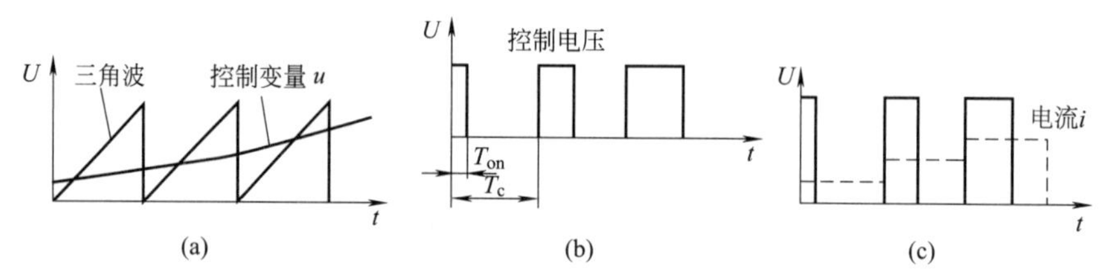

图 4-26 脉宽调制驱动控制电路分解

① 基于 LM1949 专用芯片的高速开关阀驱动电路。图 4-27 所示为基于 LM1949 专用芯片（美国国家半导体公司）的高速开关阀驱动电路，该专用集成电路输入信号为 0～5V 的 TTL 逻辑电平信号，该电路将峰值电流与保持电流的比值固定为 4∶1，无法独立设置保持

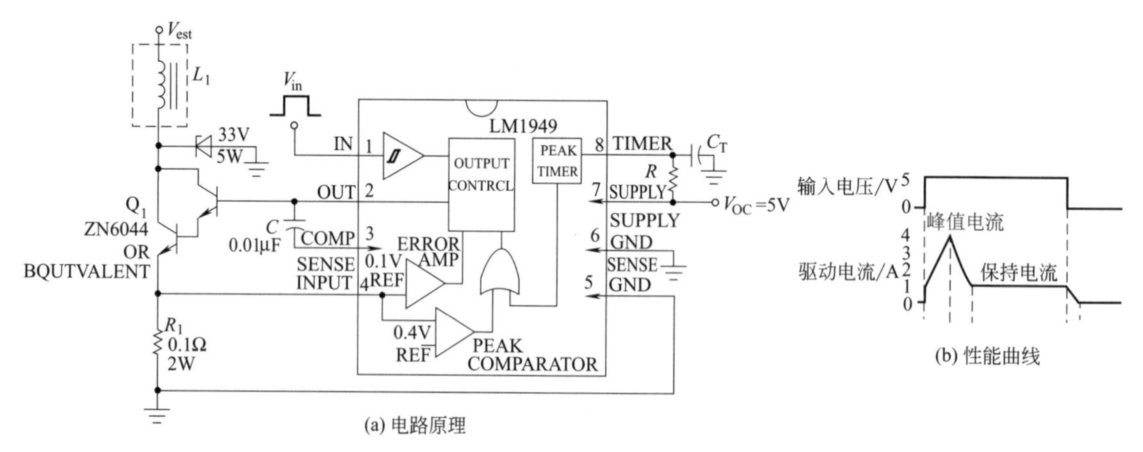

图 4-27 基于 LM1949 专用芯片的高速开关阀驱动电路

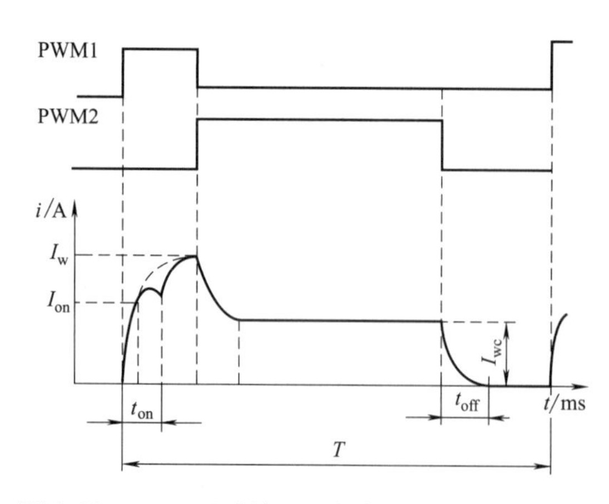

图 4-28 PWM 驱动信号和高速开关阀线圈电流波形

电流和峰值电流。另外，由 R_T 和 C_T 所设定的峰值电流保持时间只有在峰值电流无法到达时才起作用，一旦在该时间范围内到达峰值电流，芯片将自动切换到保持电流控制模式。因此，采用专用的集成电路比较方便，但往往灵活性不高，有时无法与特定电磁铁实现最佳匹配。

② 高、低电压驱动电路。对高速开关阀采用高、低电压驱动，可减小高速开关阀的开关时间并避免线圈发热。如图 4-28 所示，PWM1 控制高电压，在线圈通电初期，对线圈加高电压，使线圈电流快速达到稳态电流

I_w，提高阀的开启响应速度；当阀开启后，通过 PWM2 迅速将线圈电流下调到维持电流 I_{wc}，维持阀芯开启，以避免线圈发热，减小衔铁释放触动时间。

图 4-29 所示为 PWM 高速开关阀高、低电压功率驱动电路，其作用是将 PWM 信号源（CPU）输出的 PWM 信号进行功率放大，以驱动高速开关阀动作。放大过程中应尽量减小 PWM 波形失真，并保护功率开关管的栅极。电路采用单电源高压（60V）供电，低端金氧半场效晶体管 MOSFET（Metal-Oxide-Semiconductor Field-Effect Transistor）驱动的方式。其中，M_1 为高压控制 MOSFET，M_2 为低压控制 MOSFET。高速开关阀线圈简化为理想电感 L_1 和电阻 R_1。通过控制信号 PWM1 和 PWM2 来实现 M_1 和 M_2 的开、关。为了减小 MOSFET 的通态阻抗，栅极采用 15V 驱动。

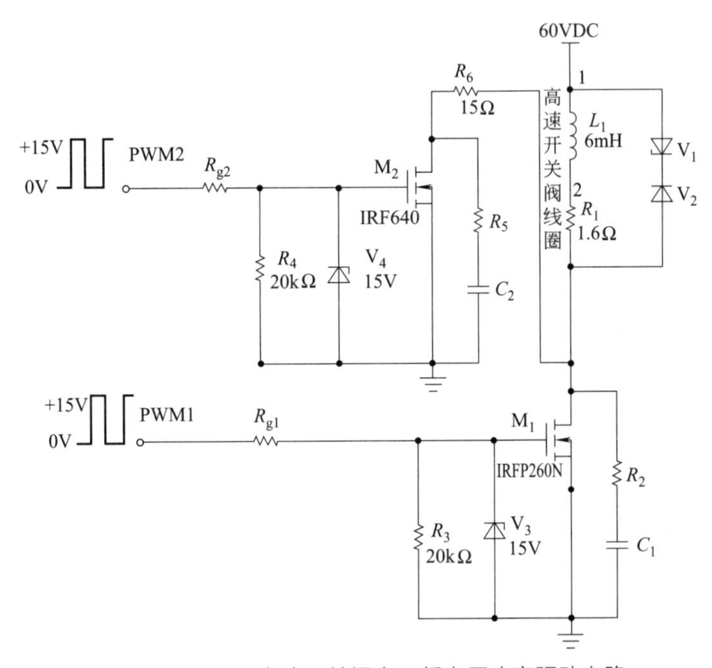

图 4-29 PWM 高速开关阀高、低电压功率驱动电路

电路原理如下：在高速开关阀开启阶段，PWM1 控制 M_1 打开，高电压实现线圈电流快速达到稳态电流 I_w；当高速开关阀开启后，M_1 关闭，PWM2 控制 M_2 打开，大功率电阻 R_6 起限流作用，线圈电流迅速下调到维持电流 I_{wc}；当高速开关阀关闭时，PWM2 控制 M_2 关闭。

线圈关断时会产生反电动势，冲击功率开关管，因此 M_1、M_2 两端分别并联电阻 R_2、R_5 和电容 C_1、C_2 组成 RC 吸收回路，另外线圈两端也需要并联续流回路。本电路续流回路采用瞬变抑制二极管 V_1 和二极管 V_2 串联的方式。线圈断电时，其反电动势大于瞬变抑制二极管 V_1 临界反向击穿电压，V_1 两端阻抗以极高的速度由高变低，使线圈电流瞬间下降，线圈反电动势箝位于预定值。通过选择不同最大箝位电压的瞬变抑制二极管，可实现不同的释放时间。

该驱动电路可显著缩短高速开关阀开关时间，提高其响应频率；线圈维持电流可通过限流电阻调节，合理选择续流回路瞬变抑制二极管，可实现更短的开关时间。

4.3.3 液压阀主体

高速开关阀主体部分常用的阀芯结构为球阀式和锥阀式，还有滑阀式和转阀式，其结构及性能特点可参见本书作者所著《液压阀原理使用与维护》一书，此处不再赘述。

4.4 增量式电液数字阀的典型结构及其工作原理

4.4.1 电液数字压力阀

(1) SYF1-E63B 先导型增量式电液数字溢流阀

图 4-30 (a) 所示为 SYF1-E63B 先导型增量式电液数字溢流阀，其实物外形如图 4-11 所示。

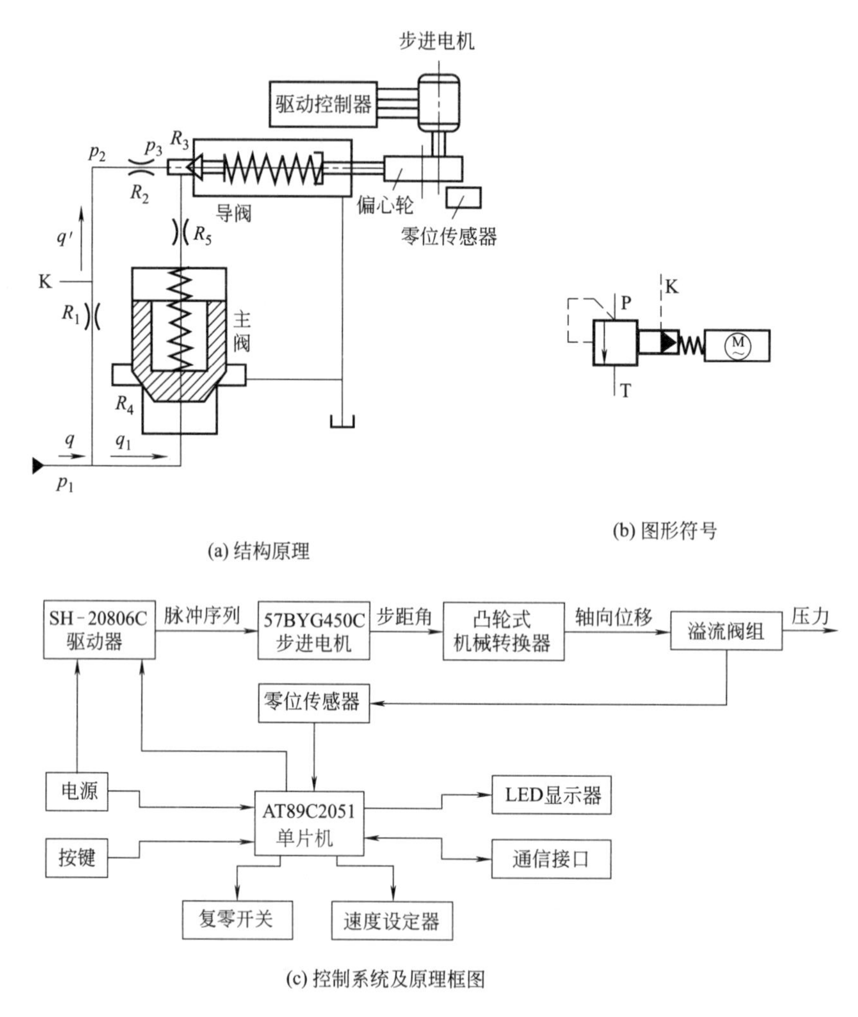

(a) 结构原理

(b) 图形符号

(c) 控制系统及原理框图

图 4-30 SYF1-E63B 先导型增量式电液数字溢流阀

① 溢流阀主体部分。阀的液压主体部分由两节同心锥阀式主阀和锥阀式导阀两部分组成。其液阻溢流阀中的 R_1、R_2、R_5 为固定液阻；R_3 和 R_4 分别为导阀口和主阀口可控液阻，其工作状态分别受控于导阀前腔压力 p_3 和主阀上下腔压差 (p_1-p_3)。两条并联油路形成溢流阀的液阻网络：一条为 R_1、R_2、R_3 串联组成的先导级油路，R_1、R_2 起流量传感器作用，R_1、R_2、R_3 与主阀上腔构成 B 型液压半桥；另一条为 R_4 形成的功率级主油路。

先导级与功率级间靠液压半桥的控制压力 p_3 耦合。当 R_3 的控制压力 p_3 大于调压弹簧的开启压力时，R_3 打开通过流量 q'。随之 R_1、R_2 两端产生并发出压差信号（p_1-p_3），当（p_1-p_3）大于 R_4 的开启压差时，主阀开启溢流，通过流量 q_1。总流量满足 $q=q_1+q'$。R_5 为附加动态液阻，用以防振和提高主阀稳定性。此种液阻网络配置方案性能良好，且结构上容易实现。特别是三个固定液阻可以制成外形尺寸相同、仅液阻直径和长度不同的结构，工艺性好、成本低。图 4-30 中的 K 为阀的遥控口。

② 电气-机械转换器及驱动控制器。该阀的电气-机械转换器为混合式步进电机（57BYG450C，驱动电压为 36VDC，相电流为 1.5A，脉冲速率为 0.1kHz，步距角为 0.9°），并采用单片机（AT89C2051）作控制器，以凸轮机构作为阀的机械转换器。

③ 控制原理及特点。结合图 4-30（c）和图 4-30（a），对该阀的控制原理简要说明如下。利用键盘进行必要的人工操作，单片机（AT89C2051）发出需要的脉冲序列，经驱动控制器（参见图 4-10）放大后使步进电机工作，每个脉冲使步进电机沿给定方向转动一个固定的步距角，再通过偏心轮和调节杆将转角转换为轴向位移，使导阀中调节弹簧获得一压缩量，从而实现压力调节和控制。被控压力由 LED 显示器显示。每次控制开始及结束时，由零位传感器控制溢流阀阀芯回到零位，以提高阀的重复精度。工作过程中，可由复零开关复零。

④ 技术参数及特点。SYF1-E63B 先导型增量式电液数字溢流阀的额定压力为 16MPa，额定流量为 63L/min，调压范围为 0.5～16MPa，调压当量为 0.16MPa/脉冲，重复精度不大于 0.1%。其具有以下一些特点：结构简单，工艺性好，价格较低，功耗较小，抗污染能力强；便于实现自动化和远距离调节；起调压力低，调压范围大，内泄漏小，压力稳定性和启闭特性好，噪声低；可直接与计算机连接，不需 D/A 转换器；线性误差、重复误差、滞环误差与分辨率均较小，工作稳定。可用于压铸机、各类数控机床和加工中心、试验机、工程机械、医疗器械等设备的液压系统自动控制中（既可开环也可闭环）。特别是该阀的先导阀部分，可用于构成二级电液数字减压阀和二级电液数字顺序阀等压力控制元件。

（2）两节同心滑阀式电液数字溢流阀

该阀用于双离合自动变速器主调压控制系统。它主要由两节同心滑阀式主阀、锥阀式先导阀和步进电机等组成（图 4-31），其功能是通过步进电机 14 调控调压弹簧 13 的预紧力，实现对进油口压力的连续控制，使进油口压力按照设定值保持恒定。

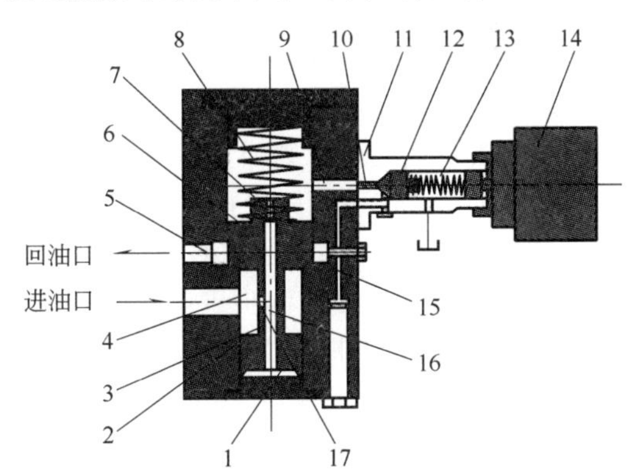

图 4-31 两级同心滑阀式电液数字溢流阀结构原理

1—主阀芯下端面；2—主阀体；3—主阀芯；4—进油腔；5—回油腔；6—主阀芯上端面；7—阻尼孔；8—复位弹簧；9—油道 a；10—油道 b；11—先导阀盖；12—先导阀芯；13—调压弹簧；14—步进电机；15—油道 c；16—纵向孔；17—径向小孔

从进油口流入的压力油进入进油腔并经径向小孔 17 后一分为二，一部分经纵向孔 16 向下进入主阀芯下腔在下端面 1 产生向上的液压力，另一部分经阻尼孔 7 进入主阀芯的上腔在上端面 6 产生向下的作用力，并经油道 a 和油道 b 作用在锥阀式先导阀芯 12 上。当负载引起的压力小于调压弹簧 13 的设定压力时，先导阀芯关闭，主阀芯上下两端的液压力平衡，在复位弹簧作用下主阀芯关闭。当负载增大引起的压力大于调压弹簧 13 的设定压力时，先导阀芯开启溢流，阻尼孔 7 使主阀芯上下两端产生压差，从而，主阀芯开启溢流，维持进油口设定压力的恒定。

（3）插装式电液数字调压阀

① 组成。插装式电液数字调压阀用于无级变速器的夹紧力控制。阀总体上由直线步进电机、先导阀和主阀三部分组成（图 4-32）。

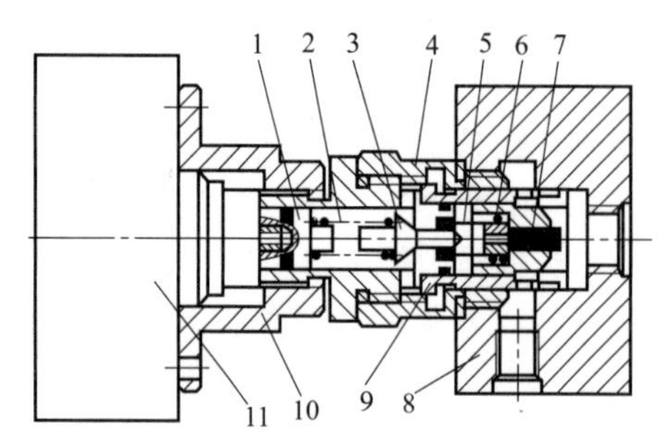

图 4-32　金属带式无级变速器电液数字调压阀的结构原理

1—推块；2—调压弹簧；3—先导阀芯；4—阀体；5—复位弹簧；6—主阀芯；7—阻尼孔；8—插装座；9—主阀座；10—法兰盘；11—步进电机

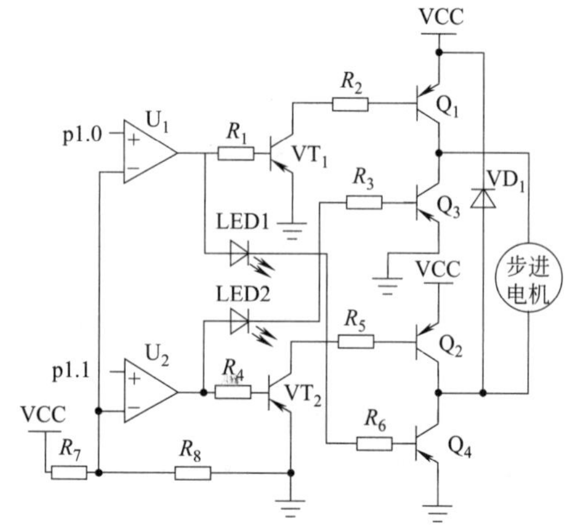

图 4-33　晶体管驱动的步进电机控制器电路

② 原理。当步进电机 11 有脉冲信号输入时，通过推块 1 改变调压弹簧 2 的压缩量。先导阀在弹簧压缩量的作用下，输出与累计脉冲数相应的先导压力。此压力借助液阻孔 7 作用推动主阀芯 6，从而间接控制主阀口处进油口的压力，实现对压力的连续控制。在结构上，主阀套和阀座内部孔道的几何形状应使油液流过时尽可能缩小涡流区并减轻流速场的激变，以减小压力损失，为此要尽量使内孔形状简单。主阀芯上、下侧面积差的大小直接影响到阀的性能。阀芯和阀座在阀口处的形状和锥角大小与主阀芯的受力大小和动作平稳性有关。先导阀芯 3 采用锥阀式，与球阀式相比，锥阀芯虽然使主阀开启较慢，但可快速进入稳定状态，应用到无级变速器上可以得到较好的平顺性。阻尼孔的直径及长度的选取应适当，阻尼孔太大或太短都起不到阻尼作用，这不仅影响阀的启闭性能，还会在工作中出现较大的压力波动；反之，阻尼孔太小或太长，则加工困难，易受油污堵塞，阀的工作不稳定，压力超调量也会加大。为此可加工一组不同阻尼孔直径及长度的数字阀，通过试验确定阻尼孔直径及长度。

③ 驱动控制器。该数字阀的步进电机为两相四拍双相供电工作，采用计算机通过数字量输出卡输出脉冲信号控制步进电机，数字量输出卡功率有限，不足以提供步进电机所需的输出功率，故需对脉冲序列进行功率放大。因数字阀所需的功率较小，故采用晶体管驱动的步进电机控制器电路，如图 4-33 所示。

④ 技术参数。该数字调压阀主体部分采用插装式结构，具有良好的动、静特性，其额定压力为 4MPa，额定流量为 40L/min，调压范围为 0.5～4MPa，开启压力为 3.8MPa。

4.4.2 电液数字流量阀

（1）滑阀式电液数字节流阀

图 4-34 所示为增量式电液数字节流阀。步进电机 1 的转动经滚珠丝杆 2 转化为轴向位移，带动节流阀阀芯 3 移动，控制阀口的开度，从而实现流量调节。该阀的阀口由相对运动的阀芯 3 和阀套 4 组成，阀套上有两个通流孔口，左边一个为全周开口，右边一个为非全周开口，阀芯移动时先打开右边的节流口，得到较小的控制流量，阀芯继续移动，则打开左边

阀口，流量增大，这种结构使阀的控制流量可达 3600L/min。阀的液流流入方向为轴向，流出方向与轴线垂直，这样可抵消一部分阀开口流量引起的液动力，并使结构较紧凑。连杆 5 的热膨胀，可起温度补偿作用，减小温度变化引起流量的不稳定。阀上的零位传感器 6 用于在每个控制周期终了控制阀芯回到零位，以保证每个工作周期有相同的起始位置，提高阀的重复精度。

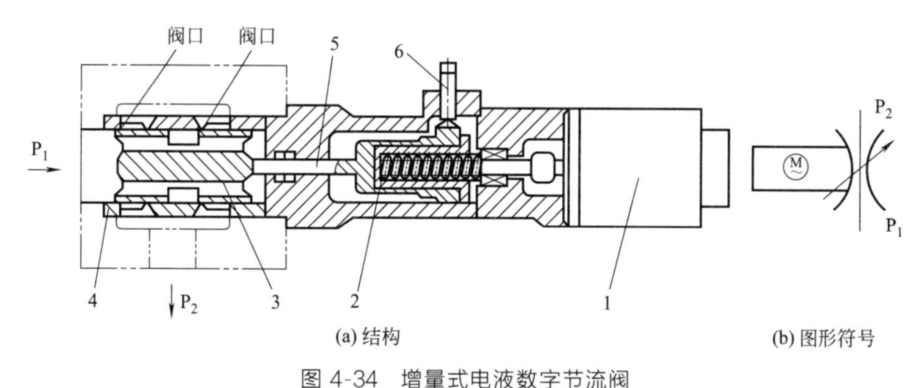

图 4-34 增量式电液数字节流阀

1—步进电机；2—滚珠丝杆；3—节流阀阀芯；4—阀套；5—连杆；6—零位传感器

（2）锥阀式水液压电液数字节流阀

① 结构原理。该阀用于水介质液压系统的流量控制，主要由液压阀主体部分 1、步进电机（SM3910/LHA 型混合式电机，步距角为 1.2°）15、圆柱滚子 10 及联轴器 11、位移传感器（机械式直线位移传感器）8 等构成（图 4-35）。其中阀芯为密封性良好的锥阀结构。阀的驱动控制电路原理框图如图 4-36 所示，步进电机通过圆柱滚子-联轴器驱动阀芯改变节流阀口开度，实现流量的连续控制；阀芯的位移由位移传感器靠中间导杆的运动进行检测，并经 A/D 转换器（变送器）进行信号放大处理后送入显示表，实现阀芯位移量的数字显示。

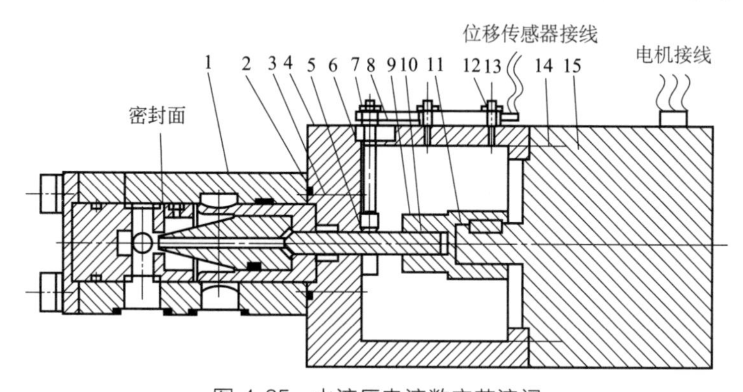

图 4-35 水液压电液数字节流阀

1—液压阀主体部分；2—O 形圈；3—螺钉；4—框架；5—螺纹轴套；6—传感器支架；7—六角螺母；8—位移传感器；9—联轴器套；10—圆柱滚子；11—联轴器；12—平垫；13—螺钉；14—内六角螺钉；15—步进电机

② 技术性能特点。该阀是一种结构简单、工作可靠、造价低廉的水液压电液数字节流阀，其额定压力为 14MPa，额定流量为 40L/min，关阀时最大泄漏量小于 0.3mL/min（14MPa），流量控制精度为 3%～5%。该阀具有以下特点：通过面积差来降低作用在阀芯（锥阀芯锥角为 25°，阀座通径为 8.39mm，阀芯行程为 7.5mm）端部的液压力，大大减小了调节端螺纹副摩擦力矩（负载扭矩为 3.932N·m），降低了步进电机的成本；合理地选择

了阀主体部分主要构件的材料，以防水介质的锈蚀，其中阀体和阀芯采用不锈钢(1Cr18Ni9Ti)，阀套、阀座采用黄铜；采用了圆柱滚子-联轴器机械转换器，在保证机械传递性能的前提下，节约了成本；优选了位移传感器结构等。

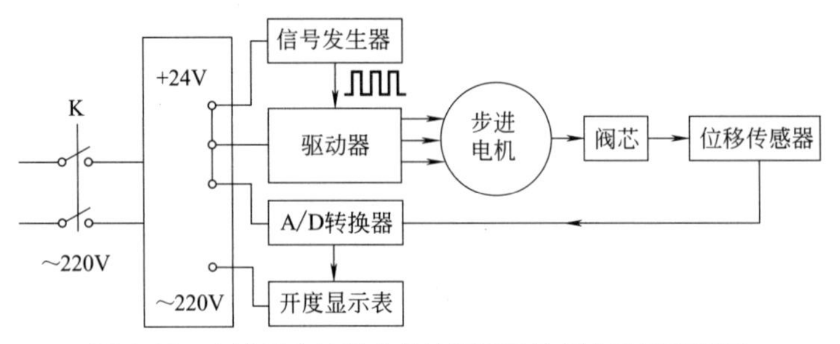

图 4-36 水液压电液数字节流阀驱动控制电路原理框图

(3) 电液数字调速阀

① 结构原理。该电液数字调速阀以单片机作控制器（图 4-37），混合式步进电机作电气-机械转换器。利用键盘进行必要的人工操作，单片机发出所需脉冲序列，经驱动控制器放大后使步进电机工作。每个脉冲使步进电机沿给定方向转动一固定步距角，再通过机械转换器（丝杆-螺母机构，螺母转动，丝杆作直线运动）使转角转换为轴向位移量，驱动调速阀中的节流阀芯移动一定距离，对应一阀口的开度，从而实现工作中流量的远距离调节和控制。阀的开度或流量由 LED 发光数码管显示。

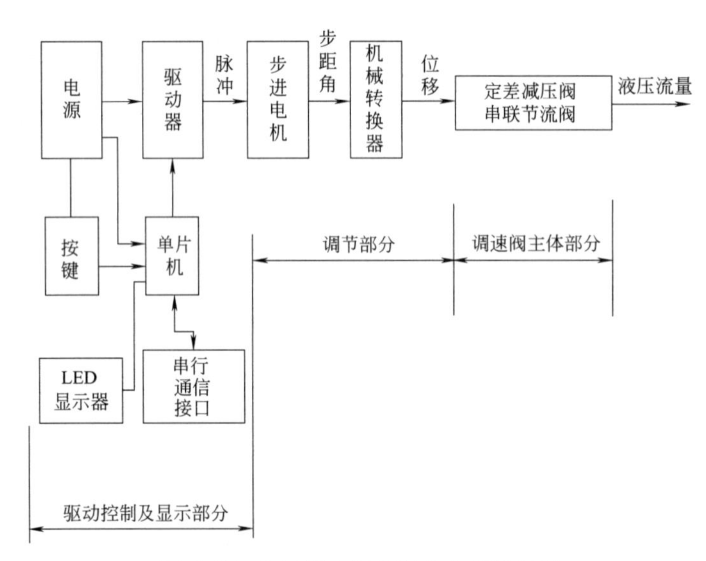

图 4-37 电液数字调速阀工作原理框图

调速阀中节流阀的流量特性可用式（4-6）表达：

$$q=C_q\omega x_T(2\Delta p/\rho)^{1/2}=C_q\omega x_\Delta n(2\Delta p/\rho)^{1/2} \tag{4-6}$$

式中，q 为节流阀流量；C_q 为节流阀口流量系数；ω 为节流阀口面积梯度；x_T 为丝杆位移（节流阀开度），$x_T=x_\Delta n$；x_Δ 为位移脉冲当量，$x_\Delta=\theta t/360°$；θ 为步进电机步距角；t 为丝杆-螺母的螺距；n 为单片机发出的指令脉冲数；ρ 为液压油密度；Δp 为节流阀前后压差。

在该阀中，将步距角 θ 和螺距 t 均取较小值，因此使位移脉冲当量 x_Δ 达到了 10^{-3}mm

数量级，从而使该电液数字调速阀获得了较高的流量控制精度。阀在每一脉冲对应调定流量的稳定性，则通过阀中定差减压阀的自动调节作用，使节流阀前后压差 Δp 基本保持不变来保证。

② 阀的技术参数及性能指标见表 4-3。

表 4-3 电液数字调速阀的技术参数及性能指标

技术参数		性能指标	
项目	数据	项目	数据
电压	36VDC	线性度	≤3%
电流	1.5A	滞环	≤9.5%
脉冲速率	0.1kHz	重复精度	≤2.5%
额定压力	16MPa	分辨率	≤0.16%
额定流量	30L/min	死区	≤23%
最小控制流量	0.7L/min		

③ 结构性能特点：结构简单，工艺性好，价格较低，功耗较小；便于实现自动化和远距离调节；抗污染能力强；流量调节范围大，内泄漏量小，调定流量的负载特性好；可直接与计算机接口，不需 D/A 转换器；线性度、重复误差与分辨率均较小，工作精度高；死区和滞环稍大。

4.4.3 电液数字方向流量阀

此阀是一种复合阀，其方向与流量控制融为一体。若假设进入执行元件的流量为正，流出流量为负，则执行元件换向意味着流量由正方向变为负方向，反之亦然。图 4-38 所示为一种带压力补偿的先导式增量数字方向流量阀。

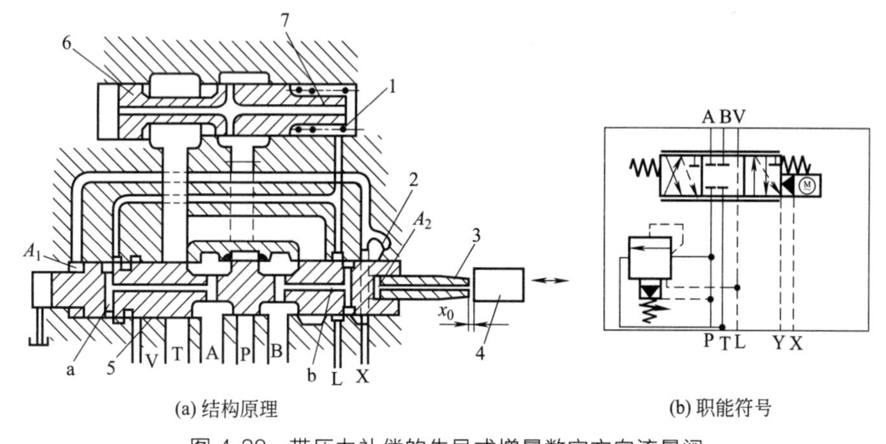

(a) 结构原理　　(b) 职能符号

图 4-38 带压力补偿的先导式增量数字方向流量阀

1—溢流阀弹簧；2,7—阻尼孔；3—喷嘴；4—步进电机驱动的挡板；5—主阀芯；6—定差溢流阀

该阀的动作原理可以看成是由挡板阀控制的差动活塞（主阀芯）缸。压力为 p 的先导压力油从 X 口进入 A_1 腔，并经孔 2 后降为 p_c，再从挡板缝隙 x_0 处流出，平衡状态时有 $A_1/A_2=p/p_c=1/2$。A_2 腔的压力 p_c 受缝隙 x_0 控制，挡板向前时，x_0 减小，p_c 上升，迫使主阀后退，直至再次满足 $p/p_c=1/2$，这时挡板 4 与喷嘴的间隙恢复为平衡状态时的 x_0，反之亦然。可见该阀的动作原理可以看成是由挡板阀控制主阀的位置伺服系统，执行元件为主阀芯。主阀芯作跟随移动时切换控制油口的油路，使压力油从 P 口进入，流进 A 口或 B 口，而 A 口或 B 口的油液就从 T 口排走。由于步进电机驱动的挡板单个脉冲的位移

可以很小（10^{-2}mm 级），因此主阀芯的位移也可以这一微小增量变化，从而实现对流量的微小调节。为了使阀芯节流口前后压差不受负载影响，保持恒定，阀的内部可以设有定差减压阀或定差溢流阀。图 4-38 所示为设有定差溢流阀的结构，它是一个先导式定差溢流阀，弹簧腔通过阀芯的内部通道，分别接通 A 口或 B 口，实现双向进口节流压力补偿。例如，挡板向左移动时，主阀芯也向左随动，油路切换成 P 口与 B 口相通，A 口与 T 口相通，这时主阀芯内的油道 b 使 B 口与溢流阀的弹簧控制腔相通，使 P 口与 B 口间的压差维持在弹簧所确定的水平内，超出这个范围时，主阀芯 5 右移，使 P 口与 T 口接通，供油压力下降，以保持节流阀芯两侧压差维持不变，补偿负载变化时引起的流量变化。阀芯的内部通道 a 与 b，使其能在两个方向上选择正确的压力进行反馈，保证补偿器正常起作用。

4.4.4 电液数字伺服阀

（1）单级电液数字伺服阀

该电液数字伺服阀用于双缸位置同步控制。如图 4-39（a）所示，该阀主要由步进电机、凸轮机构和阀主体部分（含滑阀式阀芯 1、阀套 2 和阀体 3）构成。步进电机作为电气-机械转换元件输出角位移；凸轮机构将步进电机输出的角位移转变成阀芯的轴向位移。其工作原理如图 4-39（b）所示，步进电机在一定角度范围内转动时，便通过凸轮机构拖动阀芯，使其轴向移动，从而得到阀芯位移量的输出。由于采用连续跟踪控制方法，从而消除了传统的步进式数字阀所固有的量化误差与响应速度之间的矛盾，保证了阀的快速响应。

与传统的伺服阀和电液比例阀相比，该滑阀式电液数字伺服阀具有结构简单、抗污染能力强、控制精度高、可实现计算机直接控制等优点。用于位置同步闭环系统控制具有响应速度快、控制精度高的优点，其同步控制位置误差控制在 0.05mm 以内，在大型机械臂等需要较高同步控制精度的场合具有很好的应用前景。

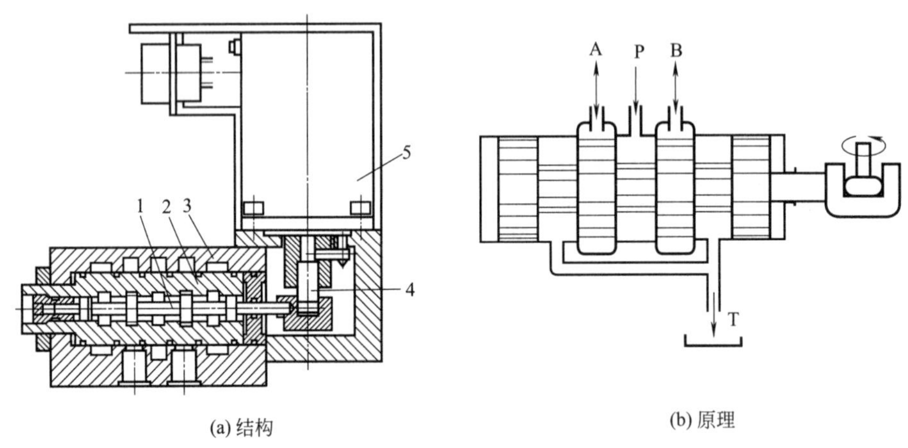

图 4-39 电液数字伺服阀

1—阀芯；2—阀套；3—阀体；4—凸轮机构；5—步进电机

（2）电液微小数字伺服阀

电液微小数字伺服阀由步进电机、传动机构和阀主体部分组成（图 4-40）。它是一个直动式数字电液伺服阀。步进电机 1 的输入通过偏心轮机构 6 作用于滑阀式阀芯 11，偏心轮机构的旋转运动转化为阀芯的直线运动，从而实现步进电机对阀芯运动的直接控制，从而对阀芯的开度进行控制。在这个直动式数字电液伺服阀的运动过程中，阀口的最大开度为 0.4mm，偏心轮机构的偏心距为 0.2mm。

该阀采用轴向缝隙式节流口，阀套上圆周对称开方形孔，阀芯端部与该孔形成节流缝隙，阀芯轴向运动时可以改变节流口面积，这种节流口属于薄壁小孔，流量对温度变化不敏感。此外，在大流量时水力半径大，小流量时稳定性好。该数字阀的电气-机械转化结构采用连续跟踪控制的微步进电机，使阀的精度与响应速度同时得到保证。其动态响应过程叠加有一个高频数字碎片信号，它相当于一个颤振信号，对减小库仑摩擦力及滞环等不利影响起到重要的作用。

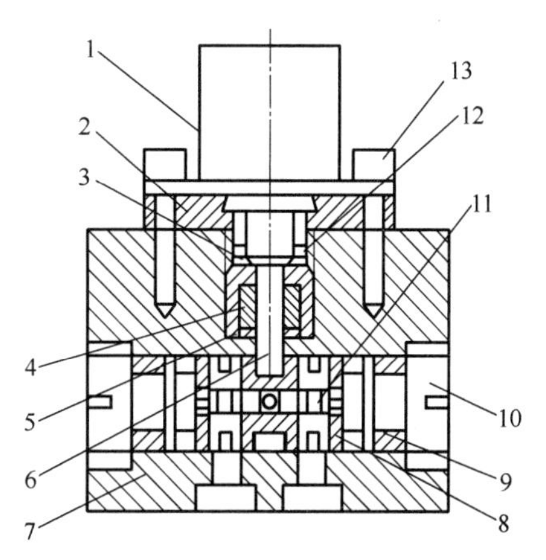

图 4-40 电液微小数字阀

1—步进电机；2—电机座；3，12—限位销钉；4，9—密封圈；5—密封垫圈；6—偏心轮机构；7—阀座；8—阀套；10—端盖；11—阀芯；13—螺钉

（3）二级电液数字伺服阀

① 结构组成。该阀用于水轮机调速器高压大流量随动系统。该伺服阀为二级阀，如图 4-41 所示，它由先导级转阀和功率级主阀（滑阀）组成：先导级转阀包括步进电机 1 传动轴直连的阀芯、随阀芯转动的阀套 9 和最外层的阀体 10，阀套下端连接一中心转轴 4，转轴与齿轮相连，实现转动；功率级滑阀包括直线移动的阀芯 7、阀体 8 和左、右端盖 6、3，阀芯中部制成齿条，与转阀阀套固连的齿轮啮合。

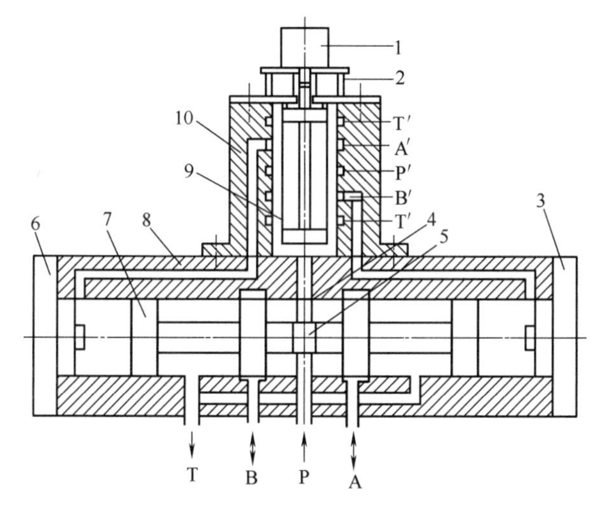

图 4-41 二级电液数字伺服阀结构

1—步进电机；2—电机安装支架；3—右端盖；4—中心转轴；5—齿轮；6—左端盖；7—滑阀阀芯；8—滑阀阀体；9—转阀阀套；10—转阀阀体

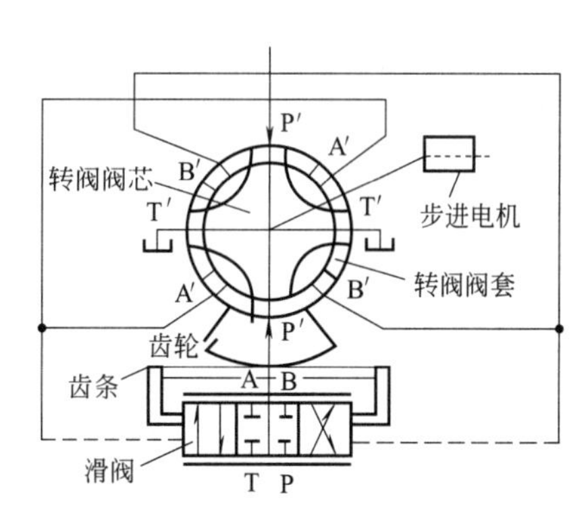

图 4-42 二级电液数字伺服阀（转阀+ 滑阀）工作原理

转阀用于控制功率级主阀，其阀体上自上至下有 T′、A′、P′、B′、T′五个通油槽（油口）：两个 T′口为回油通道，与油箱相连；P′口为压力油口，与油源相连；A′和 B′两口为工作油口，分别与滑阀阀芯两端控制油腔相通。滑阀控制负载主油路，其阀体上设有 P、T、A、B 四个油口：P 口为压力油口与液压源相接；T 口为回油口，与油箱相通；A 和 B 两口为工作油口，与负载执行器相连。

② 工作原理。二级电液数字伺服阀的工作原理可借助图 4-42 加以说明：转阀阀芯由步进电机驱动旋转，当步进电机顺时针转动角度 θ 时，P′口与 B′口相通，压力油进入滑阀右

腔，左腔油液经相通的A′口与T′口排回油箱，滑阀阀芯左移，阀芯移动过程中，通过齿条驱动齿轮，带动转阀阀套顺时针转动，将转阀阀口关闭，这时主阀形成一定开度，此位移开口的大小与步进电机转动角度对应，P口与B口相通，A口与T口相通，滑阀用于功率输出，可控制执行器输出力和运动速度，执行器移动。

当步进电机带动转阀阀芯逆时针转动相同角度时，转阀的P′口与A′口相通，压力油进入滑阀左腔，右腔通过相通的B′口和T′口排回油箱，滑阀右移，通过齿条驱动齿轮反向转动阀套，转阀阀口关闭，滑阀又回到零位，执行器停止。

综上容易看出，二级电液数字伺服阀实际上是一个位移负反馈闭环控制系统(图4-43)，主阀芯的位移 x_v 与步进电机转角 θ 之间通过齿轮齿条传动构成闭环负反馈，保证了位移控制的精确度。

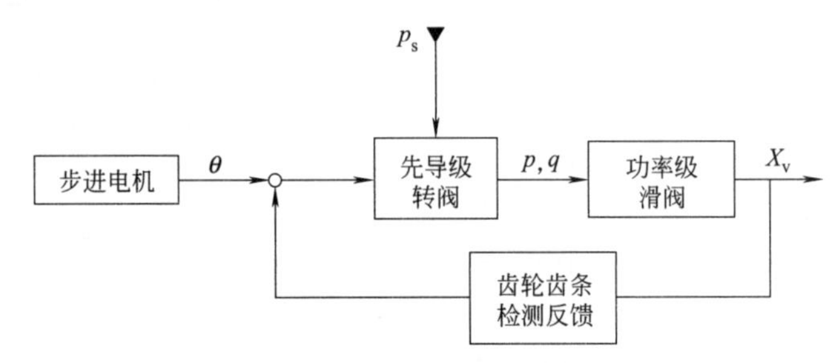

图4-43　二级电液数字伺服阀反馈控制原理框图

③ 性能特点见表4-4。

表4-4　二级电液数字伺服阀的性能特点

性能特点	说　明
抗污染能力强，可靠性高	转阀＋滑阀的结构，没有一般伺服阀细小的过流孔，阀芯无卡死现象，电液随动系统运行稳定可靠
机械未知参量的影响小	机械未知参量主要由摩擦产生，会导致水轮机调节品质变坏，这种转阀＋滑阀的结构，将机械磨损降为最低，转阀的阀芯和阀套的转动、滑阀的直线滑动均为黏性摩擦，磨损很小；齿条齿轮的啮合，由于负载扭矩很小，磨损也很小
消除已知机械死区影响	转阀和滑阀阀口的重叠量、齿条齿轮的初始啮合间隙是产生机械死区的主要原因，这种死区不会由于伺服阀的长期频繁调节而变化，可通过步进电机大角度转动而消除
泄漏量较小	转阀工艺性较差，不易密封，加之阀芯和阀套均为转动部件，增加了泄漏面，密封难度加大，但由于转阀为先导阀，控制主阀的移动，流量小，体积小，泄漏也小；另外，转阀阀口可适当增加重叠量，使泄漏量减小
驱动力矩小	转阀流量小，液动力也较小；阀芯设计成压力对称布置，消除了液压卡紧现象；步进电机带动阀芯转动，只克服黏性摩擦力。因此使驱动力矩很小，降低了步进电机丢步的可能性
适用于高压大流量场合	用于高压大流量的系统，应保证阀的泄漏量小，主阀芯驱动力足够大，能克服液动力和液压卡紧力，推动主阀芯移动。此阀泄漏量小，二级液压放大，先导级阀为电动阀，滑阀作为主阀用于功率输出，靠液压来驱动，驱动力大。为高压大流量的电液随动系统在水电厂的应用奠定了基础
提高抗干扰能力，增加可靠性	步进电机作为伺服阀的驱动部件，更容易采用PLC控制，取消了A/D、D/A的转换，组成全数字的电液调速系统，可大大提高系统的抗干扰能力

4.5　高速开关电液数字阀的典型结构及其工作原理

高速开关阀有二位二通和二位三通两类，两者又各有常开和常闭两种。按照阀芯结构形式不同，有滑阀式、转阀式、锥阀式和球阀式等。

4.5.1 滑阀式高速开关阀

图 4-44 所示为电磁铁驱动的滑阀式二位三通高速开关阀。电磁铁断电时，弹簧 1 把阀芯 2 保持在 A 口和 T 口相通位置上；电磁铁通电时，衔铁 3 通过推杆使阀芯左移，P 口与 A 口相通。

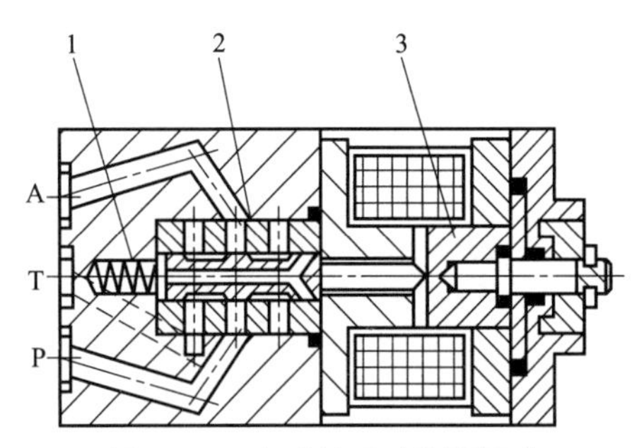

图 4-44 电磁铁驱动的滑阀式二位三通高速开关阀

1—弹簧；2—阀芯；3—衔铁

滑阀式高速开关阀容易获得液压力平衡和液动力补偿，可以在高压大流量下工作，可以多位多通，但这会加长工作行程，影响快速性，加工精度要求高，而密封性较差，因泄漏会影响控制精度。

4.5.2 转阀式高速开关阀

（1）基本型结构原理

图 4-45（a）所示为美国明尼苏达州立大学提出的高速开关转阀，它由阀芯和阀体两部分组成，阀体左右各开有两个油口，其中靠近中间的两个油口分别连接负载和油箱，其余两个油口与齿轮泵相连，调节阀芯的轴向位移。如图 4-45（b）所示，阀芯包括夹在两个涡轮式输出端的 PWM 部分，由液力驱动阀芯转动。工作时，液压油经喷嘴提速，冲击 PWM 部分的螺旋叶片产生转矩；液压油经过阀芯内部通道从涡轮式输出端流出时也会产生转矩，驱动阀芯转动。PWM 部分的三角形区域通过其内部通道分别连接阀芯的两个涡轮式输出端，在阀芯旋转过程中喷嘴流出的液压油将进入“△”形或“▽”形区域，液压油便被分配到负载或油箱。从阀芯“△”形区域流出的液压油流向油箱，从“▽”形区域流出的液压油流向负载，喷嘴固定在阀体上，当阀芯向上移动时，PWM 占空比减小，一个 PWM 周期内流向负载的流量将减小。该高速开关转阀在转动过程中可以实现高速开关阀的功能，阀芯不需频繁启闭，故阀的寿命长；阀芯由液力驱动，不需额外动力，故阀的效率高，且允许通过的流量大。但是阀芯转速不稳定，尤其当小流量工况时，转速将急剧下降。

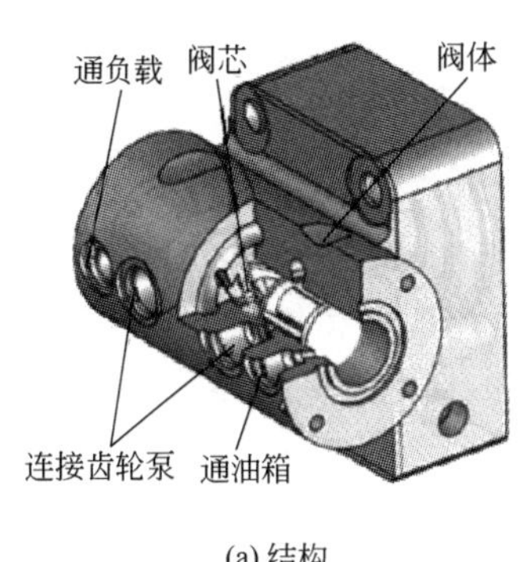

(a) 结构

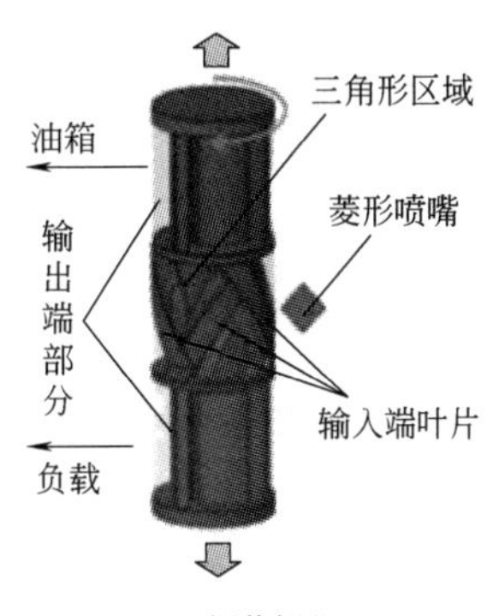

(b) 阀芯部分

图 4-45 明尼苏达州立大学的高速开关转阀

（2）改进型结构原理

图 4-46（a）所示为基于明尼苏达州立大学高速开关转阀的一种改进方案（步进电机驱动阀芯转动的高速开关转阀），该方案设计的阀由阀体、阀套、阀芯及步进电机等组成。阀芯轴向固定，转速由电机控制，PWM 占空比由阀套轴向位移调节。阀芯轴向位移由内部位

移传感器测定，转速则由电机系统中的转速传感器测定。

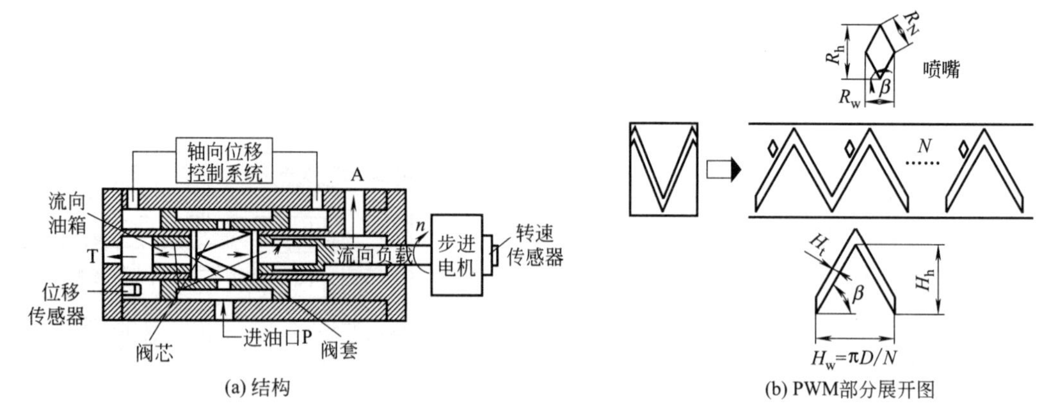

图 4-46 步进电机驱动的高速开关转阀

图 4-46（b）所示为阀芯 PWM 部分的展开图及主要参数（喷嘴个数 $N=3$，喷嘴高度 $R_h=6.5$mm，喷嘴宽度 $R_w=3.7$mm，阀芯直径 $D=25.7$mm，叶片厚度 $H_t=3$mm），可以看出 PWM 部分由 N 个三角形结构组成，阀体上有 N 个喷嘴与之对应，阀芯旋转一周经历 N 个 PWM 周期。阀芯转动过程中，喷嘴将与输入端的叶片接触，此时处于过渡过程。在一个 PWM 周期内阀芯要经历四个过渡过程，全部过渡过程所占比例 κ 由式（4-7）表达：

$$\kappa=2N[R_w+(H_t/\sin\beta)]/(\pi D) \tag{4-7}$$

改进后阀的阀芯与明尼苏达州立大学阀芯相比结构简单，工艺性好，容易加工，成本低。阀芯转速由电机决定，电机转速越大，阀芯转速越大，PWM 频率越高。阀芯转动由步进电机驱动，步进电机转速由计算机输出的脉冲信号控制，不需 D/A 转换器，因此阀芯转速控制简单方便。改进后的阀芯转速由步进电机决定，虽效率较低，但阀芯转速可控、精确度高，即使通过阀的流量较小也可以保证足够高的 PWM 频率，不但弥补了明尼苏达州立大学高速开关转阀转速不稳定的不足，又具有转速、流量可随意改变的优点。

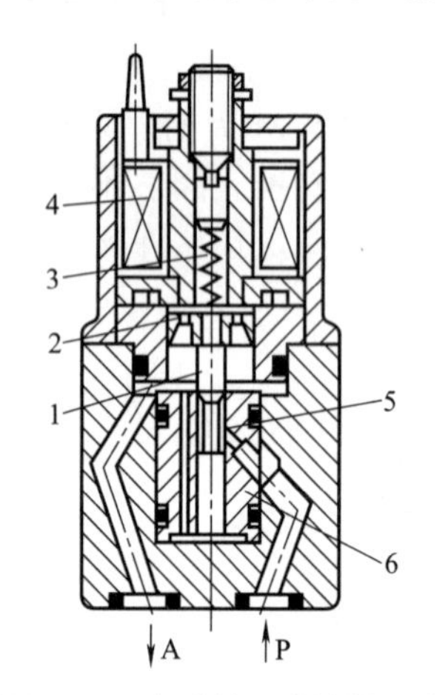

图 4-47 电磁铁驱动的锥阀式二位二通高速开关阀

1—锥阀芯；2—衔铁；3—弹簧；4—线圈；5—阻尼孔；6—阀套

4.5.3 电磁铁驱动的锥阀式高速开关阀

图 4-47 所示为电磁铁驱动的锥阀式二位二通高速开关阀，当线圈 4 通电时，衔铁 2 上移，使与其连接的锥阀芯 1 开启，压力油从 P 口经阀体流入 A 口。为防止开启时阀因稳态液动力而关闭和减小控制电磁力，该阀通过射流对铁芯的作用来补偿液动力。断电时，弹簧 3 使锥阀关闭。阀套 6 上有一阻尼孔 5，用以补偿液动力。

4.5.4 压电晶体驱动的锥阀式高频响大流量高速开关阀

（1）结构组成

如图 4-48 所示，其主体部分由阀体、两个对称的锥阀式阀芯和弹簧等组成；阀芯的驱动器采用弛豫型铁电 PMNT 烧结而成的压电晶体堆（结构原理参见图 4-23）；阀口有两个进口、一个出口以及两个泄油口，出口由通道口Ⅰ和通道口Ⅱ合并而成，因此增大了出口流通量，同时对称的结构增加了阀的平衡性。通道口Ⅰ和通道口Ⅱ分别由对应的锥阀控制其与进、出油口的开和关。进口接通液压油，出口接通负载或油箱，两个泄油口分别与油箱相接。

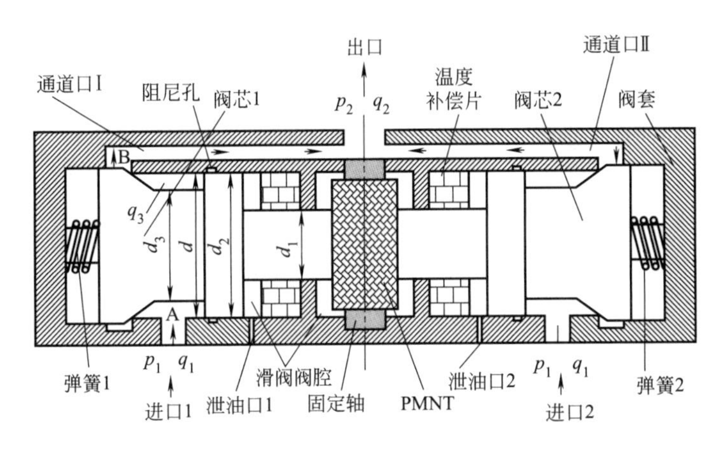

图 4-48 高频响压电大流量高速开关阀

（2）工作原理

① 未工作工况。高速开关阀在未工作工况下，阀芯 1 和阀芯 2 分别由弹簧 1 和弹簧 2 所施加的预紧力 F_j 压在阀座上，两个泄油口分别与对应滑阀所形成的阀腔连通。此时负载压力 p_2 对阀芯的作用力接近于零。

② 工作工况。高速开关阀在工作工况下锥阀阀口的启闭过程如下。

a. 阀口打开过程：高速开关阀在工作时，由中间压电晶体得电输出逆向位移（逆压电效应）推动阀芯向左右两边移动，此时阀芯 1 和阀芯 2 在压电晶体的推力 F_{PMNT} 下克服弹簧预紧力和液动力 F_y 向两侧移动，左右两锥阀阀口打开，液压油由进口 1 和进口 2 分别流经通道口Ⅰ和通道口Ⅱ，最后在出口汇合输出，当阀芯停止运动时，弹簧压缩停止，此时的弹簧力为 F_T，阀口完全打开。

b. 阀口关闭过程：当压电晶体断电时输出位移瞬间复原，阀芯 1 和阀芯 2 在弹簧压缩力 F_T 的作用下同时克服油液压力和液动力 F_y 向中间运动，锥阀阀口关闭，油液停止输出。

（3）性能特点

采用 PMNT 驱动器作为高速开关阀驱动器提高了响应速度，其反应速度在 5ms 左右；采用双并联阀的阀芯结构，能够实现高速开关阀稳定、大流量的输出。

4.5.5 磁控形状记忆合金（MSMA）驱动的二通锥阀式高速开关阀

（1）结构原理

图 4-49 所示为磁控形状记忆合金（MSMA）驱动的二通高速开关阀实物外形。该阀由磁控形状记忆合金（MSMA 棒）15、推杆 13 和阀的主体（含阀体 7、锥阀芯 9、复位弹簧 10）等组成。锥阀芯内部结构如图 4-50 所示。

当线圈 3 通电时，产生垂直于 MSMA 棒 15 的磁场，MSMA 棒伸长推动推杆 13，使与其相连的锥阀芯 9 开启，液压油由进油口 12 流入，从出油口 8 流出。线圈断电时，复位弹簧 10 使阀芯关闭，预压弹簧 14 使 MSMA 棒形状恢复，准备进入下一个工作周期。

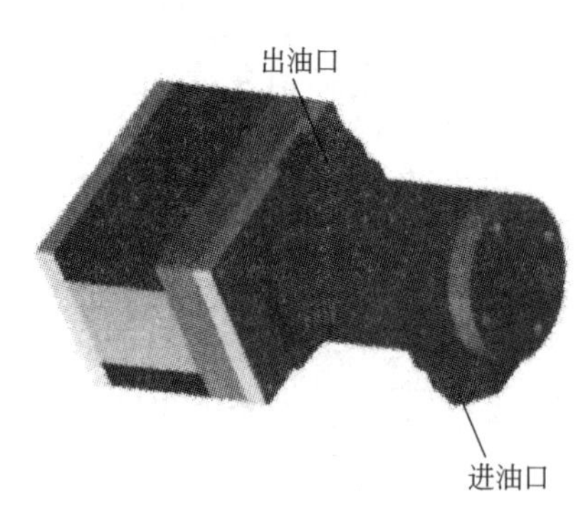

图 4-49 磁控形状记忆合金（MSMA）驱动的二通高速开关阀实物外形

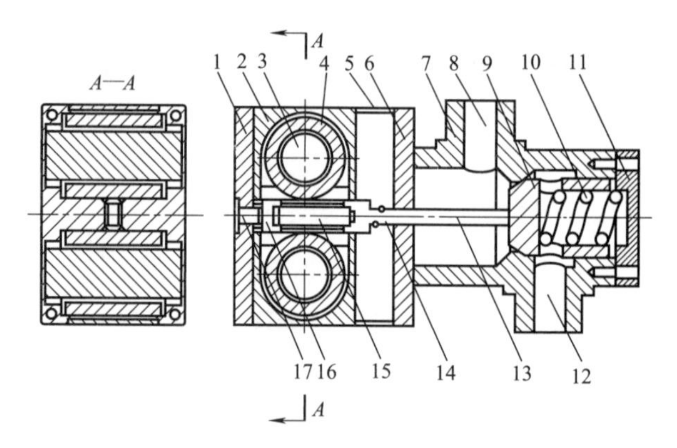

图 4-50 磁控形状记忆合金（MSMA）驱动的二通高速开关阀内部结构

1—后座；2—线圈衬；3—线圈；4—极头；5—驱动器挡板；6—前座；7—阀体；8—出油口；9—锥阀芯；10—复位弹簧；11—端盖；12—进油口；13—推杆；14—预压弹簧；15—MSMA 棒 ；16—顶杆；17—微调螺栓

（2）性能特点

① 该阀采用锥阀芯结构，具有正向流动压力小、反向截止以及密封性好等优点。

② MSMA 材料具有良好的输出特性，试验表明最大形变率可达 10%，响应达 50Hz，体积能量密度可达 70kJ/m^3，能量转化效率在一定工况下可达 80%，较其他智能材料的驱动性能更优，是驱动器的理想材料。

③ MSMA 驱动的高速开关阀，阀芯位移控制响应时间为 5ms，完全满足高性能液压阀动态性能的要求。

4.5.6 电磁铁驱动的 HSV 系列常闭型球阀式高速开关阀

HSV（High Speed on/off Valve）系列二位二通常闭型高速开关阀系贵州红林机械厂产品，该阀由电磁铁（含衔铁 1、衔铁管 2、线圈 3 和极靴 4 等）和阀主体（阀体 5、球阀芯 7 和推杆 6）组成（图 4-51）。电磁铁采用图 4-29 所示 PWM 高、低电压功率驱动电路驱动。当线圈通电时，衔铁 1 受到电磁力作用，克服弹簧力、摩擦力和液动力，并通过顶杆 6 使球阀芯 7 向右运动，阀口打开；当线圈断电时，球阀芯 7 在液动力和弹簧力作用下向左运动，最终紧靠在球阀芯的密封座面上，阀口关闭。该阀结构紧凑、阀芯重量小，响应速度快，最高频率可达 200Hz。

4.5.7 力矩马达驱动的球阀式高速开关阀

球阀式高速开关阀不仅可用电磁铁驱动，还可以采用力矩马达驱动。如图 4-52 所示的力矩马达驱动的球阀式二位三通高速开关阀，其驱动部分为力矩马达，液压部分有先导级球阀 4、7 和功率级球阀 5、6。根据线圈通电方向不同，衔铁 2 顺时针或逆时针方向摆动，输出力矩和转角。若脉冲信号使力矩马达通电时，衔铁顺时针偏转，先导级球阀 4 向下运动，关闭压力油口 P，L_2 腔与回油口 T 接通，功率级球阀 5 在液压力作用下向上运动，工作口 A 与 P 相通。与此同时，球阀 7 作用于上位，L_1 腔与 P 口相通，球阀 6 向下关闭，断开 P 口与 T 口通路。反之，如力矩马达逆时针偏转时，情况正好相反，工作口 A 则与 T 口相通。

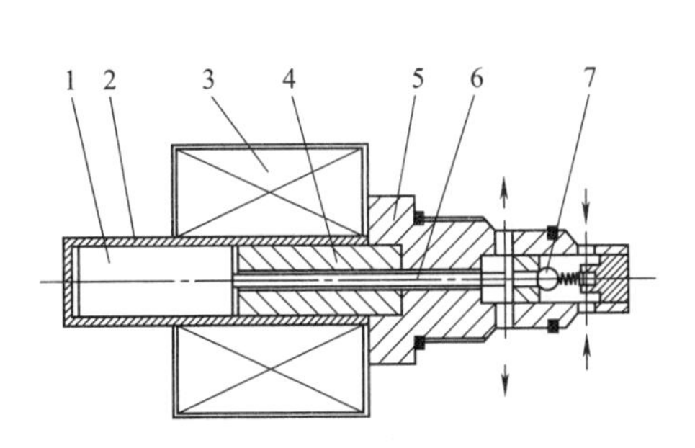

图 4-51 HSV 系列二位二通常闭型高速开关阀
1—衔铁；2—衔铁管；3— 线圈；4—极靴；
5—阀体；6—顶杆；7—球阀芯

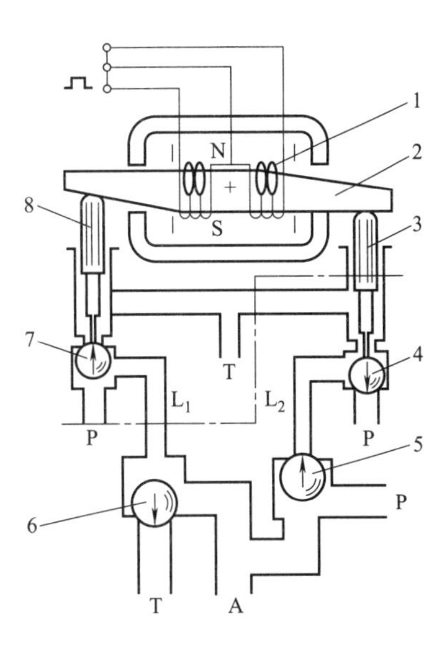

图 4-52 力矩马达驱动的球阀式二位三通高速开关阀
1—线圈；2—衔铁；3,8—推杆；
4,7—先导级球阀；5,6—功率级球阀

4.5.8 双电磁铁驱动的先导式大流量高速开关阀

（1）结构组成

先导式大流量高速开关阀主要由先导阀体 1、端盖 2、线圈 3、先导阀芯 4、主阀弹簧 5、主阀芯 6、主阀套 7 和主阀体 8 等组成（图 4-53）。先导阀为二位三通式结构，并采用对称

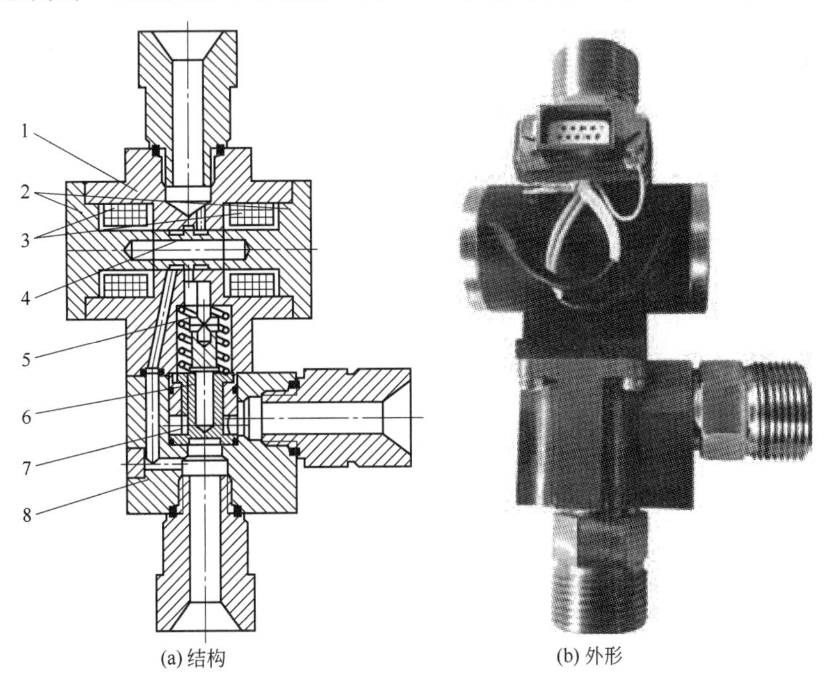

图 4-53 先导式大流量高速开关阀组成
1—先导阀体；2—端盖；3— 线圈；4—先导阀芯；5—主阀弹簧；6—主阀芯；7—主阀套；8—主阀体

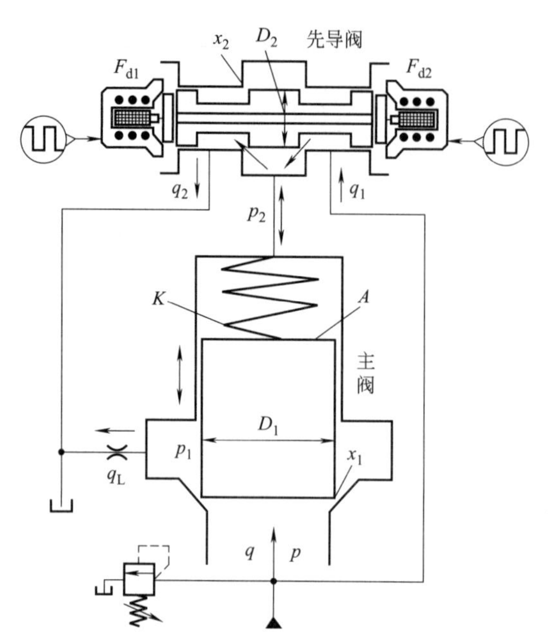

图 4-54 先导式大流量高速开关阀工作原理

布置的双电磁铁驱动控制。

(2) 工作原理

整个阀的工作原理可借助图 4-54 进行说明。当先导阀芯（直径为 D_2）在右端电磁铁吸力作用下向右运动（位移为 x_2）时，进口压力油与主阀上腔断开，主阀上腔与回油口相通，通过流量为 q_2，压力 p_2 下降，主阀芯（直径为 D_1）在下腔压力 p 的作用下，克服弹簧（刚度为 K）预紧力向上运动，主阀口打开（开度为 x_1），负载流量为 q_L。当先导阀芯在左端电磁铁吸力作用下向左运动时，进口压力油以流量 q_1 进入主阀上腔，主阀芯上、下腔压力平衡，主阀芯在弹簧预紧力的作用下向下运动，主阀关闭。

(3) 性能特点

① 先导式大流量高速开关阀摒弃了传统的单电磁铁+弹簧复位的方式，采用对称布置的双电磁铁进行先导阀芯的驱动控制；由于先导阀芯开始运动时无需克服弹簧预紧力，故大大缩短了先导阀芯运动的滞后时间；阀芯采用中空结构，减小了阀芯重量，从而实现了阀芯的高速开、关动作。

② 先导阀采用二位三通式结构，使主阀上腔的压力能够快速上升和下降；设计主阀弹簧工作载荷时，根据进口压力，使工作载荷为进口压力作用在主阀芯上的液压力的 1/2 左右，从而使主阀芯的启、闭时间尽可能一致，大大缩短了主阀芯总的启、闭时间。

③ 该阀启、闭时间均不超过 1ms，阀口在压差为 1MPa 的情况下，测得的最大流量为 49.68L/min。

4.5.9 水基高速电磁开关阀

(1) 结构组成

水基高速电磁开关阀由电磁铁（静铁芯 5、动铁芯 7、复位弹簧 6）和阀的主体（阀体 1、外阀套 2、左内锥阀芯 4、右内锥阀芯 3、压盖 8）等组成（图 4-55），阀套由动铁芯驱动。阀体上开有 P、T、A 三个通道口，故这是一个二位三通电磁阀，即可作常闭阀也可作常开阀使用。

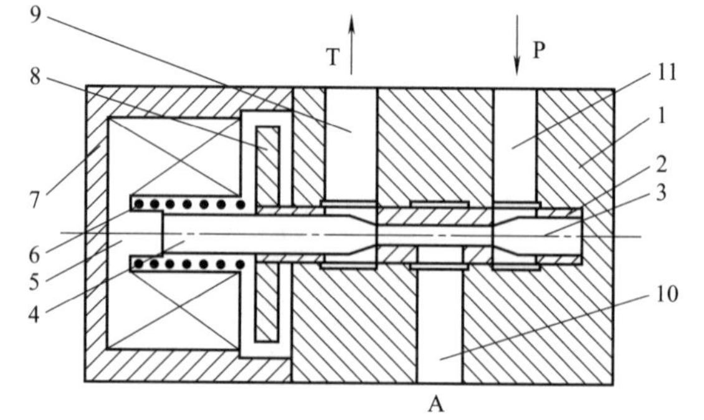

图 4-55 水基高速电磁开关阀结构原理

1—阀体；2—外阀套；3—右内锥阀芯；4—左内锥阀芯；5—静铁芯；6—复位弹簧；7—动铁芯；8—压盖；9～11—通道

(2) 工作原理

当该阀作常闭式阀使用时，其右端通道 11 为进液口，中间通道 10 为控制口，左端通道 9 为排液口。当电磁铁通电时，由于电磁力的作用，动铁芯 7 带动外阀套 2 克服复位弹簧 6 的阻力向左运动，直至左内锥阀芯 4 与左阀座压紧，由于液压力的作用，右内锥阀芯 3 与右阀座分离，此时，进液口与控制口连通，排液口与控制口断开，开关阀处于开启状态；当电磁铁断电时，动铁芯 7 和外阀套 2 在复位弹簧 6 的作用下向右运动，直至右内锥阀芯 3 与右阀座压紧，由于液压力的作用，左内锥阀芯 4 与左阀座分离，此时，进液口与控制口断开，排液口与控制口连通，开关阀处于关闭状态。

当该阀作常开式阀使用时，其右端通道 11 为排液口，中间通道 10 为控制口，左端通道 9 为进液口，动作原理与上述类似，不再赘述。

（3）性能特点

① 该水基高速开关阀阀芯为电磁式锥阀对称结构，并采用工程陶瓷（氮化硅陶瓷）材料，其驱动采用电磁驱动器。

② 锥阀采用线密封结构，可以解决水基介质低黏度所带来的泄漏大、效率低的问题，阀芯锥颈处虽有应力集中，但锥颈变形不大，阀芯表面变形也较小；阀芯锥部应力分布比较均匀，能起到缓冲减振作用，提高了摩擦副对偶件之间的耐磨性。

③ 工程陶瓷（氮化硅陶瓷）材料的阀芯耐腐蚀、硬度高、耐磨损。阀套用金属石墨材料，可有效提高水基高速开关阀的频率，提高密封性能，缓冲减振，与阀芯材料形成软-硬材料配对，能有效提高水基高速开关阀的使用寿命。阀芯顶杆采用普通的奥氏体不锈钢 0Cr18Ni9Ti，可以获得较高的硬度和耐腐蚀性能。阀芯复位弹簧采用不锈钢材料，其表面经过适当的工艺处理，可获得较好的耐腐蚀能力。

4.5.10 超磁致伸缩材料驱动的球阀式高速开关阀

（1）结构原理

该高速开关阀由超磁致伸缩材料驱动器（含导磁外套 2、线圈骨架 3、线圈 4、超磁致伸缩棒 5、推杆 6 等）和阀主体（杠杆 10、推杆 11、阀体 17、钢珠阀芯 15、预压弹簧 16 等）两大部分组成（图 4-56）。阀的工作原理为，当线圈 4 未通电时，钢珠在预压弹簧的作用下将进、出油口 13、14 隔离，开关阀不工作；当线圈通电时，产生驱动磁场，超磁致伸缩棒 5 伸长，推动推杆 6，推杆顶压滚珠 8，从而推动杠杆 10 绕支点 9 逆时针方向转动，杠杆通过滚珠 12 克服预压弹簧的阻力推动阀芯 15 移动，使开关阀的进油口 13 和出油口 14 相通，开关阀工作。当连续给阀输入脉冲电压时，开关阀便能够获得快速的开关动作。

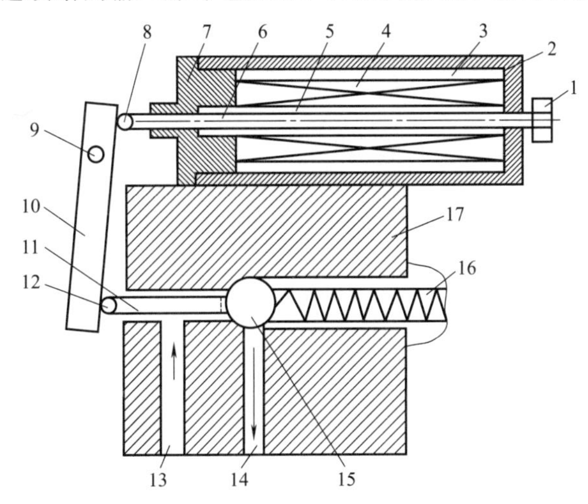

图 4-56 超磁致伸缩材料驱动的球阀式高速开关阀结构原理

1—调整螺栓；2—导磁外套；3—线圈骨架；4—线圈；5—超磁致伸缩棒；6,11—推杆；7—端盖；8,12—滚珠；9—杠杆支点；10—杠杆；13—进油口；14—出油口；15—钢珠阀芯；16—预压弹簧；17—阀体

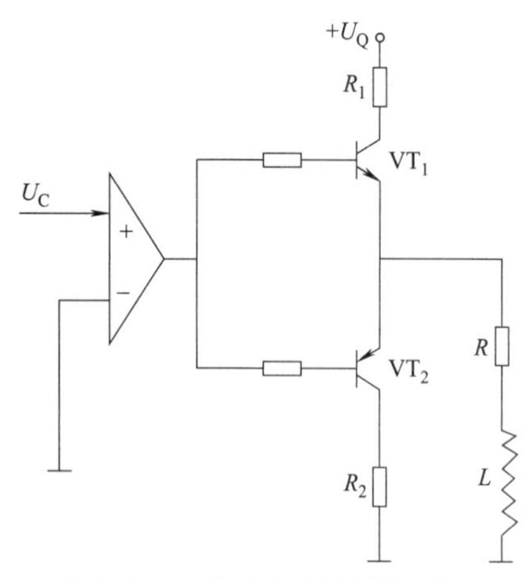

图 4-57 超磁致伸缩材料驱动的球阀式高速开关阀驱动电路

该开关阀的驱动线圈是一个感性负载，可将其简化为感性元件，其驱动电路如图 4-57 所示。当控制电压 $U_C>0$ 时，功放管 VT_1 导通，VT_2 截止，线圈 L 在驱动电压 U_Q 的驱动下工作；当 $U_C<0$ 时，VT_2 导通，VT_1 截止，线圈通过 VT_2 和 R_2 放电，驱动磁场迅速回零。

为了减小线圈发热，一般 R 会比较小，那么要使线圈 L 快速充、放电，就要求 L 不宜大，也可以通过调整 R_1 和 R_2 来调节充、放电电路的时间常数。这种措施对解决感性负载的大电流驱动有效，可把线圈的充、放电时间控制在几百微秒内。

（2）结构性能特点

① 超磁致伸缩材料的输出位移和力均很大，能量密度高，响应速度快，工作温度范围宽，耗能小，驱动控制简单。故基于超磁致伸缩材料驱动的电液高速开关阀具有很好的动、静态特性，可使阀的快速响应达到零点几毫秒。

② PWM 控制的本质是开关控制，可以采用非线性元件达到线性控制的效果，该阀采用球阀结构，不但维护加工成本大为降低，球阀面积梯度较大，且运动摩擦力较小、行程短、动作灵敏、动态特性好，不仅可提高开关阀的开关频率，而且开关阀随载波摆动，消除了非灵敏区，提高了分辨力。

③ 球阀的压力不平衡，超磁致伸缩棒直接承受液动力，杠杆对液动力有放大效应，通过调整螺栓 1 和预压弹簧 16 的配合就可以方便地解决超磁致伸缩材料的预紧问题。

④ 若把开关阀的阀口通径由 6mm 加大到 10mm，则阀的最大空载流量可由 4L/min 提高到 25L/min，可以满足航空航天和一般工业液压系统的要求。

4.5.11 滑阀式双节流口并联输出大流量高速开关阀

（1）结构原理

该阀为采用 2D 伺服阀作为先导控制级的滑阀式双节流口并联输出大流量高速开关阀，该开关阀在 10MPa 工作压力下，阀口开启时间约 15ms，进出口压差为 2MPa 时的流量达到 3000L/min。

双节流口并联输出大流量高速开关阀由阀芯、阀套、弹簧等组成（图 4-58），2D 伺服阀作为开关阀的先导控制级使用，相当于一个三位四通换向阀，通过分别向开关阀的左、右导控腔供油，控制开关阀的阀芯动作。图 4-59 为开关阀阀芯和阀套组件实物外形，阀芯台肩

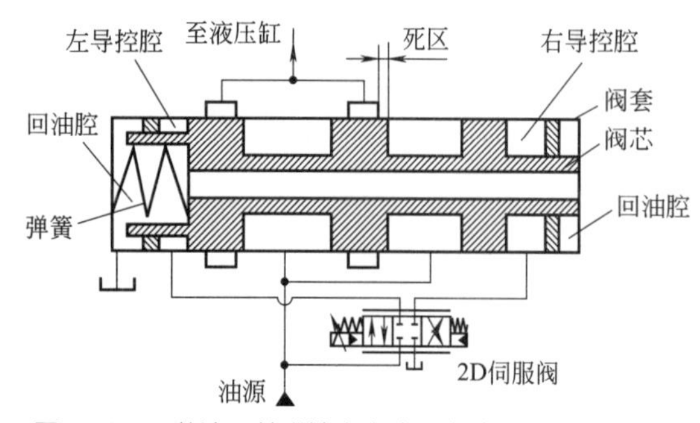

图 4-58 双节流口并联输出大流量高速开关阀结构原理

图 4-59 大流量高速开关阀阀芯和阀套组件实物外形

直径为 42mm。

工作时，主油路的高压油液在开关阀的阀体内部分成两路进入阀芯与阀套构成的两个阀腔中，切换 2D 伺服阀阀芯位置，控制开关阀的阀口打开，油液从两个节流口同时流出，并在阀体内部重新汇合后输出至液压缸。

（2）性能特点

① 该高速开关阀双节流口并联输出的结构，不改变阀芯行程和径向尺寸，在不显著降低阀响应速度的前提下，增加了阀的输出流量，过流能力增大了一倍。阀的死区长度除了保证滑阀的间隙密封外，还可以使阀芯有一段预加速过程，增大阀口的开启速度，以提高阀出口压力上升梯度。但是死区长度又不能太大，否则会影响阀的响应速度。

② 开关阀的响应速度取决于先导级即伺服阀的动态特性和输出控制流量，2D 伺服阀均满足要求。

③ 滑阀式大流量开关阀的泄漏量过大，应采取相应措施；另外，在结构允许的条件下，尽量使阀腔面积大于阀口面积，保证阀口是唯一的节流节点，使阀的流量易于预测并降低能量损失。

（3）注意事项

在制造这种阀时，阀芯和阀套组件是关键，有三点注意事项。

① 从作用力的角度看，右导控腔阀芯作用面积越大，作用在阀芯上的力应该越大，阀芯运动速度越快，实际上并非如此，当阀芯达到一定速度后，大的作用面积会导致先导级输入控制流量不足，阀芯运动速度不再提高，反而延长了整个阀芯运动过程时间。相反，过小的作用面积导致阀芯开启的推力不足，阀芯运动过程时间同样变长。

② 尽管采用双节流口的形式，但阀芯行程依然很大，容易导致单个阀口的过流面积与阀腔的环形面积接近，使油液高速流动的节流效应也同时发生在阀腔部分。

③ 阀芯可以制成空心结构以减轻重量，同时将两个回油腔连通，节省了阀体上的回油通道；另外，左、右导控腔的面积不等，使开启速度快，复位速度慢，减轻了撞击。

4.6 电液数字阀的技术性能指标

电液数字阀的技术性能指标既与阀本身的性能有关，也与控制信号与驱动控制放大器的结构以及与主机的匹配有关，是综合指标。

4.6.1 静态特性

电液数字阀的静态特性可用输入的脉冲数（或脉宽占空比）与输出流量（或压力）之间的关系式或曲线表示。数字阀的优点之一是重复性好，重复精度高，滞环很小。增量式数字阀的静态特性（控制特性）曲线如图 4-60 所示（方向流量阀实际由两个数字阀组成），可得到阀的死区、线性度、滞环及额定值等静态指标。选用步距角较小的步进电机或采取分频等措施可提高阀的分辨率，从而提高阀的控制精度。

脉宽调制式高速开关数字阀的静态特性（控制特性）曲线如图 4-61 所示，可见，控制信号太小时不足以驱动阀芯，太大时又使阀始终处于吸合状态，因而有起始脉宽和终止脉宽限制。起始脉宽对应死区，终止脉宽对应饱和区，两者决定了数字阀实际的工作区域，必要时可以用控制软件或驱动控制放大器的硬件结构消除死区或饱和区。当采样周期较小时，最大可控流量也小，相当于分辨率提高。

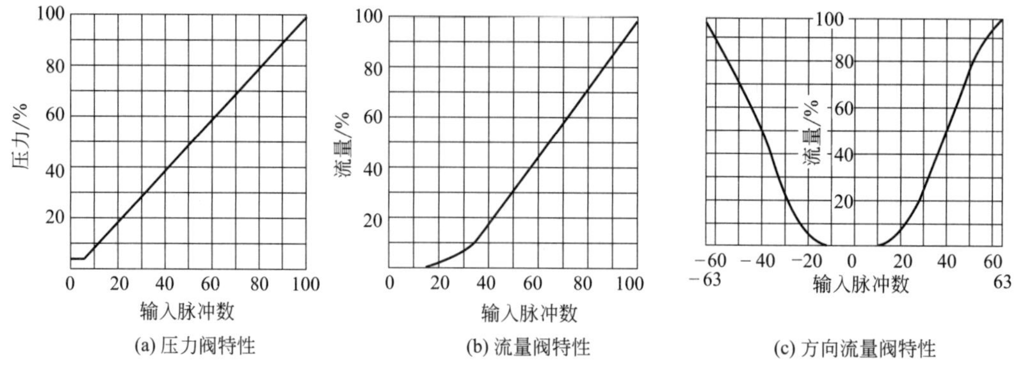

图 4-60 增量式数字阀的静态特性曲线

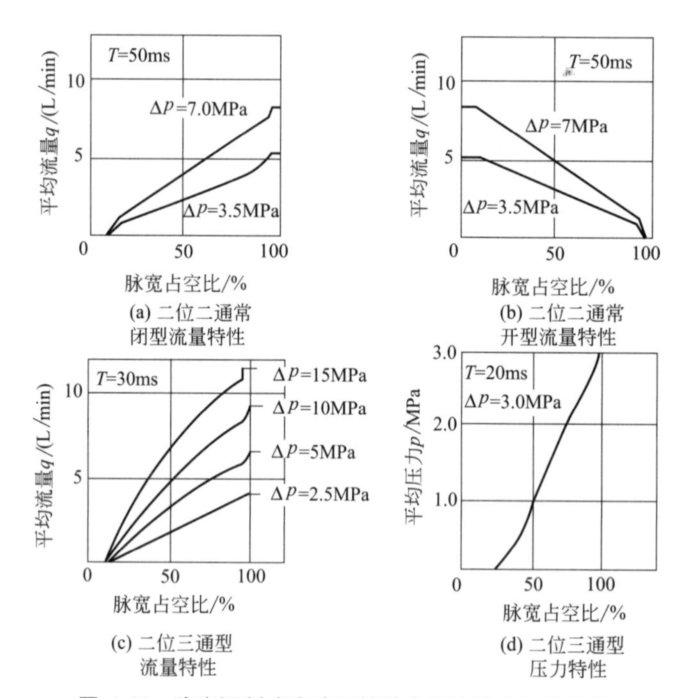

图 4-61 脉宽调制式高速开关数字阀的静态特性曲线

4.6.2 动态特性

增量式数字阀的动态特性与输入信号的控制规律密切相关，增量式数字压力阀的阶跃特性曲线如图 4-62 所示，可见用程序优化控制时可得到良好的动态性能。

脉宽调制式高速开关数字阀的动态特性可用它的切换时间来衡量。由于阀芯的位移较难测量，可用控制电流波形的转折点得到阀芯的切换时间。图 4-63 所示为脉宽调制式高速开关数字阀的响应曲线，其动态指标是最小开启时间 T_{on} 和最小关闭时间 T_{off}。一般通过调整复位弹簧使两者相等。当阀芯完全开启或完全关闭时，电流波形产生一个拐点，由此可判定阀芯是否到达全开或全关位置，从而得到其切换时间。不同脉宽信号控制时，动态指标也不同。

为了提高数字阀的动态响应，对于增量式阀可采用高、低压过激驱动和抑制电路以提高其开和关的速度；对于脉宽调制式阀可采用压电晶体电气-机械转换器，但其输出流量更小，

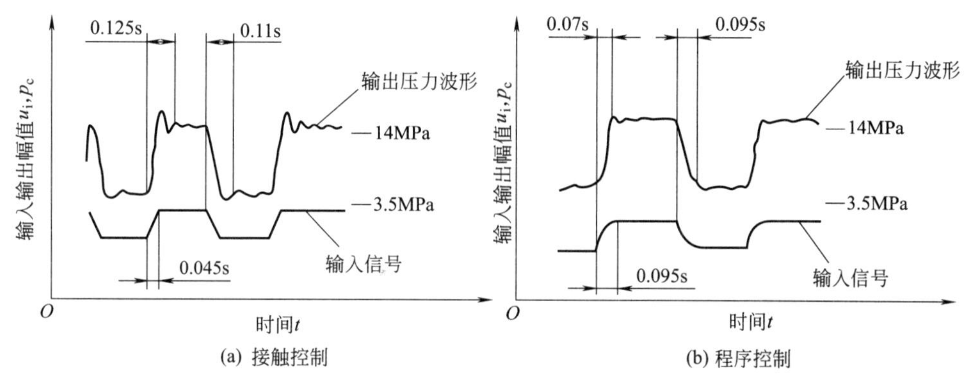

(a) 接触控制 (b) 程序控制

图 4-62 增量式数字压力阀的阶跃特性曲线

而电控功率要求更大（参见表 4-5）。

表 4-5 现有脉宽调制式电液高速开关阀的响应时间

结构形式		压力	流量	响应（切换）	耗电功
电气-机械转换器	阀结构	/MPa	/(L·min)	时间/ms	率/W
开关电磁铁	滑阀	7～20	10～13	3～5	15
	锥阀	3～20	4～20	2～3.4	15
	球阀	10	2.5～3.5	1～5	15～300
力马达	球阀	20	1.2	0.8	140
压电晶体	滑阀	5	0.65	0.5	400

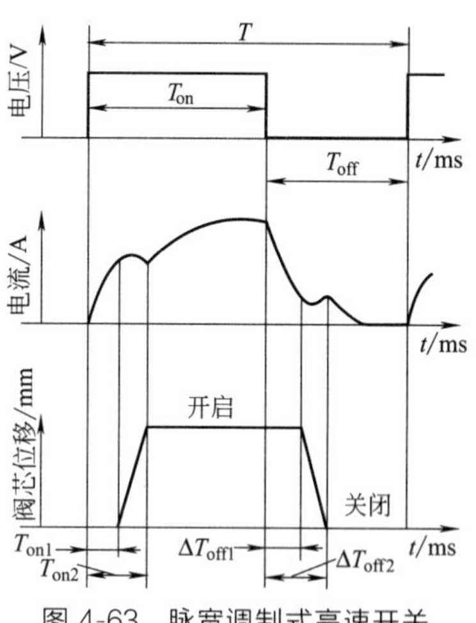

图 4-63 脉宽调制式高速开关数字阀的响应曲线

现有电液高速开关阀的响应时间通常在几毫秒级，特别是采用前已述及的压电晶体（电致伸缩材料）制作电气-机械转换器的开关阀，通电时可使叠合的多片压电晶体产生 0.02mm 的变形，由此带动阀芯运动，启闭阀口，阀的响应时间不到 1ms。当选择合适的控制信号频率时，阀的通断引起的流量或压力波动经主阀或系统执行元件衰减，不至于影响系统的输出，系统将按平均流量或压力工作。

4.6.3 电液数字阀与伺服阀及比例阀的性能比较

电液数字阀与伺服阀及比例阀的性能比较见表 4-6。

表 4-6 电液数字阀与伺服阀及比例阀的性能比较

项目	电液数字阀		电液比例阀	电液伺服阀
	增量式	高速开关式		
介质过滤精度/μm	25	25	20	3
阀内压降/MPa	—	0.25～5	0.2～2	7
滞环、重复精度	<0.1%	—	3%	3%
抗干扰能力	强	强	中	中
温度漂移(20～60℃)	2%	—	6%～8%	2%～3%
控制方式	简单	简单	较简单	较复杂
动态响应	较低	—	中	高
中位死区	有	有	有	无
结构	简单	简单	较简单	复杂
功耗	中	—	中	低
价格因子	1	0.5	1	3

4.7 电液数字阀典型产品

国内诸多高校及科研院所自20世纪80年代中期开始先后对增量式电液数字阀进行了研发工作（例如哈尔滨工业大学、昆明理工大学和河北科技大学等），但迄今通用型、商品化系列产品很少。美国、德国、英国、加拿大和日本等相继进行了增量式电液数字阀的开发研究，以日本较为领先，已开发出了规格齐全、性能稳定的增量式电液数字压力阀、流量阀和方向流量阀产品，并已广泛应用于工业控制中。高速开关电液数字阀的研究成果诸多，但商品化的系列产品仍较少。

图4-64 D系列D-CG-06型数字溢流阀外形

4.7.1 增量式电液数字阀（日产D系列）

表4-7～表4-9给出了日产［日本东京计器（TOKIMEC）公司］D系列增量式电液数字阀产品的型号意义、职能符号及性能参数，其外形连接尺寸可参见生产厂产品样本。图4-64所示为D系列D-CG-06型数字溢流阀外形。

表4-7 日产D系列增量式电液数字溢流阀的型号意义、职能符号及性能参数

型号意义：

D-CG-02-C-250-20

- 20：设计号
- 250：最大步数
- C：压力调整范围
- 02：规格(通径)
- D-CG：名称：数字溢流阀

职能符号：直动式、先导式（P、T、M）

规格			02	03	06	10
最高使用压力/MPa			21			
额定流量/(L·min)			1	40	100	200
最大流量/(L·min)			2	80	200	400
压力调节范围/MPa	压力调节标记	B	0.4～7	0.6～7	0.6～7	0.6～7
		C	0.6～14	0.8～14	0.8～14	0.9～14
		F	0.8～21	0.9～21	1～21	1.1～21
	最低控制压力		本表为额定流量时的值，最低控制压力与流量关系由特性曲线查出			
滞环			最高控制压力的0.1%以下			
重复精度			最高控制压力的0.1%以下			
温度漂移 •与ISO VG32相当的液压油温度变化范围为30～60℃ •与最高控制压力的百分比	压力调节标记	B	<4%	<6%	<6%	<6%
		C	<3%	<3%	<4%	<4%
		F	<4%	<1%	<1.5%	<2%
分辨率(最大步数)	2相励磁方式		100(4相步进电机)			
	1～2相励磁方式		200(4相步进电机)			
	4相励磁方式		250(4相步进电机)			
响应	阀的响应受驱动器性能影响。当采用2相励磁方式的专用驱动器(DC-BZB)时，最大输入脉冲频率为900pps(每秒脉冲数)时，阀的响应时间为1.1ms/步(110ms/满步数)					
误差			最高控制压力的±3%以下			
允许背压/MPa			<1			
过滤精度/μm			<25			
质量/kg			3.1	7.9	10	13.6

表 4-8 日产 D 系列增量式电液数字流量阀的型号意义、职能符号及性能参数

型号意义：

D-F(R)G-03-EX-130-250-20
- 20：设计号：D-FG-01为10，其他为20
- 250：最大步数
- 130：最大控制流量
- EX：外控型(内设减压阀)；无标记为直动型(限于D-FG-01)
- 03：规格(通径)
- D-F(R)G：名称：数字流量控制阀；D-FG：减压型压力补偿式(D-FG-01为直动型带温度补偿)；D-FRG：溢流型压力补偿式

职能符号：

C P Y 不带压力补偿

C V P X 减压型压力补偿

V T P X 安全阀型压力补偿

规格	01							02												03					06				10	
	D-FG							D-FG					D-FRG							D-FG		D-FRG			D-FG				D-FRG	
最高使用压力/MPa	21																													
最大控制流量/(L/min)	0.3	1	2.5	3.5	6	8	10	6	15	25	40	65	6	15	25	40	65	90	130	90	130	130	170	250	170	250	375	500	500	1000
最小控制流量/(L/min)	0.03(0.02)①							0.2	0.2	0.2	0.4	0.6	0.7	0.7	0.7	0.9	1.1	1.4	1.8	0.9	1.2	2	2.5	3	1.7	2.5	5	6	6	8
控制压力/MPa	—							2～21(压力补偿减压阀设定压力为 3MPa)																						
控制流量/(L/min)(控制压力为 3MPa 时)	—							1.2												1.8					2.5				3.5	
滞环，重复精度	最大控制流量的 0.5%以下							最大控制流量的 0.1%以下																						
温度漂移(30～60℃)(与 ISO VG32 相当的液压油)	见特性曲线							最大控制流量的 2%以下																						
分辨率(最大步数) 2 相励磁方式	100(4 相步进电机)																													
分辨率(最大步数) 1～2 相励磁方式	200(4 相步进电机)																													
分辨率(最大步数) 4 相励磁方式	250(4 相步进电机)																													
响应	阀的响应很大程度上受驱动器性能影响。当采用 2 相励磁方式的专用驱动器(DC-BZB)时，最大输入脉冲频率 900pps(每秒脉冲数)，阀的响应时间为 1.1ms/步(110m/s 满步数)																													
误差	最大控制流量的±3%以下																													
允许背压/MPa	0.1 以下							0.35 以下																						
过滤精度/μm	<25																													
质量/kg	6							10.5												18.5					34				68	

① D-FG-01 的最小控制流量，当阀压差在 10MPa 以下时为 0.02L/min。

表 4-9　日产 D 系列增量式电液数字方向流量阀的型号意义、职能符号及性能参数

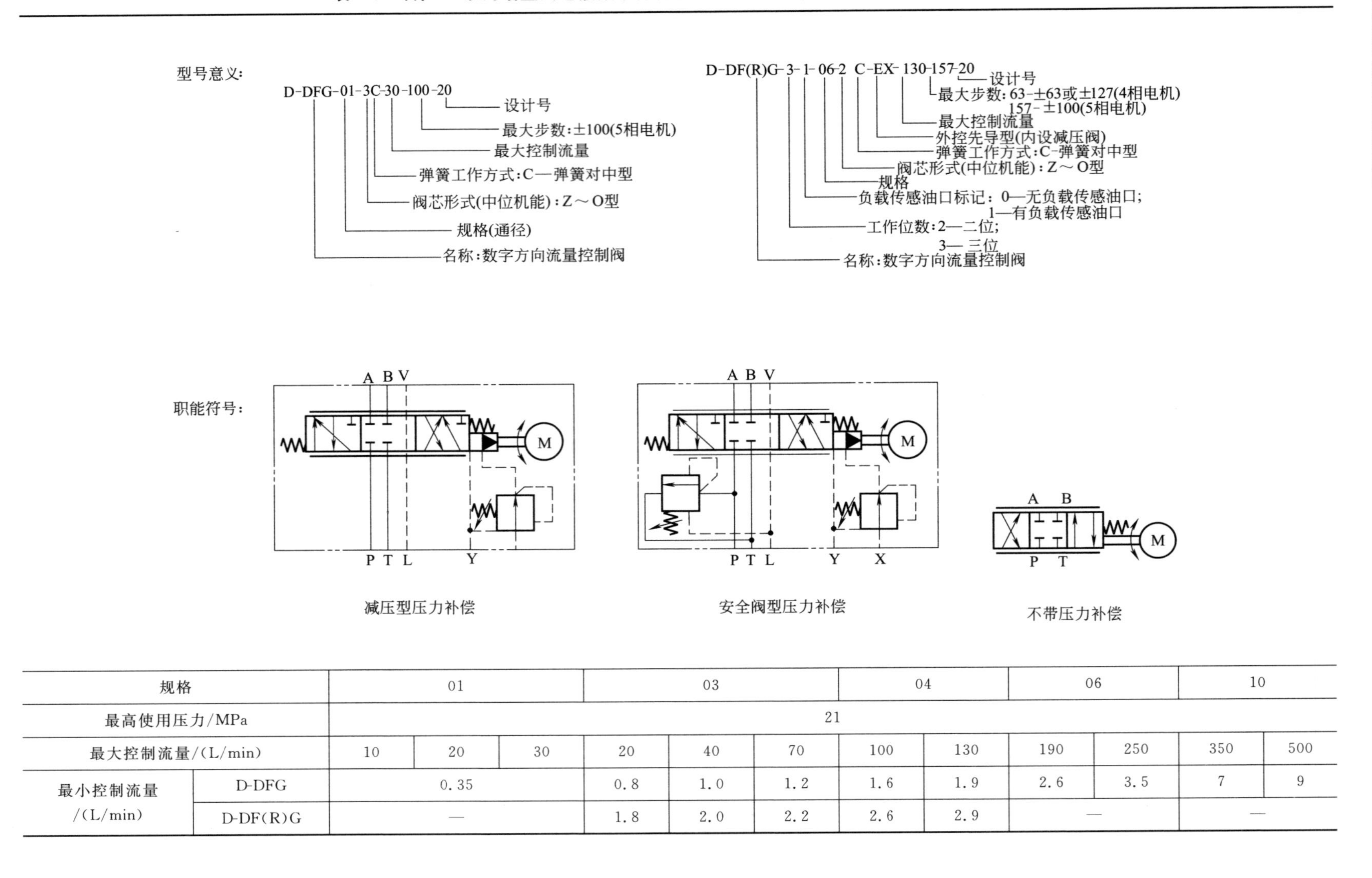

规格		01			03			04		06		10	
最高使用压力/MPa		21											
最大控制流量/(L/min)		10	20	30	20	40	70	100	130	190	250	350	500
最小控制流量/(L/min)	D-DFG	0.35			0.8	1.0	1.2	1.6	1.9	2.6	3.5	7	9
	D-DF(R)G	—			1.8	2.0	2.2	2.6	2.9	—		—	

续表

项目						
先导控制压力/MPa		—	2～21(阀内减压阀设定压力为 3MPa)			
先导控制流量/(L/mm) (先导控制压力 3MPa 时)		—	1.0		1.5	2.0
重复精度,滞环		最大控制流量的 0.5%以下	最大控制流量的 0.1%以下			
温度漂移(30～60℃) (与 ISO VG32 相当的液压油)		最大控制流量的 2%				
分辨率(最大步数)	2 相励磁方式		两方向±63(P→A,P→B)(4 相步进电机)			
	1～2 相励磁方式		两方向±127(P→A,P→B)(4 相步进电机)			
	4 相励磁方式	两方向±100 (P→A 及 P→B)	两方向±157(P→A,P→B)(5 相步进电机)			
响应		2000pps(每秒脉冲数)	阀的响应与使用的驱动器有很大关系,使用 2 相励磁方式的专用驱动器(DC-BZB)时,最大输入脉冲率 900pps(每秒脉冲数)阀响应时间 1.1ms/步(70ms/63 步)			
误差		最大控制流量的±3%以下				
Y 口(泄油口)许用压力/MPa		<1①	<0.35			
过滤精度/μm		10	<25			
质量/kg	D-DFG	2.5	10.7	10.8	18.2	45
	D-DFRG	—	12.7	12.8	—	—

① T 口的许用压力。

4.7.2 高速开关电液数字阀（贵州红林车用电控技术有限公司 HSV 系列产品）

HSV 系列高速开关阀系贵州红林车用电控技术有限公司与美国 BKM 公司联合研制生产的快速响应开关式数字阀，是一种用于机电液一体化中电子与液压机构间理想的接口元件。该系列产品结构紧凑、体积小、重量轻、响应快速、动作准确、重复性好、抗污染能力强、内泄漏小、可靠性高。该产品最显著的特点是能够直接接受数字信号对流体系统的压力或流量进行 PWM 控制，从而为液压气动的数字控制提供了有效手段。

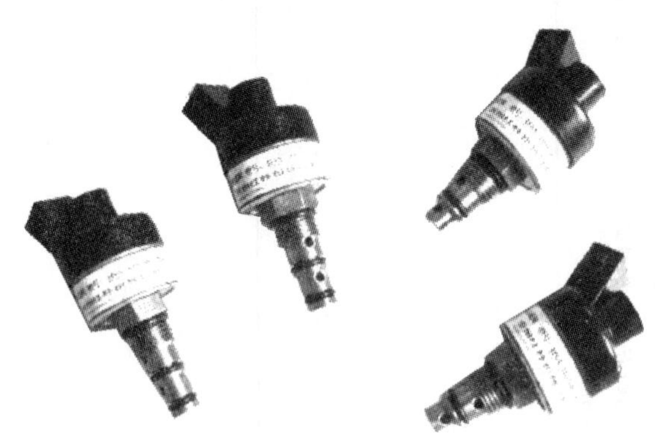

图 4-65　HSV 系列高速开关电液数字阀外形

HSV 系列高速开关电液数字阀系列产品为螺纹插装式结构（外形见图 4-65），有二通常开、二通常闭、三通常开、三通常闭四个系列近 200 个品种，材料有碳钢、不锈钢两种类别，工作方式可采用连续加载、脉冲宽幅调制、频率调制或脉宽-频率混合调制。

HSV 系列高速开关电液数字阀系列产品可广泛用于汽车变速器、燃油喷射、天然气喷射、压力调节、流量控制、宇航控制系统、先导阀、医疗器械、机床、机器人等领域。

HSV 系列高速开关电液数字阀的型号意义、职能符号及性能参数（贵州红林车用电控技术有限公司产品）见表 4-10。

表 4-10　HSV 系列高速开关电液数字阀的型号意义、职能符号及性能参数

（贵州红林车用电控技术有限公司产品）

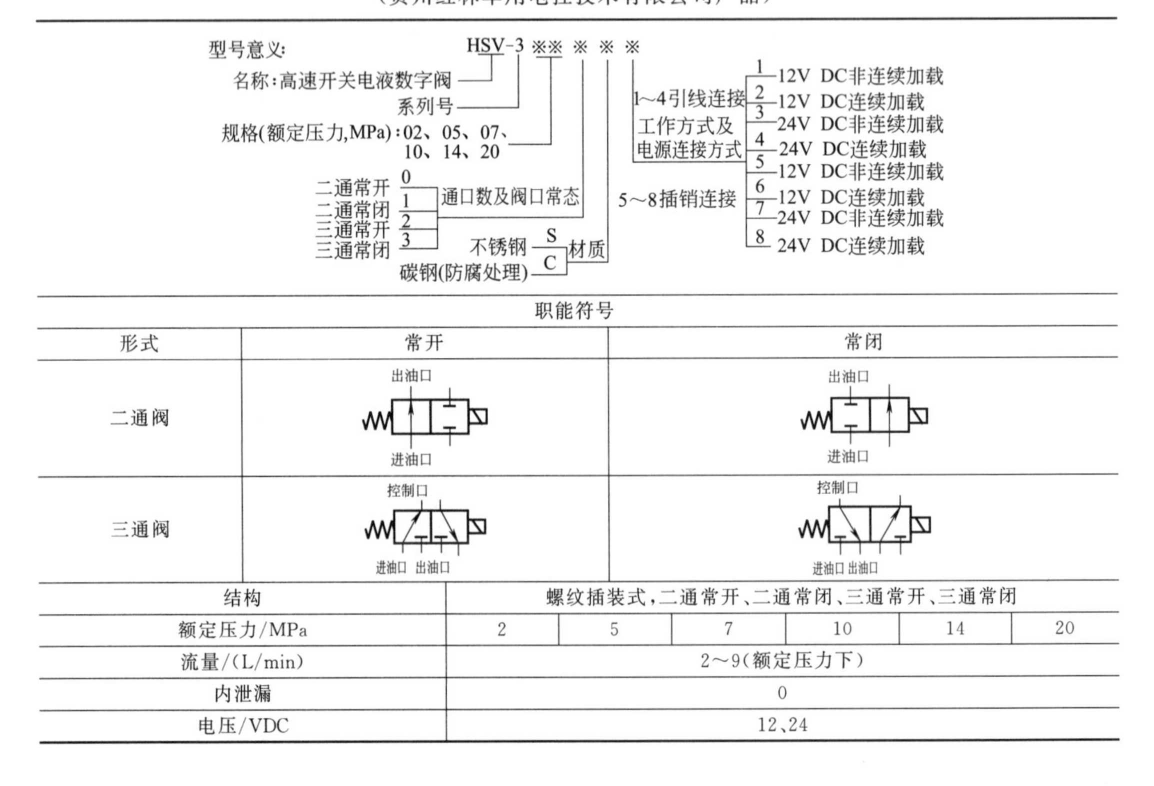

职能符号

形式	常开	常闭
二通阀	出油口 / 进油口	出油口 / 进油口
三通阀	控制口 / 进油口 出油口	控制口 / 进油口 出油口

结构	螺纹插装式,二通常开、二通常闭、三通常开、三通常闭					
额定压力/MPa	2	5	7	10	14	20
流量/(L/min)	2～9(额定压力下)					
内泄漏	0					
电压/VDC	12、24					

续表

工作方式			连续加载、脉冲宽幅调制、频率调制或脉宽-频率混合调制
脉宽范围(占空比)/%			20～80
功率/W			最大 10～50W，平均 3～15
动态响应时间/ms	脉宽调制	常闭型	开启≤3.5ms，关闭≤2.5ms
		常开型	开启≤2.5ms，关闭≤3.5ms
	连续加载	常闭型	开启≤6.0ms，关闭≤4.0ms
		常开型	开启≤4.5ms，关闭≤6.0ms
重复精度/ms			±0.05
温度范围/℃			−40～+135
寿命/次	设计寿命不少于		1×10^9
	耐久性试验已超过		2×10^9

4.8 典型电液数字控制系统

目前数字阀应用范围及普及程度尚不如伺服阀和比例阀那样广泛。究其主要原因是，增量式存在分辨率限制；而脉宽调制式主要受两个方面制约，一是控制流量小且只能单通道控制，在要求较大流量或方向控制时难以实现，二是有较大的振动和噪声，影响可靠性和使用环境。相反，具有数字量输入特性的数控电液伺服阀或比例阀克服了这些缺点。此外，电控驱动控制器（系统）造价较高及可选用的商品化系列化产品较少，也是电液数字阀应用受到限制的重要原因之一。

数字阀开始主要用于先导控制和中小流量控制场合，如电液比例阀的先导级、汽车燃油量控制等。但随着近年来材料科学、制造装备技术、控制科学及计算机技术水平的发展和提高，随着高压大流量数字阀的出现，电液数字阀不仅作为独立元件用于液压系统的控制，还经常与液压泵或液压缸融合在一起，构成电液数字泵或电液数字缸等多功能集成化一体化控制元件，依靠计算机或 PLC 实现对系统的闭环控制，简化了油路结构，降低了成本，并提高了系统性能，有的则是将多个高速开关数字阀集成为一体，用于农业机械等机械设备，依靠程序控制，实现液压缸的方向控制和差动控制等功能，灵活多变。电液数字阀在注塑机、液压机、磨床、大惯量工作台、变量泵的变量控制机构、载重汽车、水轮机调速器、航天器、飞行器及舰船舵机的控制系统中都获得了成功应用。

4.8.1 滚筒洗衣机玻璃门压力机电液数字控制系统

图 4-66 所示为滚筒洗衣机玻璃门压力机［用于玻璃门热压成型（即将从熔窑取出并放入模腔中的高温玻璃液通过下压获得制品）］电液数字控制系统原理。由于 4 个辅助液压缸和主液压缸的压力及流量要求不同，故系统采用了双联泵 3 分组供油，以隔离干扰。由泵 3 的左泵向 4 个辅助液压缸回路供油，回路压力设定与泵的卸荷由电磁溢流阀 5 实现，回路压力通过压力表及其开关 4 监测；由泵 3 的右泵单独向主液压缸供油，由于主液压缸要求 7 级不同压力，故采用了增量式电液数字溢流阀 10 实施控制，并由压力表及其开关 9 进行监控。为了保证油液清洁度和降低因玻璃模腔较高温度引起的液压油液发热，系统回油采用带发信指示回油过滤器 13 过滤并用水冷却器 14 进行冷却。

4.8.2 电液数字变量泵及泵控缸位置伺服系统

（1）增量式电液数字变量泵原理

电液数字变量泵是在保留轴向柱塞变量泵主体部分不变的基础上，将其变量头（斜盘变

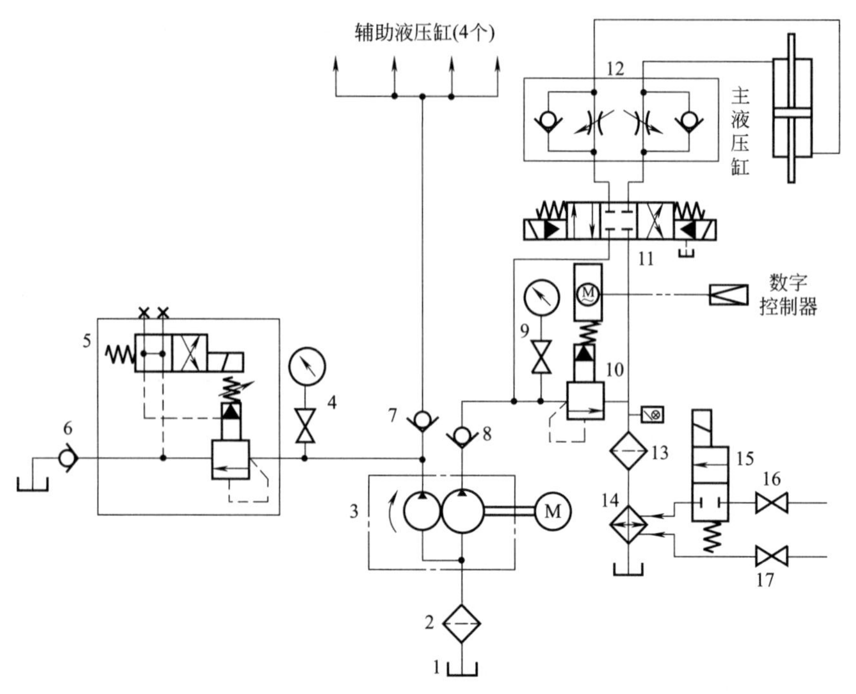

图 4-66 滚筒洗衣机玻璃门压力机电液数字控制系统原理（部分）

1—油箱；2—吸油过滤器；3—双联泵；4,9—压力表及其开关；5—电磁溢流阀；6～8—单向阀；10—电液数字溢流阀；11—三位四通电液换向阀；12—双单向节流阀；13—带发信指示回油过滤器；14—水冷却器；15—电磁水阀；16,17—截止阀

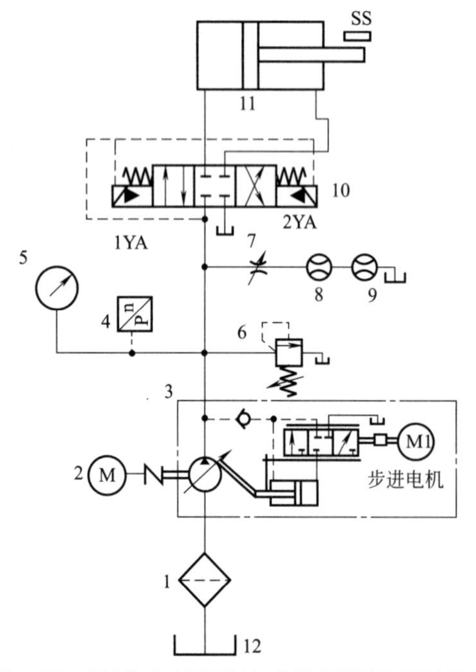

图 4-67 电液数字变量泵控缸位置伺服控制系统原理

1—过滤器；2—电机；3—电液数字变量泵；4—压力传感器；5—压力表；6—溢流阀；7—节流阀；8—涡轮流量变送器；9—椭圆齿轮流量计；10—三位四通电液换向阀；11—液压缸；12—油箱

量机构）改为由电液数字伺服阀（步进电机驱动的伺服阀）驱动控制的一种液压泵（参见图 4-67 中的件 3）。工作时，步进电机接收控制器发出的脉冲信号后旋转并通过机械转换器（例如丝杆-螺母）转化为直线运动，改变与之相连的伺服阀阀芯位置及阀口开度，通过泵的变量缸控制泵中斜盘的倾角大小，从而改变泵的排量及输出流量，使之与负载流量相匹配，实现流量适应及节能目的。

（2）电液数字变量泵控缸位置伺服系统原理及特点

图 4-67 所示为电液数字变量泵控缸位置伺服控制系统原理。系统的执行机构为液压缸 11，其位置由位移传感器 SS 检测传递给控制器从而构成闭环反馈，缸的运动方向由电液换向阀 10 控制；液压缸的流量控制由电机 2 驱动及步进电机和伺服阀调控变量的数字变量泵 3 实现，压力传感器 4 用于泵供油压力的检测，溢流阀 6 用于系统的安全保护；涡轮流量变送器 8 和椭圆齿轮流量计 9 用于标定步进电机脉冲数与泵出口流量的关系。

与采用电液伺服阀、高速开关阀或普通的三位四通电磁换向阀等控制方式相比，利用电液数字变量泵对液压缸直接进行位置伺服控制，除了具有精确的位置伺服控制性能外，还具有很好的节能效果及对环境要求不高、成本低等特点。

4.8.3 四通滑阀闭环控制数字液压缸及其应用系统

（1）数字液压缸及其特点

自 20 世纪 60 年代起至今，世界各国相继研制出了多种传动形式的数字液压缸（简称数字缸）。这些数字缸大多采用数字阀控缸形式，一般将步进电机、液压滑阀、闭环位置反馈机构组合在液压缸内部，接通液压油源，所有的功能直接通过数字缸控制器（计算机或PLC）发出的数字脉冲信号来完成长度矢量控制。所以，数字缸是一种典型的电液一体化元件，其使用特点如表 4-11 所列。

表 4-11 数字缸的使用特点

序号	特　　点
1	可实现单缸多段调速、多点定位，两缸或两缸以上进行差补运动，完成曲线轨迹运动
2	用步进电机作为信号输出，使液压缸完全按照步进电机的运动而运动，既不失步，又有很大的推力，故利用小功率的控制系统，即可使大型机械数控化，省去了方向阀、调速阀、分流阀等液压件，简化了系统，减小了体积和重量，降低了成本及故障率
3	控制系统简单，一台微机或 PLC 即可完成单缸或多缸的多点、多速控制，也可完成多缸的同步、插补运动，且操作简单、实用性好
4	液压系统高度简化，只需液压泵和溢流阀（或数字压力阀）组成的液压源就可接管使用，无需任何方向阀、流量阀、调速阀、单向阀、同步阀等复杂液压元件，同时省略了这些阀件油路联系的安装集成块，也无需行程开关、继电器等电控元件，降低了使用成本和维修成本
5	具备总线控制和连续控制功能，可以实现在计算机总线控制系统中，使液压机械与其他加工设备组成柔性加工单元

（2）四通滑阀闭环控制数字液压缸结构原理与特点

① 结构原理。图 4-68 所示为一种闭环控制数字液压缸的结构原理，它主要由步进电机 1、万向联轴器 3、三位四通数字方向流量阀（阀芯 4）、液压缸（含缸体 11 和空心活塞杆 14）、传动机构（滚珠丝杆 12 和丝杆螺母 13、缸外转轴 6）和磁耦合机构（磁铁 9、缸内转盘 10 和缸外转盘 7）及检测机构（光电编码器 5）等组成，其工作原理如下。

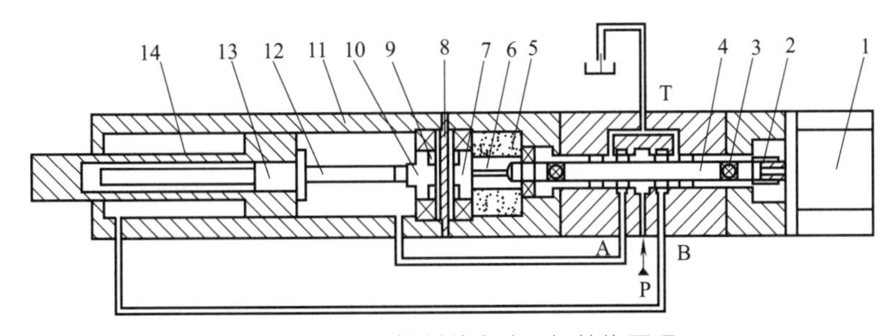

图 4-68 闭环控制数字液压缸结构原理

1—步进电机；2—花键；3—万向联轴器；4—阀芯；5—光电编码器；6—缸外转轴；7—缸外转盘；8—后缸盖；9—磁铁；10—缸内转盘；11—缸体；12—滚珠丝杆；13—丝杆螺母；14—空心活塞杆

当步进电机接到脉冲信号后，其输出轴旋转一定的角度，旋转运动通过花键 2、万向联轴器 3、阀芯 4、传递给外螺纹，外螺纹和缸外转轴 6 右端的内螺纹相互配合。内螺纹位置固定，在旋转作用下外螺纹带动阀芯产生轴向移动。该数字液压缸采用三位四通阀（P 口接液压源，T 口接油箱，A 口和 B 口接液压缸）控制流量，该阀为负开口（正遮盖）阀，即阀口存在一定死区，在一开始的几个脉冲产生的一小段位移并不能将 P 口的高压油与 A 口或 B 口接通；死区过后，步进电机再旋转一定角度，在旋转作用下阀芯又发生一定的轴向位移。

如果阀芯向左移动，P 口和 A 口连通，B 口和 T 口连通，则 P 口的高压油通过 A 口进入液压缸的后腔，空心活塞杆 14 向左运动，液压缸前腔的油液经 B 口、T 口排回油箱。空心活塞杆向左移动的同时，带动固定在空心活塞杆上的丝杆螺母 13 向左移动，丝杆旋转（与步进电机旋向相反），滚珠丝杆 12 在轴向不移动，带动缸内转盘 10 旋转，后缸盖 8 两侧的磁铁 9 相互吸引，使缸外转盘 7 和缸内转盘 10 同时旋转相同的角度。反向旋转运动通过这样一个磁耦合机构被准确地传递到液压缸外。缸外转轴 6 和缸外转盘 7 是一个整体，缸外转轴 6 和编码器 5 通过平键连接。缸外转轴 6 反向旋转，外螺纹向右移动，阀口关闭，一个步进过程结束。

滚珠丝杆旋转的角度被连接于缸外转轴 6 上的光电编码器 5 检测到，此旋转角度和空心活塞杆 14 的位移对应，此信号传给以单片机为核心的控制系统，控制系统根据运行位移和速度要求，对步进电机进行闭环控制。阀芯的两端使用万向联轴器连接，不限制径向的小位移，防止阀芯被拉伤。同时保证轴向运动、旋转运动的双向传递，数字液压缸在向前运动的同时不断关闭阀口，形成一个伺服控制系统。

② 特点。与开环控制数字液压缸相比，该闭环控制数字液压缸有以下两个创新点。

a. 采用了光电编码器反馈的闭环控制系统，能对系统温度、压力负载、内泄及死区等因素的影响进行补偿，并进一步提高了控制精度。

当油液温度升高时，黏度降低，流动速度加快，在阀开度一定的情况下，即步进电机接收到的控制脉冲速度一定的情况下，液压缸的运动速度加快。使用闭环控制系统，可以设定一个速度值，如果使用光电编码器检测到的液压缸速度大于此速度，就减小对步进电机的脉冲发送速度；反之，如果检测到的液压缸速度小于设定速度，就增加对步进电机的脉冲发送速度。这样始终可以使数字缸的运动速度保持在设定值。

当压力负载增大时，缸体内外的油液压差减小，油液的流动速度减小，另外油液所受的压力增大，液体体积被压缩，这两个因素都会造成液压缸的运动速度下降。这种误差可以通过在闭环控制系统中增大对步进电机脉冲的发送速度来消除。

同样，如果出现内泄现象，在发送脉冲速度一定，即阀开度一定的情况下，液压缸的运动速度也会降低。这种误差也可以在闭环控制系统中被灵活地补偿。

在开环控制数字液压缸中，步进电机和滚珠丝杆之间的传动误差会对位移产生影响。三位四通控制阀的死区也会对开环控制数字液压缸的位移产生影响，而采用闭环控制系统就可以消除这些影响。这样，可以适当降低步进电机和滚珠丝杆之间的各传动结构的精度，从而降低该部分的加工成本。

b. 通过使用磁耦合机构，既回避了旋转密封，同时又保证了旋转运动从缸体内部到缸体外部的准确传递。磁耦合机构是指后缸盖两边内嵌磁铁的两个圆盘，它们在轴承的支撑作用和磁铁的吸引作用下，可以同时转动相同的角度，无需从后缸盖伸出杆件就可以将旋转运动传递出来。对于精度要求不太高、传递转矩不太大的情况，这种结构完全可以满足使用要求。当传递较大动力或要求运动精度较高时，必须从后缸盖伸出杆件，将缸内的旋转运动传递出来，这就需要使用旋转密封，当然其价格就比较昂贵。

（3）闭环控制数字液压缸的控制过程

此处通过使用闭环控制数字液压缸实现机床刀具快进→工进→快退的运动循环过程来说

明闭环控制数字液压缸的控制方法。

为了提高工作效率，刀具遇到工件前和加工结束后两个工况要空载快速运动；在加工工件的过程中，刀具切削工件受到的阻力较大，为了保护刀具，其运动速度应该放慢。在半自动金属切削机床上通常使用液压缸来带动刀具完成上述循环。如果使用闭环控制数字液压缸实现上述运动，其控制框图如图 4-69 所示，整个控制过程如下。

① 复位。判断绝对脉冲存储区的数据是否为零：如果是零，说明液压缸在零位；如果不是零，说明液压缸不在零位。不在零位，则反向旋转步进电机，图 4-69 中以 1200Hz 为例，当光电编码器返回一个脉冲信号时，说明液压缸后退了一个脉冲当量，绝对脉冲存储区的数据减 1，液压缸后退到零位为止。

② 开关判断。开关按下，执行运动，否则不动。

③ 报警。如果液压缸不在零位，说明在工作过程中，即使此时按下开关也不能使液压缸运动。

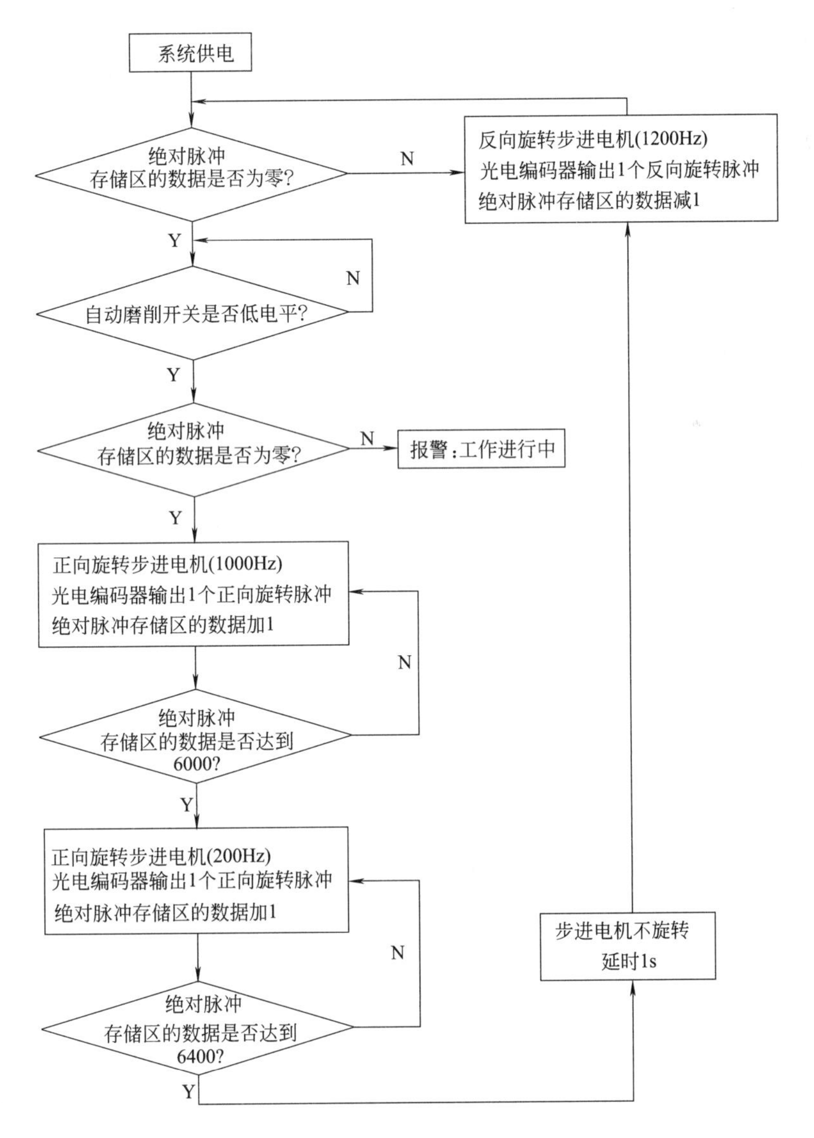

图 4-69 闭环控制数字液压缸实现机床刀具快进→工进→快退的运动循环过程框图

④ 快进。给步进电机发送正向高速脉冲（图 4-69 以 1000Hz 为例）。同时当光电编码器返回一个脉冲信号时，说明液压缸前进了一个脉冲当量，绝对脉冲存储区的数据加 1。

⑤ 工进。当液压缸走到指定的位置，图 4-69 以相对零位置 6000 个脉冲当量为例，即将开始加工工件时，降低发给步进电机的正向脉冲速度（图 4-69 以 200Hz 为例）。同样光电编码器每返回一个脉冲信号，绝对脉冲存储区的数据加 1。

⑥ 延时。当液压缸运动到终点位置（图 4-69 以相对零位置 6400 个脉冲当量为例），根据加工要求通常在终点位置停留一段时间，在数字液压缸系统中，只需要步进电机停止旋转，液压缸就会停止运动。

⑦ 后退。延时结束后，反向旋转步进电机（图 4-69 以 1200Hz 为例），当光电编码器返回一个脉冲信号时，说明液压缸后退了一个脉冲当量，这时绝对脉冲存储区的数据减 1，液压缸后退到零位为止。

按照以上方法控制液压缸运动的特点是单片机绝对脉冲存储区所存储的数据和液压缸相对于零点的位移是唯一对应的，不需使用会影响液压缸控制精度的霍尔开关。通过以上方法就可以有效地保证液压缸行程精度（滚珠丝杆的导程为 10mm），步进电机和光电编码器的脉冲周期为 1024ppr（每转脉冲），数字液压缸的精度可以达到 0.01mm。

4.8.4 三通滑阀闭环控制的电液数字液压缸

（1）结构组成

某航天器转运平台是大型的机电液一体化的地面设备（图 4-70）。为了实现转运平台的升降、俯仰、横移动作，在其前、后调整装置（图 4-70 中画圈部分）各装有两个升降数字液压缸和一个横移数字液压缸。

图 4-70 航天器转运平台结构示意

如图 4-71 所示，数字液压缸主要由单杆液压缸（缸体 9、活塞 2、空心活塞杆 1）、三通数字方向节流阀（滑阀 5）、反馈螺母 3 和滚珠丝杆 4、步进电机 8 及减速齿轮副 7 等组成。反馈螺母与活塞连为一体。利用单杆缸两腔面积差，可以构成差动缸。

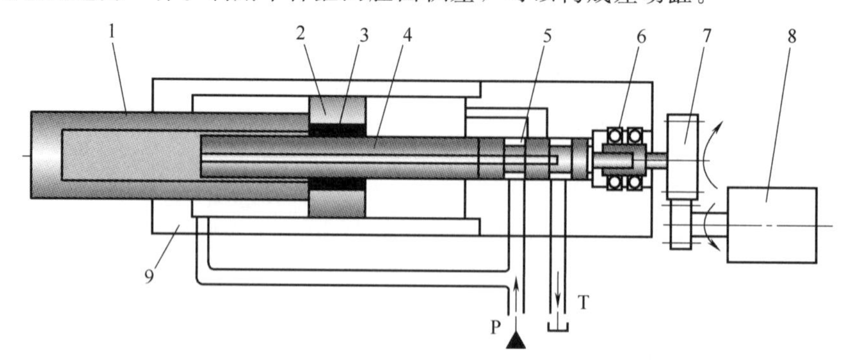

图 4-71 三通滑阀控制的电液数字液压缸结构示意

1—空心活塞杆；2—活塞；3—反馈螺母；4—滚珠丝杆；
5—三通滑阀；6—轴承；7—减速齿轮副；8—步进电机；9—缸体

（2）工作原理

给步进电机输入一定的脉冲，电机轴即输出一个角位移，电机轴经减速齿轮副通过联轴套带动控制阀芯转动，这样本来在平衡位置的阀芯相对油缸偏移，使液压缸的后腔与进油口 P 或回油口 T 连通（取决于步进电机的转向）。

当步进电机带动阀芯左移时，液压缸的有杆腔与进油口 P 相连，缸的后腔与回油口 T 相通，活塞（杆）在油压的作用下内缩（右行），反馈螺母随之同时移动，带动滚珠丝杆旋转，进而带动阀芯右移回到平衡位置，关闭阀口，完成一个步进过程；反之，当步进电机带动阀芯右移时，液压缸无杆腔与进油口 P 相通，液压缸差动，活塞杆外伸（左行），同时靠机械反馈（反馈螺母）带动阀芯左移回到平衡位置，关闭阀口，完成一个步进过程。不同的脉冲输入量决定了步进电机的转角，也就是液压缸的运动量。

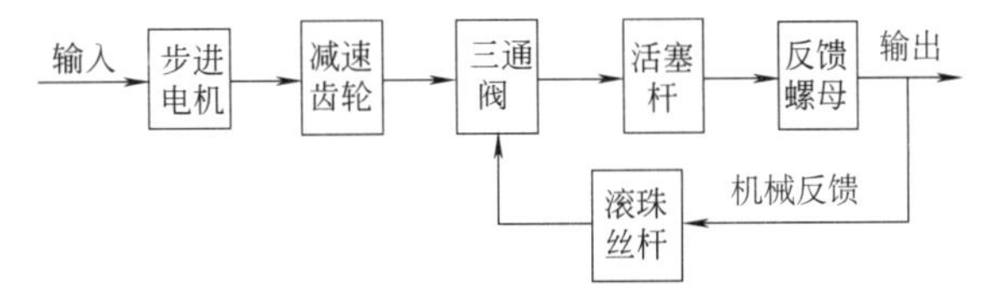

图 4-72 数字液压缸闭环控制原理框图

数字液压缸上述闭环控制原理可用图 4-72 所示的框图表示，即一个三通滑阀控制一个差动缸，利用滚珠丝杆对活塞位置进行精确反馈，利用液压和滚珠丝杆这两种技术，既达到大的输出力，又获得精确的位置精度。该数字缸的运动关系是每 80 个脉冲为 1mm，定位精度为 0.0125mm。

4.8.5 数字液压作动器及其控制的舰艇舵机系统

（1）数字液压作动器的结构原理及特点

航空航海领域及军事用途的液压缸常称为作动器，因此数字液压作动器即数字液压缸。它是将液压缸、数字阀、传感器和步进电机有机结合的作动元件。

图 4-73 所示为数字液压作动器结构示意，它由步进电机 1、数字阀 5（含阀芯 4、阀套 6）、液压缸（活塞杆 11、活塞 14）、传动机构（转换器 2、滚珠螺母 9 及滚珠丝杆 10）及反馈机构 15 等组成。步进电机 1 接收计算机或数字控制器发出的数字脉冲信号，带动数字阀，打开油路，液压缸运动，缸运动的同时通过反馈机构将活塞的速度和位置反馈到数字阀，构成了自动调节的速度闭环反馈和位置闭环反馈，从而使液压缸的速度和位移精确地对应于步

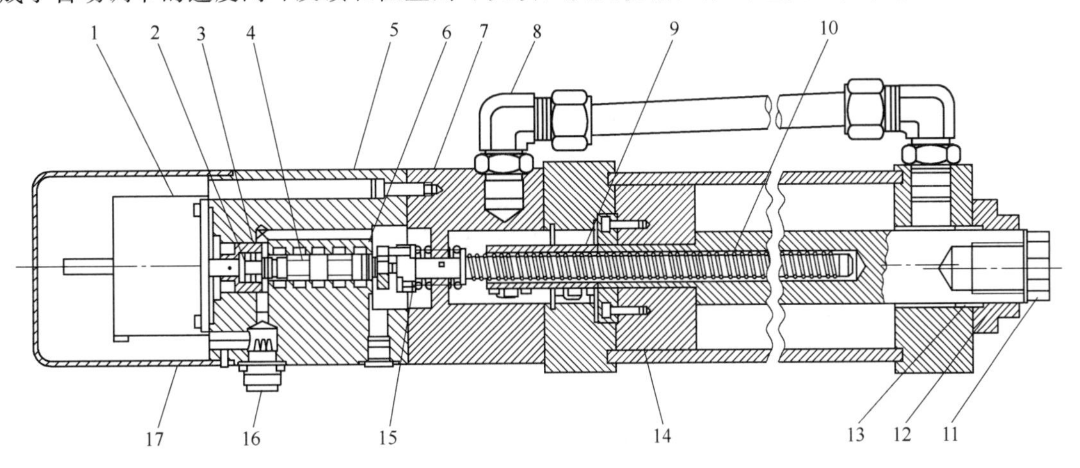

图 4-73 数字液压作动器结构示意

1—步进电机；2—转换器；3—定位机构；4—阀芯；5—数字阀；6—阀套；7—连接器；8—连接管路；9—滚珠螺母；10—滚珠丝杆；11—活塞杆；12—防尘圈；13—密封圈；14—活塞；15—反馈机构；16—电气插头；17—电机罩

进电机的转速和转角，实现闭环控制的自动调节机能。通过将复杂的电气闭环控制变成简单的电气开环控制，从而大大简化了系统结构。

数字液压作动器的主要特点和技术性能指标见表 4-12。

表 4-12　数字液压作动器的主要特点和技术性能指标

主要特点	高度集成化：液压缸、数字阀、反馈机构、控制电机有机集成为一个整体，结构简单			
	控制简单：不依赖外部传感器，数字液压作动器内部有一套精密的位置感应机构，这套感应机构直接与运动机构的输出连接，对控制系统来说就是一个开环系统，不需要复杂的位置反馈、滤波、控制算法			
	控制精度高：使用数字脉冲，而不是电压或电流信号，脉冲的个数对应位置，脉冲的频率对应速度，脉冲的方向对应方向，因此不仅定位准确、稳定性很好，而且控制误差固定，重复性好			
	稳定性好：无温漂、无零漂			
	抗污染能力强：使用普通的液压油，液压系统无需特殊过滤，使用维护方便			
	接口简单：与计算机间无需 A/D 和 D/A 转换，直接接收数字脉冲，便于分布式控制			
技术性能指标	缸径/mm	35～200	工作压力/MPa	10～30
	活塞杆直径/mm	35～140	工作介质	石油基液压油
	行程/mm	20～5000	定位精度/mm	0.025
	最大线速度/(mm/s)	1500	重复性/mm	0.005
	单位脉冲位移/mm	0.025		

（2）电液数字作动器控制的舰艇舵机系统

① 功能结构。图 4-74 所示为某舰艇上的 250kN・m 阀控液压舵机系统原理，它是利用电液数字作动器对原阀（电液动换向阀）控柱塞缸操控系统进行简易改进设计而成的（主要是将原来的柱塞式液压缸换为数字液压作动器）。系统的功能是通过定量泵与左右两个电液数字作动器的配合实现舵机转向和速度的电液数字控制。系统的执行机构是两个电液数字作动器，其活塞杆通过一套拉杆机构和两个舵叶相连，靠活塞杆的左右运动实现舵叶的转动控制。当右侧作动器向左移动时，带动舵叶向左转动（左转舵）；反之，当左侧作动器向右移

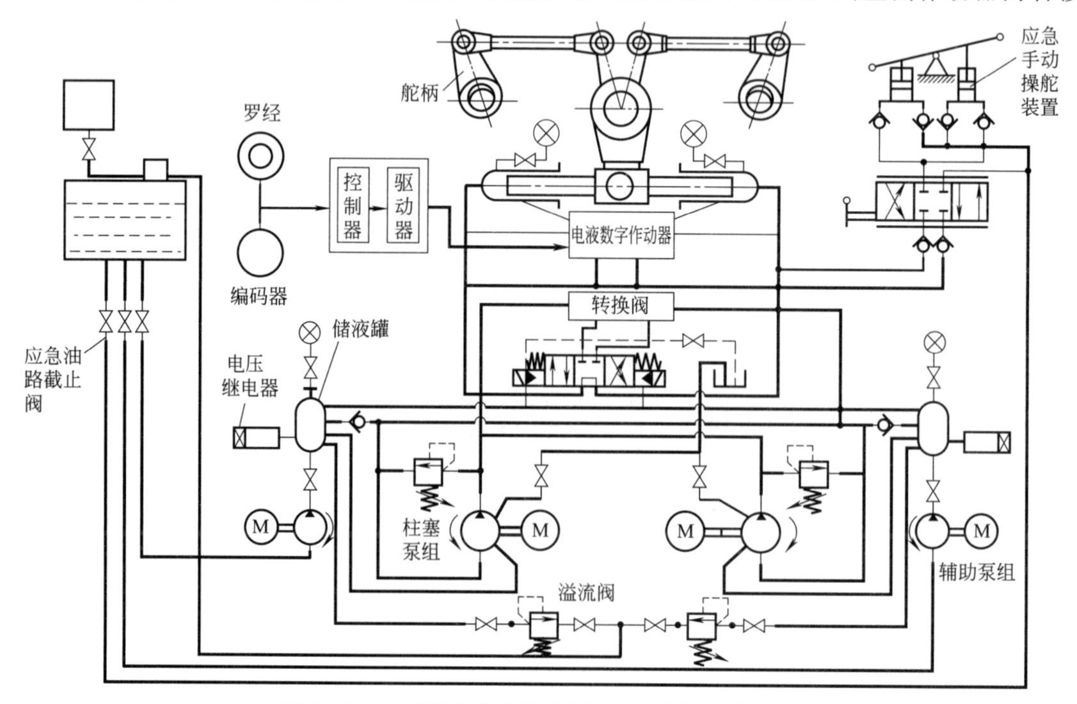

图 4-74　电液数字作动器控制的舰艇舵机系统原理

动时，带动舵叶向右转动（右转舵）。

系统的油源为两套结构相同的电动柱塞泵组，两者互为备用，同时启动合流供油可使舵机高速运行。图 4-74 中右上角的一套手摇泵则用于应急操纵。由于数字液压作动器本身有控制阀，故已无需原系统外部的电液动换向阀控制，但为安全起见，保留了一个电液动换向阀作应急操纵用。

② 工作原理。舵机可以如下三种模式运转工作。

a. 自动模式。此时根据所需要的航向，通过罗经信号经解算后由计算机控制数字液压作动器的运动从而改变和保持航向。

b. 随动模式。通过旋转编码器给数字液压作动器发送脉冲，直接控制其运动。

c. 应急模式。如果数字控制系统不工作，数字液压作动器就相当于一个普通液压缸，此时还可使用原操纵系统作为应急方式，起到双重保险的作用。

另外，原有的手动应急操纵模式不变。

③ 性能特点。与普通电液动换向阀+柱塞缸的操控系统相比，由于电液数字作动器是连续数字控制，所以速度和位置便于控制，冲击小，系统稳定好。与目前普遍采用的（机械、电气、液压、控制、传感器、放大器等混为一体）电液伺服阀控制的舵机相比，电液数字作动器采用机械反馈进行闭环控制而不使用传感器，采用数字信号而不用模拟控制信号，因此对环境的适应性强，稳定性更好，电控系统更为简单，故障率较低，使用维护水平要求一般。

数字化改造后的舵机，整个系统运行可靠，动作灵敏，反应迅速，振动、噪声、冲击明显减少，各项性能稳定。

4.8.6 电液数字伺服双缸位置同步控制系统

图 4-75 所示为利用增量式电液数字伺服阀构成的双缸位置同步控制系统，该系统为“主从控制”方式，液压缸 3 为主动缸，而从动缸（被控缸）为液压缸 4。主动缸在电磁换向阀 6 控制下运动，其运动位置由安装在其活塞杆上的位移传感器 1 检测。相应地，从动缸的位置可由安装在从动缸活塞杆上的位移传感器 2 检测。两液压缸的位置差经阀控制器内单片机运算后输出控制信号，通过电液数字伺服阀 5［其结构原理参见 4.4.4（1）］驱动从动液压缸 4，从而使从动缸和主动缸保持同步运动。系统油源为定量液压泵 8，其供油压力由溢流阀 7 设定。

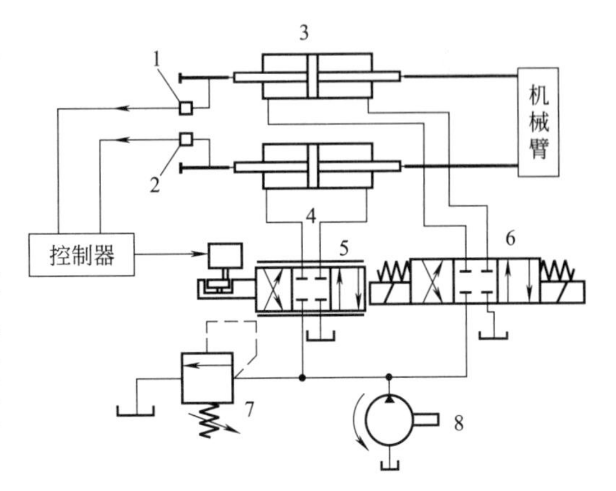

图 4-75 增量式电液数字伺服双缸位置同步控制系统原理

1，2—位移传感器；3—主动液压缸；4—从动液压缸；5—电液数字伺服阀；6—电磁换向阀；7—溢流阀；8—定量液压泵

实验证明，该位置同步系统具有响应速度快、控制精度高的优点，其同步控制位置误差控制在 0.05mm 以内，在大型机械臂等需要较高同步控制精度的场合具有很好的应用前景。

4.8.7 高速开关阀控液压缸位置控制系统

图 4-76 所示为高速开关阀控液压缸位置控制系统原理。系统的执行元件为被控单杆活

塞式液压缸 5，通过对二位常闭高速开关阀（HSV-3101S1，球阀芯直径为 2mm，球座半角为 20°，阀芯最大位移为 1.3mm）开启时间的控制来控制进入液压缸无杆腔的流量，从而控制液压缸活塞杆的外伸速度，进而控制液压缸的位置。液压源为定量液压泵 1，缸的运动方向由三位四通电磁换向阀 3 控制，高速开关阀采用 PWM（脉宽调制）与 PFM（脉幅调制）相结合的方式进行高速开关阀流量特性优化。脉冲控制信号频率为 60Hz，通过改变脉冲控制信号的占空比实现对通过流量的控制。在位置控制过程中，针对纯反馈系统滞后性的特点，采用模糊算法修正的前馈-反馈位置控制策略（图 4-77）。仿真与试验结果均表明，采用 PWM-PFM 的控制方式和模糊算法修正的前馈-反馈位置控制策略可实现液压缸中活塞位置的精确控制，位置控制误差保证在±0.3mm 内。

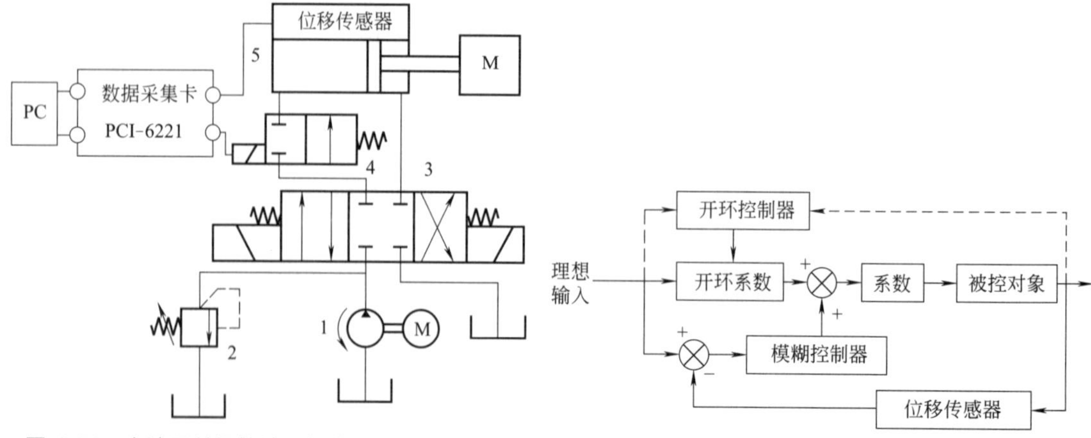

图 4-76 高速开关阀控液压缸位置控制系统原理
1—定量液压泵；2—溢流阀；3—三位四通电磁换向阀；4—二位常闭高速开关阀；5—液压缸

图 4-77 高速开关阀控液压缸位置控制系统模糊算法修正的前馈-反馈控制策略

4.8.8 高速开关阀控电液位置伺服系统

图 4-78 所示为采用高速开关阀构成的电液位置伺服系统结构原理。该系统采用高速开关阀 1（HSV 型二位常闭阀，其结构原理可参见 4.5.6 小节）和三位四通电磁换向阀 2 组合控制液压缸 3 的方案，阀 1 控制进入液压缸的流量，阀 2 控制活塞杆的运动方向，这样可以代替比例阀或伺服阀实现液压缸的正弦位置伺服控制。系统设有位移传感器 4 和压力传感

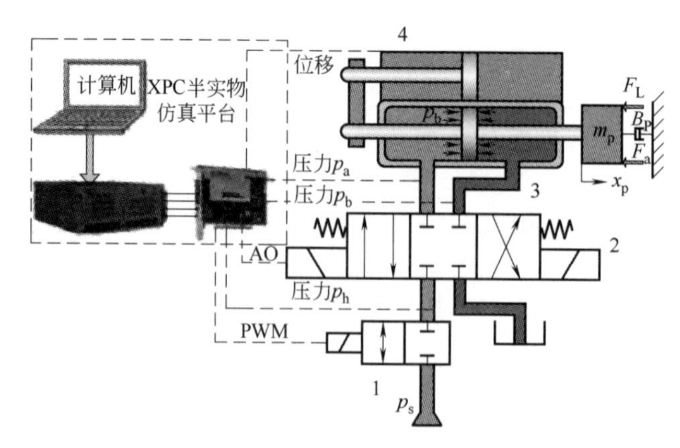

图 4-78 高速开关阀控电液位置伺服系统结构原理
1—二位常闭高速开关阀；2—三位四通电磁换向阀；3—液压缸；4—拉杆式位移传感器

器，可将实时信号传输至数据采集卡（PCI-6251），经 A/D 转换后传输至计算机，计算机根据指令信号和状态反馈信息，经过控制器求解得到占空比，并经过功率放大板驱动高速开关阀 1，以调节液压缸的进口流量，完成液压缸的位置跟踪控制。

图 4-79 所示为上述系统的测试平台，它包括 XPC 半实物仿真系统、液压站 1（最高压力为 10MPa）、高速开关阀 5（驱动电压为 24V，线圈电阻为 10Ω，额定压力为 10MPa，流量为 2～9L/min，最大开关频率为 50Hz，采用 PWM 信号控制）、电磁换向阀 2（在单边压差为 3.5 MPa 时的流量为 7.9L/min）、液压缸、数据采集卡（采样率为 1kHz）、PWM 放大板 4（延迟 1ms）以及位移传感器 7 和压力传感器 6 等组成部分。在系统关键参数供油压力 $p_s=4\text{MPa}$、负载质量 $m_p=20\text{kg}$、液压缸有效作用面积 $A_p=6.28\times10^{-4}\text{m}^2$ 及进油腔、回油腔初始容积 $V_{01}=V_{02}=2.198\times10^{-5}\text{m}^2$ 条件下，采用适用于数字阀控系统的直接自适应鲁棒控制器进行试验表明，在跟踪幅值为 5mm，频率为 0.4Hz 的正弦信号时，最后一周期的最大跟踪误差、平均跟踪误差及其标准差分别为 0.638mm、0.25mm 和 0.405mm，比传统 PID 的控制性能显著提升。

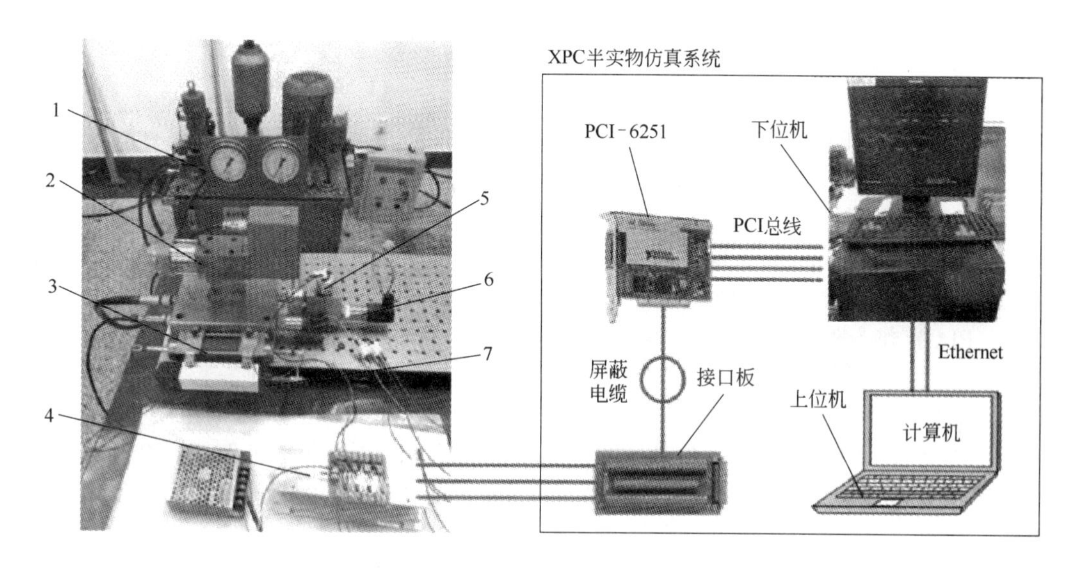

图 4-79 高速开关阀控电液位置伺服系统半实物仿真测试平台

1—液压站；2—三位四通电磁换向阀；3—液压缸；4—PWM 放大板；5—高速开关阀；6—压力传感器；7—位移传感器

4.8.9 高速开关阀控滚珠旋压速度控制系统

（1）主机功能结构

滚珠旋压是借滚珠盘与管坯相对旋转并轴向进给而由滚珠完成的一种使管形件变薄的旋压工艺方法。图 4-80 所示为常用的立式滚珠旋压机局部平面图，顶部液压缸通过压下平台间接控制轴向进给，底部工作台面上的模座带动滚珠模座旋转。液压缸在机器中的作用是推动压下平台向下运动，实现管坯与滚珠在竖直方向上的相对运动。压下液压缸目前普遍采用伺服阀调速方式，结构复杂、加工精度要求高、价格昂贵、抗污染能力差、故障较多，因此改用高速开关阀控制滚珠旋压压下平台的速度，以提高系统稳定性，从而进一步提高滚珠旋压的精度。

（2）系统原理

图 4-81 所示为用高速开关阀构成的滚珠旋压速度控制系统原理，该系统的执行元件为

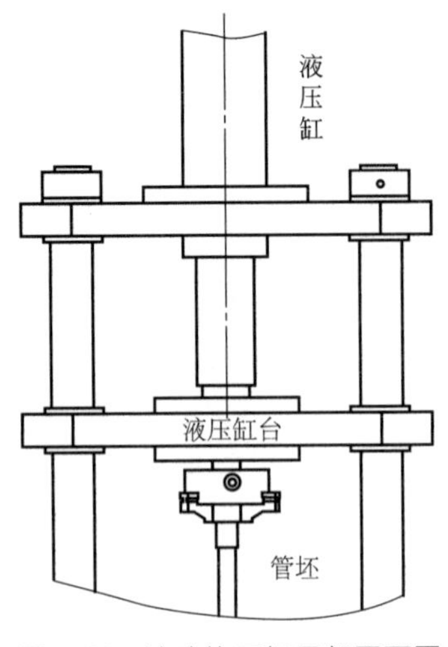

图 4-80　滚珠旋压机局部平面图

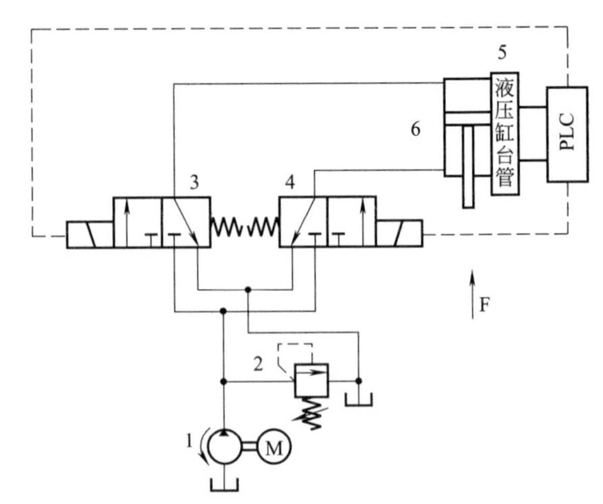

图 4-81　高速开关阀控滚珠旋压速度控制系统原理

1—液压泵组；2—溢流阀；3,4—高速开关阀；5—速度传感器；6—液压缸

滚珠旋压机的液压缸 6，其大、小腔有效作用面积分别为 $A_1=0.00196\text{m}^2$ 和 $A_2=0.001\text{m}^2$，负载范围为 1～5kN，速度为 0.017m/s。系统的油源为定量液压泵组 1，其额定压力为 15MPa，工作压力由溢流阀 2 设定。元件 3、4 为 HSV-3143S4 系列二位三通高速开关阀（球阀芯直径为 2.38mm，球座半角为 60°，阀芯最大位移为 0.3mm，开关阀周期为 100ms），用于液压缸速度的控制调节和运动方向的变换。元件 5 为速度传感器，用于液压缸运行速度的检测。可编程控制器（PLC）作为驱动控制器，为高速开关阀提供 PWM 信号。

旋压过程中，高速开关阀 3 由 PWM 信号持续供电而切换并工作于左位，液压缸的无杆腔进油，活塞杆伸出；高速开关阀 4 断电工作于图 4-81 所示左位，保持有杆腔排油顺畅。旋压工作结束后，阀 4 由 PWM 信号持续供电而切换并工作于右位，液压缸有杆腔进油，活塞杆缩回，阀 3 断电工作于图 4-81 所示右位，无杆腔排油。由 PLC 程序控制信号周期与高电平持续时间。

为了消除连续变化的负载对速度的影响，仿真试验采用了 PID 闭环控制（图 4-82），通过速度传感器反馈调节控制信号脉宽，维持执行元件速度的稳定。控制器控制脉冲宽度输出两路 PWM 信号，分别驱动高速开关阀 3 与 4 的启、闭状态，并通过 PLC 编程调制输出脉冲信号，改变 PWM 信号占空比，对通过高速开关阀的流量进行控制，进而控制整个系统和液压缸的工作速度。

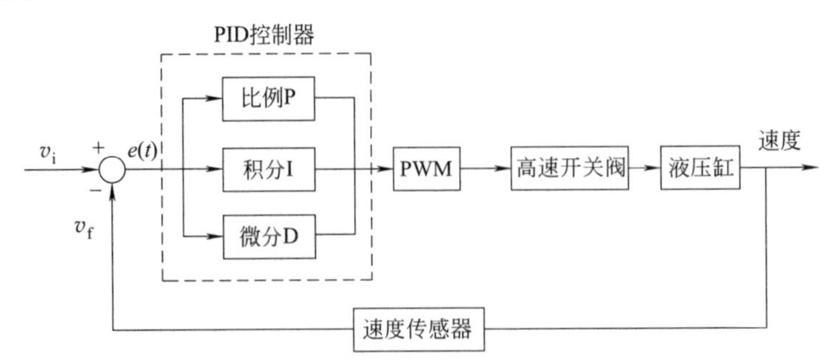

图 4-82　系统 PID 闭环控制原理框图

4.8.10 高速开关阀控数字液压 AGC 系统

目前在液压 AGC（轧机自动厚度控制）系统中，主要通过伺服阀来实现缸体位置的精确控制。但伺服阀存在价格昂贵、抗污染能力差、工作稳定性及重复性差等缺点，不利于系统可靠性的提高及成本的降低。而高速开关阀则能克服上述缺点，故将高速开关阀用于液压 AGC 系统中实现其数字化控制，优点显著。

高速开关阀控数字液压 AGC 系统原理如图 4-83 所示。系统的执行元件为 AGC 液压缸 6，其缸径为 220mm，活塞杆直径为 180mm，频率为 15Hz，压下调节量一般为 1mm。系统的油源为定量液压泵组 1，其工作压力由溢流阀 2 设定为 20MPa。元件 3、4 为 HSV 系列二位三通常闭高速开关阀（额定压力为 20MPa，额定流量为 9L/min，球阀芯直径为 2mm，球座直径为 3mm，阀芯最大位移为 3mm，频率为 20Hz，死区滞后时间小于 3.5ms）用于液压缸流量和位置的快速控制调节及运动方向的变换。双向液压锁 5 用于液压缸的保压和位置锁定。

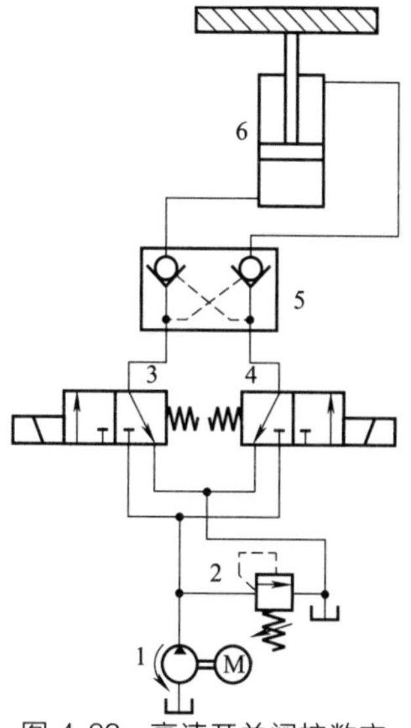

图 4-83 高速开关阀控数字液压 AGC 系统原理
1—液压泵组；2—溢流阀；3,4—高速开关阀；5—双向液压锁；6—AGC 液压缸

在液压缸压下作业时，高速开关阀 3 通电开启通流，泵的压力油进入缸 6 的无杆腔，高速开关阀 4 断电回流，有杆腔经阀 4 排油。当阀 3 和阀 4 都断电处于图 4-83 所示关闭位置时，双向液压锁起保压作用。为实现液压缸压下的精确控制，系统采用基于补偿滞后时间 PWM 控制与 Bang-Bang 控制相结合的三步消零算法，即对于所有的位移调节量，高速开关阀最多只需 3 次切换，同时消除其零位死区，实现其对位置的快速精确控制。仿真分析表明，当初始调节量大于 16μm 时，该算法能够使数字液压 AGC 系统液压缸在上抬和压下时误差分别控制在－12～12μm 和－4～4μm 内。

4.8.11 高速开关阀控液压马达调速系统

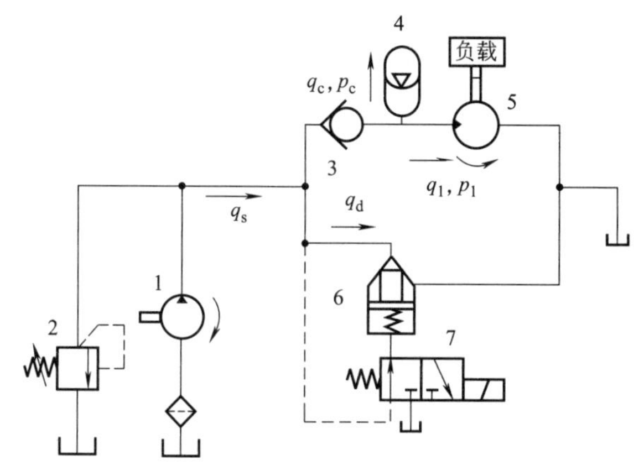

图 4-84 高速开关阀控液压马达调速系统原理
1—定量液压泵；2—溢流阀；3—单向阀；4—蓄能器；5—液压马达；6—插装组件；7—高速开关阀

（1）系统原理

高速开关阀控液压马达调速系统原理如图 4-84 所示，系统的液压油源为定量液压泵 1（排量为 63mL/r，转速为 2000r/min）。单向定量液压马达 5（排量为 80mL/r）作为系统的执行元件驱动负载（动摩擦转矩为 180N · m，静摩擦转矩为 190 N · m）做功。并联在泵 1 出口的高速开关阀 7（进油口径为 2mm，球阀直径为 3mm，阀芯质量为 2g，阀芯最大位移为 3mm）作为插装组件（进油口径为 14mm，控制腔的直径为 17mm，阀芯质量为 30g，阀芯最大位移为 3 mm）的先导阀，控制其开启和关闭，两者共

同构成高速开关流量阀，通过旁路节流间接调节控制进入马达的流量 q_1，从而调控液压马达的运转速度。蓄能器 4（初始充气压力为 13MPa，初始充气体积为 0.5L）用于吸收液压脉动并作为临时动力源，在高速插装阀通电开启旁路排油回油箱时向液压马达供油，单向阀 3 则用于蓄能器输出流量止回。

高速开关阀的开启和关闭由脉冲电压（调制波的频率为 10Hz）直接控制。当高速开关阀通电切换至右位时，插装组件因弹簧腔接通油箱卸荷而开启，泵输出的流量由插装阀排回油箱，马达所需流量则由蓄能器供给，由于单向阀的存在，蓄能器输出流量不会倒流；当高速开关阀断电复至图 4-84 所示左位时，插装组件关闭，泵输出的流量全部流向蓄能器和液压马达，此时蓄能器蓄能。系统供给马达流量的多少由高速开关阀脉冲调制波的占空比决定，高速开关阀在一定工作频率下，通过合理地控制调制波的占空比使插装阀不断地打开与并闭，改变插装组件旁路通断的时间比例，从而改变马达供给流量的大小，实现其调速过程。整个工作过程中，液压马达的供油是一个脉动过程，蓄能器除了作为临时动力源外，还能起到削弱压力脉动的作用。溢流阀 2 在系统中的作用是限制蓄能器的最高蓄能压力，防止系统过高的压力脉动。

（2）性能特点

① 液压马达调速系统采用高速开关阀控制插装阀，通过控制高速开关阀脉宽调制波的占空比，来调节进入马达中的流量，从而实现其调速过程；系统的响应快，调速范围宽，但低占空比下的节流损失较大，应尽量保证其在高占空比条件下工作。

② 高速开关阀能够利用脉冲信号直接控制，实现了计算机控制技术和液压流体技术的有机结合。

③ 采用高速开关阀控制插装阀的方式进行流量调节，可以实现系统大流量高频换向，它保持了传统阀控调速系统响应快的特点，同时又能避免系统较大的溢流损耗。

4.8.12 高速开关阀控液压钻机推进系统

（1）主机功能

液压钻机是一种通用大型凿岩钻孔设备，主要用于露天矿山开采、建筑基础开挖及水利、电站、建材、交通和国防建设等多种工程中的凿岩钻孔作业。液压钻机钻孔时对推进压力的控制是影响钻孔质量的关键因素。采用恒压推进系统的钻机在作业时对钻头的压力不变，在钻孔环境变化时不能实时调压，易造成钻头回转压力上升导致卡钻；有些钻机推进油路中并联数个减压阀，通过换向阀选择轻推或重推，但其系统复杂且推进压力调节范围有限。为了提高钻孔质量，实现钻孔时推进力的准确调控，提出了高速开关阀控插装阀推进系统。该系统可采用 PLC 反馈调节推进系统旁路油液卸荷量达到控制推进压力的目的。

（2）系统原理

图 4-85 所示为高速开关阀控液压钻机推进系统原理，系统的执行元件为双向定量液压马达 9，通过链条带动钻杆执行相关动作，其转向通过换向阀 4 控制从而实现钻杆的推进与后退。系统的油源为定量液压泵 4（排量为 40mL/min，转速为 1500r/min），其最高工作压力（安全压力）由溢流阀 5 设定（15MPa）。带阻尼孔的插装阀 2（进油口直径为 15mm，弹簧腔直径为 28mm，阻尼孔直径为 0.8mm）及其先导阀——高速开关阀 1（额定流量为 8L/min，阀芯质量为 25g，阀芯最大位移为 3mm）通过旁路实现推进压力的比例调节。压力传感器 10 用于液压马达压力的检测反馈，从而与 PLC 一起构成液压马达压力的闭环控制。

其主要工作原理如下。由图 4-85 可以看到，高速开关阀控制插装阀弹簧腔与油箱的通断。当高速开关阀断电处于图 4-85 所示左位时，插装阀的弹簧腔经高速开关阀与油箱相连，插装阀控制腔的油压下降，在阻尼孔产生压差的作用下，插件打开，液压泵部分油液经插装阀流入油箱，系统压力下降；当高速开关阀通电切换至左位时，插装阀的弹簧腔压力与进口压力相等，由于弹簧腔和进油腔承压面积不同和弹簧作用使插装阀的插件关闭，系统压力上升。

高速开关阀通断时间由 PLC 产生 PWM 信号控制。在钻孔作业时，PLC 会根据工况实时输出推进压力指令，推进系统压力由压力传感器 10 反馈至 PLC 中，PID 控制器将指令压力与推进马达压力比较，计算出一定占空比的 PWM 信号控制高速开关阀的通断时间，从而通过调节系统流经插装阀的油液流量控制推进系统的压力，系统的闭环控制原理框图如图 4-86 所示。

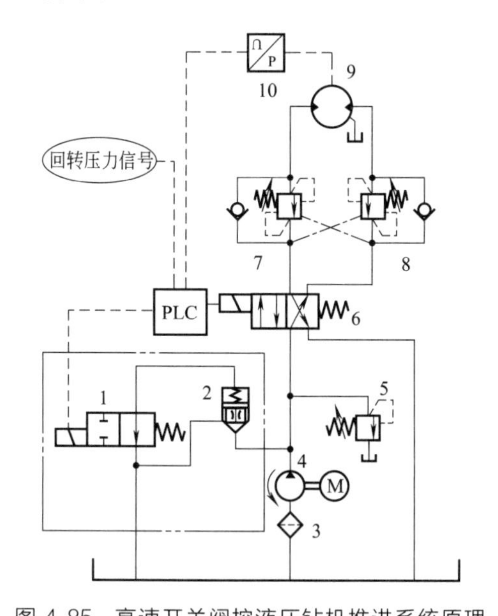

图 4-85 高速开关阀控液压钻机推进系统原理

1—高速开关阀；2—插装阀（带阻尼孔）；3—过滤器；4—定量液压泵；5—溢流阀；6—二位四通电磁换向阀；7，8—单向顺序阀；9—双向定量液压马达；10—压力传感器

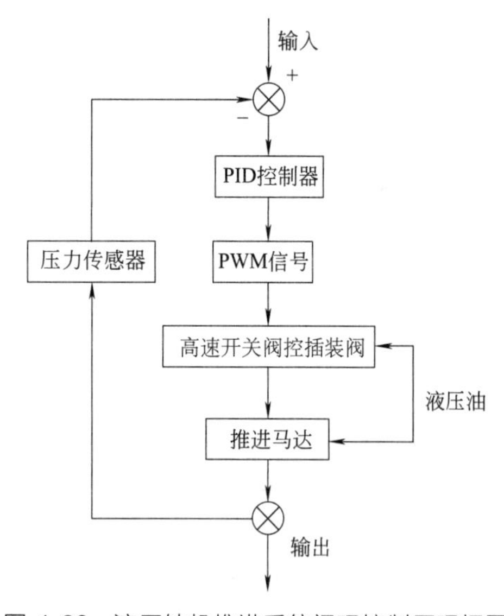

图 4-86 液压钻机推进系统闭环控制原理框图

（3）性能特点

① 高速开关阀通流流量较小，插装阀适合高压大流量，因此将高速开关阀作为一个先导阀控制一个插装阀则可以进行较大流量调节。与恒压推进系统相比，高速开关阀控液压钻机推进系统通过电液技术的结合，方便地实现了钻机压力的动态调节。

② 高速开关阀控插装阀作为推进系统调压机构，其输入的 PWM 信号频率在 20Hz 时，插装阀出口流量对占空比的调节性能较好。

③ 推进系统采用闭环控制 PWM 信号（频率为 20Hz）占空比调节推进压力，响应时间为 0.2～0.4s，压力波动范围为±0.3MPa，超调量与稳态误差小，控制平稳，对输入指令响应迅速。适当范围内提高 PWM 频率可以改善调节精度，降低稳态误差。

4.8.13 单阀直控式高速开关阀液压同步系统

高速开关阀直控式液压同步控制，是指用高速开关阀直接对回路的流量进行比例调节，从而实现系统各执行元件同步的一种控制方式。图 4-87 所示为单阀直控式高速开关阀液压

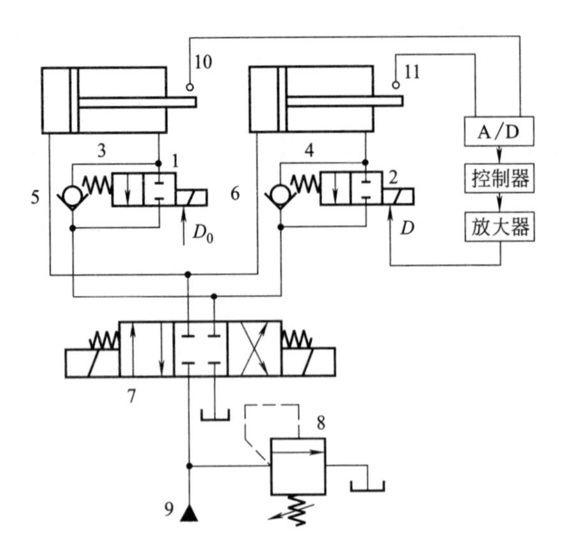

图 4-87 单阀直控式高速开关阀液压同步系统原理

1,2—高速开关阀；3,4—液压缸；5,6—单向阀；7—三位四通电磁换向阀；8—溢流阀；9—液压源；10,11—位移传感器

同步系统原理（图中只画出了主、从两个回路，如果系统需要，可进一步添加从回路）。系统需要同步运动的执行元件是液压缸 3 和 4，其运动方向由三位四通电磁换向阀 7 控制，高速开关阀 1 和 2 则通过控制液压缸 3 和 4 的排油流量控制两缸的运动同步，单向阀 5 和 6 用于液压缸 3 和 4 回退时进油路控制。

系统的同步控制策略是基于主从控制的方式，即所有需要执行同步的执行元件以其中一个的输出为理想输出，其余执行元件跟踪这一选定的理想输出而达到系统同步的控制形式。其控制的基本原理如下。根据系统对执行元件速度的要求，控制器首先对主从两回路的高速开关阀输出一个相同的调制率 D_0（占空比），从而限制液压缸出口流量，系统稳定后，活塞杆以一定的速度伸出。如果主回路和从回路因负载不一致等因素造成系统不能同步，则布置在两活塞杆上的位移传感器 10、11 检测并发出的电信号，经比较后送入控制器，控制器据此调整高速开关阀 2 的调制率，加大或缩小从回路的通流量，以实现两回路的同步。

4.9 电液数字阀的使用维护及故障诊断要点

电液数字阀性能的优劣一方面取决于液压阀主体部分的结构性能和质量，另外一方面在很大程度上取决于电气-机械转换器及其驱动控制器的性能，同时还与所控制的系统中其他相关元器件的匹配耦合是否合理有关，当然还与整个主机及液压系统的运行环境及工况有关。因此，无论是增量式电液数字阀还是脉宽调制高速开关阀，整个数字阀的性能都是上述部分及相关因素相互作用的综合效果。从电液控制系统设计与使用维护角度而言，电液数字阀的选型与替代，应该根据控制对象及其使用要求，并按照制造厂商的要求对阀的主体、电气-机械转换器及其驱动控制器等主要组成部分，从工作可靠性、经济性、维护的便利性等方面进行比较和论证后作出选择，在这一过程中选择货源单位和关注信誉至关重要。

尽管电液数字阀抗污染能力较强，但为了使其可靠工作，还是要加强油液的清洁度管理，以免因此导致数字阀出现故障。如前所述，电液数字阀主要由电气-机械转换器及其驱动控制器、机械转换器及液压阀主体等几大部分组成，液压部分的常见故障及诊断排除可参见普通液压阀的方法；机械转换器的磨损、松动、卡阻会影响阀的正常工作，应定期进行检查或更换；电气-机械转换器及其驱动控制器的故障因类型及结构形式不同而异，除了硬件问题还有软件问题，可参阅相关产品样本或文献进行处理。

第5章

电液控制工程自动化智能化技术

在液压系统中，可编程控制器（PLC）已成为不可或缺的自动控制设备之一，它常常与传感器、变频器、触摸屏（人机界面）等设备配合使用，构造成功能完备、操作简便的电液控制系统。本章首先从电液控制工程的应用角度对这些技术（设备）的功能原理及使用要点进行简要介绍，最后介绍智能电液控制阀。

5.1 可编程控制器（PLC）应用技术

5.1.1 PLC的应用特点

PLC从1968年由美国通用汽车公司提出至今，其功能从弱到强，实现了逻辑控制到数字控制的进步；其应用领域从小到大，实现了单体设备简单控制到胜任运动控制、过程控制及集散控制等各种任务的跨越。如今PLC在处理模拟量、数字运算、人机接口和网络通信等各方面的能力都已大幅提高，成为包括电液控制工程在内工业控制领域的主流自动控制设备之一，发挥着越来越大的作用。究其原因主要是PLC具有以下应用特点。

① 可靠性高，抗干扰能力强。高可靠性是电控设备的关键性能。PLC由于采用现代大规模集成电路技术，采用严格的生产工艺制造，内部电路采取了先进的抗干扰技术，具有很高的可靠性。使用PLC构成控制系统，和同等规模的继电接触系统相比，电气接线及开关接点已减少到数百分之一甚至数千分之一，故障率随之大大降低。此外，PLC带有硬件故障自我检测功能，出现故障时可及时发出警报信息。在应用软件中，用户还可编入外围器件的故障自诊断程序，使系统中除PLC以外的电路及设备也获得故障自诊断保护。这样，整个系统具有极高的可靠性。

② 配套齐全、功能完善、适用性强。PLC发展至今，已形成了各种规模的系列化产品，可用于各种规模的工业控制场合。除了逻辑处理功能以外，PLC大多具有完善的数据运算能力，可用于各种数字控制领域。多种多样的功能单元大量涌现，使PLC渗透到了位置控制、速度控制、温度控制、压力控制及CNC等各种工业控制中。加上PLC通信能力的增强及人机界面技术的发展，使用PLC组成各种控制系统变得非常容易。

③ 易学易用。PLC是面向工矿企业的工控设备。它接口容易，编程语言易于为工程技术人员接受。特别是梯形图语言的图形符号与表达方式和继电器电路图相当接近，为不熟悉电子电路、不懂计算机原理和汇编语言的用户从事工业控制打开了方便之门。

④ 系统的设计工作量小，维护方便，容易改造。PLC 用存储逻辑代替接线逻辑，大大减少了控制设备外部的接线，大大缩短了控制系统设计及建造的周期，同时日常维护也变得容易起来，更重要的是使同一设备通过改变软件程序而改变工艺和生产过程成为可能。这特别适合多品种、小批量的生产场合。

5.1.2 PLC 的结构组成

PLC 实质上是一种工业控制专用计算机，一个完整的 PLC 包括硬件和软件两大部分。PLC 的外部由电源端子、输入和输出端子、状态指示灯、通信接口等组成（图 5-1）。

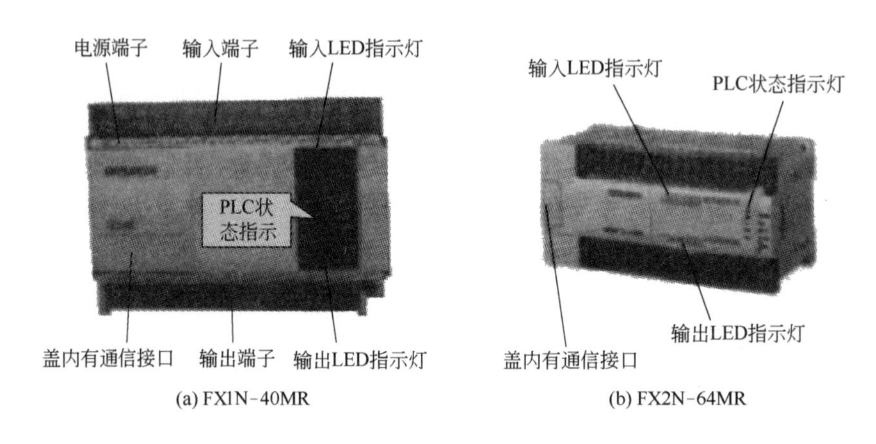

图 5-1 整体箱式 PLC（MITSUBISHI FX 系列）外形

（1） PLC 的硬件

PLC 的硬件包括主机、I/O 扩展部分和外部设备三大部分（图 5-2），主机是构成 PLC 的最小系统，包括电源、微处理器（CPU）、存储器、输入接口、输出接口等。

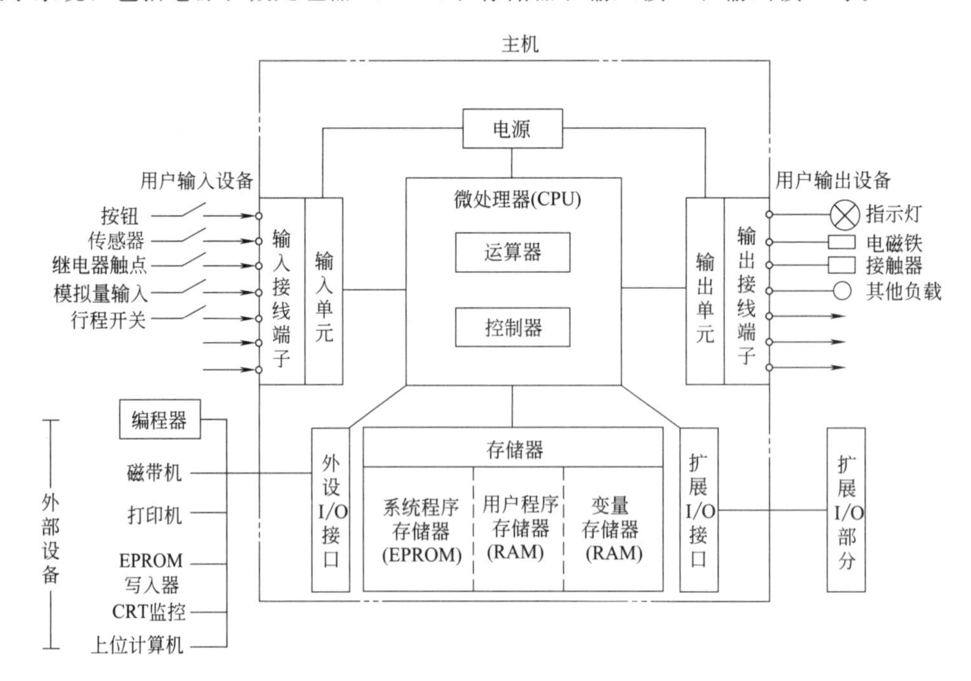

图 5-2 PLC 的结构

① CPU。它是 PLC 的主要部件，是 PLC 的运算、控制中心，用来实现逻辑运算、算术运算，并对整机进行协调、控制，依据系统程序赋予的功能，在编程时接收、存储从编程器输入的用户程序和数据，或者对程序、数据进行修改、更新；运行时以扫描方式接收现场输入装置（限位开关、接近开关等）的状态和数据并存入输入状态表和数据寄存器中形成现场输入的“内存映像”，再从存储器逐条读取用户程序，经命令解释后按指令规定的功能产生有关的控制信号，开启或关闭相应的控制门电路，分时分路地完成数据的存取、传送、组合、比较、变换等操作，完成用户程序中规定的各种逻辑或算术运算等任务，根据运算结果更新有关标志位的状态和输出状态寄存表的内容，再由输出状态表的位状态或数据寄存器的有关内容实现输出控制、制表打印、数据通信等功能，同时在每个工作循中还要对 PLC 进行自诊断，若无故障继续运行工作，若发现故障异常则保留现场状态，关闭全部输出通道后停止运行，等待处理，以免故障扩散而造成大的事故。

② 存储器。它用于存放 PLC 的系统程序、用户程序、逻辑变量、输入/输出状态映像以及各种数据信息等。

③ 输入/输出单元（I/O 单元）及其扩展部分。现场设备及生产过程的数据信息必须通过输入接口才能送给 CPU，而 CPU 运算的结果、作出的判断、施予现场的控制也必须通过输出接口才能送到有关的设备或现场（如指示灯、电磁铁、步进电机、力矩马达等）。I/O 扩展部分主要是为系统扩展输入、输出点数而设计的。当用户所需的输入、输出点数超过主机的输入、输出点数时，就需要增加扩展部分来扩大系统的总点数。输入/输出单元的接线方式如下。

a. 输入单元的接线方式。PLC 的输入单元与用户输入设备的接线方式分为汇点式和分割式两种基本形式（图 5-3）。汇点式接线方式是指输入回路有一个公共端（汇集端）COM，其所有输入点为一组，共用一个公共端和一个电源，如图 5-3（a）所示的直流输入单元。由于 PLC 的输入端用于连接按钮、限位开关及各类传感器，这些器件的功率消耗都很小，一般可以采用 PLC 内部电源为其供电。汇点式输入接线也可将全部输入点分为几个组，每组有一个公共端和一个单独的电源，如图 5-3（b）所示。汇点式接线方式可用于直流或交流输入单元，交流输入单元的电源由用户提供。

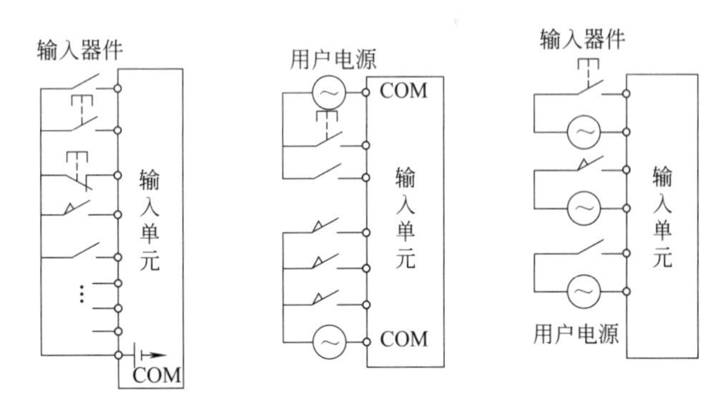

(a) 汇点式接线方式一 (b) 汇点式接线方式二 (c) 分割式接线方式

图 5-3 PLC 的输入接线方式

图 5-3（c）所示为分割式接线方式，它是将每个输入点单独用各自的电源接入输入单元，在输入端没有公共的汇点，每个输入器件是相互隔离的。

b. 输出单元的接线方式。输出单元与外部用户输出设备的接线分为汇点式输出和分隔式输出两种基本形式。如图 5-4 所示，可以把全部输出点汇集成一组共用一个公共端 COM 和一个电源，也可以将所有的输出点分成 N 组，每组有一个公共端 COM 和一个单独的电源。两种形式的电源均由用户提供，可根据实际负载确定选用直流或交流电源。

④ 电源。它是整机的能源供给中心。电源分为外部电源（用户电源，用于传送现场信号或驱动现场执行机构，通常由用户另备）、内部电源（主机内部电路的工作电源）两种。内部电源应稳定可靠，以保证 PLC 正常工作。

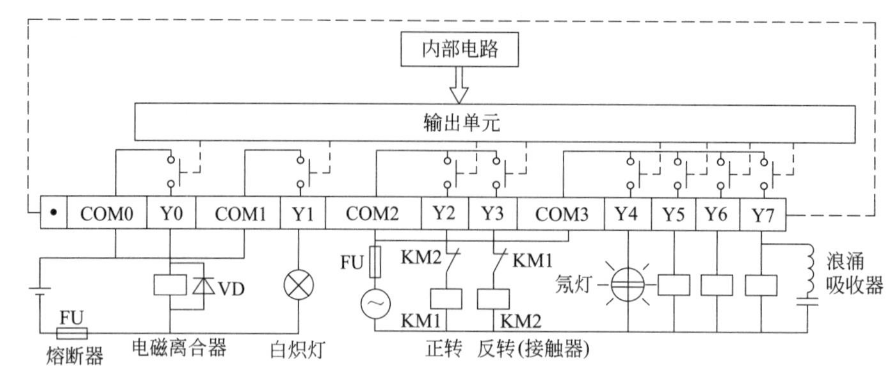

图 5-4 PLC 的输出接线方式

⑤ 外部设备。它是开发 PLC 控制系统（主要是设计、调试应用程序）的辅助设备，主要有编程器、EPROM 写入器、磁带机、打印机、监视器等。

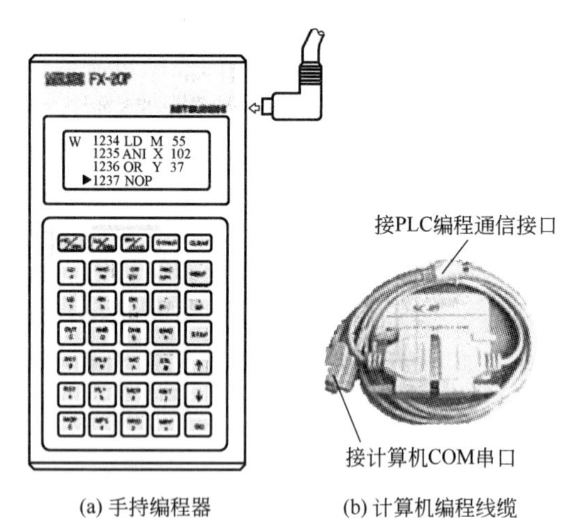

(a) 手持编程器　(b) 计算机编程线缆

图 5-5 手持编程器与计算机编程线缆

a. 编程器。它是 PLC 系统的人机接口，用于 PLC 工作程序的编辑、输入和调试以及对系统的运行状态及被控对象的参数进行监视和有关故障诊断，将编程器与打印机相连还可以打印程序清单或输出有关记录信息，编程器是 PLC 工作不可缺少的辅助工具。编程器有手持编程器（简易编程器）和计算机编程器（智能编程器）两大类。图 5-5 所示为手持编程器和计算机编程线缆。目前，手持编程器仅能采用指令助记符进行编程，编程和监视程序的执行过程不如计算机编程方便，故应用较少了。计算机编程一般是在通用计算机上添加适当软件包对 PLC 进行编程。编程计算机在编程工作之外仍是一台通用的个人计算机，故可节省 PLC 控制系统的投资。

b. 其他。EPROM 写入器用于将程序写入 EPROM 芯片；磁带机用于录制存储程序或有关数据信息；打印机用于打印程序清单或有关运行记录；监视器用于监视 PLC 的工作状态或系统运行参数、过程信息。

（2） PLC 的软件

① 软件组成及功能。PLC 的软件包括系统软件和应用软件两大部分。系统软件也称系统程序，是由 PLC 生产厂商编制的用来管理、协调 PLC 的各部分工作，充分发挥 PLC 的硬件功能，方便用户使用的通用程序。通常被固化在 ROM 中，与机器的 CPU 等硬件一起提供给用户。一般系统程序的功能包括系统配置登记及初始化、系统自诊断、命令识别与处理、用户程序编译、模块化子程序及调用管理等。应用软件又称应用程序，是用户根据系统控制的需要用 PLC 的程序语言编写的，解决不同的问题所编制的应用程序是不同的，通常所说对 PLC 编程即指编写 PLC 的应用程序。

② 应用程序的编制语言。PLC 应用程序的编制通常采用面向控制过程、面向问题的编程语言，有梯形图、流程图（又称功能图）、语句表、图形语言、BASIC 及 C 等高级语言。对于中小型 PLC，多使用梯形图和流程图编程语言。

a. 梯形图。这是一种图形编程语言，它沿用了继电接触式控制线路中继电器的触点、线圈，串、并、联三术语和图形符号，并增加了一些特殊功能符号。这些图形符号被称为编程元件，每一个编程元件对应地有一个编号。不同厂家的 PLC 编程元件的多少及编号方法不尽相同，但基本的元件及功能相差不大。图 5-6（a）所示为梯形图编程语言。梯形图语言比较形象、直观，对于熟悉继电接触器控制电路的电气技术人员来说，很容易接受它，且不需要学习专门的计算机知识，因此在 PLC 编程中，梯形图是最基本、最普遍的编程语言。

b. 指令语句表（简称指令表）。指令语句表就是用助记符表达 PLC 的各种功能。图 5-6（b）所示为 PLC 编程的指令语句表。它类似于计算机的汇编语言，但比汇编语言更通俗易懂。通常每条指令语句由地址（编程器自动分配）、操作码（指令）和操作数（数据或元器件编号）三部分组成。

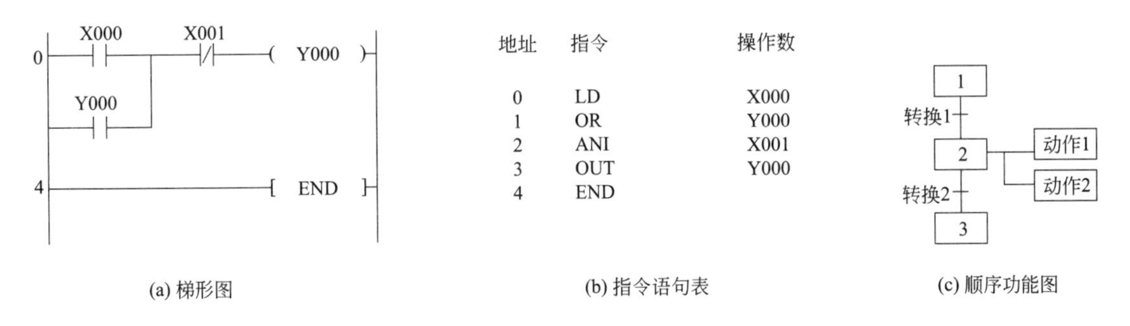

图 5-6 PLC 编程语言

c. 顺序功能图。这是采用工艺流程图进行编程，对于工厂中的工艺设计技术人员而言，用这种方法编程显得非常简便。图 5-6（c）所示为顺序功能图。

d. 高级语言。在一些大型 PLC 中，为完成一些较为复杂的控制，采用功能很强的微处理器和大容量存储器，将逻辑控制、模拟控制、数值计算与通信功能结合在一起，配备 BASIC、C 等计算机语言，可像使用通用计算机那样进行结构化编程，使 PLC 具有更强的功能。

5.1.3 PLC 工作过程等效电路

PLC 的工作过程通常用扫描（依次对各种规定的操作项目全部进行访问和处理）来描述。顺序扫描的工作方式是 PLC 的基本工作方式，每扫描一个循环所用的时间称为扫描周期。如图 5-7 所示，PLC 的工作过程基本上就是用户程序的执行过程，是在系统软件的控制下顺次扫描各输入点的状态，按用户程序解算控制逻辑，然后顺序向各输出点发出相应的控制信号。除此之外，为提高工作的可靠性和及时接收外来的控制命令，在每个扫描周期还要进行故障自诊断和处理与编程器、计算机的通信请求。与之对应的 PLC 等效电路如图 5-8 所示，共分为三个部分：收集被控设备（按钮、开关、传感器等）的信息或操作命令的输入（单元）部分；运算、处理来自输入部分信息的内部控制电路（CPU）、驱动外部负载的输出（单元）部分。图 5-8 中 X0、X1、X2 为 PLC 输入继电器，Y0 为 PLC 输出继电器。这些继电器并不是实际的继电器．它们实质上是电子线路和存储器中的每一位触发器。该位触发器为“1”态，相当于继电器接通，该位触发器为“0”态，则相当于继电器断开。因此，这些继电器在 PLC 中称为软继电器。

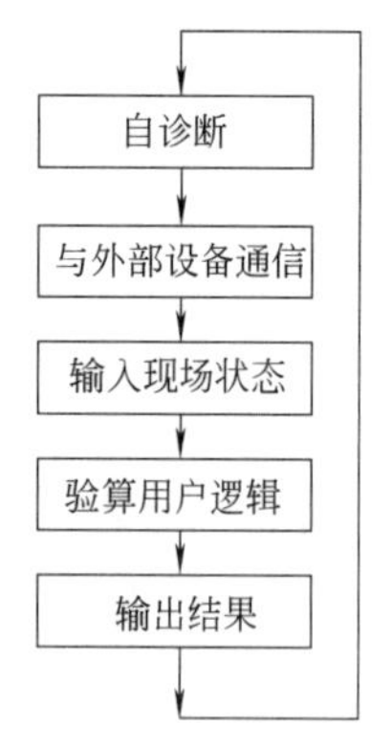

图 5-7 PLC 的扫描工作过程

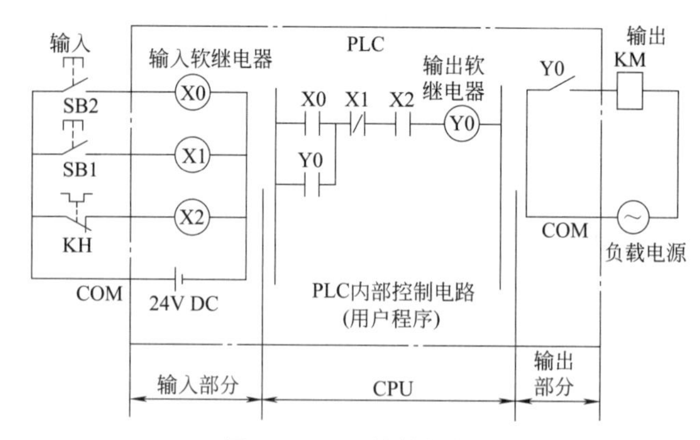

图 5-8 PLC 的等效电路

5.1.4 PLC 的类型及性能

PLC 产品的类型繁多，可按结构形式和控制规模（输入/输出即 I/O 点数）进行分类。

按结构形式分为整体箱式和模块组合式两种。如图 5-1 和图 5-9 所示，整体箱式 PLC 把各组成部分安装在少数几块印制电路板上并连同电源一起装配在一壳体内形成一个整体，具有结构简单、节省材料、体积小等优点，但其 I/O 点数固定且较少，使用不是很灵活，通常为小型 PLC 或低档 PLC，有时点数不够用可再增加一个只含有输入/输出部分的扩展箱来扩充点数。与其对应，含有 CPU 主板的部分称为主机箱。主机箱与扩展箱之间由信号电缆相连。如图 5-10 所示，模块组合式是把 PLC 划分为相对独立的几部分，制成标准尺寸的模块，主要有 CPU（包括存储器）、输入、输出、电源等几种类型的模块，然后把各模块组装到一个机架内，构成一个 PLC 系统。这种结构形式可根据用户需要方便灵活地组合，对现场的应变能力强，同时还便于维修。

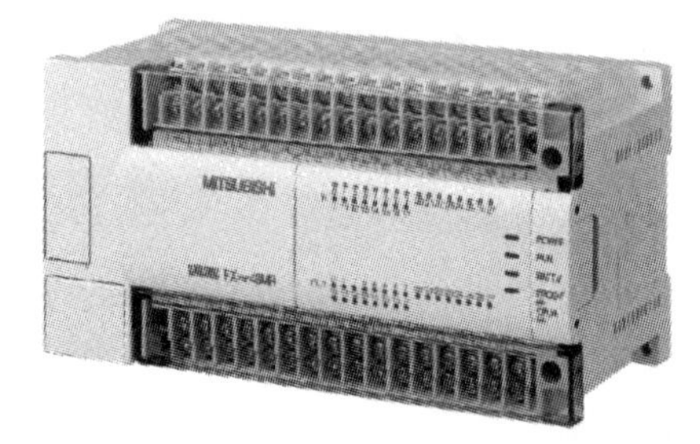

图 5-9 整体箱式 PLC（MITSUBISHI FX 系列）外形

图 5-10 模块组合式 PLC（SIEMENS S7-300 系列）外形

按 I/O 点数及内存容量 PLC 可分成小型、中型、大型三类，不同类型 PLC 的性能比较见表 5-1。

表 5-1 不同类型 PLC 的性能比较

性能	小　型	中　型	大　型
I/O 点数	小于 256 点	256～2048 点	>2048 点
智能 I/O	无	有	有
CPU	单 CPU，8 位处理器	双 CPU，8 位处理器	多 CPU，16 位处理器
存储器	0.5～2 千字节	2～64 千字节	64 字节至上兆字节
扫描速度	20～60ms/千字节	5～20ms/千字节	1.5～5ms/千字节

续表

性能	小　型	中　型	大　型
连网能力	差	较强	强
指令及功能	逻辑运算	逻辑运算	逻辑运算
	计时器 8～64 个	计时器 64～128 个	计时器 128～512 个以上
	计数器 8～64 个	计数器 64～128 个	计数器 128～512 个以上
	标志位 8～64 个，其中 1/2 可记忆	标志位 64～2048 个，其中 1/2 可记忆	标志位 2048 个以上，其中 1/2 可记忆
	具有寄存器和触发器功能	具有寄存器和触发器功能	具有寄存器和触发器功能
	—	算术运算、比较、数制转换、三角函数、开方、乘方、微分、积分、中断	算术运算、比较、数制变换、三角函数、开方、乘方、微分、积分、PID、实时中断、过程监控
编程语言	梯形图	梯形图、流程图、语句表	梯形图、流程图、语句表、图形语言、BASIC 及 C 等高级语言

5.1.5 PLC 典型产品

目前国内工业自动化使用的 PLC 产品种类繁多，既有国产品牌，也有众多国外品牌。

（1）国产 PLC

PLC 自 20 世纪 70 年代后期进入中国以来，应用增长十分迅速，从最初的国外引进，到后来吸收 PLC 的关键技术进行国产化，PLC 经过了一个迅速发展的历程。目前国产 PLC 厂商众多，主要集中在广东深圳、江浙一带及台湾地区，例如台达、永宏、盟立、和利时等。每个厂商的规模互不相同。国内厂商的 PLC 产品主要集中于小型机，例如欧辰、亿维等；还有一些厂商生产中型 PLC，例如盟立、南大傲拓等。

（2）国外 PLC

国外 PLC 产品基本可分为欧洲、美国和日本三大流派，欧洲和美国以大中型 PLC 闻名，日本则以小型 PLC 著称。

① 欧洲 PLC

a. 西门子（SIEMENS）PLC。西门子公司是目前全球市场占有率第一的 PLC 制造商，其生产的 PLC 广泛应用于冶金、化工、印刷生产线等领域。西门子主要产品是 LOGO、S5、S7 系列。S7 系列是在 S5 系列基础上推出的新产品，具有体积小、速度快、标准化，有网络通信能力，功能更强，可靠性高等优点。其中 S7-200 系列属微型 PLC，S7-300 系列属于中小型 PLC，S7-400 系列属于中高性能的大型 PLC。

b. 法国施耐德（Schneider）PLC。施耐德公司是欧洲第二大 PLC 制造商，为 100 多个国家的能源及基础设施、工业、数据中心及网络、楼宇和住宅市场提供整体解决方案，其中在能源与基础设施、工业过程控制、楼宇自动化和数据中心与网络等市场处于世界领先地位。目前旗下拥有多个 PLC 系列，其主要产品有 Twido 系列、Modicon Quantum 系列、Modicon Premium 系列、Modicon Momentum 系列、Modicon M340 系列等。

c. 瑞士（ABB）PLC。ABB 公司是全球电力和自动化技术领域的领先者，致力于为电力、工业、交通和基础设施客户提供解决方案。目前在产的 PLC 产品包括 AC800F、AC800M、AC700F、AC500、AC500-eco 五个系列。其中，AC800F 控制器是 ABB 公司于 2000 年推出的带现场总线功能的控制器，系统有配套的组态软件 CBF、人-机监控软件 DigiVis 以及相应的附加软件包，这款产品有丰富的现场总线接口，可实现控制器冗余、通信冗余和电源冗余等功能。

② 美国 PLC

a. 罗克韦尔（ROCKWELL）PLC。罗克韦尔公司现为北美最大的PLC制造商，是全球最大的致力于工业自动化与信息的公司，罗克韦尔PLC主要包括大型控制系统、中型控制系统、Micro & Nano控制系统、安全PLC。其产品有PLC-5系列、SLC500系列、Logix5000系列等。目前主推产品为Logix5000系列。

b. GE-FANUC PLC。GE-FANUC公司是通用电气与FANUC公司的合资公司，目前其主推PLC产品有90系列、Durus系列、VersaMax系列。

③ 日本PLC

a. 三菱（MITSUBISHI）PLC。三菱电机公司的PLC是较早进入中国市场的产品。它采用一类可编程的存储器，用于其内部存储程序，执行逻辑运算、顺序控制、定时、计数与算术操作等面向用户的指令，并通过数字式或模拟式输入/输出控制各种类型的机械或生产过程。其目前主推的PLC产品有FX-PLC、Q-PLC两个系列。其中FX-PLC以小型机为主，Q-PLC主要面向中高端应用。

b. 欧姆龙（OMRON）PLC。欧姆龙公司已经发展成为全球知名的自动化控制及电子设备制造厂商，掌握着世界领先的传感与控制核心技术。其PLC产品，大、中、小、微型规格齐全。其目前主推的PLC产品有小型机CPM1A、CPM2A、CPM1C；中型机C200Ha系列、CQM1H、CJ1、CJ1M；大型机CVM1、CV系列、CS1等。

5.1.6 PLC控制系统及其设计要点

由PLC构成的控制系统主要有集中式、远程式和分布式三种类型，其结构框图如图5-11所示。

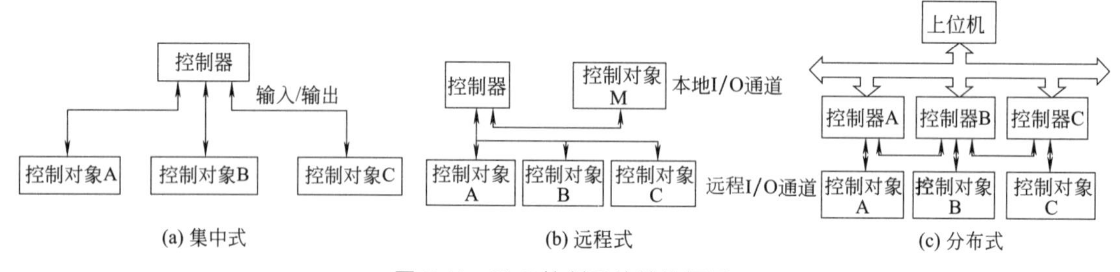

图5-11 PLC控制系统结构框图

当经过主机工艺过程和液压系统控制功能要求的分析及控制方案比较，决定采用PLC控制系统后，其设计要点如下。

（1）硬件设计

硬件设计主要是选择PLC的机型。机型选择的主要包括PLC的I/O点数、内存容量、响应时间、功能与结构、输入/输出单元等。在满足控制功能的前提下不浪费PC的容量是机型选择的原则。选型前要对控制对象进行估计，包括：输入和输出的开关量的数目，电压及输出功率分别为多少；输入和输出的模拟量分别有多少；是否有特殊要求；响应速度要求怎样；机房与现场是否在一起等。

① 估算PLC的I/O点数。

典型液压元件和电气元件所需I/O点数如表5-2所列。

② 确定内存容量。用户程序存储容量是确定内存字数的主要依据。用户程序存储器用以存储通过编程器输入的用户程序，其存储容量以字为单位计算。约定16位二进制数为一个字，每1024个字为1K。各类机型的内存字数见表5-1。用户程序所需存储器容量受到内

表 5-2 典型液压元件和电气元件所需 I/O 点数

液压元件及电气元件	I 数	O 数	I/O 总数	液压元件及电气元件	I 数	O 数	I/O 总数
Y-△启动三相电机	4	3	7	按钮开关	1	—	1
单向运行三相电机	4	1	5	光电开关	2	—	2
双向运行三相电机	5	2	7	信号灯	—	1	1
单电磁铁电磁阀	2	1	3	三波段开关	3	—	3
双电磁铁电磁阀	3	2	5	行程开关	1	1	2
比例阀	3	5	8	位置开关	2	—	2

存利用率、开关量输入/输出点数、模拟量输入/输出点数和用户编程水平等因素的影响。以下经验公式可供参考：

所需内存字数＝开关量输入/输出总点数×10＋模拟量输入/输出总点数×150

对于那些逻辑关系复杂的控制过程，同样的输入/输出点数需要更多的存储容量，一般要按计算容量字数的 25％考虑裕量。

③ 估算响应时间。对过程控制系统，扫描周期和响应时间应认真考虑。响应时间是指输入信号产生时刻与由此使输出信号状态发生变化时刻的时间间隔。

系统响应时间＝输入滤波时间＋输出滤波时间＋扫描周期

④ 功能与结构考虑。当 PLC 控制单机（一台设备）时，选择整体箱式结构的微型或小型 PLC；大型复杂的液压控制系统可选择模块组合式结构的产品，但造价高。

⑤ 输入/输出单元类型选择。输入单元检测来自现场设备（按钮、行程开关、传感器等）的高电平信号，并将其转换为 PLC 内部电平信号。单元类型分为直流 5V、12V、24V、48V、60V 及交流 115V 和 220V 等。一般情况下，当现场设备与输入单元间距较近时，选用 5V、12V、24V 低电平即可；若传输距离较远，则选择较高电平 48V、60V 输入单元更为可靠。输出单元的任务是将 PLC 内部信号的电平转换为外部控制信号。对于开关频繁，电感性、低功率因数的负载，应选用晶闸管输出单元，但价格较高，过载能力稍差。带馈出单元适应电压范围宽，导通压降损失小，负载电源既可以是直流也可以是交流，其缺点是寿命短，响应慢。在液压控制系统中使用的 PLC，以选用继电器输出单元为好。输出单元同时接通点数的电流总值，必须小于公共端允许的电流值。输出单元的电流值必须大于负载电流的额定值。

确定机型后，应根据液压系统的工作程序，绘出控制系统的功能流程图，以说明各信息流之间的关系。然后，对输入/输出端子进行地址编号，绘出 PLC 的外部接线图。指定输入端子地址编号时应把所有的按钮、限位开关分别集中配置，同类型的输入点分配在一组，按照每一种类型的设备号，按顺序定义输入点的地址编号。指定输出端子地址编号时应将同类型设备占用的输出点地址集中。彼此有关的输出器件，如电机正、反转及电磁阀的通、断电等，输出地址编号应该连写。

（2）软件设计

PLC 的控制功能体现在应用软件上，应用软件程序设计是系统设计的主体部分。一个完整的顺序控制程序可大致分为通用程序、手动程序和自动程序。通用程序主要完成状态的初始化、状态选择等。手动程序包括回原点程序、手动操作程序等。自动程序是顺序控制程序，包括单步运行、单周期运行及连续运行程序。

软件设计的主要依据是控制系统的软件设计规格书、电气设备操作说明书和实际生产工艺要求。软件设计的一般步骤与内容见表 5-3。

表 5-3　PLC 系统软件设计的一般步骤与内容

步骤	内　容
1. 了解系统概况	了解控制系统的全部功能、控制规模、控制方式、输入/输出信号的种类和数量、是否有特殊功能接口、与其他设备的关系、通信内容与方式等，并进行详细记录
2. 熟悉被控对象	按工艺说明书和软件设计规格书的要求，将控制对象和控制功能分类；确定检测设备和控制设备的物理位置；了解每一个检测信号和控制信号的形式、功能、规模及其之间的关系和预见可能出现的问题
3. 熟悉编程工具	熟悉和所选可编程控制器相匹配的编程器或编程软件。要选择合适的编程语言形式，熟悉其指令系统和参数分类。尤其注意研究在编程时可能要用到的指令和功能
4. 定义输入/输出信号表	定义输入/输出信号表的主要依据就是硬件接线原理图。根据具体情况，内容要尽可能详细，信号名称尽可能全面，中间标志和存储单元表也可以一并列出，待编程时再填写内容。要在表中列出模块序号、信号端子号，便于查找与校核。输入/输出地址要按输入/输出信号由小到大的顺序排列，没有实际定义或备用点也要列入。有效状态中要明确标明上升沿有效还是下降沿有效；高电平有效还是低电平有效；是脉冲信号还是电平信号或其他方式
5. 设计框图	根据软件设计规格书的总体要求和控制系统具体情况，确定应用程序的基本结构，按程序设计标准绘制出程序结构框图，然后再根据工艺要求，绘制出各功能单元的详细功能框图
6. 编写程序(编程)	根据设计出的框图和工艺要求逐字逐条地编写控制程序，这是整个程序设计工作的核心部分。编写过程中，根据实际需要对中间标志信号表和存储单元表进行逐个定义。程序编写有两种方法：第一种是直接用参数地址进行编写，这样对信号较多的系统不易记忆，但比较直观；第二种是先用容易记忆的符号编程，编完后再用信号地址对程序进行编码。另外，编程过程中要及时对编出的程序进行注释，以免遗忘其间相互关系。注释包括程序功能、逻辑关系说明、设计思想、信号的来源和去向
7. 测试程序	通过测试可以初步检查程序的实际效果。程序测试和编写是分不开的，程序的许多功能是在测试中修改和完善的，测试时先从各功能单元入手，设定输入信号，观察输出信号的变化情况，必要时可以借助某些仪器、仪表。各个功能单元测试完毕后，再连通全部程序，测试各部分接口情况，直到达到要求为止
8. 编写程序说明书	程序说明书是对程序的综合性描述，是整个程序设计工作的总结，目的在于方便程序使用人员使用。程序说明书是程序文件的组成部分。一般包括程序设计的依据、程序的基本结构、各功能单元分析、其中使用的公式和原理、各参数的来源和运算过程、程序测试情况等

注：利用计算机作为编程器进行编程的流程为编程前，先将 PLC 的编程软件（CD）按选择的路径安装到编程计算机中→打开该软件，建立项目文件→进行程序编制（如梯形图或语句）和格式转换（边编写边保存较好）→再次保存项目文件→将编程计算机的 COM 串口和 PLC 编程接口连接好，进行程序下载（写出）和上传（读入）→进行 PLC 程序的监控和测试。

5.1.7　PLC 应用注意事项

PLC 是一种用于工业生产自动化控制的设备，一般不需要采取什么措施，就可以直接在工业环境中使用。然而，当生产环境过于恶劣，电磁干扰特别强烈，或安装使用不当，就可能造成程序错误或运算错误，从而产生误输入并引起误输出，这将会造成设备的失控和误动作，从而影响正常运行。要提高 PLC 控制系统的可靠性，一方面要选择抗干扰能力强的 PLC 产品，另一方面要求用户在设计、安装和使用维护中引起高度重视，有效地增强系统的抗干扰性能。在使用中应注意以下事项。

（1）工作环境

① 温度。PLC 通常要求环境温度为 0～55℃，安装时不能放在发热量大的元件下面，四周通风散热的空间应足够大。

② 湿度。为了保证 PLC 的绝缘性能，空气的相对湿度应小于 85%（无凝露）。

③ 振动。应使 PLC 远离强烈的振动源，防止振动频率为 10～55Hz 的频繁或连续振动。当使用中不可避免地存在振动时，必须采取减振措施，如采用减振胶等。

④ 空气。要避免有腐蚀和易燃的气体，如氯化氢、硫化氢等。对于空气中有较多粉尘或腐蚀性气体的环境，可将 PLC 安装在封闭性较好的控制室或控制柜中。

⑤ 电源。PLC 对于电源线带来的干扰具有一定的抵制能力。在可靠性要求很高或电源

干扰特别严重的环境中，可以安装一台带屏蔽层的隔离变压器，以减少设备与地之间的干扰。一般 PLC 都有直流 24V 输出提供给输入端，当输入端使用外接直流电源时，应选用直流稳压电源。

（2）控制系统中的干扰及其来源

现场电磁干扰是 PLC 控制系统中最常见也是最易影响系统可靠性的因素之一。

① 干扰源及其类型。影响 PLC 控制系统工作的干扰源，大都产生在电流或电压剧烈变化的部位。其原因是电流改变产生磁场，对设备产生电磁辐射；磁场改变产生电流，进而产生电磁波。通常电磁干扰按干扰模式不同，分为共模干扰和差模干扰。共模干扰是信号对地的电位差，主要由电网串入、地电位差及空间电磁辐射在信号线上感应的共态（同方向）电压叠加所形成。共模电压通过不对称电路可转换成差模电压，直接影响测控信号，造成元器件损坏（这是一些系统 I/O 单元损坏率较高的主要原因），这种共模干扰可为直流，也可为交流。差模干扰是指作用于信号两极间的干扰电压，主要由空间电磁场在信号间耦合感应及由不平衡电路转换共模干扰所形成的电压，这种干扰叠加在信号上，直接影响测量与控制精度。

② PLC 系统中干扰的主要来源及途径

a. 强电干扰。PLC 系统的正常供电电源均由电网供电。由于电网覆盖范围广，它将受到所有空间电磁干扰而在线路上感应电压。尤其是电网内部的变化，刀开关操作浪涌、大型电力设备启停、交直流传动装置引起的谐波、电网短路暂态冲击等，都会通过输电线路传到电源原边。

b. 柜内干扰。控制柜内的高压电器，大的电感性负载，混乱的布线都容易对 PLC 造成一定程度的干扰。

c. 来自信号线引入的干扰。与 PLC 控制系统连接的各类信号传输线，除了传输有效的各类信息之外，总会有外部干扰信号侵入。此干扰主要有两种途径：一是通过变送器供电电源或共用信号仪表的供电电源串入的电网干扰，这往往被忽视；二是信号线受空间电磁辐射感应的干扰，即信号线上的外部感应干扰，这是很严重的。由信号引入干扰会引起 I/O 信号工作异常和测量精度大大降低，严重时将引起元器件损伤。

d. 来自接地系统混乱时的干扰。接地是提高电子设备电磁兼容性（EMC）的有效手段之一。正确接地既能抑制电磁干扰的影响，又能抑制设备向外发出干扰；而错误接地反而会引入严重的干扰信号，使 PLC 系统将无法正常工作。

e. PLC 系统内部干扰。主要由系统内部元器件及电路间的相互电磁辐射产生，如逻辑电路相互辐射及其对模拟电路的影响，模拟地与逻辑地的相互影响及元器件间的相互不匹配使用等。

f. 变频器干扰。一是变频器启动及运行过程中产生谐波对电网产生传导干扰，引起电网电压畸变，影响电网的供电质量；二是变频器的输出会产生较强的电磁辐射干扰，影响周边设备的正常工作。

（3）抗干扰的主要措施

① 合理处理电源，抑制电网引入的干扰。对于电源引入的电网干扰可以安装一台带屏蔽层的变比为 1∶1 的隔离变压器，以减少设备与地之间的干扰，还可以在电源输入端串接 LC 滤波电路。

② 安装与布线。

a. 动力线、控制线以及 PLC 的电源线和 I/O 线应分别配线，隔离变压器与 PLC 和 I/O 之间应采用双绞线连接。将 PLC 的 I/O 线和大功率线分开走线，如必须在同一线槽内，分开捆扎交流线、直流线，若条件允许，分槽走线最好，这不仅能使其有尽可能大的空间距离，并能将干扰降到最低限度。

b. PLC 应远离强干扰源如电焊机、大功率硅整流装置和大型动力设备，不能与高压电器安装在同一个开关柜内。在柜内 PLC 应远离动力线（两者之间距离应大于 200mm）。与 PLC 装在同一个柜中的电感性负载，如功率较大的继电器、接触器的线圈，应并联 *RC* 消弧电路。

c. PLC 的输入与输出最好分开走线，开关量与模拟量也要分开敷设线路。模拟量信号的传送应采用屏蔽线，屏蔽层应一端或两端接地，接地电阻应小于屏蔽层电阻的 1/10。

d. 交流输出线和直流输出线不要用同一根电缆，输出线应尽量远离高压线和动力线，避免并行。

③ I/O 端的接线。

a. 输入接线。输入接线一般不要太长。但如果环境干扰较小，电压降不大时，输入接线可适当长些；输入/输出线不能用同一根电缆，输入/输出线要分开；尽可能采用常开触点形式连接到输入端，使编制的梯形图与继电器原理图一致，以便阅读和检修。

b. 输出连接。输出接线分为独立输出和公共输出。在不同组中，可采用不同类型和电压等级的输出电压。但在同一组中的输出只能用同一类型、同一电压等级的电源。由于 PLC 的输出元件被封装在印制电路板上，并且连接至端子板，若将连接输出元件的负载短路，将烧毁印制电路板。采用继电器输出时，所承受的电感性负载的大小，会影响到继电器的使用寿命，因此使用电感性负载时应合理选择，或加隔离继电器。PLC 的输出负载可能产生干扰，因此要采取措施加以控制，如直流输出的续流管保护，交流输出的阻容吸收电路，晶体管及双向晶闸管输出的旁路电阻保护。

④ 正确选择接地点，完善接地系统。良好的接地是保证 PLC 可靠工作的重要条件，可以避免偶然发生的电压冲击危害。接地的目的通常有两个，其一是为了安全，其二是为了抑制干扰。完善的接地系统是 PLC 控制系统抗电磁干扰的重要措施之一。

PLC 控制系统的地线包括系统地、屏蔽地、交流地和保护地等。接地系统混乱对 PLC 系统的干扰主要是各个接地点电位分布不均，不同接地点间存在地电位差，引起地环路电流，影响系统正常工作。例如电缆屏蔽层必须一点接地，如果电缆屏蔽层两端 A、B 都接地，就存在地电位差，有电流流过屏蔽层，当发生异常状态如雷击时，地线电流将更大。

此外，屏蔽层、接地线和大地有可能构成闭合环路，在变化磁场的作用下，屏蔽层内又会出现感应电流，通过屏蔽层与芯线之间的耦合，干扰信号回路。若系统地与其他接地处理混乱，所产生的地环流就可能在地线上产生不等电位分布，影响 PLC 内逻辑电路和模拟电路的正常工作。PLC 工作的逻辑电压干扰容限较低，逻辑地电位的分布干扰容易影响 PLC 的逻辑运算和数据存储，造成数据混乱、程序跑飞或死机。模拟地电位的分布将导致测量精度下降，引起对信号测控的严重失真和误动作。

a. 安全接地或电源接地。将电源线接地端和柜体连线接地为安全接地。如电源漏电或柜体带电，可从安全接地导入地下，不会对人造成伤害。

b. 系统接地。PLC 控制器为了与所控的各个设备同电位而接地，称系统接地。接地电阻值不得大于 4Ω，一般需将 PLC 设备系统地和控制柜内开关电源负端接在一起，作为控制系统地。

c. 信号与屏蔽接地。一般要求信号线必须要有唯一的参考地，屏蔽电缆遇到有可能产生传导干扰的场合，也要就地或者在控制室唯一接地，防止形成地环路。信号源接地时，屏蔽层应在信号侧接地；不接地时，应在 PLC 侧接地。信号线中间有接头时，屏蔽层应牢固连接并进行绝缘处理，一定要避免多点接地。多个测点信号的屏蔽双绞线与多芯对绞总屏蔽电缆连接时，各屏蔽层应相互连接好，并经绝缘处理，选择适当的接地处单点接地。

⑤ 对变频器干扰的抑制。变频器的干扰处理一般有下面几种方式。

a. 加设隔离变压器，主要是针对来自电源的传导干扰，可以将绝大部分的传导干扰阻隔在隔离变压器之前。

b. 使用滤波器。滤波器具有较强的抗干扰能力，可防止将设备本身的干扰传导给电源，有些还兼有尖峰电压吸收功能。

c. 使用输出电抗器。在变频器到电机之间增加交流电抗器主要是减少变频器输出在能量传输过程中线路产生电磁辐射，影响其他设备正常工作。

PLC 控制系统中的干扰是一个十分复杂的问题，因此在抗干扰设计中应综合考虑各方面的因素，合理有效地抑制干扰，才能使 PLC 控制系统正常工作。随着 PLC 应用领域的不断拓宽，如何高效可靠地使用 PLC 也成为其发展的重要因素。

5.2 触摸屏应用技术

触摸屏是触摸面板的俗称，它又称为人机界面（Human Machine Interface，HMI）或人机接口。它是操作者与机器设备间双向沟通的桥梁，是目前最简单、方便、自然的一种人机交互方式。用户可在触摸屏画面上设置具有明确意义和提示信息的触摸式按键。触摸屏的面积小，使用直观方便。用户可以自由地组合文字、图形、按钮、数字等代替人们常用的鼠标、键盘，来处理、监控管理或应付不断变化的信息。触摸屏上还可以用画面上的按钮和指示灯等来代替响应的硬件元件，减少 PLC 所需的 I/O 点数，使机器的配线标准化、简单化，降低系统成本和故障率。

5.2.1 触摸屏的基本原理

图 5-12 所示为西门子触摸屏外形。触摸屏的基本原理是，用手指或其他物体触摸安装在显示器前端的触摸屏时，所触摸的位置（以坐标形式）由触摸屏控制器检测，并通过接口（如 RS-232 串行口）送到 CPU，从而确定输入的信息。

触摸屏一般包括触摸检测装置和触摸屏控制器（卡）两个部分，前者一般安装在显示器屏幕的前端，主要作用是检测用户的触摸位置，并传送给触控屏控制器；后者的主要作用是从触摸检测装置上接收触摸信息，并将它转换成触点坐标，再送给 CPU，然后接收 CPU 发来的命令并加以执行。

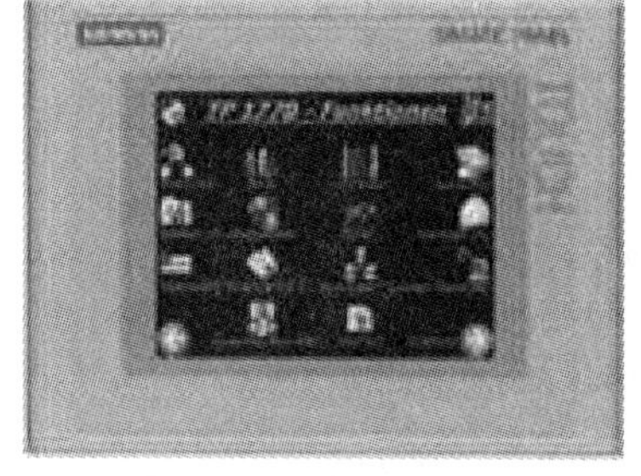

图 5-12 西门子触摸屏（TP 177B）外形

5.2.2 触摸屏的主要类型

按照工作原理及传输信息的介质不同，触摸屏可分为电阻式、电容感应式、红外线式和表面声波式四种，各种触摸屏的特点及适用场合有所不同。

（1）电阻式触摸屏

电阻式触摸屏的结构原理如图 5-13 所示，它利用压力感应进行控制。其屏体部分是一块与显示器表面相匹配的电子薄膜（多层复合薄膜），它以一层玻璃或硬塑料平板作为基层，表面涂有一层透明氧化金属 ITO（透明的导电电阻）导电层（内层 ITO），上面再覆盖一层

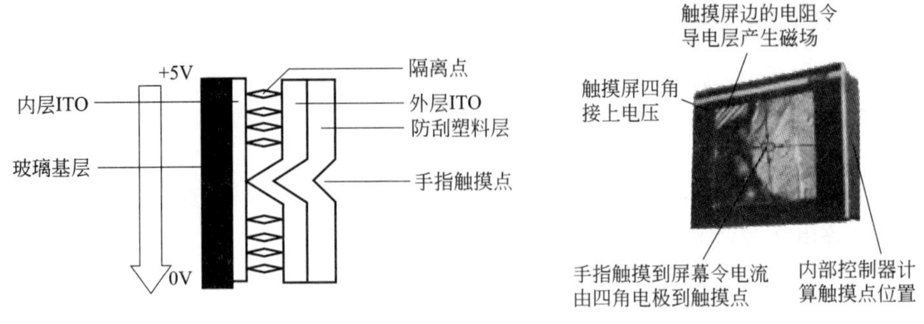

图 5-13 电阻式触摸屏的结构原理

经过外表面硬化处理、光滑防擦（刮）的塑料层，它的内表面也涂有一层透明导电层（外层ITO），在两导电层之间有许多细小（直径小于 0.04mm）的透明隔离点把两导电层隔开绝缘。

当手指触摸屏幕时，平常相互绝缘的两导电层就在触摸点位置有了接触，电阻发生变化，在 X 和 Y 两个方向上产生信号，然后送往触摸屏控制器。控制器检测到这一接触信号，并计算出（X、Y）的位置（即触摸点的 X 轴坐标和 Y 轴坐标），再模拟鼠标的方式工作。电阻式触摸屏的反应速度为 10～20ms。电阻式触摸屏的关键在于材料科技。根据引出线数多少，分为四线、五线、六线等多线电阻式触摸屏。

电阻式触摸屏具有光面和雾面处理，一次校正，稳定性高，永不漂移，它是一种对外界完全隔离的工作环境，不怕灰尘和水汽，它可以用任何物体来触摸，可以用来写字画画，比较适合工业控制领域及办公室内有限人员的使用。其缺点是因为复合薄膜的外层采用塑胶材料，太用力或使用锐器触摸可能划伤整个触控屏而导致报废。

（2）电容感应式触摸屏

电容感应式触摸屏是利用人体的电流感应进行工作的。它是一块四层复合玻璃屏，玻璃屏的内表面和夹层各涂有一层 ITO，最外层是一薄层硅土玻璃保护层，夹层 ITO 涂层作为工作面，四个角上引出四个电极，内层 ITO 为屏蔽层以保证良好的工作环境。当手指触摸金属层时，由于人体电场，用户和触控屏表面形成一个耦合电容，对于高频电流来说，电容是直接导体，于是手指从接触点吸走一个很小的电流。这个电流从触控屏四角上的电极流出，并且流经这四个电极的电流与手指到四角的距离成正比，控制器通过对这四个电流比例的精确计算，得出触摸点的位置。电容感应式触控屏对大多数的环境污染物有抗力，当环境温度、湿度、电场等发生变化时，都会引起漂移（人体成为线路的一部分，也会因之引起漂移），造成工作不准确。

（3）红外线式触摸屏

红外线式触摸屏是利用 X、Y 方向上密布的红外线矩阵来检测并定位用户的触摸位置进行工作的。红外线式触摸屏在显示器的前面安装一个电路板外框，电路板在屏幕四边排布红外线发射管和红外线接收管，一一对应形成横竖交叉的红外线矩阵。在用户在触摸屏幕时，手指就会挡住经过该位置的横竖两条红外线，因而可以判断出触摸点在屏幕上的位置。此类触摸屏的一个优点是任何触摸物体都可改变触点上的红外线而实现触摸屏操作；另外一个优点是高分辨率、多层次自动调节，不受电流、电压和静电干扰，适宜在恶劣的环境条件下任意使用。

（4）表面声波式触摸屏

表面声波是超声波的一种，是在介质（如玻璃或金属等刚性材料）表面浅层传播的机械能量波。表面声波式触摸屏以发射换能器和接收器将表面触摸的能量转变为电信号并确定相应的位置而工作的。其优点是清晰度高、透光率好、抗刮性好、反应灵敏且不受环境温度、湿度的影响，目前在公共场合使用较多，但它怕灰尘、油污阻塞表面的导波槽，使声波不能正常发射，影响触摸屏的正常使用，故需经常擦拭其表面。

5.2.3 触摸屏的使用要点

触摸屏是控制电器的操作媒体，它本身不能编写程序，只能通过 PLC 等控制设备的程序对电器进行控制。因此，用触摸屏控制电器的运行分为两部分，一是编写 PLC 的控制程序，二是编写相应的触摸屏操作组态。

（1）触摸屏的通信连接与 USB 下载接口驱动程序安装

以 MT5000（eView，易威）触摸屏为例，如图 5-14 所示，触摸屏背后的 COM0 或 COM1 为触摸屏与 PLC 通信的公共接口，USB 为编程计算机下载程序到触摸屏中的接口。

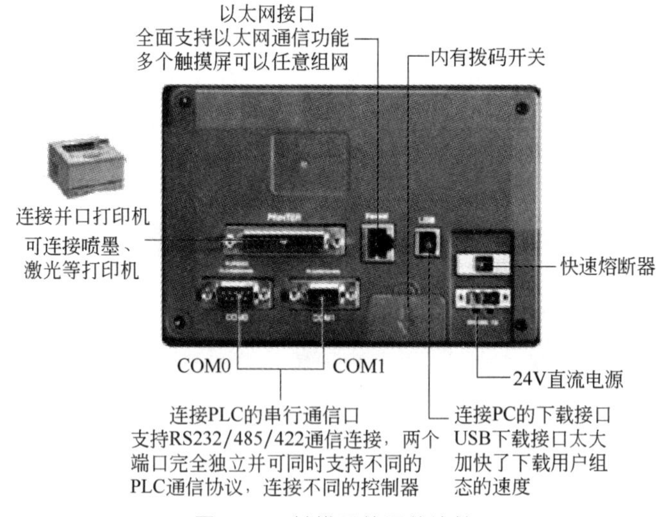

图 5-14　触摸屏的通信连接

编程计算机第一次插上触摸屏 USB，需要手动安装驱动程序，即把 USB 一端连接到编程计算机的 USB 接口上，一端连接触摸屏的 USB 接口，在触摸屏上电的条件下，下载接口时会自动弹出接口驱动程序安装信息。按着安装向导逐步进行安装。USB 驱动程序一旦安装完成，从“我的电脑”的“通用串行总线控制器”中，可以查看到 USB 是否安装成功，安装成功会出现“ EVIEW USB"。

（2）组态软件（编程软件）

在使用触摸屏时，要使用触摸屏生产厂商提供的组态软件（编程软件）进行画面设计。组态软件通常为随机光盘，可根据向导按选择路径将其安装至编程计算机中。

不同品牌的触摸屏的组态软件功能类似，其操作界面与 Office 系列办公软件的界面也有很多相似之处，使用方便，易学易用。例如 MT5000（eView，易威）触摸屏，其组态软件为 EV5000，其空白工程（项目）操作界面如图 5-15 所示；西门子的触摸屏则广泛使用 SIMATIC WinCC flexible 组态软件，其操作界面如图 5-16 所示。

在一个新建的工程（项目）中，首先要选择好通信连接，如串口或以太网；其次要正确选择触摸屏 HMI 的型号和 PLC 类型，适当移动 HMI 和 PLC 的位置，使其连接起来（图 5-17），设置 HMI 的工作参数、连接参数、PLC 的站号等，再进行保存、编译和离线模

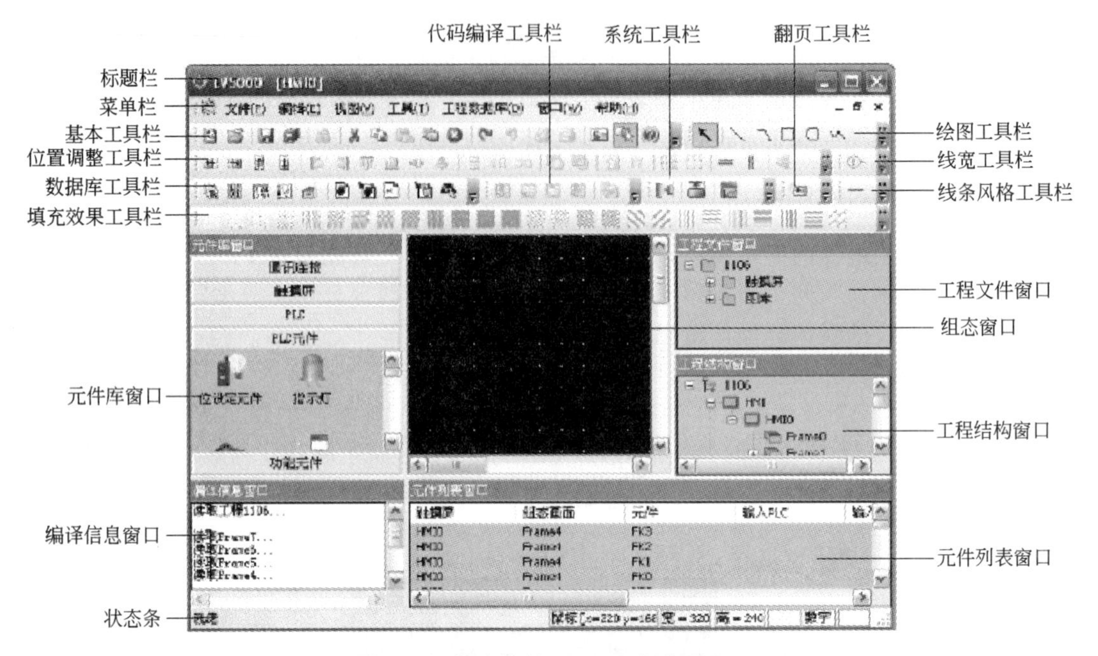

图 5-15　组态软件 EV5000 操作界面

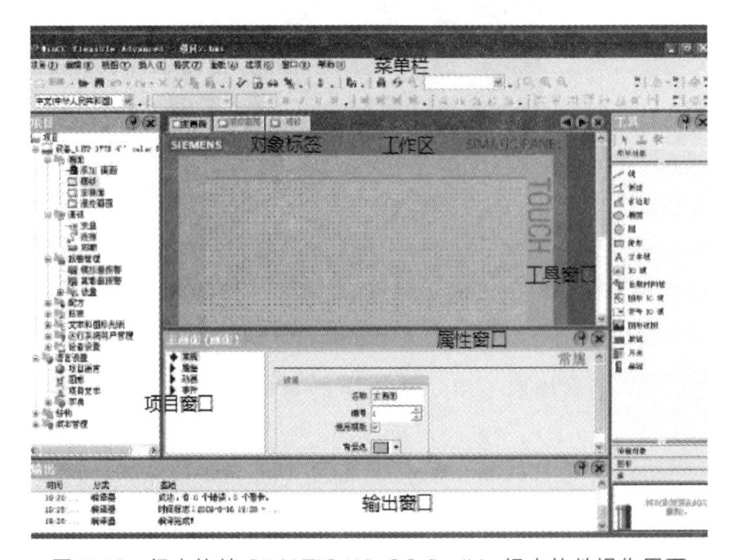

图 5-16　组态软件 SIMATIC WinCC flexible 组态软件操作界面

拟（仿真）。离线模拟成功，说明相关参数设置正确，创建新的空白工程（项目）完成。

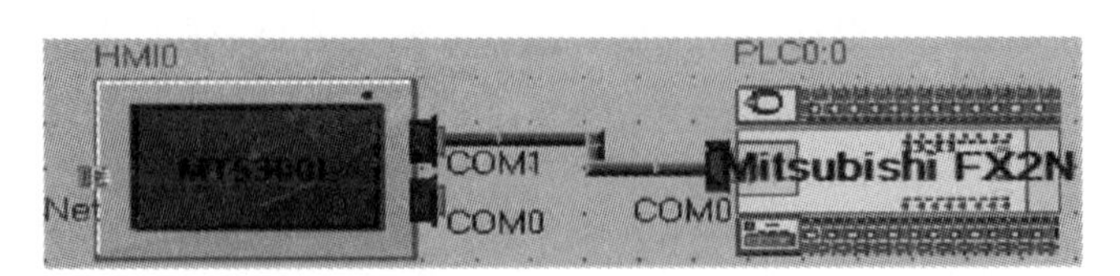

图 5-17　连接 HMI 和 PLC

（3）创建工程（项目）的一般步骤

以制作一个开关元件（用触摸屏启动电机）的工程为例来说明创建工程（项目）的一般

步骤，其他按钮及指示灯等元件的创建方法与此类同。在新创建的空白工程（项目）组态编辑窗口（图 5-18）左下侧的“PLC 元件”选择“位状态切换开关”图标，将其拖入组态窗口，进行位控制元件“基本属性”设置（图 5-19）。设置应与 PLC 控制梯形图相对应（图 5-20），还需对“位状态切换开关”选项设定开关类型（开状态），对“标签”选项选中“使用标签”，对“图形”选项选中“使用向量图”等进行设置。保存、离线模拟（仿真）（如图 5-21 所示，设置的开关在单击它时可以来回切换状态，和真的开关一样），成功后，连接计算机与触摸屏的通信线，下载组态程序到触摸屏中。下载成功后，连接 PLC 与触摸屏的通信线，进行触摸屏与 PLC 的实际联机操作。

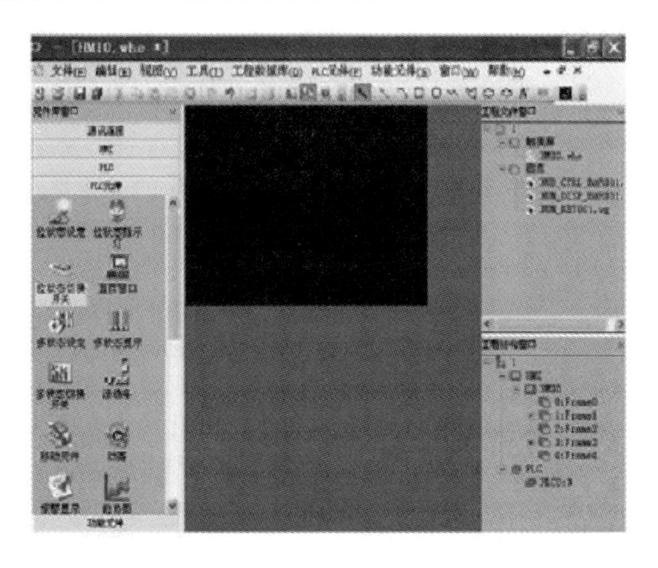

图 5-18　组态编辑窗口

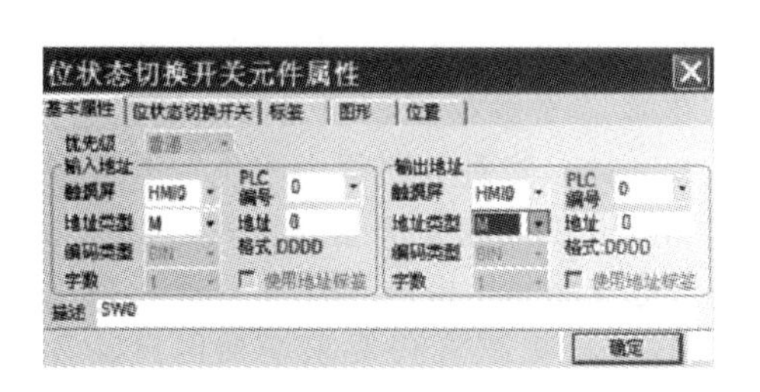

图 5-19　位控制元件基本属性设置对话框

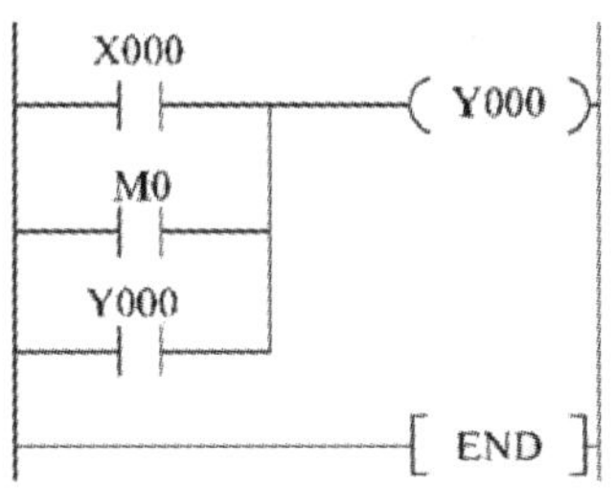

图 5-20　PLC 控制梯形图

图 5-21　工程离线模拟

（4）触摸屏中上电画面及其制作

触摸屏上的上电画面又称 LOGO 数据文件，是用户使用触摸屏上电显示的初始画面，它是一个工程（项目）或企业文化的标志（图 5-22）。上电画面可通过在工程结构窗口编辑制作而成。

图 5-22　工程（项目）或企业的 LOGO 标志

5.2.4　触摸屏 PLC 一体机

1971 年，美国人 Sam Hurst 发明

了世界上第一个触摸传感器，尽管它和当今使用的触摸屏并不一样，却被视为触摸屏技术研发的开端。1982 年，Sam Hurst 的公司在美国一次科技展会上展出了 33 台安装了触摸屏的电视机，人们第一次亲手摸到了“神奇的”触摸屏。自此，触摸屏技术开始广泛应用于公共服务领域和个人娱乐设施。触摸屏早期多被装于工控计算机、POS 机终端等工业或商用设备中。2007 年 iPhone 手机的推出，成为触控行业发展的一个里程碑。苹果公司把一部至少需要 20 个按键的移动电话，设计成仅需三四个键就能搞定，剩余操作则全部交由触控屏完成，开始了触摸屏向主流操控界面迈进的征程。当下，触摸屏的应用几乎遍及各工业部门的自动控制领域。

触摸屏 PLC 一体机（下简称一体机）是触摸屏技术和 PLC 控制技术相结合的一种新产品。一体机也是应用了触摸屏的原理，通过触摸显示器的方式获取信息和实施控制，是改变传统按钮操作功能，走向智能化的一大突出表现。触摸屏 PLC 一体机的实物外形（图 5-23）看上去就是一个触摸屏，在背板上带有输入/输出端子，用于与外部连接，既可通过图形化界面监视设备状态，又可进行逻辑编程，是一种小型控制系统的经济型一体化解决方案。

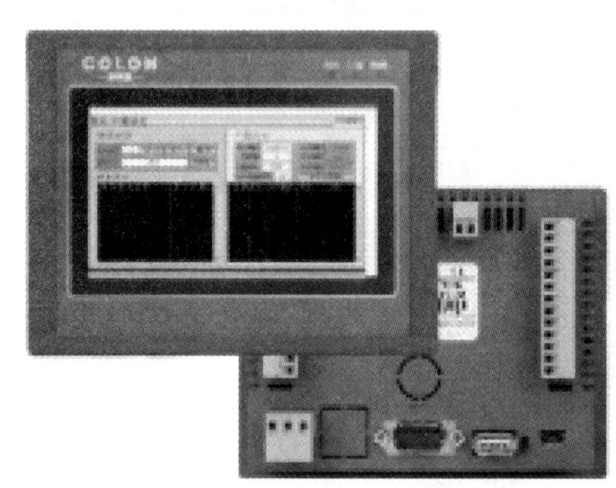

图 5-23 触摸屏 PLC 一体机的实物外形
（深圳鑫科隆工业自动化公司产品）

触摸屏 PLC 一体机把控制器、操作界面、输入/输出和模拟量控制集成为一个紧凑型单元，为设备制造商、集成商和末端用户提供了更好的解决方案。由于一体机易于使用，节约成本和具有灵活性，人们越来越多地关注一体化控制器。特别是一体机输入/输出及电源均采用可插拔端子，使维护特别方便，即使用户完全没有电控知识，也可以很方便地拆卸和安装，不需要考虑如何接线。设备出现了故障，设备生产商只需更换一个触摸屏，而无需上门服务。其主要特点如下：功能强大，高度集成，将控制显示融为一体；多种人机界面可选，触摸屏规格可选 4.3in/5in/7in/10in[1]，文本显示器可选 3in/4in/5in；PLC 开关量最多 24 个输入 20 个输出，模拟量最多 12 个输入 8 个输出；PLC 最多可选 3 路 AB 相/6 路单相高速计数输入、5 路 200kHz 高速脉冲输出；触摸屏和 PLC 分开编程；可根据客户要求增加网口、音频、485/232 通信口等多种功能；RS232、RS485 通信口可选，可用于人机界面和变频器等设备进行通信；可据用户要求，灵活定值。

5.3 变频器应用技术

5.3.1 变频器的作用及结构原理

（1）变频器的作用

目前，异步电机拖动包括液压泵在内的各类机械设备运转早已司空见惯，对异步电机的

[1] 1in=25.4mm。

调速控制是控制技术的核心，而变频调速已成为主要的交流调速方式。由异步电机的转速公式 $n=(1-s)60f_1/p$ 可知，改变电机电源频率 f_1，以改变电机转速 n，从而实现调速即称为变频调速（式中 s 和 p 分别为电机的转差率和旋转磁场的极对数）。由于电源频率 f_1 可以连续调节，故变频调速可实现无级调速，且具有调速范围宽、平滑性好、动态和静态特性优良等特点，是一种理想的高性能调速手段。

变频器（Variable Frequency Drive，VFD）利用电力电子器件的通断作用，将工频交流电转换成频率、电压连续可调的电能控制设备，如图 5-24 所示，其结构简单、性能优越，广泛用于异步电机调速。

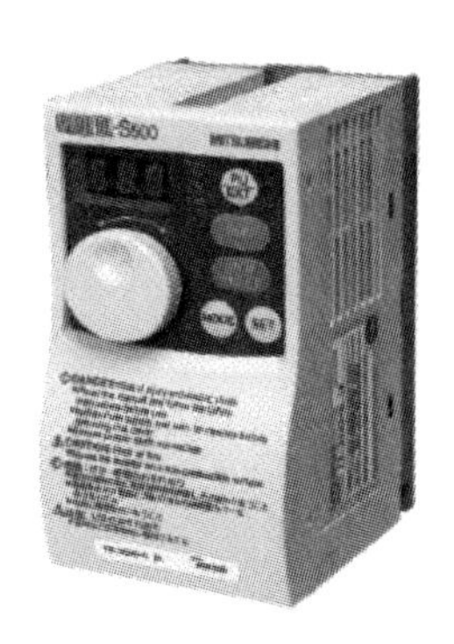

图 5-24　几款变频器的实物外形

变频技术诞生背景是交流电机无级调速的广泛需求。传统的直流调速技术因设备体积大、故障率高而使应用受限。20 世纪 60 年代后，电力电子器件普遍应用了晶闸管及其升级产品，但其调速性能远远无法满足需要。20 世纪 70 年代开始，脉宽调制变压变频（PWM-VVVF）调速的研究得到突破，20 世纪 80 年代后微处理器技术的完善使各种优化算法得以容易地实现。20 世纪 80 年代中后期，美国、日本、德国、英国等发达国家的 VVVF 变频器技术实用化，商品投入市场，得到了广泛应用。最早的变频器多认为是日本购买了英国专利研制的，不过美国和德国凭借电子元件生产和电子技术的优势，高端产品迅速抢占市场。步入 21 世纪后，国产变频器研发、制造和推广使用逐步崛起，现已有部分产品逐渐抢占高端应用市场。

（2）变频器的工作原理及结构组成

目前，变频器大多采用交流-直流-交流的变频变压方式，即先把工频交流电通过整流电路变换为直流，又经逆变电路将直流变成频率、电压任意可调的交流电，逆变电路是变频器的核心部分。图 5-25 所示为工业生产中常用的变频器采用的三相逆变电路。经整流滤波后的直流电压 U_D 施加到由 6 个开关器件组成的逆变电路［图 5-25（a）］上，6 个开关器件在控制电路发出的脉冲作用下，不同相的两个开关器件导通［图 5-25（b）］，从而输出交流电给负载供电。由图 5-25（c）可以看出，三相电压的幅值相等，相位互差 120°，因此只要通过一定的规律控制 6 个逆变开关器件的导通和截止，即可将直流电逆变成三相交流电，通过调节不同相的上、下桥臂两个开关器件的触发时刻和导通时间，即可改变输出电源的电压和频率的大小。

图 5-26 所示为基于上述逆变原理的变频器的结构组成框图，主要由主控电路、键盘与显示电路、控制电源电路与驱动电路、保护电路、外接输入/输出控制电路等构成，电路中各部分的功能如下。

a. 主控电路。它是变频器运行的控制中心，其核心器件是微控制器（单片机）或数字

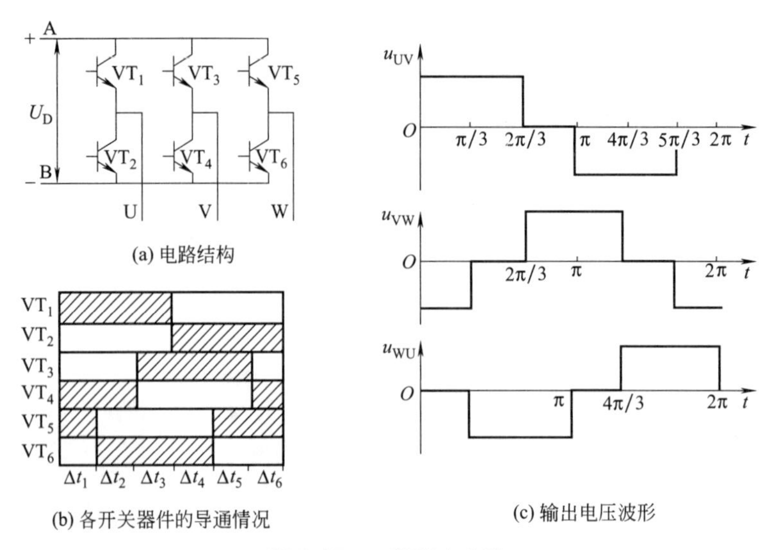

(a) 电路结构

(b) 各开关器件的导通情况

(c) 输出电压波形

图 5-25　三相逆变电路

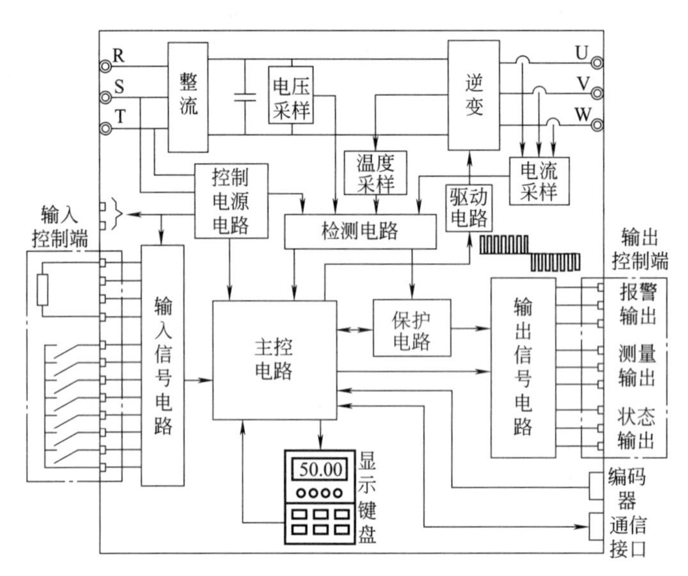

图 5-26　变频器的结构组成框图

信号处理器（DSP）。其主要功能有：接收并处理从键盘、外部控制电路输入的各种信号，如修改数据、正反转指令等；接收并处理内部的各种采样信号，如主电路中电压与电流的采样信号、各部分温度的采样信号、各逆变管工作状态的采样信号等；向外电路发出控制信号及显示信号，如正常运行信号、频率到达信号等，一旦发现异常情况，立刻发出保护指令进行保护或停车，并输出故障信号；完成 SPWM（正弦脉宽）调制，将接收的各种信号进行判断和综合运算，产生相应的 SPWM 调制指令，并分配给各逆变管的驱动电路；向显示板和显示屏发出各种显示信号。

b. 键盘与显示电路。键盘与显示部分总是组合在一起。键盘向主控板发出各种信号或指令，主要用于向变频器发出运行控制指令或修改运行数据等。显示电路将主控电路提供的各种数据进行显示，大部分变频器配置了液晶显示或数码显示器件，一般有 RUN（运行）、STOP（停止）、FWD（正转）、REV（反转）等状态，单位指示灯有频率（Hz）、电流（A）、电压（V）等，可以完成以下指示功能：在运行监视模式下，显示各种运行数据，如频率、电压、电流等；在参数模式下，显示功能码和数据码；在故障状态下，显示故障原因代码。

c. 控制电源电路与驱动电路。变频器的内部普遍使用开关稳压电源，电源电路主要提供以下直流电源：主控电路电源，具有极好的稳定性和抗干扰能力的一组直流电源；驱动电源，逆变电路中上桥臂的三个逆变管驱动电路的电源是相互隔离的三组独立电源，下桥臂的三个逆变管驱动电源则可共地，驱动电源与主控电源必须可靠地相互绝缘；外控电源，为变频器外电路提供的稳压直流电源。中小功率变频器的驱动电路往往与电源在同一块电路板上，驱动电路接收主控电路发来的 SPWM 号，再进行光电离、放大后驱动逆变管工作。

d. 外接输入/输出控制电路。外接控制电路可实现电位器、主令电器如按钮、继电器及其他自控设备对变频器运行进行控制并输出其运行状态、故障报警、运行数据、信号等。在大多数中小容量的变频器中，外接控制电路往往与主控电路设计在同一电路板上，以减小其整体体积，提高电路可靠性，降低成本。

5.3.2 变频器的分类与应用领域

变频器品种繁多，按用途可分为通用变频器和专用变频器两类；按工作原理分为交-直-交变频器和交-交变频器，前者按储能方式的不同，又分为电压型和电流型两类；根据调压方式的不同，又分为脉宽调制和脉幅调制两种；按控制方式不同，可分为恒压频比控制变频器、转差频率控制变压器、矢量控制变频器。

变频器主要用于交流电机转速的调节，除了具有卓越的调速性能（控制精度高及调速范围大）之外，交频器还有显著的节能效果，并且便于使用维护及实现自动控制及远程控制。变频器不仅可用于标准电机调速，而且可以用于其他调速装置，从工业生产设备到家用电器都可以采用。例如在电液控制系统中大量使用的定量液压泵，在其允许的转速范围内，采用变频器可以进行转速的无级调节，达到近似变量泵的功能，比直接使用变量泵成本低（中小功率的情况）。目前变频器已在钢铁冶金、石油化工、轻工纸业、医药纺织及建材和机械行业得到了广泛应用，例如风机水泵的节能运转，化纤工业中的卷绕作业和电弧炉自动加料配料系统的智能控制，简化机床控制机械传动系统、减小冲击噪声，家用电器（如电冰箱、空调器等）的节能环保、延长使用寿命等。

5.3.3 变频器的操作面板和接线端子

如图 5-27 所示，变频器操作面板上的按键可以对变频器的参数（如运行频率等）、监视模式及显示内容等进行设置和修改，变频器产品的使用说明书会给出各按键的功能说明及操作方法。

各种变频器产品都有其标准的接线端子，这些接线端子与其自身功能的实现密切相关。接线端子包括电源端子、模拟信号端子、数字信号端子、通信端子、保护端子及公共端子等。

变频器的接线分为主电路接线、控制电路接线两部分，应按照变频器产品的使用说明书和系统的要求正确接线，以免损坏变频器。

图 5-28 所示为三菱 FR-E540 系列变频器接线，图中右上侧主电路接线较为简单。图 5-29 所示为利用变频器操作面板输入给定频率和信号模式控制电机正反向变频运行，将电源、变频器和电机三者连接起来，电机为星形接法。图 5-30 所示为控制电路接线端子布局，包括开关信号输入端子、模拟信号输入端子和输出信号端子三部分，其功能可参看产品说明书。图 5-31 所示为用 PLC 控制变频器实现电机正反向变速运转的接线，当然此处还要编制 PLC 的控制程序（例如梯形图）并将其输入到 PLC 中，按控制功能要求设置变频器的相关参数。

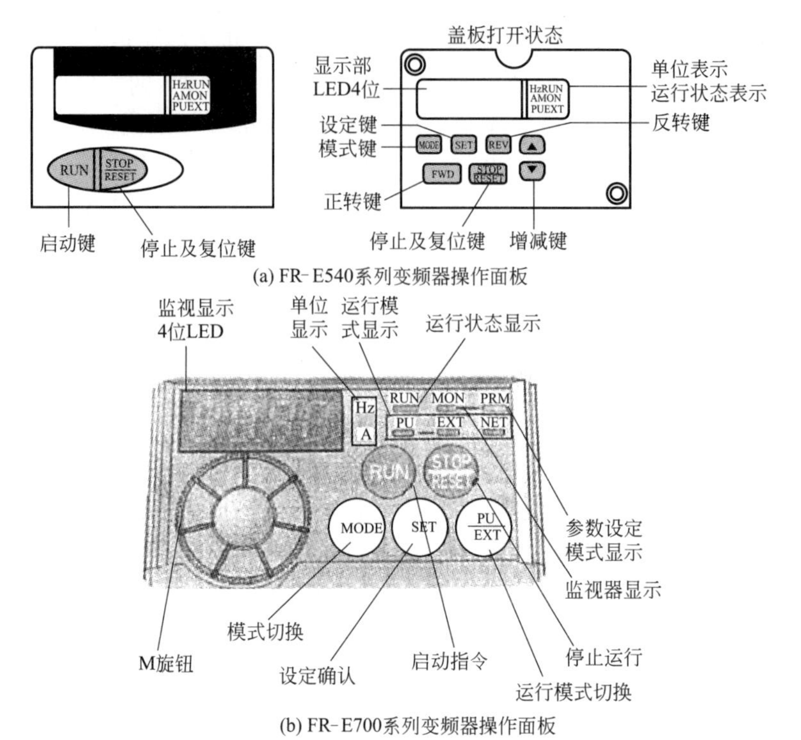

图 5-27 三菱变频器操作面板

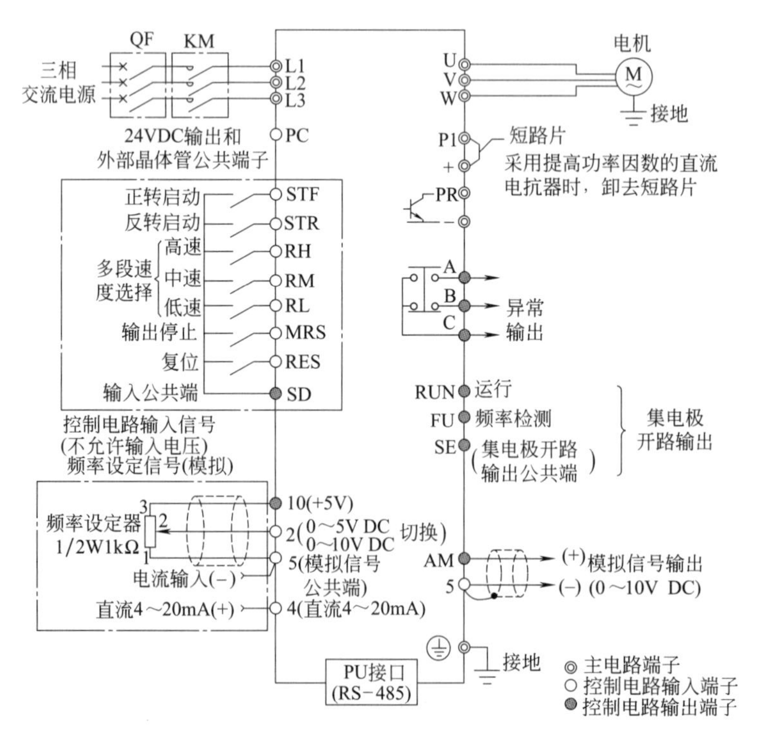

图 5-28 FR-E540 系列变频器接线

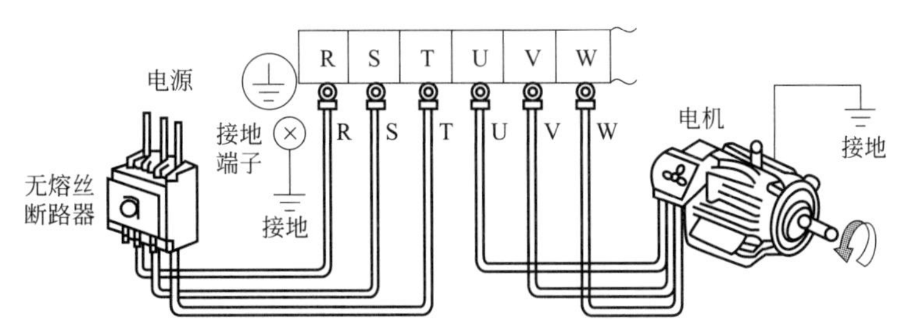

图 5-29 变频器控制电机运行的主电路接线

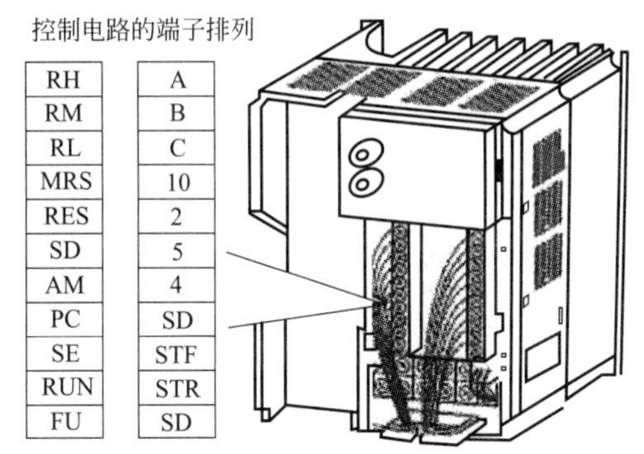

图 5-30 FR-E540 系列变频器控制电路接线端子布局

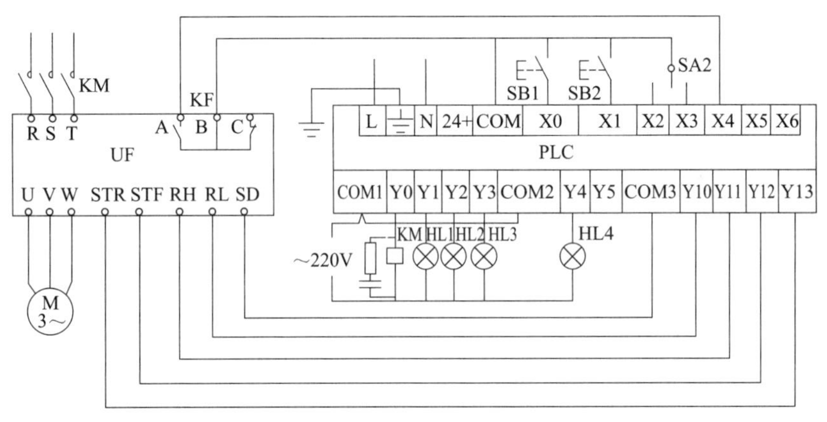

图 5-31 PLC 控制变频器实现电机正反向变速运转的接线

5.3.4 变频器的应用要点

变频器的应用要点见表 5-4。

表 5-4 变频器的应用要点

序号	内　容
1	电机在变频运行时，必须注意使磁通保持不变，其方法是保持反电动势与频率之比不变，实践中则是在改变频率的同时，也改变电压。目前，大多数变频器采用正弦脉冲宽度调制（SPWM）的方法来实现频率与电压同步改变，即 U/F 控制方式
2	变频器常用的给定（设置）和控制方式有两种：操作面板控制和外接端子控制。距离较近的一般性操作可利用操作面板控制；距离较远的或需要较复杂的控制时采用外接端子控制。采用何种控制方式（运行模式）需事先选定。熟练掌握操作面板、外接端子的功能及操作和接线方法，对变频器的使用有很好的帮助
3	频率给定（设置）是变频器控制的核心。频率给定有模拟量和数字量两种，而模拟量给定又有电压、电流两种，数字量给定有操作面板给定、频率递增与递减给定、多挡速给定和程序给定等

续表

序号	内容
4	要使变频器按一定的模式和要求运行，必须设置相应的参数。变频器常用的基本功能参数有启动频率、点动频率、上限频率、下限频率、加速时间、减速时间等，"运行模式选择"是一个比较重要的参数，它确定变频器在何种模式下运行，可根据控制要求选择相应的运行模式
5	参数值的设定用相应的按键增减或旋钮左右旋动来改变。不同的参数值设定，应在不同的状态下进行，否则参数设置不能成功
6	在设定多挡速控制时，需预置两种功能，一是选定多挡转速的控制端子，二是设定各挡转速对应的频率。应用外接输入端子遥控设定功能可取代电位器进行频率给定控制，还可方便地实现多处控制和同步控制，该功能在有的变频器外接输入控制端子中直接标有"升速(UP)"和"降速(DOWN)"功能端子
7	变频器可通过基本功能参数任意设定电机的加、减速过程(时间)。加速过程中的主要问题是电机的加速电流；减速过程中的主要问题是直流回路的电压。制动过程必要时可加入制动电阻和制动单元
8	采用 PLC 可以按照某种要求或程序控制变频器实现多挡速运行，其实质是 PLC 的输出端控制变频器的多个输入端子的状态
9	变频器的安装接线。主电路电源端子 R、S、T 必须经空气开关和接触器与电源连接(参见图 5-29)；变频器输出端子(U、V、W)最好经热继电器再接至三相电机上。注意不要将电源输入端子 R、S、T 与输出端子 U、V、W 接错。变频器的输出端子不要连接到电力电容器上。变频器必须做好接地和抗干扰处理

5.4 传感器应用技术

5.4.1 传感器的作用、组成及其分类

（1）传感器的作用及组成

传感器是实现自动检测和自动控制的首要环节。传感器是一种检测装置（元件），能感受到被测量的信息（如位移、力、速度、压力、流量等），并能将感受到的信息按一定规律变换成电信号（如电压、电流和频率等）或其他所需形式的信息输出，以满足信息的传输、处理、存储、显示、记录和控制等要求。在电液控制系统中，传感器用于系统信号的检测反馈，由控制器实施对被控对象的闭环控制，因此传感器是构成电液控制系统的基础。

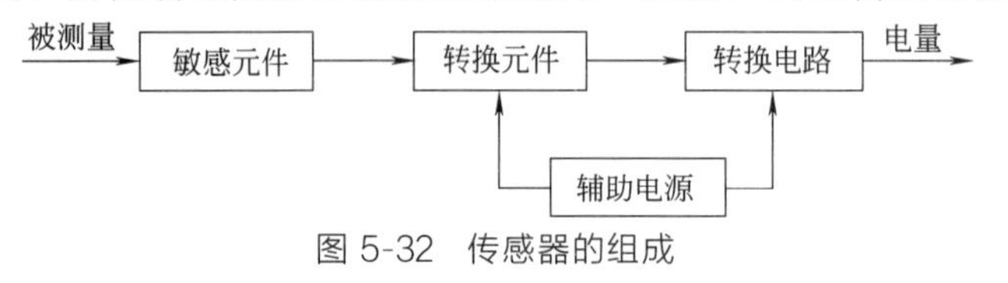

图 5-32 传感器的组成

传感器通常由敏感元件、转换元件、转换电路和辅助电源四部分组成（图 5-32）。敏感元件的功能是将某种不易测量的物理量转换为易于测量的物理量；转换元件的功能是将敏感元件输出的物理量转换成电量，它与敏感元件一起构成传感器的主要部分；转换电路的功能是将敏感元件产生的不易测量微小信号进行变换，使传感器的信号输出符合工业系统的要求（如 4～20mA、－5～5V）；辅助电源的功能是为转换元件和转换电路供电。

（2）传感器的分类

传感器种类繁多，可按工作原理和被测物理量两种方式进行分类。

① 按工作原理分类。按工作原理传感器可分为电学式传感器、磁学式传感器、光电式传感器、电势型传感器、电荷传感器、半导体传感器、谐振式传感器、电化学式传感器等。

a. 电学式传感器。它是非电量电测技术中应用范围较广的一种传感器，它又可分为电阻式、电容式、电感式、磁电式及电涡流式等。其中电阻式传感器是基于电阻器将被测物理量转换为电阻信号的原理工作的，它又可细分为电位器式、电阻应变片式、触电变阻式及压阻式多种，电阻式传感器大多用于位移、压力、力、应变、力矩、液位及液体流量等参数的

测量。电容式传感器是基于电容几何尺寸变化或改变介质的性质及含量，从而使电容量发生变化的原理工作的，主要用于压力、位移、液位等参数的测量。电感式传感器是基于改变磁路几何尺寸、磁体位置来改变电感或互感的电感量或压磁效应原理工作的，主要用于位移、压力、力、振动、加速度等参数的测量。磁电式传感器是基于电磁感应原理，把被测非电量转换成电量工作的，主要用于流量、转速和位移等参数的测量。电涡流式传感器是基于金属在磁场中运动切割磁力线，在金属内形成涡流的原理工作的，主要用于位移及物料厚度等参数的测量。

b. 磁学式传感器。它是利用铁磁物质的一些物理效应而制成的，主要用于位移、转矩等参数的测量。

c. 光电式传感器。此类传感器在非电量电测及自动控制技术中占有重要的地位。它是利用光电器件的光电效应和光学原理工作的，主要用于光强、光通量、位移、浓度等参数的测量。

d. 电势型传感器。它是利用热电效应、光电效应、霍尔效应等原理工作的，主要用于温度、磁通、电流、速度、光强、热辐射等参数的测量。

e. 电荷传感器。它是利用压电效应原理工作的，主要用于力及加速度、速度的测量。

f. 半导体传感器。它是利用半导体的压阻效应、内光电效应、磁电效应、半导体与气体接触产生物质变化等原理工作的，主要用于温度、湿度、压力、加速度、磁场和有害气体的测量。

g. 谐振式传感器。它是利用改变电或机械的固有参数来改变谐振频率的原理工作的，主要用于测量压力。

h. 电化学式传感器。它是以离子导电为基础工作的，根据其电特性的形成不同，此类传感器可分为电位式、电导式、电量式、极谱式和电解式等。电化学式传感器主要用于分析气体、液体或溶于液体的固体成分及液体的酸碱度、电导率和氧化还原电位等参数的测量。

② 按被测物理量分类。电液控制系统中常用的传感器有压力传感器、流量传感器、力传感器、温度传感器、液位传感器、位移传感器、速度传感器、加速度传感器、污染传感器等。

目前传感器产业及产品正在由传统结构型、固体型向微型化、多功能化、数字化、智能化、系统化和网络化方向发展。新型智能传感器则是微型计算机技术与检测技术相结合的产物，使传感器具有了一定的人工智能。

5.4.2 传感器的性能及选型

（1）传感器的性能

传感器的性能有静态性能和动态性能两部分。静态特性是指对静态的输入信号，传感器的输出量与输入量之间所具有相互关系。动态性能是指传感器在被测量变化时的输出特性。

① 静态特性。表征传感器静态特性的主要参数有线性度、灵敏度、迟滞、重复性、漂移等。

a. 线性度：指传感器输出信号 y 与输入信号 x 之间的线性程度。

b. 灵敏度：是传感器静态特性的一个重要指标，是指输出量的增量 Δy 与引起该增量的相应输入量增量 Δx 之比。用 s 表示灵敏度。一般而言，传感器的灵敏度越大越好，这样可使传感器的输出信号精确度更高，线性程度更好。

c. 精度：指传感器的测量输出值与实际被测量值之间的误差。

d. 测量范围：指被测量的最大允许值和最小允许值之差。

e. 重复性：指传感器在同一被测量按同一方向进行全量程连续多次变化时，所得特性曲线不一致的程度。

f. 分辨率：指传感器在整个测量范围内所能识别的被测量的最小变化量。

g. 迟滞：指传感器在被测量由小到大（正行程）及由大到小（反行程）变化期间其输入输出特性曲线不重合的现象。对于同一大小的输入信号，传感器的正、反行程输出信号大小不相等，这个差值称为迟滞差值。

h. 漂移：指在输入量不变的情况下，传感器输出量随着时间变化。传感器自身结构参数和周围环境（如温度、湿度等）都会引起漂移。

② 动态特性。在实际工作中，传感器的动态特性常用它对某些标准输入信号的响应来表示。这是因为传感器对标准输入信号的响应容易用试验方法求得，并且它对标准输入信号的响应与它对任意输入信号的响应之间存在一定的关系，往往知道了前者就能推定后者。最常用的标准输入信号有阶跃信号和正弦信号两种，所以传感器的动态特性也常用阶跃响应（输出信号随输入变化并达到一个稳定值所需要的时间即响应时间）和频率响应来表示。

表 5-5 常用给出了常用传感器的性能参数，供参考。

（2）传感器的选型

① 选型原则。在选用电液控制系统的传感器时，首先要考虑采用何种原理的传感器，这需要分析多方面的因素（如主机及系统类型、工作环境、实际工况、检测精度、控制精度等）后才能确定。因为即使是测量同一物理量，也有多种原理的传感器可供选用，哪一种原理的传感器更为合适，则需要根据被测量的特点和传感器的使用条件考虑以下一些具体问题：量程的大小；被测位置对传感器体积的要求；测量方式为接触式还是非接触式；信号的引出方法，有线还是非接触测量；传感器货源（国产还是进口），价格能否承受，是否自行研制。同时还需要考虑系统的一些特殊要求，如稳定性、重复性、可靠性及抗干扰性要求，最终选择性价比较高的传感器。

② 性能指标的确定。在考虑上述问题之后就能确定选用何种类型的传感器，然后再考虑传感器的具体性能指标。

a. 灵敏度。通常，在传感器的线性范围内，希望传感器的灵敏度越高越好。因为只有灵敏度高时，与被测量变化对应的输出信号的值才比较大，有利于信号处理。但传感器的灵敏度高，与被测量无关的外界噪声也容易混入，也会被放大，影响测量精度。故要求传感器本身应具有较高的信噪比，尽量减少从外界引入的干扰信号。传感器的灵敏度具有方向性，当被测量是单向量，而且对其方向性要求较高，则应选择其他方向灵敏度小的传感器；如果被测量是多维向量，则要求传感器的交叉灵敏度越小越好。

b. 频率响应特性。传感器的频率响应特性决定了被测量的频率范围，必须在允许频率范围内保持不失真。实际上传感器的响应总有一定延迟，希望延迟时间越短越好。传感器的频率响应越高，可测的信号频率范围越宽。在动态测量中，应根据信号的特点（稳态、瞬态、随机等）确定其响应特性，以免产生过大的误差。

c. 线性范围。从理论上讲，传感器的线性范围越宽，则其量程越大，并且能保证一定的测量精度。在选择传感器时，传感器的种类确定后首先要看其量程是否满足要求。但实际上，任何传感器都不能保证绝对的线性，其线性度也是相对的。当所要求测量精度比较低时，在一定的范围内，可将非线性误差较小的传感器近似看作线性的，这会给测量带来极大的方便。

d. 稳定性。影响传感器长期稳定性的因素除传感器本身结构外，主要是传感器的使用环境。因此，要使传感器具有良好的稳定性，传感器必须要有较强的环境适应能力。在选择

表 5-5 常用传感器的性能参数

类别	输入	输出	名称	检测范围	精度或线性度	应用范围
位移传感器	直线位移	直流	直线式电位计	10～150mm 600mm(特制)	±(0.1～1)%	一般位移检测
		交流(50Hz、400Hz、3000Hz)	差动变压器	±25mm ±100mm(特制)	±(0.1～1)%	
		数字式	直线式感应同步器	一根定尺(250mm),可接长	±1μm	高精度位移检测
			直线光栅	一根定尺(1000～1500mm,可接长)		
			磁栅	—		
	角位移	直流	回转式电位计	1 转(360°以下),多转(360°×40 以下)	±(0.1～1)%	位移给定
		交流(50Hz,400Hz)	差动变压器	±10°	±(0.1～1)%	一般位移检测
			旋转变压器	线性 0°～60°	±0.1%	一般角位移或角差检测
			自整角机	<180°	1 秒～5 秒(角秒)	一般角差检测
		数字式	旋转式感应同步器	连续	—	高精度位移检测
速度传感器	回转速度	交流(400Hz)	交流测速发电机	100～3000r/min	1%	一般速度检测
		直流	直流测速发电机	100～3000r/min	1%	一般速度检测
		数字式	电磁脉冲发生器	5～12000r/min	0.3%	高精度速度检测
			光电脉冲发生器	0～12000r/min	0.3%	
力传感器	力	连续	电阻应变式力传感器	10^{-3}～10^{8}N	±0.1%	高精度力检测
		交流(500～10000Hz)	压磁式力传感器	—	2%～5%	一般力检测
压力传感器	压力	连续	电阻应变式压力传感器	0～25MPa	1%	一般压力检测
			压阻式压力传感器	0～20MPa	±(0.1～0.3)%	高精度压力检测
流量传感器	流量	连续,可远传或脉冲输出	液体涡轮流量计	0.67～13330L/min	±0.5%	低黏度液压油测量
温度传感器	温度	数字式	数字温度传感器	−40～125℃	±1.5℃	一般温度检测

注：具体参数以生产厂家或供货商提供的产品样本为准。

传感器之前，应对其使用环境进行调查，并根据具体的使用环境选择合适的传感器，或采取适当的措施，减小环境的影响。传感器的稳定性有定量指标，在超过使用期后，在使用前应重新进行标定，以确定传感器的性能是否发生变化。在某些要求传感器能长期使用而又不能轻易更换或标定的场合，所选用的传感器稳定性要求更严格，要能够经受住长时间的考验。

e. 精度。传感器的精度是一个重要的性能指标，它是关系到整个测量系统测量精度的一个重要环节。传感器的精度越高，其价格越昂贵。因此，传感器的精度只要满足整个测量系统的精度要求就可以，不必选得过高。这样就可以在满足同一测量目的的诸多传感器中选择比较便宜和简单的传感器。

如果测量目的是定性分析的，选用重复精度高的传感器即可，不宜选用绝对量值精度高的；如果是为了定量分析，必须获得精确的测量值，就需选用精度等级能满足要求的传感器。

对某些特殊使用场合，当无法选到合适的传感器时，则需自行设计制造传感器。自制传感器的性能也应满足使用要求。

5.5 电液控制系统中PLC-传感器-触摸屏-变频器综合应用案例

5.5.1 带式输送机张紧装置电液伺服系统中PLC-传感器-触摸屏应用技术

（1）系统功能

带式输送机是一种常用的散料输送机械，张紧装置是带式输送机正常运行的重要装置。为了减小输送带冲击并提高输送带寿命，保证输送带运行安全和稳定，液压张紧装置采用了PLC控制的电液伺服系统，通过自动调节系统压力，以使张紧装置在输送机的启动阶段，为输送机提供比较大的张力，在输送机运行平稳后，输送带张紧力调整到正常值。

（2）液压原理

图5-33所示为张紧装置电液伺服系统液压原理，其油源为液压泵3，执行元件为张紧液压缸13。根据张紧装置的工作性质，系统通过两个先导式溢流阀6和7，限定不同工作阶段的二级最高压力（阀7设定增压阶段的最高压力，设定值为正常运行张紧力对应值的1.5倍；阀6设定泄压阶段的最高压力，设定值为正常运行张紧力对应值），阀6和7通过电磁换向阀5进行切换。液控单向阀11用于系统在张紧装置正常运行时的保压。为控制蓄能器18精准补充泄漏，在蓄能器入口设置了电磁球阀19，通过电磁铁3YA通断电，控制蓄能器补油的通断。电液伺服阀10为系统的核心控制元件，用于精准控制张紧液压缸有杆腔的流量和压力，保证启动压力平稳上升；启动完成平缓泄压到正常运行压力值；通过拉力传感器14反馈信号实时、连续地调节系统流量和压力；速度传感器17在启动阶段进行速度检测，如果达到启动压力值但是输送带有没达到启动运行速度说明发生滑带，系统继续增加压力直到达到最大压力极限。在张紧液压缸左右极限位置处设有限位开关，以实现端点报警停机，保证张紧液压缸安全工作。电磁换向阀20用于系统泄压检修。

系统的闭环伺服控制原理框图如图5-34所示，将带式输送机平稳运行时理论拉力值通过D/A转换变为电压信号U_r作为电液伺服控制系统的输入信号，由拉力传感器检测的实际拉力值经A/D转换变为反馈电压信号U_f，与U_r比较得出偏差电压信号U_e，并经伺服放大器放大后输送给电液伺服阀，控制伺服阀的开度大小，从而控制张紧液压缸的拉力F_g，使拉力趋向理论拉力值。形成拉力闭环伺服控制。

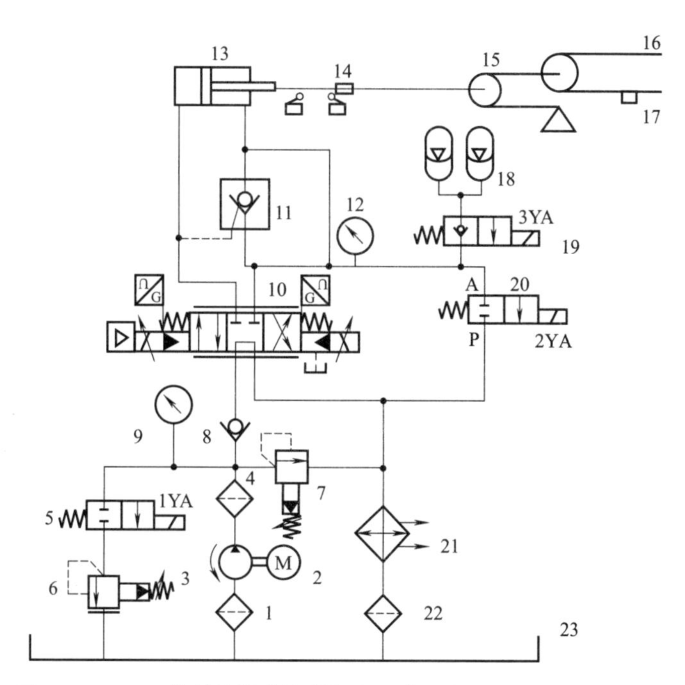

图 5-33 PLC 控制的带式输送机张紧装置电液伺服系统液压原理

1—粗过滤器；2—电机；3—液压泵；4—精过滤器；5,20—二位二通电磁换向阀；6,7—先导式溢流阀；8—单向阀；9,12—压力表；10—电液伺服阀；11—液控单向阀；13—张紧液压缸；14—拉力传感器；15—导绳轮；16—输送带；17—速度传感器；18—蓄能器；19—电磁球阀；21—冷却器；22—回油过滤器；23—油箱

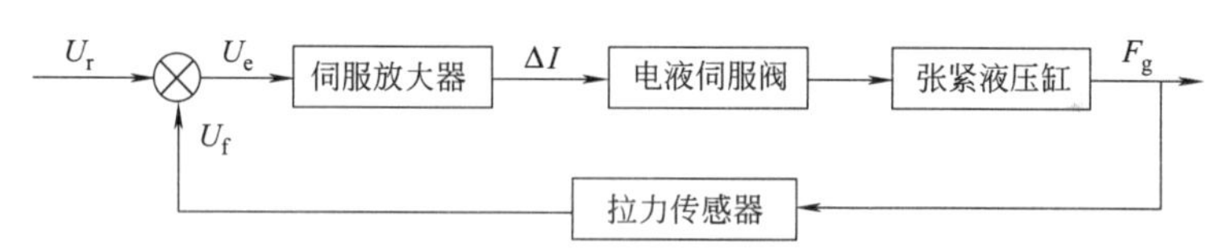

图 5-34 闭环伺服控制原理框图

（3）PLC 电控系统

根据主机工作过程及电液伺服系统的控制要求，系统共需开关量输入点 8 个，输出点 4 个；模拟量输入点 1 个，输出点 1 个。选择 S7-200 系列 PLC，CPU222 作为主控单元，模拟扩展模块选择 EM231 和 EM232，并配置触摸屏。根据系统功能要求，I/O 分配及硬件端子接线如图 5-35 所示。图 5-36 所示为 PLC 控制自动运行程序框图。系统运行基本上分为启动（升压）、过渡（降压）和正常运行（保压）三个不同阶段。

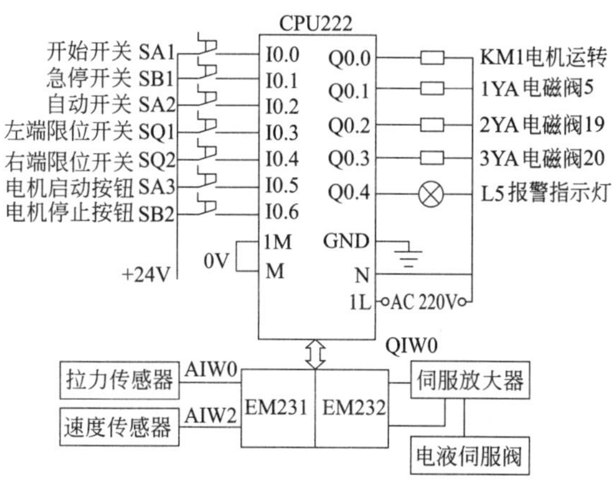

图 5-35 PLC 的 I/O 分配及端子接线

5.5.2 电液数字液压缸的 PLC 控制应用技术

（1）结构原理

如第 4 章所述，步进电机驱动的电液控制阀称为增量式数字阀，当电液数字阀与液压缸

匹配使用时，通常将其称为电液数字液压缸，由于其中多带有机械反馈，故有时也将这种阀称为电液伺服阀。

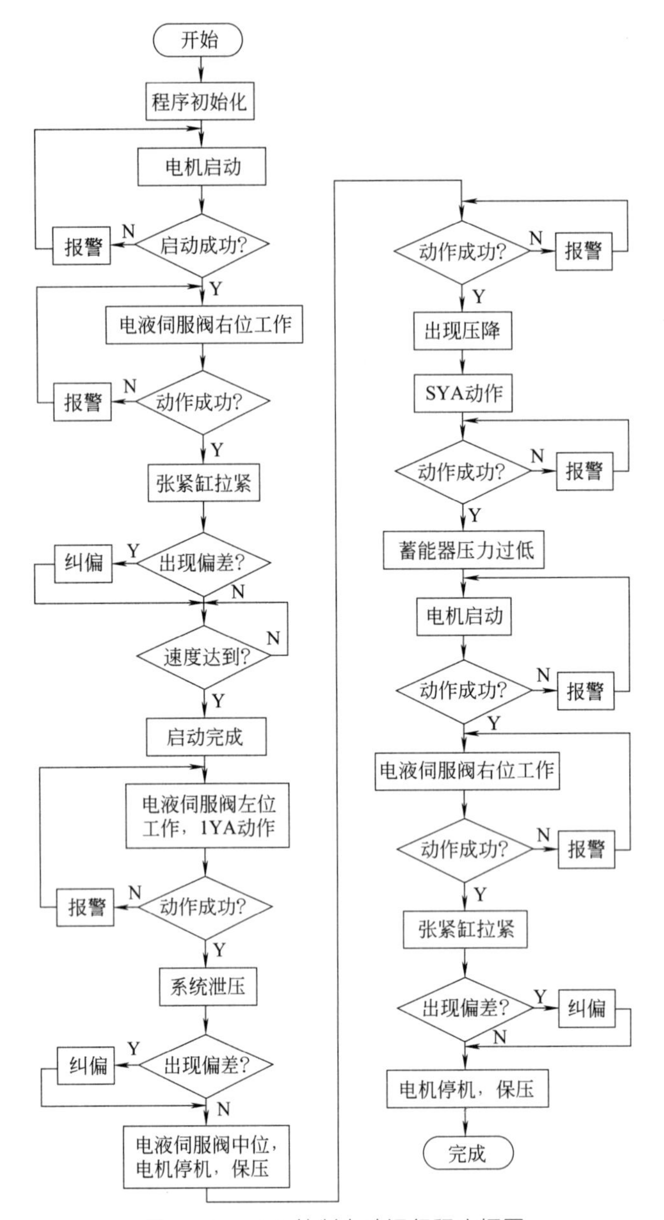

图 5-36 PLC 控制自动运行程序框图

图 5-37 所示为一种采用 PLC 控制的电液数字液压缸，该缸主要由步进电机、机械转换器、数字滑阀、液压缸和机械反馈机构等组成。步进电机 1 通过法兰 2 用螺钉 3 与阀体 4 连接。电机轴通过联轴器 5 与芯轴 8 连接，阀杆（阀芯）9 通过定位套 7 固定在芯轴 8 上。阀杆可随芯轴在阀套 10 中轴向移动，阀套被限动盖 6 固定在阀体 4 中，压力油口和回油口分别与阀体上相应的油道相通，阀体 4 左端的两个球轴承 13 由挡垫 11 与隔垫 12 定位，用螺盖 15 固定在阀体中，反馈螺母 16 被两个球轴承固定；芯轴 8 的左端加工有外螺纹，拧入反馈螺母 16 的内螺纹中。

当有电脉冲输入时，步进电机产生角位移，带动芯轴 8 产生角位移。由于反馈螺母被两

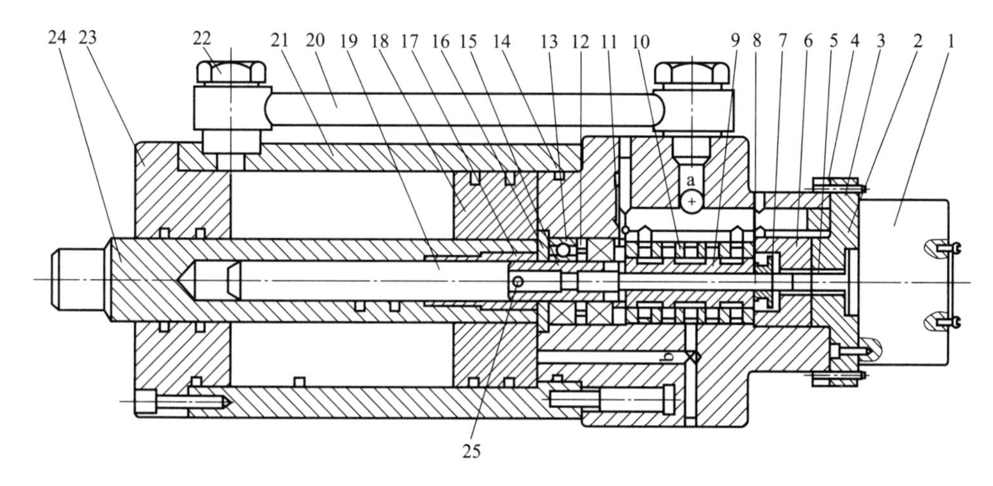

图 5-37 电液数字液压缸

1—步进电机；2—法兰；3—螺钉；4—阀体；5—联轴器；6—限动盖；7— 定位套；8—芯轴；9—阀杆；10—阀套；11—挡垫；12—隔垫；13—球轴承；14—密封圈；15—螺盖；16—反馈螺母；17 —锁紧螺母；18—活塞；19—反馈螺杆副；20—油管；21—油缸体；22—接头；23—支撑盖；24—活塞杆；25—锥销；a，b —进、回油孔

个球轴承固定，不能轴向移动，螺母与空心活塞杆 24 中的反馈螺杆副 19 通过锥销 25 刚性连接，在活塞杆静止的条件下也不能转动，迫使芯轴产生直线位移，带动阀杆产生轴向位移，打开阀的进、回油通道，压力油经阀套开口进入液压缸，油压推动活塞 18 直线位移。由于活塞杆固定在主机导轨上不能转动，迫使活塞杆中的反馈螺杆作旋转运动，带动数字阀的反馈螺母旋转，旋转方向与芯轴转动方向相同，使芯轴返回原位。当芯轴退回到零位时，阀杆关闭阀的进、回油口，液压缸停止运动。活塞杆运动的方向、速度和距离由计算机程序控制。数字液压缸完成了一次脉冲步进动作。

液压缸移动的位移量和速度由 PLC 程序控制，步进电机的步距角、芯轴的螺距和液压缸反馈螺杆的导程，决定了芯轴和活塞杆的脉冲当量，不同匹配情况可获得不同的脉冲当量。

（2）PLC 控制原理

由上述分析不难看出，数字液压缸的控制在于电液数字阀的控制，而电液数字阀的控制在于步进电机的控制，步进电机除了可采用单片机控制外，还可方便地采用 PLC 进行控制。

PLC 对驱动数字阀控缸的步进电机的控制主要包括以下三个方面。

① 阀口开度控制。由于步进电机的总转角正比于所输入的控制脉冲个数，故可根据阀芯伺服机构的位移量即阀芯的开度确定 PLC 输出的脉冲个数。

$$N=\frac{x_{\mathrm{v}}}{\delta} \tag{5-1}$$

式中，x_{v} 为电液数字阀阀芯的位移量，mm；δ 为阀芯位移的脉冲当量，mm/脉冲。

② 速度控制。步进电机的转速取决于输入脉冲的频率 f，因此可以根据数字阀阀芯要求的开闭速度确定 PLC 输出脉冲的频率。

$$f=\frac{v_{\mathrm{f}}}{60\delta}\ (\mathrm{Hz}) \tag{5-2}$$

式中，v_{f} 为电液伺服阀阀芯的开闭速度，mm/min。

③ 方向控制。通过 PLC 某一输出端输出高电平或低电平的方向控制信号，该信号改变硬件环形分配器的输出顺序，从而实现高电平时步进电机正转，反之低电平时步进电机

反转。

基于上述方法的电液数字液压缸 PLC 控制系统框图如图 5-38 所示。PLC 用来产生控制脉冲，通过 PLC 编程输出一定数量、一定频率的方波脉冲，再通过功率驱动器将脉冲信号进行放大、分配，控制步进电机的转角和转速。控制步进脉冲的个数，可以控制步进电机的转速，从而控制液压缸（或液压马达）的位移量。控制步进脉冲信号的频率，可以对电机精确调速，从而控制液压缸（或液压马达）的运行速度。

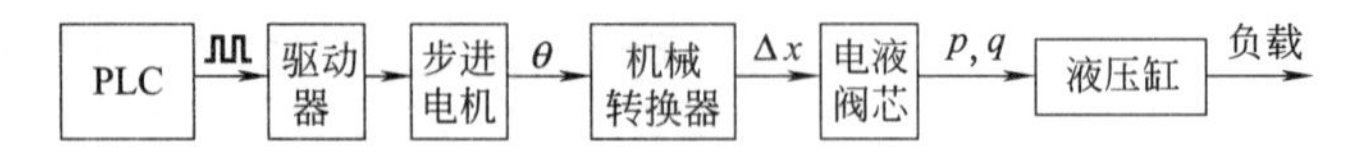

图 5-38　电液数字液压缸 PLC 控制系统框图

（3）PLC 硬件接口电路

系统采用开环数字控制方式，其接口电路如图 5-39 所示。其中，步进电机为 23HS3002 型（北京斯达特公司产品），配套驱动器为 SH-2H057M 型。驱动器的 A 及 $\overline{A}$、B 及 $\overline{B}$ 分别接两相步进电机的两个线圈。由 PLC 控制系统提供给驱动器的信号主要有以下三路。

① 步进脉冲信号 CP。这是最重要的一路信号，驱动器每接收一个脉冲信号 CP，就驱动步进电机旋转一个步距角，CP 脉冲的个数（总数）和频率分别决定了步进电机旋转的角度和速度。

② 方向电平信号 DIR。此信号决定电机的旋转方向。此信号为高电平时步进电机顺时针方向旋转，此信号为低电平时则步进电机逆时针方向旋转，这种换向方式称为单脉冲方式。

③ 脱机信号 FREE。此信号为选用信号，并非必用，只在某些特殊情况下使用，此端为低电平有效，这时步进电机处于无力矩状态；此端为高电平或悬空不接时，此功能无效，电机可正常运行，此功能若用户不使用，只需将此端悬空即可。

（4）性能特点

① 电液数字阀的 PLC 控制系统只占用 PLC 的 3～5 个 I/O 接口及几十位的内存，控制系统简洁、编程方便。

② 采用小功率步进电机系统，其驱动器功率较小，成本较低。

③ 系统的快速性好、可靠性高。通过改变 PLC 程序中定时器和计数器的参数，可以实现液压缸运行速度和位移的灵活控制。

例如在控制软件上设置一个脉冲总数和脉冲频率可控的脉冲信号发生器，即可实现步进电机的输入脉冲总数和脉冲频率的控制。对于频率较低的控制脉冲可以利用 PLC 中的定时器构成，如图 5-40 所示。脉冲频率可以通过定时器的定时常数控制脉冲周期，脉冲总数控制则可以设置一脉冲计数器 C10。当脉冲数达到设定值时，计数器 C10 动作切断脉冲发生器回路，使其停止工作。电液数字液压缸的步进电机无脉冲输入时便停止运转，液压缸的活塞定位。电液数字液压缸速度要求较高时，可以用 PLC 中的高速脉冲发生器。PLC 高速脉冲的频率可达 6000～10000Hz 甚至更高，对于电液数字液压缸连续运行及动态特性，其频率可以得到充分满足。

但需注意，步进电机的控制为开环控制，启动频率过高或负载过大易出现丢步或堵转的现象，停止时转速过高易出现过冲的现象，故为保证其控制精度，应采用晶体管输出型的 PLC，同时在编程时应处理好升、降速问题。

④ 电液数字液压缸如用于驱动快慢速交替工作循环的机械设备（如机床进给机构），液

压油源应能在主机慢速运行时供应较小流量，在快速运行时又能及时提供较大流量，为此可采用高、低压双泵组合供油或压力补偿变量泵供油，以便达到流量适应和节能的目的。

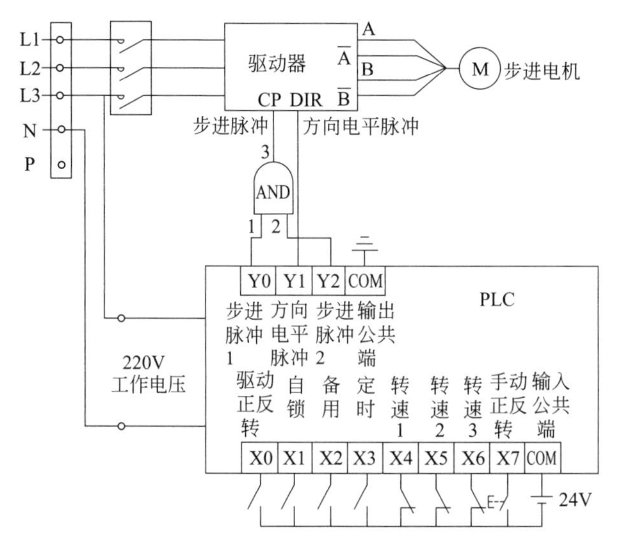

图 5-39 电液数字液压缸 PLC 控制系统硬件接口电路

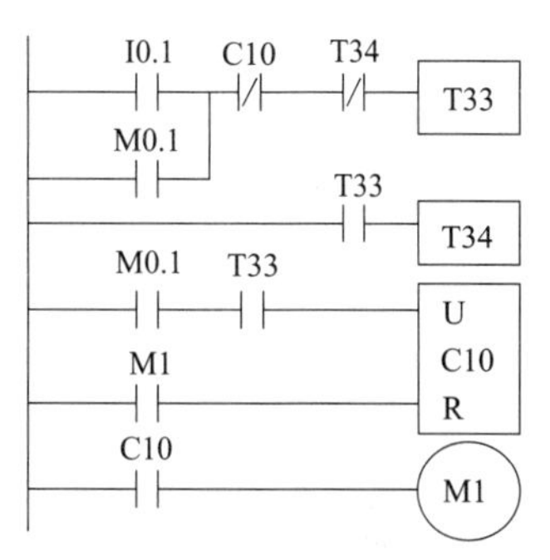

图 5-40 PLC 脉冲信号发生器

⑤ 作为一个独立的控制元件，数字液压缸中数字阀（图 5-37 中的件 1～16）不仅可以构成阀控缸系统，也可方便地构成阀控液压马达系统，配置灵活。

5.5.3 25t 专用压力机电液伺服系统 PLC-传感器应用技术

（1）主机功能

25t 专用压力机是一种含能材料高压所制均质毛坯的退模设备。将粉状含能材料经高压制成所需形状的均质毛坯在撤掉压力后，工件由于体积膨胀附着于模套内，因此需借助该压力机将其从模套内推出。工艺要求系统可以提供最高 25t 的压制力并实现其稳定保持在 0.2t，最大行程为 700mm，在此基础上可实现指定距离的移动与指定压力的下压，可以通过人工设置压力阈值，冲头运行速率为 5～10mm/s，位移精度在 1mm 以内。为了实现全自动作业，该机采用了 PLC 控制的电液伺服控制系统。

（2）液压原理

图 5-41 所示为专用压力机电液伺服系统液压原理，系统油源为电机 4 驱动的定量泵（齿轮泵）3，其供油压力由溢流阀 6 设定，系统的执行元件为立置液压缸 10，缸内装有磁滞式位移传感器用于缸的位置检测，缸无杆腔和有杆腔压力分别由压力传感器 8 和 9 检测。液压缸的运动状态由射流管式电液伺服阀（CSDY1 型）控制。单向阀 5 用于保护液压泵，以防压力油对泵的倒灌冲击。系统工作时，首先启动电机 4，齿轮泵 3 经吸油过滤器 2 从油箱 1 中吸油，被泵排出的液压油经单向阀 5、伺服阀 7 和回油过滤器 11 排回油箱，此时系统处于空载卸荷状态。当需液压缸动作时，电磁溢流阀 6 通电，电液伺服阀接收控制信号产生一个正比于输入电流的开度，此时泵排出的压力油经单向阀 5 和电液伺服阀 7 进入液压缸的一腔，推动缸运行，缸的另一腔的油经电液伺服阀和回油过滤器排回油箱。

（3） PLC 控制系统硬件组成及原理

图 5-42 所示为专用压力机 PLC 控制系统组成框图，操作人员可以通过上位机（远程监控计算机）或现场手动控制箱与 PLC 通信控制系统运行，PLC 的控制信号通过 D/A 转换模

块经放大器对伺服阀的开度进行控制，从而控制液压油的流量，实现对冲头速度和位移的控制。工作过程中，液压缸内的磁滞式位移传感器与两端的压力传感器不断采集冲头的位移与压力信号，通过A/D转换模块送入PLC现场控制模块进行反馈运算，然后PLC通过串口通信模块接收上位机的控制指令并将现场数据发送到上位机显示。系统采用欧姆龙的CM2AH-60CDR-A型CPU单元，带有60节点继电器输出。待退模的整装模具在滑轨工作台上放置平稳后，将工作台推到冲头的正下方开始退模工序。工作台到位后将触发滑轨的末端行程开关信号，该信号作为系统的安全使能信号送入PLC，防止退模过程中出现误动作。整个工作过程由位于工作现场的防爆摄像头经采集卡在远程监控计算机屏幕上显示和记录。

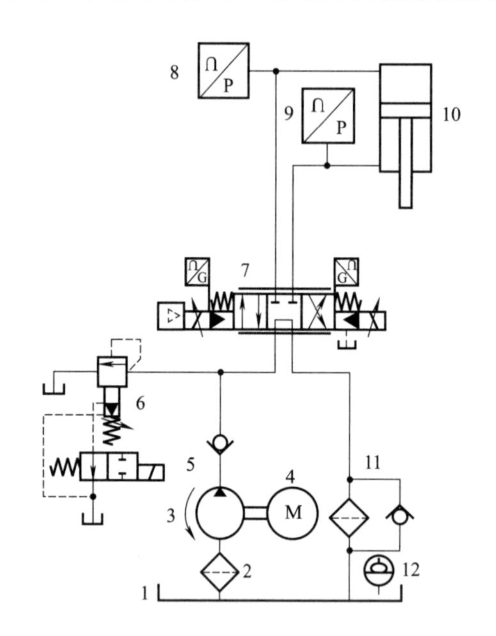

图5-41 专用压力机电液伺服系统液压原理

1—油箱；2—吸油过滤器；3—齿轮泵；4—泵站电机；5—单向阀；6—电磁溢流阀；7—电液伺服阀；8,9—压力传感器；10—液压缸；11—回油过滤器；12—液位计

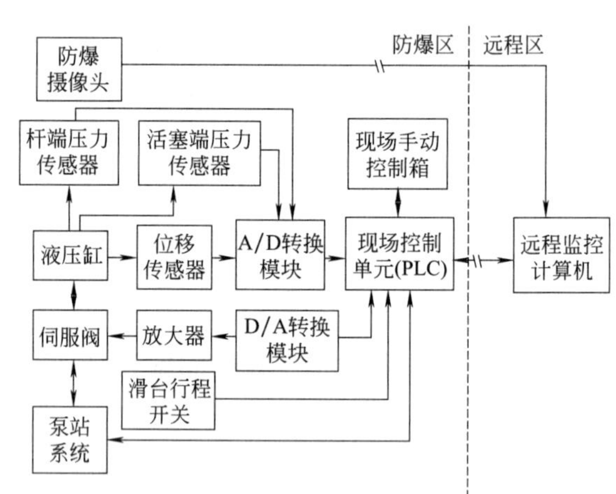

图5-42 专用压力机PLC控制系统组成框图

系统使用的CPM1A-AD041型A/D转换模块具有四路A/D转换，其中一路将位移传感器发送的1～5V电压位移信号转换成范围在0000～1770的16位数字信号，另外两路用于将压力传感器发送的0～5V压力信号转换成范围在0000～1770的16位数字信号。使用CPM1A-DA041型D/A转换模块将由CPU运算得到的0000～1770伺服阀开度信号转换为4～20mA的模拟信号输出，经SA-03型伺服放大器变换成±8mA的电流信号驱动伺服阀。

系统中的CSDY1型射流管式电液伺服阀，通过电信号力矩马达-挡板组件偏转，实现伺服阀开度与其接收电信号值成正比。挡板的偏移将一侧喷嘴挡板可变节流口减小，液流阻力增大，喷嘴的背压升高，推动功率级滑阀阀芯移动，使反馈杆的力矩等于输入控制电流产生的力矩，从而使阀芯位置与输入控制电流大小成正比。由于阀芯的驱动控制需要借助供油压力，为防止系统误动作，伺服阀的控制信号要先于电磁溢流阀的开关信号给出。

（4）控制方法及软件

系统的控制模式分为手动与自动两种。其中手动控制模式通过现场控制箱上的按钮对PLC控制单元进行控制，实现冲头的回升与下压、液压泵电机的启动与停止，主要起测试功能。自动控制模式（远程控制模式）是由操作者通过上位机程序对压力机进行控制，可以实现定程压制与定压压制两种工艺流程。通过 PLC 控制模块将传感器检测到的压力机冲头位置与压力值的实时状态数据发送到上位机中并显示出来。

整个工作系统的软件部分有定程压制与定压压制两种模式，前者可实现冲头到目标位移运动过程中移动速度与实时位置的反馈控制，后者可对冲头与均质毛坯接触后所产生的实时压力进行控制。

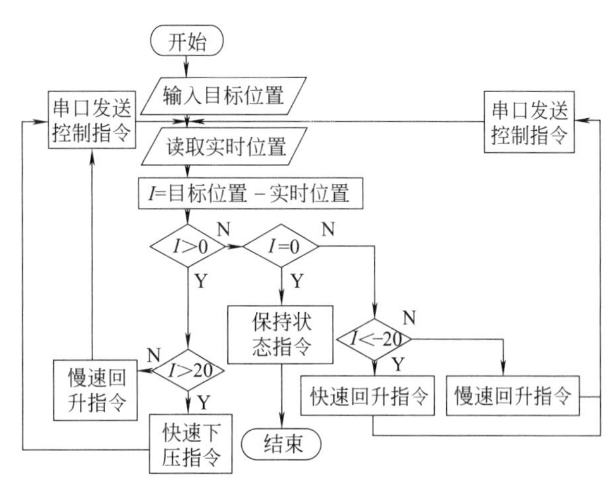

图 5-43 定程压制模式程序框图

在定程压制模式（图 5-43）下，系统针对不同情况将伺服阀分为以下工作状态：当目标位移与实时位移差距较大时，伺服阀的开度较大，处于快速移动状态；当冲头距离目标位移较近时，伺服阀开度较小，处于慢速移动状态，最后冲头停止于目标位移处。这样可使系统的动态过程更加稳定，工作误差更小。由于冲头的移动速度与伺服阀的开度成正比，故通过调节伺服阀开度，可灵活控制冲头的移动速度。如图 5-44 所示，在压力机工作过程中，首先将目标位置发送到 PLC 控制模块中，然后由模块根据实时位置与目标位置间的差值发送对应控制信号到电液伺服阀中，最后通过控制电液伺服阀开度实现对压力机运动的闭环控制。

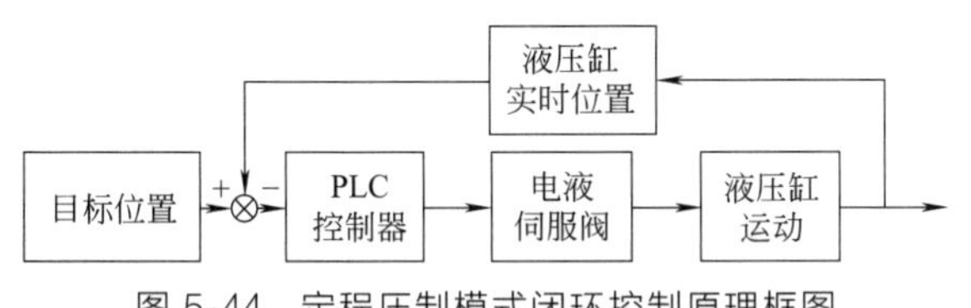

图 5-44 定程压制模式闭环控制原理框图

在定压压制模式（图 5-45）中，由于冲头压力在与模具接触后才会产生，故冲头会先慢速下降，在接触到模具后压力缓慢升高，伺服阀处于加压状态，在压力到达指定压力值时，伺服阀处于闭合状态即保压状态。在定压压制过程中由于液压系统的特性，在系统处于保压状态时，压力值会出现缓慢下降的情况，这时会再次触发加压状态。因此定压压制的工作过程是一个动态过程，在人工停止这一过程之前，系统会一直对压力进行检测，以保证接触面的压力值。在系统工作过程中，当冲头的工作压力大于设定好的报警压力时，伺服阀处于减压状态，在这种状态下冲头压力会缓慢下降至报警压力值以下。

试验表明，该设备及电液伺服控制系统符合退模生产工艺流程，位移和压力两项指标的控制满足精度要求。

5.5.4 船用液压锚机控制系统的 PLC-变频器-触摸屏-传感器应用技术

（1）主机功能及系统组成

液压锚机是利用电机带动液压泵，再通过高压油驱动马达，经齿轮减速器（也可不设）带动锚机运转。随着自动化技术的发展，船用锚机作为海洋浮式结构物上较为独立的控制系统，为了达到良好的运行效果，提高其自动化程度，采用 PLC 作为核心控制器，采用变频器、触摸屏和传感器构建了简易船用液压锚机控制系统，如图 5-46 所示。其中，电机 M1 为润滑电机，电机 M2 为主电机，必须先启动润滑电机 M1 后才能启动主电机 M2。主电机 M2 由变频器控制，通过变频调节可以实现调速，从而完成锚机的抛锚和起锚动作以及不同速度段的控制。

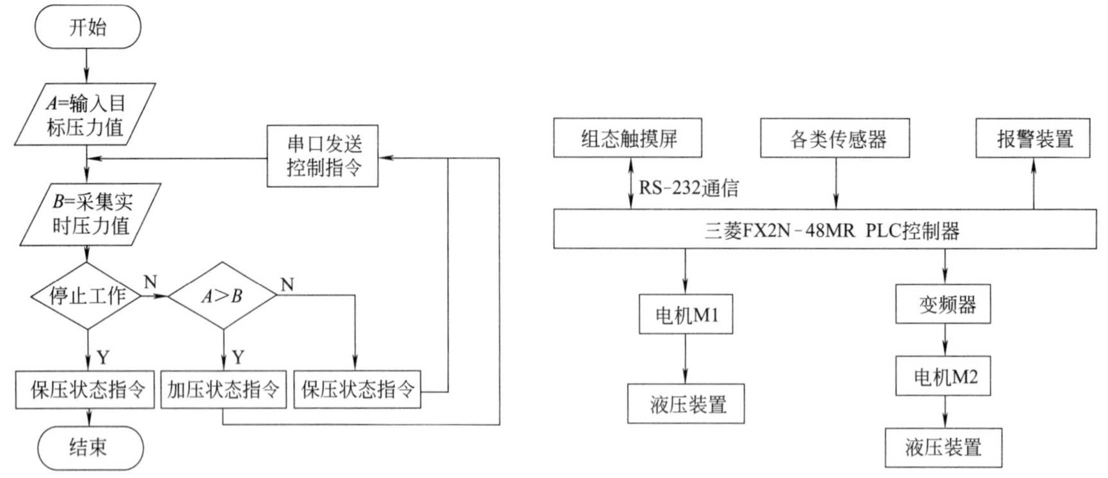

图 5-45 定压压制模式程序框图

图 5-46 液压锚机控制系统组成框图

（2）系统硬件

控制系统硬件电路接线如图 5-47 所示。其中，变频器为施耐德 ATV31 系列；PLC 选用三菱 FX2N-48MR，带有模拟量、数字量输入/输出模块，可以接收挡位、链速等接近开关传感器和静、动张力等压力传感器的输入信号；触摸屏选用永宏 Autech 系列。接触器 KM1、KM2、KM3 控制润滑电机 M1 星三角启动（PLC 程序控制），接触器 KM4 控制变频器的启动。PLC 的 Y1 和 Y2 端子分别接 KM2、KM3 的常闭开关实现互锁，防止润滑电机 M1 短路；Y3 端子接 KM1 的常开开关，原因是润滑电机 M1 若没有启动，主电机 M2 就无法启动；Y4 和 Y5 端子接变频器 L11、L12 端子，控制主电机 M2 的正反转，即抛锚和起锚；Y6 和 Y7 端子接变频器的 L13、L14 端子，实现锚机的速度调节。若 Y6＝0，Y7＝0，则为变频器调速电位器给定速度；若 Y6＝0，Y7＝1，则为锚机低挡速度；若 Y6＝1，Y7＝0，则为锚机中挡速度；若 Y6＝1，Y7＝1，则为锚机高挡速度。变频器的左侧 0V 和＋10V 接入调速电阻，以实现锚机的连续调速。

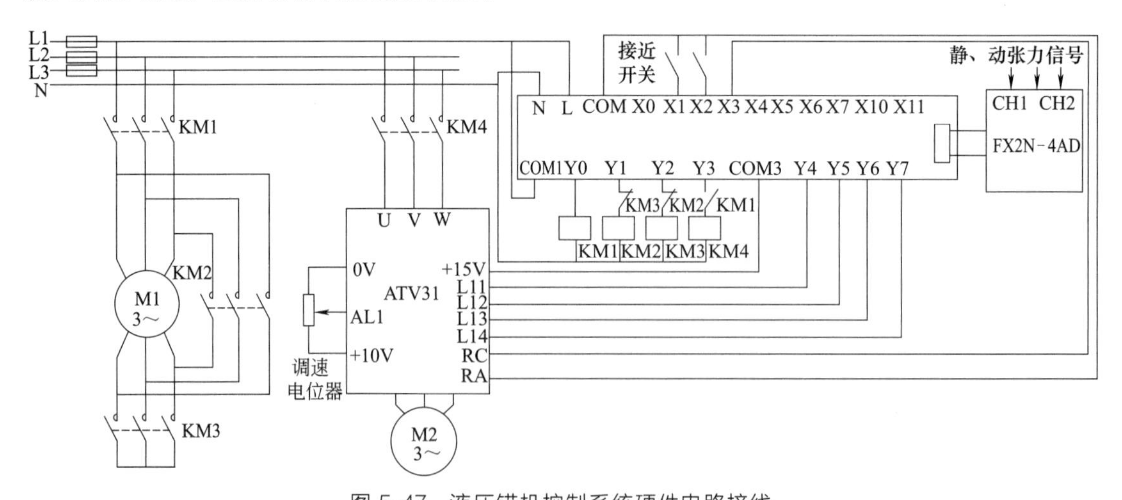

图 5-47 液压锚机控制系统硬件电路接线

（3）系统软件

① 上位机。软件安装在操作台上（图 5-48），可以实现以下功能：动态显示传感器检测

到的接近开关是否到位以及静张力、动张力等参数；具备抛锚、起锚等常用操作按钮功能，以代替常规按钮；能与下位机 PLC 通信，出现故障时报警信号灯指示；能保存多种数据，以方便查询和用户积累经验。

上位机的操作界面可对润滑电机和主电机分别进行操作，显示界面可以显示链速、静张力、动张力和报警等。

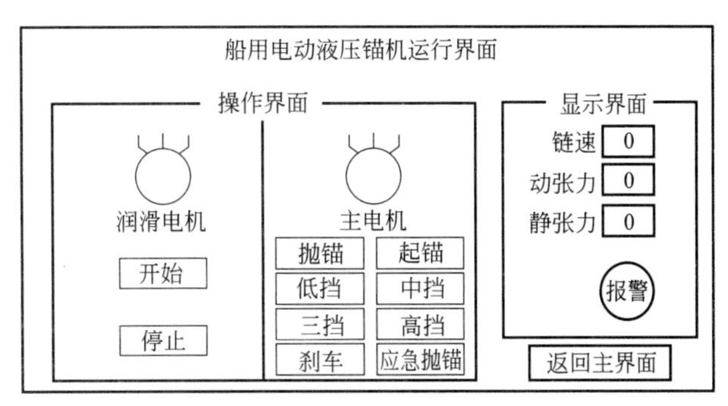

图 5-48 液压锚机运行界面示意

表 5-6 下位机 I/O 端口地址分配

输入信号		输出信号	
功能	端口地址代号	功能	端口地址代号
变频器启动	M10	变频器电源接触器	Y0
变频器停止	M11		Y1
润滑电机启动	M12	润滑电机星三角启动	Y2
润滑电机停止	M13		Y3
锚机停止按钮	M14	抛锚	Y4
抛锚	M16	起锚	Y5
起锚	M17	低中高速输出	Y6
低挡速度	M18	低中高速输出	Y7
中挡速度	M19	报警警铃	Y10
高挡速度	M20	报警指示灯	Y11
静张力	CHl		
动张力	CH2		

② 下位机。主要是程序的设计，I/O 端口地址分配见表 5-6。因为上位机由触摸屏控制，可以直接对 PLC 内部虚拟的中间继电器 M 进行控制，所以 PLC 的输入端较少。

润滑电机、主电机和变频器电源的控制程序如图 5-49 所示。主电机的抛锚和起锚只需要简单设置变频器参数即可，这里从略。锚机的低、中和高三挡速度的选择程序如图 5-50 所示。挡位的选择受 Y6 和 Y7 的输出结果控制，这里使用 ENCO 编码指令对 M16 或 M17、M18、M19、M20 的状态编码，编码结果存储在 D30 寄存器里的低两位，并送入 M30 和 M31 中，M30 和 M31 再驱动 Y6 和 Y7，实现四种速度的控制。

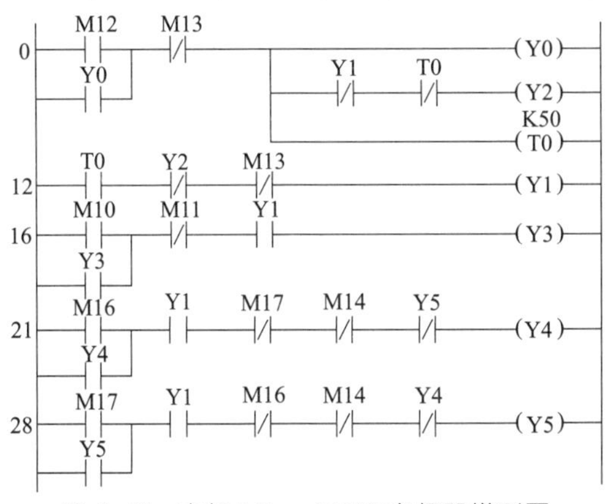

图 5-49 电机 M1、M2 和变频器梯形图

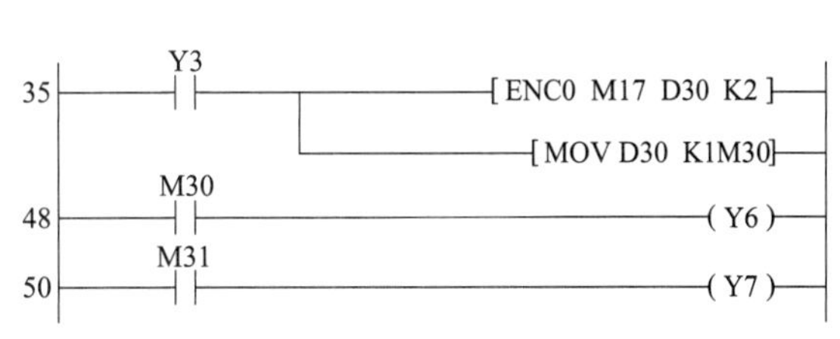

图 5-50 速度选择梯形图

（4）系统特点

PLC-变频器-触摸屏-传感器构成的船用液压锚机控制系统启动速度平稳、调速方便，具备零位保护、过载保护等功能，同时上位机能动态显示相关技术参数，便于操作和监视，该系统稳定性好。

5.5.5 液压锚杆钻机变频调速控制系统的 PLC-变频器-触摸屏-传感器应用技术

（1）主机功能及系统组成

液压锚杆钻机是锚杆支护工程施工的一种关键设备，影响着支护质量的优劣及支护速度的快慢。目前，在煤巷矿道和岩土锚固工程施工中，普遍使用机载型液压锚杆钻机。为了解决其继电-接触器逻辑系统电路复杂、可靠性差、故障诊断与排除困难、维修任务较大的问题，采用西门子 S7-200 系列 PLC 对其电气控制系统进行了改造。

如图 5-51 所示，改造后液压锚杆钻机变频调速控制系统由液压系统（包括电机 1 驱动的定量泵 2、溢流阀 3、单向阀 4、转子马达 5、动力头 6、蓄能器 7、二位四通电磁换向阀控制换向的液压冲击单元、三位四通电磁换向阀控制换向的液压回转单元、液压冲击器）和 PLC、变频器、HMI 及各种传感器（压力、流量、位移和速度检测用传感器）等组成。

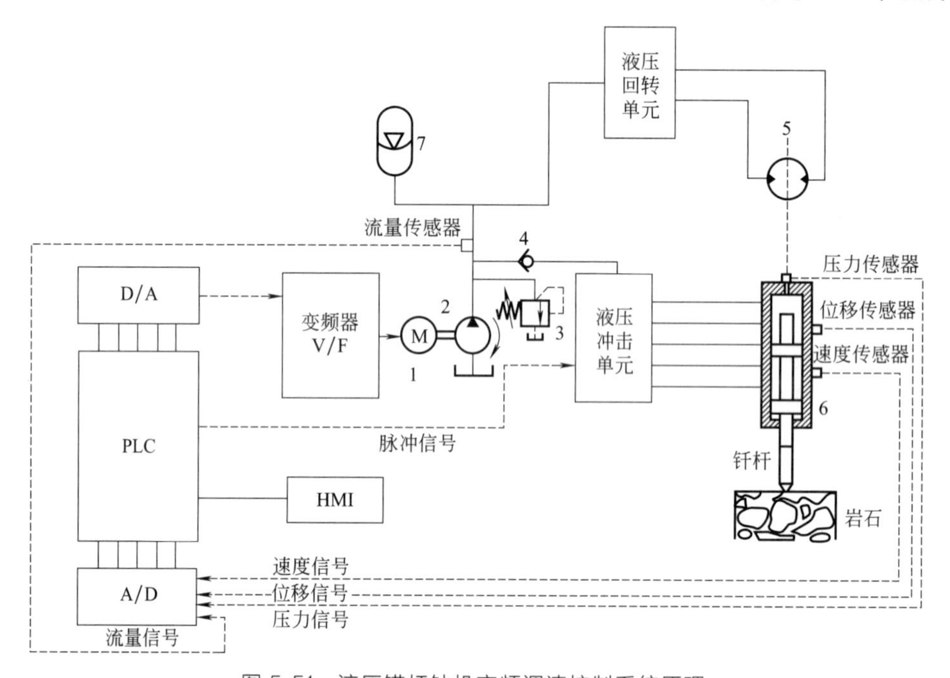

图 5-51 液压锚杆钻机变频调速控制系统原理

1—电机；2—定量泵；3—溢流阀；4—单向阀；5—转子马达；6—动力头；7—蓄能器

在锚杆钻机工作时，回转单元和冲击单元均由定量泵 2 提供压力油。回转单元工作时，三位四通电磁换向阀左位电磁铁通电或右位电磁铁通电工作，驱动锚杆钻机动力头 6 正转钻进或反转钻进；换向阀复至中位时，阀的四个油口互相连通，定量泵卸荷，动力头停止回转钻进。冲击单元工作时，二位四通电磁换向阀左位电磁铁通电，驱动锚杆钻机冲击器（动力头）进行钻孔。泵 2 的供油压力由溢流阀 3 调定，系统流量由泵 2 出口处的流量传感器检测。冲击器部分装有压力传感器、位移传感器和速度传感器，分别用来检测冲击系统油压、冲击活塞的冲击位移和冲击速度。当系统工作时，各个传感器将检测到的信号（电压或电流信号）经 A/D 转换变为数字信号并送给 PLC，与控制系统设定的数值进行对比，进行 PID

运算。PLC 根据运算结果，将运算数据进行 D/A 转换，控制变频器运转频率，提速或降速（由变频器的多段速控制），从而控制液压泵转速，增加或减少液压泵的供油流量。流量大冲击器以高频率小位移冲击，冲击能小，岩石硬度不高时应输出较小冲击能；岩石较坚硬且没有被破碎，应输出较大的冲击能以利于破碎，提高凿岩效率。

根据传感器的反馈信号，PLC 对冲击器的旋转冲击进行实时调节，针对不同地层、工况，调整系统工作压力，实现锚杆钻机输出冲击能量、冲击频率及冲击位移的自动连续无级调节，以及三者之间的最优匹配。

系统的故障报警、工作状态的显示及参数的设置通过人机界面 HMI 完成，HMI 兼报警功能，同时可以向导式地对系统进行操作，使系统控制更加方便明了。

（2）变频调速控制系统

① 系统硬件。系统的启动/停止按钮、油箱的高/低液位传感器、高/低温传感器等为开关量输入信号；冲击器位移、速度、压力传感器和液压泵流量传感器为模拟量输入信号，控制变频器频率电压信号为模拟量输出信号；电磁换向阀（三位阀的电磁铁为 1YA 和 2YA，二位阀的电磁铁 3YA 和 4YA）、电机等为开关量输出信号。

系统传感器为 Trans-Tek 线速度传感、HY-DAC（贺德克）公司 EVS3100-H-3015-300 流量传感器、GEMSP71200 压力传感器。根据液压泵的额定功率，系统变频器为三菱 FR-A540-55K-CH，功率 55kW，工作时可通过显示屏显示电机频率、转速或电流等参数。HMI 选用 Kinco（步科）公司 Eview 的 MD204L 文本显示器，操作者可通过编程软件 TP200 在计算机上制作画面，修改 PLC 内部寄存器或继电器的数值及状态，自由输入汉字及 PLC 地址并使用串行通信下载画面，实现系统运行状态的显示、故障报警及人机操作等功能。根据上述元器件及其 I/O 点数分配，选用 Siemens 的 S7-200PLC［CPU224AC/RELAY（16DI/10DO）］，挂一块 EM235（4AI/1AO）模拟量混合模块。图 5-52 所示为系统硬

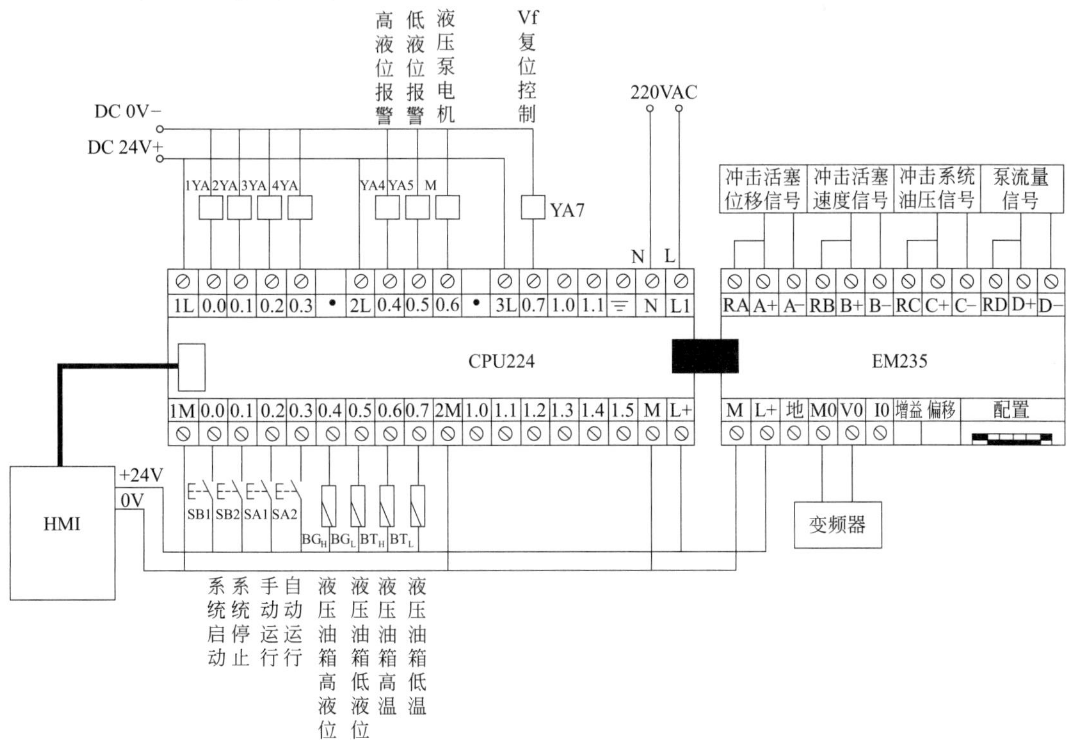

图 5-52 液压锚杆钻机变频调速控制系统硬件接线

件接线，可以清楚看到 I/O 端口地址的具体分配情况。

② 系统软件。液压锚杆钻机变频调速控制系统程序框图如图 5-53 所示。根据液压锚杆钻机旋转冲击控制系统要求，结合 PLC 的 I/O 地址分配，编制梯形图程序，共有主程序和子程序两部分，其中主程序主要完成系统的初始化及自动/手动模式的选择。系统的初始化主要包括 PLC 模块及模拟量混合模块、HMI 及变频器多段速初始速度等的参数初始化；当初始化结束后进入自动/手动模式的选择。

子程序包括四个模拟量传感器各自的 PID 回路表初始化子程序和中断服务子程序。其中 PID 回路表初始化子程序的作用是建立 PID 回路表，装入采集模拟量信号的设定值、回路增益、积分时间以及微分时间，设置时基和中断时间，并连接中断事件。中断服务子程序的作用是对采集到的模拟量信号进行归一化处理，将 PID 输出数据进行工程量转换，化为实际值后输出。

人机界面采用 MD204L 专用的组态软件 TP200V4.8.2CN 进行编程，与 PLC 编程口直接相连实现通信。人机界面主菜单如图 5-54 所示。

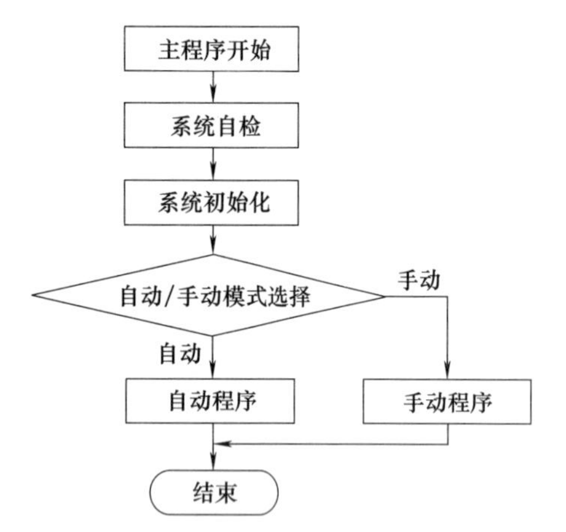

图 5-53 液压锚杆钻机变频调速控制系统程序框图

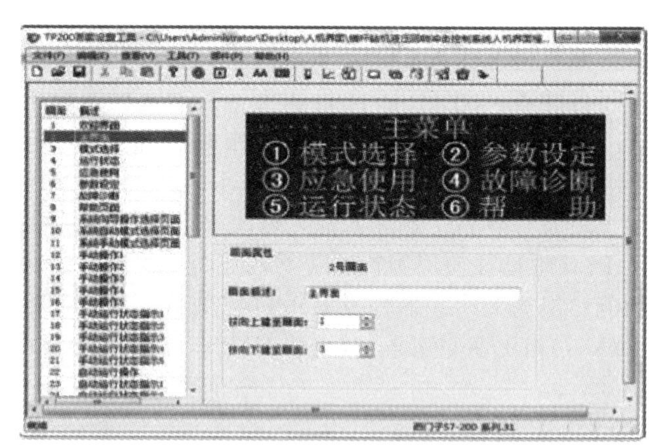

图 5-54 液压锚杆钻机变频调速控制系统人机界面主菜单

（3）系统特点

改造后的液压锚杆钻机变频调速控制系统，PLC 根据传感器实时采集的信号进行 PID 运算，控制变频器对液压泵进行分级调速，以控制液压泵流量，针对不同地层、工况，调整系统工作压力，实现冲击器输出冲击能量、频率及位移的自动连续无级调节和最优匹配，利用 HMI 使得系统的状态显示与控制更加灵活方便。与传统继电接触式电控系统液压锚杆钻机相比，改造后的控制系统工作可靠，操作方便直观，故障率低，提高了工效。

5.5.6 板料液压成形压机的 PLC-变频器-传感器应用技术

（1）主机功能结构及液压成形系统原理

液压成形是一种先进的塑性成形技术，是利用液体介质代替凸模或凹模，靠液体介质的压力使板材成形的一种加工工艺。它能够改善工件内部应力状态，提高板料的成形极限，成形形状复杂的零件，且成形件质量好、精度高、回弹小，具有传统拉深工艺无法比拟的优越性。板料液压成形压机系对普通拉深液压机进行改造并增设 PLC 控制系统而成，其框架如图 5-55 所示。采用液压成形工艺，代替传统压机凸模的注油板 6 安装在下横梁 7 上，凹模 5 仍然安装在普通压机的压边梁 4 上。拉深梁及压边梁的动作由压机原液压系统（从略）完成，液压成形则由增设的高压液压系统（图 5-56）完成。

由图 5-56 可知，系统的油源为电机 4 驱动的定量液压泵 3，电机由变频器改变其转速，从而改变泵的流量，以适应液压成形中系统提供给注油板液压室的工作流量和工作压力不断变化的工况要求，减少非最大流量工况因溢流导致的能量损失。此外，由于系统在成形加工的过程中，末期需要超高压（在零件材料为 08Al 钢，板厚为 0.8mm，最小圆角半径为 5mm 时，计算所得成形需要的油液压力达 57.6MPa，属超高压），故采用了增压缸 9。三位四通电磁换向阀 7 用于系统高、低压阶段的切换控制，单向阀 8 用于压力油的止回。

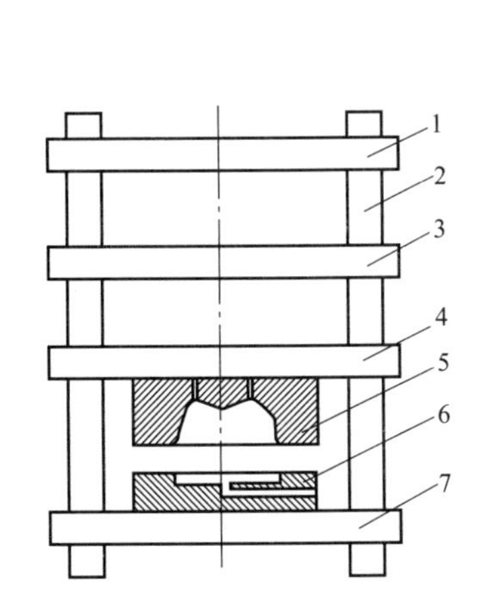

图 5-55　压机框架

1—上横梁；2—导柱；3—拉深梁；4—压边梁；5—凹模；6—注油板（其上放置料板）；7—下横梁

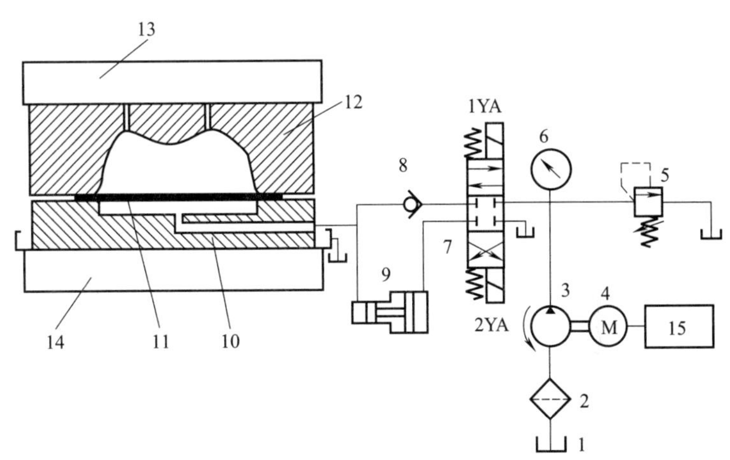

图 5-56　液压成形系统原理

1—油箱；2—过滤器；3—液压泵；4—电机；5—溢流阀；6—压力表；7—三位四通电磁换向阀；8—单向阀；9—增压缸；10—注油板；11—板料；12—凹模；13—压边梁；14—下横梁；15—变频器

系统工作原理如下。当电磁铁 1YA 通电使换向阀 7 切换至上位时，液压泵 3 的压力油经阀 7 和单向阀 8 进入注油板 10 将板料 11 压入凹模 12 而成形；在成形末期，电磁铁 2YA 通电使阀 7 切换至下位，泵 3 的压力油经阀 7 进入增压缸 9，增压后的超高压油液进入注油板 10，在超高压的作用下，板料进一步紧贴凹模而成形其小圆角。一个工作循环结束。

改造的液压机应能提供液压成形要求的合模力。液压成形过程中要求的变压边力控制，可通过给原液压机液压系统中的电机配上变频器来实现。

（2）控制系统组成及原理

板料液压成形压机中的控制系统将 PLC 与 PC 结合起来使用，以使两者优势互补，充分利用 PC 强大的人机接口功能、丰富的应用软件和低廉的价格，具有高性价比的特点。如图 5-57 所示，系统采用一台三菱 PLC（FX2N-80MT）控制一台安川变频器及液压机的各种动作。电机的转速通过编码器、PG-B2 卡反馈回变频器，变频器将实际转速与变频器内部的给定转速相比较，从而调节变频器的输出频率，使电机的实际转速跟随变频器内部的给定转速。编码器和变频器之间用屏蔽电缆相连，该电缆连接于变频器 PG-B2 卡上的 TA1 端子上，屏蔽端接在 PG-B2 卡上的 TA2 端。TA1 的 1、2 分别为给编码器供电的正负电源＋12V、0V。

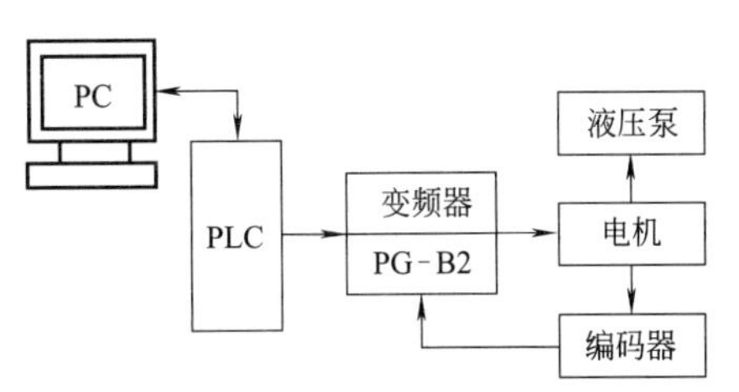

图 5-57　液压机控制系统组成框图

（3）系统特点

① 板料液压成形装备改造设计方案易于实现，运行可靠，成本较低。

② 液压成形系统采用增压缸来满足成形后期所需的高压，以降低成本。

③ 采用PLC+变频调速技术改变定量液压泵的驱动电机转速和供油流量，在满足系统工作的前提下，有利于节能。

5.5.7 轮胎里程试验电液比例负载控制系统的PLC-变频器-传感器-人机界面应用技术

（1）系统功能

轮胎里程试验控制系统用于模拟轮胎实际运行，以便提前预知轮胎的质量，适应市场发展的需要，提高企业的经济效益。该系统将以PLC和变频器为核心的电液比例控制系统用于轮胎里程试验系统中轮胎负载的控制，避免了通常液压控制系统中容易出现的问题，降低了设备维护成本，大大提高了工作效率，取得了良好的效果。

（2）电液比例控制系统

① 液压油路部分。电液比例控制系统液压原理如图5-58所示，执行元件为两个液压缸9和18，其中缸18直径较大，主要用于控制轮胎的前进和后退，缸9直径较小，其所需的压力也很低，主要用于轮胎后退之后的刹车，以防止因为轮胎在试验中发生损坏，自动后退时仍然高速旋转而可能造成的对机器和人员的伤害。缸9和缸18的运动方向分别由二位二通电磁换向阀7和三位四通电磁换向阀16控制。系统油源为轮流工作的两台液压泵4和13，以保证液压缸18处在轮胎前进状态下长时间（通常在100h以上）运行中，两台相应的电机4和13不致过热而损坏。单向阀5和14用于两泵供油路的相互隔离。系统供油压力由电液比例溢流阀15无级调控，减压阀6用于为缸9提供较低工作压力并定压，缸18的工作压力由压力传感器17检测。节流阀8和10用于缸9的进退速度的调控。

② 电气传动部分。系统的电气传动部分（图5-59）为了节能，两台电机采用一台变频器拖动，两台电机分别带动液压泵运转。变频器输出端与两台电机之间用接触器相连，由程序控制接触器线圈的通断来实现不同电机的运转选择。虽然在轮胎试验中，液压系统负载调节并不依赖液压泵的转速变化来实现，即电机工作转速是固定的，但是考虑在确定最终转速前还需进行较多的试验来测试，因此变频器参数设置采用DA输出控制模式。

（3）PLC-变频器轮胎负载控制系统

① 系统硬件。PLC-变频器轮胎负载控制系统采用FR2N-64MR型PLC，实现负载的自动调节和逻辑控制，该PLC具有64个I/O点，继电器输出，最大存储容量可达16K步，应用指令多达300个，可很好地满足各种液压控制系统的需要。此外还配置模拟量输入模块FX2N-2AD，比例放大电路板模拟量输出模块FX2N-4DA，并采用三菱FRA540系列变频器以及三菱F930人机界面。

与液压控制相关的电气控制系统硬件接线框图如图5-60所示。输入端子X1、X2用于两台电机的开、关，X3、X4用于电磁换向阀电磁铁2YA和3YA的通断。X5用于电磁换向阀16的中位控制（此时电磁铁2YA和3YA都处于断电状态），X6则用于电磁换向阀7上电磁铁1YA的通断。输出端子Y1、Y2分别用于控制两台电机接触器的通断，Y3用于控制变频器正转信号的通断，Y4、Y5和Y6分别用于连接电磁铁1YA、2YA和3YA。同时，在试验进行当中，操作人员可以随时通过F930人机界面改变输出的液压力，同时也可以通过设置PLC程序进行输出液压力的自动改变。

液压系统采用两台电机配两台液压泵及变频器的采用主要出于节能的考虑。另外，轮胎负载不仅取决于电机转速，同时也取决于电液比例溢流阀上电磁铁 4YA 的输入电流，故可以采取适当降低电机转速而增大电磁铁 4YA 输入电流的方法来达到同样的轮胎负载输出。具体的方法是，首先在人机界面 F930 中设定轮胎所需负载，通过 RS422 串口通信协议与 PLC 通信，当 F930 每改变一次设定值后，PLC 都会自动读入改变之后的最新值。FX2N-4DA 模块负责将 PLC 发出的数字信号转换成相应的模拟量信号，如 0～10V、0～20mA 或 0～40mA，具体的转换还依据程序当中对 4DA 模块的设定。因为此时 4DA 模块输出的电压或电流模拟量还很虚弱，故必须经过比例放大电路板的放大，最终将放大后的电流输入到比例电磁铁 4YA 当中，从而达到改变液压系统输出亦即轮胎实际负载的作用。FX2N-2AD 模块则负责将压力传感器输入的模拟信号转换成数字信号，写进内部相应的寄存器中，同时也将显示在人机界面 F930 当中，以便操作者查看。

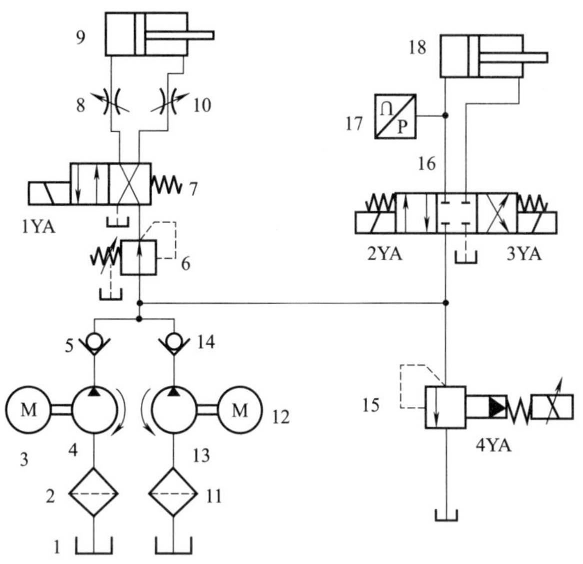

图 5-58 电液比例控制系统液压原理

1—油箱；2,11—过滤器；3,12—电机；4,13—液压泵；5,14—单向阀；6—减压阀；7—二位二通电磁换向阀；8,10—节流阀；9,18—液压缸；15—电液比例溢流阀；16—三位四通电磁换向阀；17—压力传感器

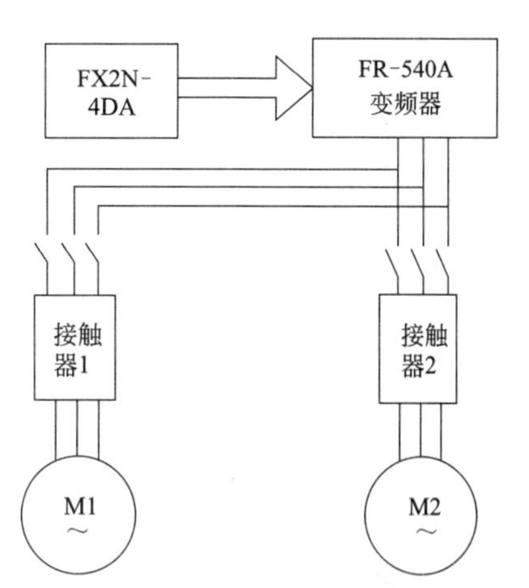

图 5-59 电液比例控制系统电气传动部分原理

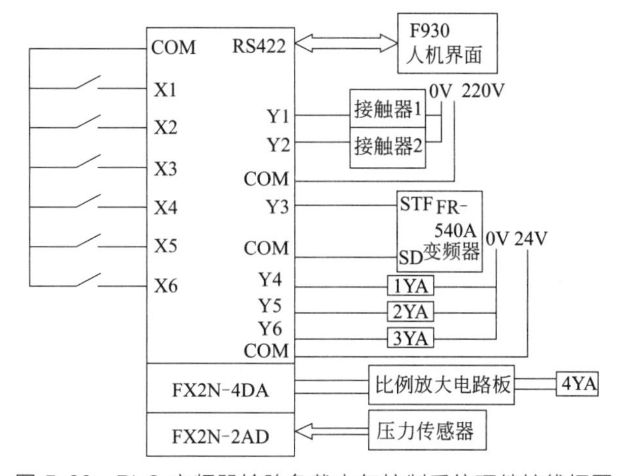

图 5-60 PLC-变频器轮胎负载电气控制系统硬件接线框图

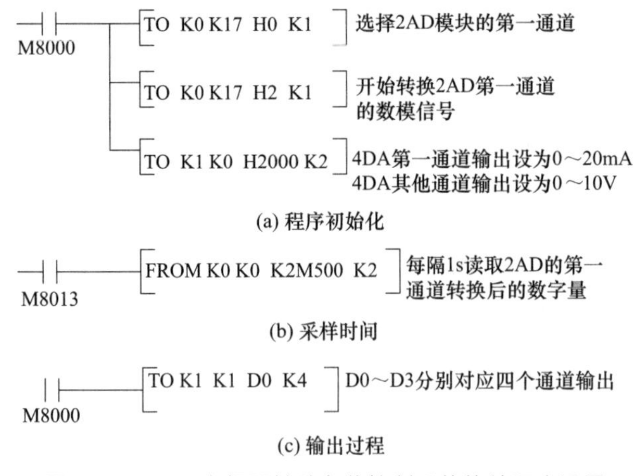

图 5-61 PLC-变频器轮胎负载控制系统软件程序设置

② 系统软件。

PLC-变频器轮胎负载控制系统软件程序设置如图 5-61 所示。

a. 初始化。程序的初始化是液压负载控制软件中最为重要的部分之一，特别是输入模块 AD 和输出模块 DA 的工作状态的设置，以及调入数据处理和计算时所需的各个参数。

b. 采样过程。采样的具体间隔时间可以根据试验情况设定。

c. 输出过程。经过计算处理以及根据具体的试验条件，所得的数据将送至 DA 模块，由它转换成标准模拟信号后，来控制输入比例电磁铁 4YA 的电流大小，用以调节实际输出的液压负载。

上述过程的具体设置如图 5-61 所示。

③ 系统工作原理。在系统正式运行之前，首先应确定液压泵电机的频率为 40Hz。在启动电机之前，应在人机界面中将 4DA 的输出设置为零，以免电机和液压泵带载启动，从而有效地延长电机及液压泵的使用寿命。

如图 5-60 所示，在可能长达数百小时的试验中，确保液压系统运行正常的关键在于两台电机切换时的相关电气元件开停顺序。具体来说，变频器正转信号的通断、两个电机接触器的通断、轮胎负载亦即液压系统压力的加载与卸载这三点需要着重考虑。

在试验当中，当其中一台电机处于启动状态时，首先应接通这台电机的接触器 Y1 或 Y2，然后接通变频器的正转信号 Y3，最后通过 4DA 输出一个电流或电流模拟量来接通 4YA，即实现液压系统的加载。当这台电机停止时，首先将 4DA 的输出设置为零，实现液压系统的卸载，然后断开变频器正转信号 Y3，最后断开连接这台电机的接触器 Y1 或 Y2。此外，为了保证系统更好地运行，还可以同时设定一定的时间用于两台电机都停止运行的中间过渡过程，在这期间可以断开电磁铁 2YA 和 3YA，使电磁换向阀 16 位于中位，亦即达到自锁状态而保持了系统的液压力不变或者降低很少。这样做的好处在于使此电磁阀在长时间试验中能够获得一定的休息时间，不致因长期通电导致线圈过热而产生故障。在 PLC 程序中，这三点的开停逻辑关系主要通过定时器来实现。

当轮胎在试验过程中发生故障时，轮胎会自动后退。根据现场调试的实际情况，在 PLC 中通过定时器设置发生故障时刻之后 5s，电磁铁 1YA 自动通电使电磁换向阀 7 切换至左位，此时刹车起作用，轮胎被紧急制动。再设置当故障时刻发生之后 10s，此时轮胎已完全停止转动，再设置电磁铁 1YA 断电使阀 7 复位，此时液压缸 9 反向运动，刹车松开。

5.5.8 80MN 锻造液压机电液比例控制系统的 PLC-传感器-人机界面应用技术

(1) 主机功能结构及液压原理

某航空锻造基地的 80MN 锻造液压机为四缸四柱式框架结构，四个液压缸分别位于滑块的四角，带动滑块沿导轨上下滑动，以产生对工件的压制力。通过 PLC 控制的电液比例控制系统驱动，将其工作速度控制在 0.008～10mm/s 以内，调平精度控制在 0.05mm/m 以下。

图 5-62 所示为电液比例控制系统液压原理。为每个液压缸供油的液压源均采用双液压泵供油回路，即功率较大的比例变量泵供油回路与功率较小的定量泵供油回路，以使液压源

合理匹配负载功率，实现控制性能的提高和节能的目的。当锻造液压机工作在中高速时，控制系统采用功率较大（135kW）的比例变量泵（P1、P3、P5、P7）供油。随着速度和负载抗力的变化，比例变量泵的输出流量也会由 PLC 进行调整。当锻造液压机工作在低速及超低速时，控制系统则会由 PLC 控制自动启动定量泵（P2、P4、P6、P8）供油。

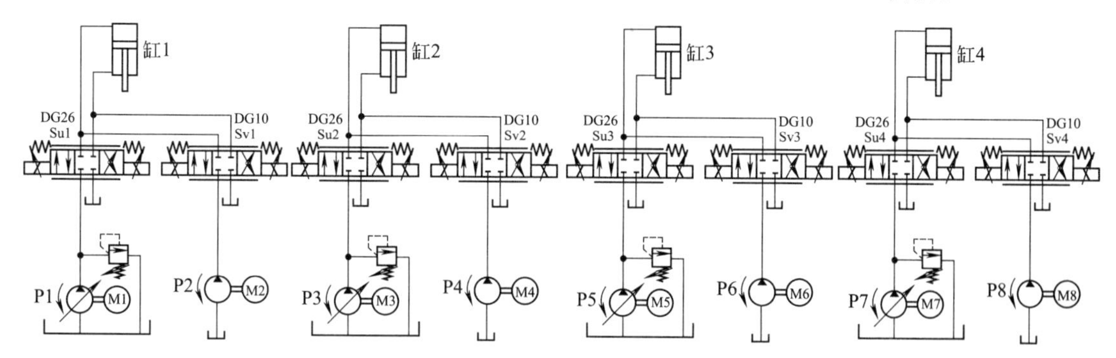

图 5-62 80MN 锻造液压机电液比例控制系统液压原理

控制系统采用高频响电液比例伺服阀 Su1～Su4 和 Sv1～Sv4 作为调节器。比例伺服阀的输入信号为 0～10V 电压信号。比例伺服阀开度从零变化到 100%仅需 25ms 的时间。当锻造液压机工作在低速及超低速时，液压缸所需流量很小。此时，若比例伺服阀的通径选得过大，其实际开度就会很小，锻造液压机会产生强烈刺耳的噪声，而且液压油的温度也会很快上升。相反比例伺服阀通径选得较小又不能满足锻造液压机高速工作时大流量的要求。同时，为了匹配双泵供油回路，控制系统设置了两套比例阀控制系统：大阀（通径 25mm）系统和小阀（通径 10mm）系统。

当锻造液压机工作时，驱动电机（M1、M3、M5、M7）分别带动变量泵（P1、P3、P5、P7）将高压油液从主油箱抽取送入油路；液压油经过比例伺服阀进入液压缸（缸 1、缸 2、缸 3、缸 4）的无杆腔，驱动活塞杆及滑块下行进行压制。滑块速度和调平控制则通过不断地调节油路中比例伺服阀的开度，改变进入液压缸上腔的液压油的流量来实现。

（2） PLC 控制系统

① 系统组态。该控制系统下位机采用西门子 S7-400 PLC 与 Trio（翠欧）控制器相结合的方案。Trio 控制器的任务为速度控制与滑块平度控制，PLC 负责完成其他电气操作。下位机系统组态如图 5-63 所示，硬件配置有西门子 PLC 和 Trio 控制器，PLC 包括电源模块 PS407 10A，CPU412 模块，24V 32 点数字量输入模块 SM321，24V 32 点数字量输出模块 SM322，以太网模块 CP443-5，接口模块 IM153-2；Trio 控制器包括 MC464 P860，SSI 接口子板 P874，Profibus-DP 现场总线，四个磁致伸缩位移传感器。软件系统由运行于上位机的 Windows XP、Wincc 6.0 组态软件及运行于编程机 Motion Perfect 2.0 编程软件组成。

② PLC 电气控制。

a. 液压泵和电液控制阀的控制。如前所述，液压控制系统各缸为双泵供油回路，其中之一是变量泵供油，因此 PLC 要控制液压泵的启停、比例变量泵流量的调整和供油回路的切换。液压泵由交流电机拖动，液压泵的启停由 PLC 进行逻辑控制。变量泵的设定流量在系统运行过程中受 PLC 的控制。变量泵的设定流量只需根据经验在不同速度段粗略设置即可。当滑块运行在低速时，PLC 根据当前的速度信号和比例伺服阀的开度信息，启动定量泵，停止变量泵，将供油回路切换到定量泵供油状态。同时，PLC 会通过 Profibus 总线向 Trio 控制器发出比例伺服阀的切换使能信号，由 Trio 控制器完成比例伺服阀的切换。

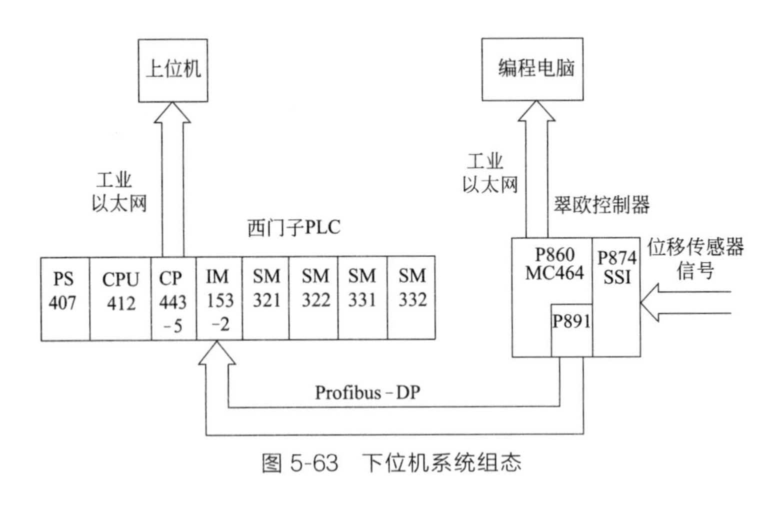

图 5-63 下位机系统组态

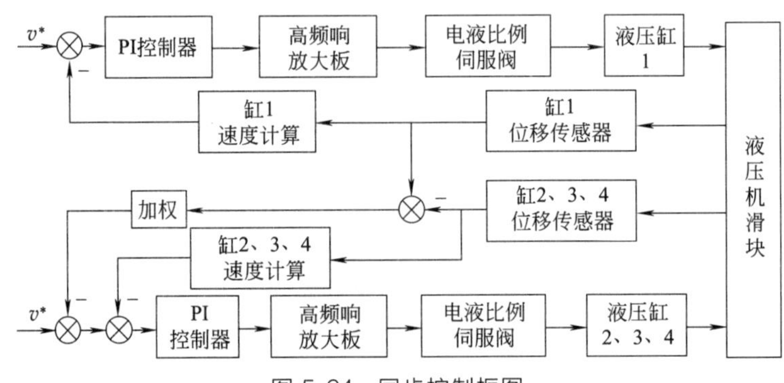

图 5-64 同步控制框图

b. 工作台的控制。工作台是放置被压制工件的平台。为了方便快捷地更换工件和模具，工作台必须能够自由地移入移出；而且在压制过程中不能出现偏移和晃动，能够承受高压。工作台回路有独立的液压供油回路，为工作台移动缸、工作台锁紧缸、工作台顶起缸、工作台定位缸、上顶出缸和下顶出缸供油。所有缸的动作均由 PLC 进行数字量控制。

c. 液压油液冷却与加热系统。在锻造液压机工作过程中，液压油的温度一般需控制在某一范围内，以免油温过高或过低影响系统正常工作和使用寿命，所以锻造液压机设有冷却与加热系统。80MN 锻造液压机配有冷却水回路。PLC 控制冷却泵的启停，来打开或关闭冷却系统。由于系统所使用的液压油黏度较高，加热系统采用电加热器对油箱直接加热的方式，加热器的启闭也由 PLC 通过数字量模块控制。

d. 油脂润滑系统。锻造液压机的工作主要是靠滑块在导轨上的上下滑动完成。为了延长导轨的寿命，80MN 锻造液压机设有独立的油脂润滑回路，通过分配器将油脂均匀地分配到四条导轨的导板上。润滑回路受 PLC 控制，通过数字量输出模块控制润滑回路的启闭。

e. 安全系统。为了保障生产过程的安全，该锻造液压机在多点安装有压力传感器监测压力，如液压泵出口压力、比例伺服阀前压力及液压缸上、下腔压力等；工作台移入移出时具有声光报警信号；主油箱中装有热电偶监测油温等。

③ Trio 控制器的算法。由于锻造液压机液压系统未设有四缸同步回路，为了对机器制造、工作过程及工件等原因导致的同步误差进行控制，该锻造液压机在滑块速度控制过程中针对同步偏差通过电液比例伺服阀补偿实现。如图 5-64 所示，控制效果相当于两个闭环：速度闭环和位置闭环。PID 控制器相当于采用两个偏差信号计算出最终的控制量作用到电液

比例伺服阀上，图 5-64 中 v^* 为设定速度，同步偏差的补偿有效地解决了多缸驱动同一执行机构的同步问题。

（3）上位机监控系统

上位机监控画面如图 5-65 所示，该画面包括变量泵和定量泵的监控、四缸上腔和下腔压力及位移的显示、电液比例阀的输出显示，在设置画面中有滑块工作参数及锻造工艺参数的设置，在运行画面包括主油箱油温和液位监测、工作台限位监测、各点压力检测、声光报警、加热冷却设备的启闭监测，在趋势图画面中包括四缸位移、速度、调平偏差实时曲线与历史曲线。

（4）技术性能特点

该 80MN 锻造液压机液压部分采用四缸同步驱动滑块，采用大、小泵（电液比例变量泵+定量泵）的双泵供油油源，高频响电液比例伺服阀作为液压缸运动的调节器；电控部分采用了上位机监控和下位机控制方案，下位机通过西门子 S7-400 PLC 与 Trio 控制器相结合方案，PLC 实现液压泵的控制、电液比例伺服阀的切换、工作台控制、温控系统控制、润滑系统控制及安全监测，Trio 控制器完成速度控制与平度控制的任务。控制效果良好，达到了预期效果。

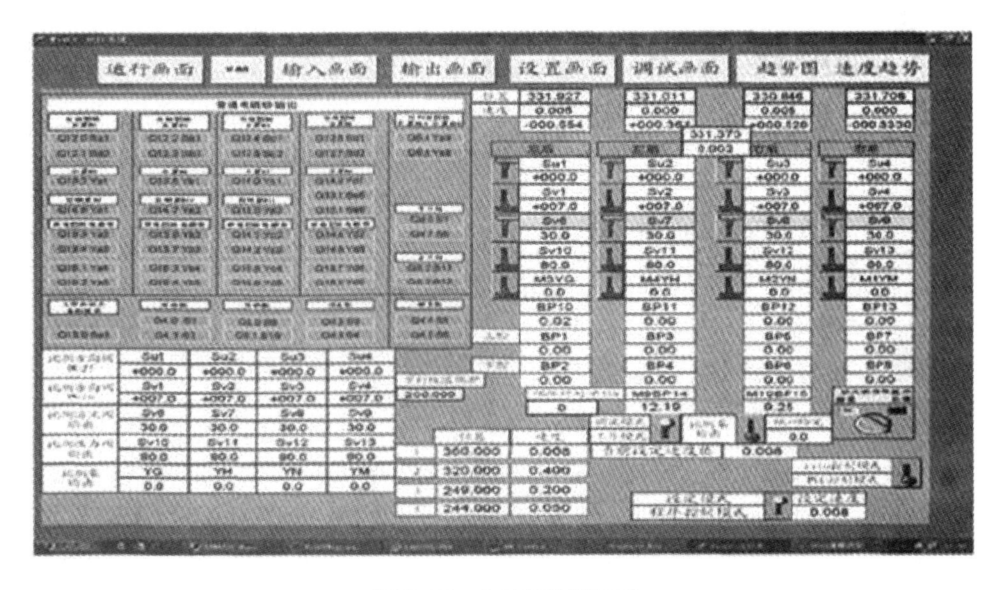

图 5-65　上位机监控画面

5.5.9　电液位置伺服系统的 PLC-传感器应用技术

（1）闭环控制原理

这是一个电液位置闭环伺服试验系统，拟通过试验验证和比较系统在不同采样周期下的动态性能，分析和得出可以保证该系统动态稳定的采样周期范围。系统以 PLC 为控制核心，液压伺服阀控缸，实现液压缸活塞杆的定位移动，当活塞杆移动至 PLC 测定位移时即动态静止，当 PLC 给定回位信号时，液压缸实现快速回位。如图 5-66 所示，系统以 S7-200 PLC 为控制核心，其基本原理为，传感器将系统中液压缸的位置量 $s(t)$ 反馈到 PLC 中，反馈量 $f(t)$ 与 PLC 内的预设定位置 $r(t)$ 进行比较，比较后的误差信号 $e(t)$ 经功率放大器放大为 $u(t)$，进而驱动伺服阀工作。

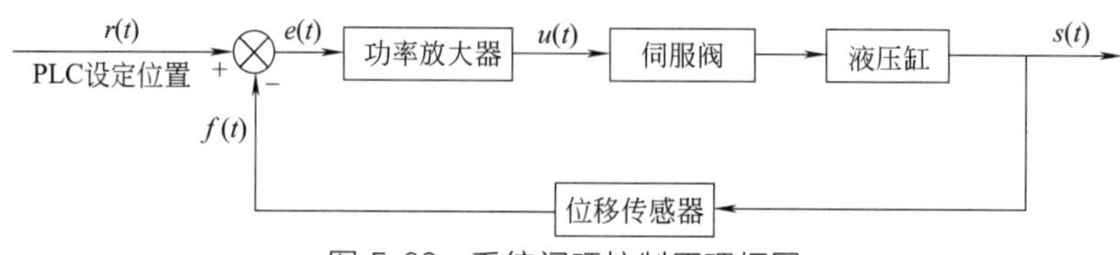

图 5-66 系统闭环控制原理框图

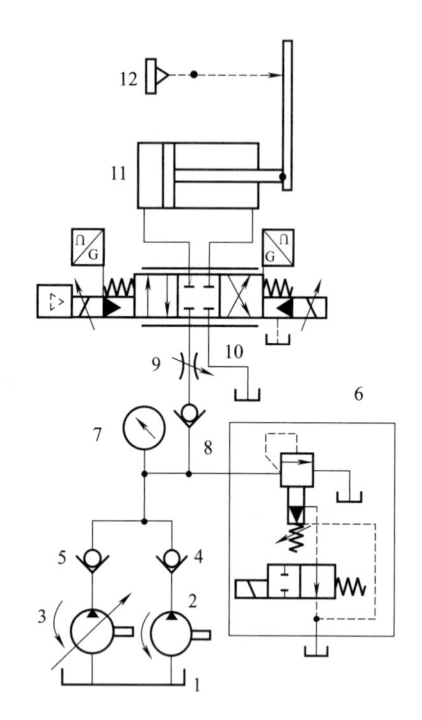

图 5-67 电液位置伺服系统液压原理

1—油箱；2—定量泵；3—变量泵；4,5,8—单向阀；6—电磁溢流阀；7—压力表；9—节流阀；10—电液伺服阀；11—液压缸；12—激光传感器

（2）液压原理

电液位置伺服系统液压原理如图 5-67 所示，油源为定量泵 2 和变量泵 3，其供油压力及卸荷由电磁溢流阀 6 控制，系统压力通过压力表 7 显示，单向阀 4、5、8 用于防止压力油倒灌对液压泵的冲击，节流阀 9 用于调节系统流量，电液伺服阀（FF-102-30）10 用于控制液压缸 11 的运动，缸的位移由激光传感器 12 检测反馈。除伺服阀外系统中的液压阀一律采用 Compass 公司的产品。

（3） PLC 控制系统

① 硬件配置。

a. CPU 及其扩展模块。液压控制系统控制和调节 PID 运算由 PLC 完成。本系统采用了 S7-200 系列型号为 CPU222 的双串口 PLC，模拟量输入输出模块选择 EM235 特殊功能模块，并通过 S7-200 PC Access 完成数据的采集工作。主要原因是 S7-200 系列中的 CPU222 有 32 位浮点运算指令和内置 PID 调节运算指令及高速计数等特殊功能，非常适合电液位置伺服系统。而且 S7-200 提供了 PID 运算指令，在使用时只需在 PLC 的内存中填写一张 PID 控制参数表，再执行命令 PID Table，Loop 即可完成 PID 运算。

b. I/O 端口地址分配及接线。电液位置伺服系统的 I/O 点数不多，输入包括启动（SB1）、快退（SB2）、溢流阀开（SB3）、溢流阀关（SB4）、传感器模拟量输入（SE）。输出包括溢流阀驱动电压（DT1）、功率放大器输入（PA）。其 I/O 端口地址分配如表 5-7 所示。PLC 系统 I/O 端口接线如图 5-68 所示。

② 程序编制。本系统采用梯形图编程，编程软件采用 STEP-Micro/WIN V4.0 SP3，以方便与 S7-200 PC Access 共享通信路径。根据系统要求，结合 PID 控制，PLC 闭环程序框图如图 5-69 所示。

③ 数据采集。本系统采用 S7-200 PC Access 软件结合其他数据库软件来实现数据采集，即通过 Excel 调用 S7-200 PC Access 宏，通过 VB 宏向 Excel 中填写 PLC 中的实时实据。

（4）系统性能特点

PLC 控制的电液位置伺服系统，在一定范围内，适当地加大采样周期可以提高系统的响应速度，但付出的代价是系统的超调量增大（图 5-70）。在确定系统采样周期时，可以根据系统的要求，通过试验和分析，得到最合适的采样周期。

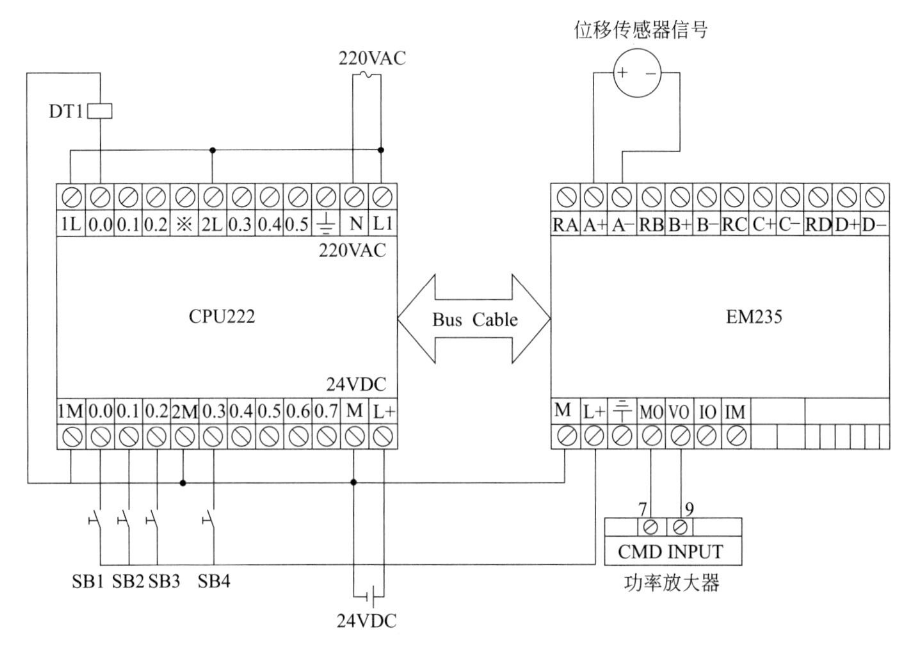

图 5-68 PLC 系统 I/O 端口接线

表 5-7 I/O 端口地址分配

项目	功能	器件代号	端口地址代号
输入信号	启动	SB1	I0.0
	快退	SB2	I0.1
	溢流阀开	SB3	I0.2
	溢流阀关	SB4	I0.3
	传感器模拟量输入	SE	AIW0
输出信号	溢流阀驱动电压	DT1	Q0.0
	功率放大器输入	PA	AQW4

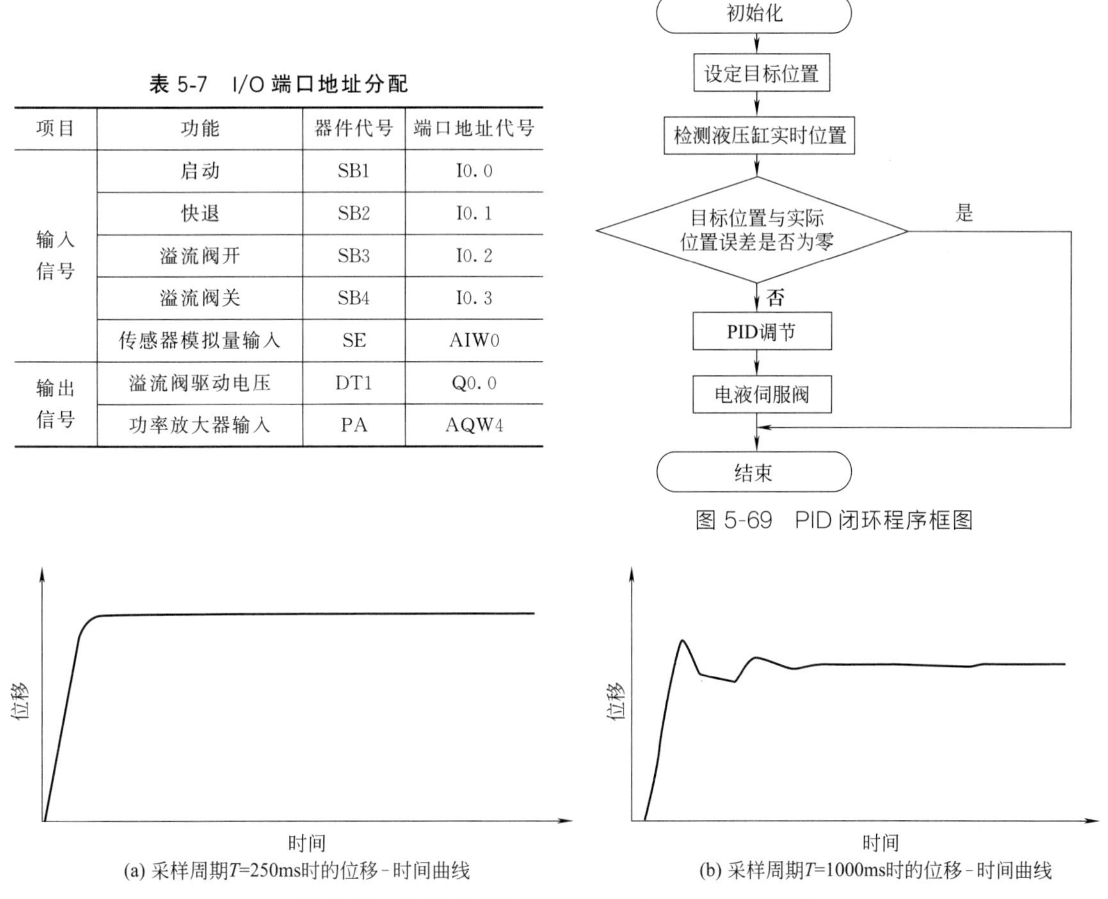

图 5-69 PID 闭环程序框图

(a) 采样周期T=250ms时的位移-时间曲线

(b) 采样周期T=1000ms时的位移-时间曲线

图 5-70 采样周期对系统响应速度及超调量的影响

5.5.10 大型构件压力试验机电液伺服力控制系统的PLC-传感器应用技术

（1）主机功能及要求

大型构件压力试验机广泛应用于各种材料试验及建筑构件耐火试验设备中，工作中要对其达15000 kN的超大工作力进行控制，其控制难度在于控制精度和稳定性有较高要求，一旦出现偏差，极易造成重大事故。为此，采用了电液比例溢流阀和带力反馈控制的流量比例伺服阀的电液伺服力控制系统，并以S7-200 PLC为控制核心。

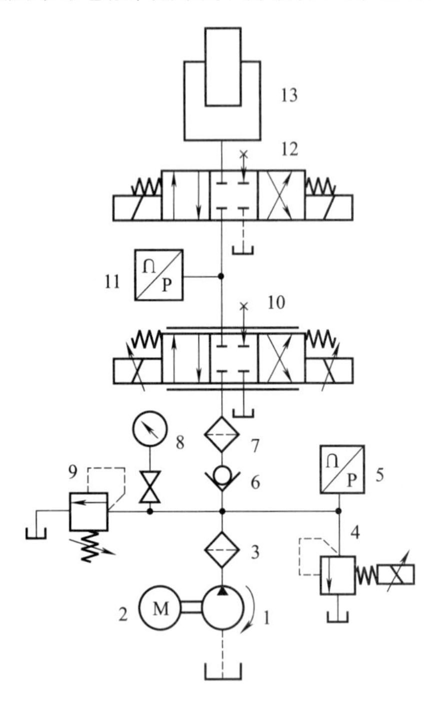

图5-71 电液伺服控制系统液压原理

1—定量泵；2—电机；3,7—过滤器；4—电液比例溢流阀；5,11—压力传感器；6—单向阀；8—压力表；9—溢流阀；10—电液比例伺服阀；12—三位四通电磁换向阀；13—柱塞缸

（2）液压原理

电液伺服控制系统液压原理如图5-71所示。系统的油源为单向定量泵1，其工作压力由电液比例溢流阀4控制，最高工作压力由普通溢流阀9设定。系统压力可通过压力表8显示。系统压力和工作压力分别通过压力传感器5和11检测。系统的执行元件为单作用柱塞缸13，其快速卸压下降运动由三位四通电磁换向阀12控制。单向阀6用于防止液压油倒灌冲击以保护液压泵。过滤器3和7用于油液净化过滤，以防油液污染影响伺服阀工作。

为保证系统的控制精度与稳定性要求，系统由以下两个闭环控制回路组成。

① 泵源控制，保证系统压力的稳定。系统工作时，首先由比例溢流阀4控制泵恒压向系统供油。当系统压力较低时，比例溢流阀根据压力反馈信号调节系统压力，此时比例溢流阀主控。

② 系统工作力控制回路。比例伺服阀10主控，工作压力由压力传感器11检测，实现对试验力的精确控制。此时比例溢流阀的作用是保持系统的工作压力稳定。当工作过程中遇到试件被压断或异常情况，换向阀12快速卸荷，保证系统不受损害。

（3）力控制系统PLC

系统控制和调节PID运算由PLC完成。PLC采用S7-200系列中的CPU224。CPU224/226具有32位浮点运算指令和内置PID调节运算指令及高速计数等特殊功能，非常适合电液伺服力控制系统使用。在使用时只需在PLC的内存中填写一张PID控制参数表，再执行命令PID Table，Loop即可完成PID运算。本系统选用S7-200系列型号为CPU224XP的双串口PLC，模拟量输入和输出模块分别选择了EM231和EM232，可通过计算机和TD文本显示器进行控制操作。

① I/O端口地址分配及硬件接线。本系统的输入器件（信号）有启动按钮、停止按钮、系统压力传感器、负载力传感器、试验力设定、油箱温度传感器、控制电源状态等。输出器件（信号）包括比例溢流阀、比例伺服阀、电磁换向阀、冷却电磁阀、电机控制继电器、运行指示灯、油箱加热、报警蜂鸣器等。其I/O端口地址分配如表5-8所列。根据系统控制要求，其I/O接线如图5-72所示。

表 5-8 I/O 端口地址分配

输入器件(信号)			输出器件(信号)		
功能	代号	端口地址代号	功能	代号	端口地址代号
启动按钮	SB1	I0.0	油箱加热	KA2	Q0.0
停止按钮	SB2	I0.1	电磁换向阀线圈 1	YV1	Q0.1
电源状态	KA1	I0.2	电磁换向阀线圈 2	YV2	Q0.2
2000kV 按钮	AN1	I0.3	冷却电磁阀线圈	YV3	Q0.3
5000kV 按钮	AN2	I0.4	电机控制继电器	KA3	Q0.4
8000kV 按钮	AN3	I0.5	运行指示灯	HL1	Q0.5
10000kV 按钮	AN4	I0.6	报警蜂鸣器	HA	Q0.6
11000kV 按钮	AN5	I0.7			
12000kV 按钮	AN6	I1.0			
13000kV 按钮	AN7	I1.1			
14000kV 按钮	AN8	I1.2			
15000kV 按钮	AN9	I1.3			

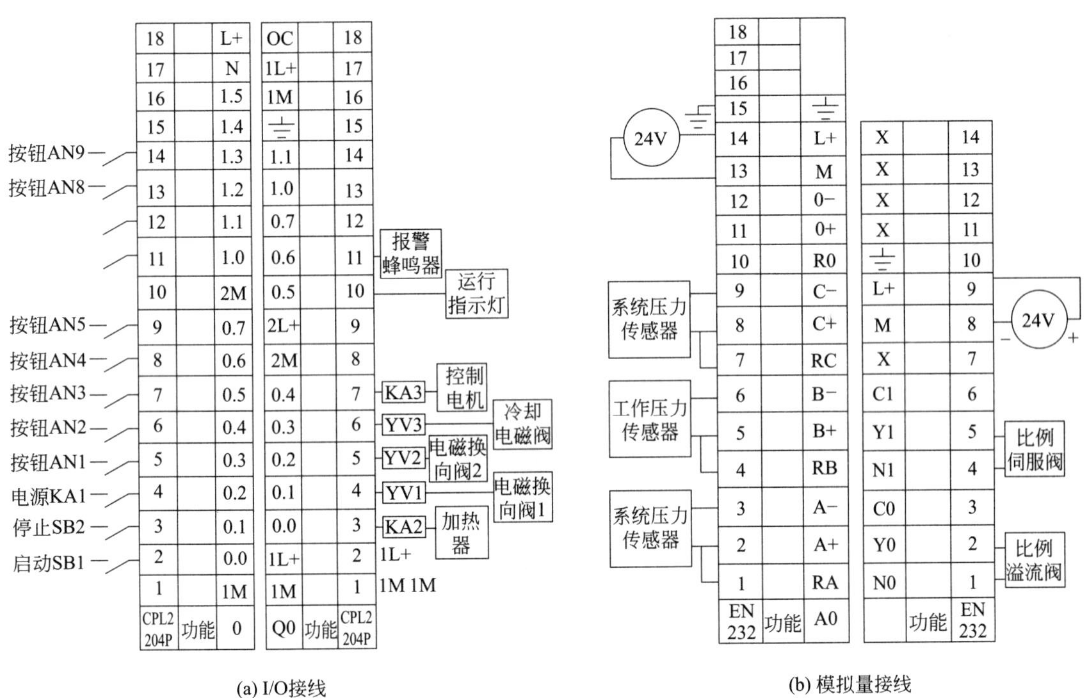

(a) I/O接线　　(b) 模拟量接线

图 5-72 PLC 硬件接线

② 软件程序。系统 PID 包含了 9 个用来控制和监视 PID 运算的参数，在 PID 指令使用时构成回路表。

PLC 程序可以采用梯形图、语句表、程序块等形式编制。程序在软件 STEP7-Micro-Win32 中编制调试，通过 PC/PPI 电缆传输到 PLC 中，程序框图如图 5-73 所示。实际工作中可通过计算机显示器进行人机交互操作，也可以通过 TD200 文本显示器进行操作。

(4) 系统性能特点

试验表明，该 PLC 控制系统能实现对系统压力及试验力的恒定控制；可采用 PLC 和工控机相结合的上、下位机方式，具有较高的可靠性和远程操作性，使用、调试、维护方便。

5.5.11 500kN恒力压力机电液伺服控制系统的PLC-传感器-触摸屏应用技术

(1) 主机功能要求

恒力压力机是为某特殊产品开发的具有试验机性能的全液压传动专用设备，最大加载力为500kN，有以下要求：具有普通压力机操作方便、可靠的性能，同时具备试验机的性能；加载力、位移及其速率可控、可测，既可保持加载力、位移恒定（恒值方式），也可保持加载力、位移的速率恒定（恒速率方式）。加载力精度要达到1级压力试验机水平。因此采用了电液伺服控制系统及PLC-传感器-触摸屏技术。

(2) 液压原理

该机电液伺服控制系统液压原理如图5-74所示。系统的执行元件为ϕ160mm柱塞式液压缸17，其液压源为高、低压双泵2，大泵用于缸17快速上升时的供油（此时小泵卸载），小泵用于缸17在恒值或恒速率调节阶段供油（此时大泵卸载），大、小泵最高工作压力的设定及卸载分别由电磁溢流阀3和7完成，供油压力由压力表8显示。单向阀4和6用于压力油的倒灌止回，以防损坏大、小泵。液控单向阀10用于提供缸17快速自重回程的回油通道，其液控油路由三位四通电磁换向阀9控制。电液比例伺服阀（额定流量5L/min）用于液压缸调节阶段的加载，其根据偏差控制进入缸17的流量，实现恒值或恒速率输出。带压力开关的过滤器5用于比例伺服阀前的液压油净化，以防油液污染影响比例伺服阀的工作可

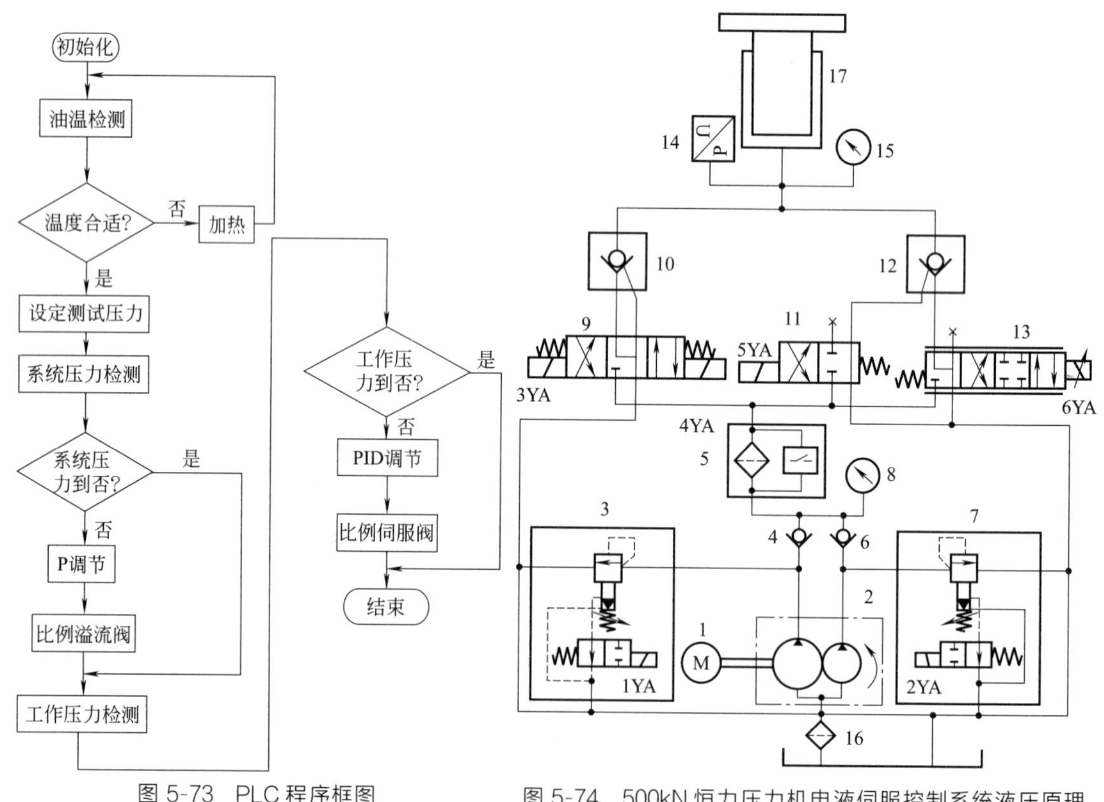

图5-73 PLC程序框图

图5-74 500kN恒力压力机电液伺服控制系统液压原理

1—电机；2—液压源（高、低压双泵）；3,7—电磁溢流阀；4,6—单向阀；5—管路过滤器；8,15—压力表；9—三位四通电磁换向阀；10,12—液控单向阀；11—二位四通电磁换向阀；13—电液比例伺服阀；14—压力传感器；16—过滤器；17—柱塞式液压缸

靠性。阀 13 出口设置的液控单向阀 12 用于恒值精度要求不高的工作场合的保压，其液控油路由二位四通电磁换向阀 11 控制。缸 17 的工作压力的检测和显示分别由压力传感器 14 和压力表 15 完成。

系统工作时，在调节阶段，由比例伺服阀 13 控制加载；回程时电磁铁 3YA 通电使换向阀 9 切换至左位，反向导通液控单向阀 10，缸 17 靠自重快速下行。在恒值精度不高的工作场合利用液控单向阀保压时，比例伺服阀停止工作，液压泵卸载，以节约能源。为了使阀 12 保压到阀 13 调节过程中平稳切换，电磁铁 2YA 先通电使电磁溢流阀 7 中的二位二通电磁换向阀切换至左位系统升压，之后电磁铁 5YA 再通电使二位四通电磁换向阀 11 切换至左位。在调节过程中，换向阀 11 应始终通电。此外，需要注意的是电磁溢流阀 3、7 的卸荷压力一定要低，以防止电机启动后换向阀 9、比例伺服阀 13 的泄漏造成缸 17 自动上行。

（3） PLC 控制原理

PLC 控制系统（图 5-75）由参数设定和显示（触摸屏）、控制器（PLC）、信号调理及动力环节（阀控缸）四部分组成。控制程序包括过程参数记录显示、标定、中断倍频、反馈调节和零点调整等几部分，其中最重要的反馈调节采用自编的全浮点运算、变参数的 PID 程序，解决了内置 PID 指令输入范围受限，不能实时控制的问题。

信号调理环节含光栅尺的位移检测反馈和压力调理转换模块两部分。光栅尺（位移传感器）将压力机下压盘（活动横梁）的位移转换为 AB 两相脉冲，PID 采用中断方式接收脉冲，实现计数功能，再经软件四倍频，从而提高位移测量精度和分辨率。调理转换模块是提高加载力测量和控制精度的关键。系统采用了高精度、高分辨率的压力传感器和调理转换模块。压力传感器的满量程精度为±0.1%，调理转换模块将压力传感器的应变信号放大，经 24 位 A/D 转换器转换为数字量，编码成浮点数，通过其 ModBus 串行总线输出，最后 PLC 以通信的方式采集压力信号，压力值经过标定后转换为力值。从图 5-75 可以看到，与位移控制不同，力的控制是半闭环的，是通过控制液压缸压力间接控制的，但经过 0.3 级标准测力仪标定后，力的测量和控制完全能到达 1 级试验机示值误差±1%的要求。

图 5-76 所示为一条先恒速率再恒值的位移控制试验曲线。在恒速率开始阶段几秒内，由于速率振荡，其值略高，使整个位移曲线左移，但稳定后的速率误差很小，只有 0.02mm/s。达到恒值段时有超调和回调误差，超调峰值为 0.5mm，170s 后稳定，其误差为 0.03mm。考虑到执行元件是单作用缸，下行靠重力和被压物料弹性，这样的控制效果较好，也达到了设计要求。加载力的控制曲线与位移控制相似，只不过是可以分多个恒速率、恒值段。力控制效果优于位移控制，例如 1kN/s 的恒速率加载，其误差为 0.03kN/s，170kN 的恒加载力误差为 0.12kN，并且在恒速率、恒值转换过程中没有超调，就控制而言其误差可以忽略，但由于是半闭环，力的实际误差取决于标定结果。

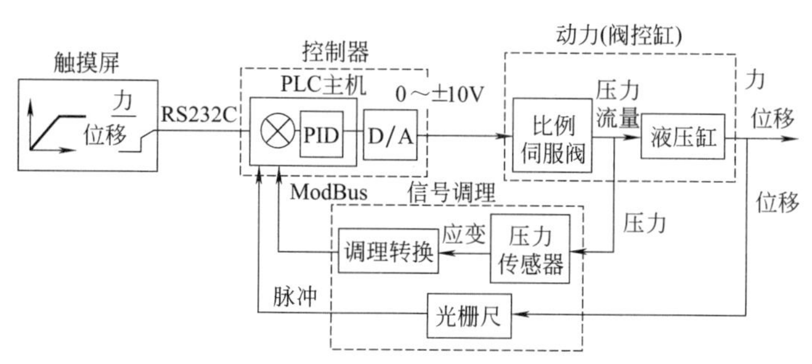

图 5-75　500kN 恒力压力机电液伺服系统 PLC 控制原理

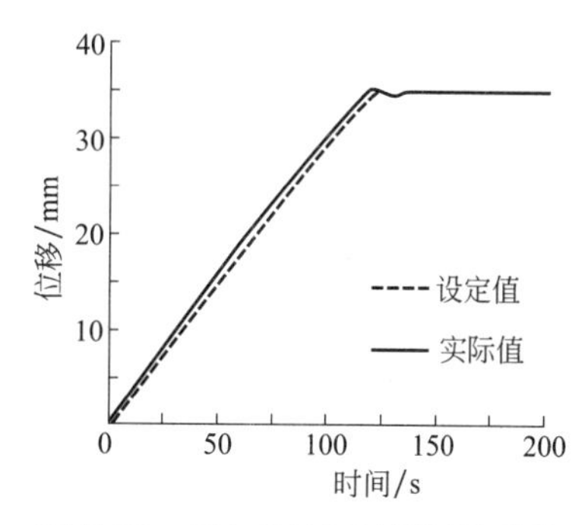

图 5-76　压力机位移控制试验曲线

（4）性能特点

① 该压力机采用单作用柱塞缸及高、低压双泵供油，以满足快、慢速对流量的不同需求，具有节能作用。

② 在工作空间调整上，本压力机上横梁即为上压盘，液压缸全行程，利用大泵实现液压缸快速上行定位，与试验机通过电机、减速器、丝杆等一套机械装置来实现上压盘定位方式相比，大大简化了机械结构。

③ 采用比例伺服阀和高性能调理转换模块是恒力压力机开发成功的关键因素。利用比例伺服阀实现了慢速调节中加载力、位移或其速率的恒定，可靠性高，维护简易；控制系统以工业控制常用小型控制器 PLC 和触摸屏为控制核心，自编的 PID 程序充分发挥了比例伺服阀和 PID 的性能，其可靠性高于工控机或嵌入式控制器，且界面友好、操作方便，以通信方式实现压力采集也较好地解决了 PLC 的 A/D 模块性能低的问题。

5.6 智能电液控制阀

5.6.1 智能电液控制阀简介

（1）智能液压元件的背景

液压技术的发展与人类社会工业的发展是一脉相承的，具有同步性，如表 5-9 所列。液压技术的发展阶段与工业革命的发展阶段具有一致性，在内容上也有行业具体的特殊性，此特殊性与液压介质的变迁（水→油→水）有关。由表 5-9 可看出以下几点。

表 5-9 工业革命与液压行业的关系

工业革命的发展				液压技术的发展			
工业时代	年代	核心创新技术	工业生产效果	液压时代	年代	核心创新技术	行业效果
工业 1.0 机械化	18 世纪末	蒸汽机	机械化	液压 1.0 低压水液压	1795 年	水压机及其低压元件	液压应用主机
工业 2.0 电气自动化	20 世纪初	电力	电气化形成的自动化	液压 2.0 油液压	20 世纪初	油介质元件	现代液压元件
工业 3.0 信息自动化	20 世纪 70 年代	电子与 IT	机电一体化与信息化形成的自动化	液压 3.0 机电一体化	20 世纪 70 年代后	电液一体化比例控制元件与数字元件	电液比例控制元件、高速开关等数字元件
工业 4.0 智能自动化	2011 年	物联网(信息物理系统)	由移动物联网、云计算与大数据形成的智能化生产与工厂	液压 4.0 网控液压＋高压水液压	2000 年	总线控制元件系统，高压水压元件	智能液气元件生产、智能液压件工厂、智能液气元件

① 液压技术的发展阶段完全与工业革命各阶段同步，证明了行业的发展离不开整个工业的发展趋势。

② 从工业革命的发展规律可以分析出，工业革命是人类发现有关介质载体并加以利用，从而使生产力产生质的飞跃。“液压 2.0” 是油液压时代，就技术而言已经成熟。

③ “液压 3.0” 是液压与信息自动化相联系的产品与技术手段发展的时代，是电液一体化的时代。这一时代的典型产品是比例阀、电子泵、电液泵、数字阀和数字缸等。

④ “液压 4.0” 的时代正在到来。对于液压行业而言，“液压 4.0” 包括三大部分：液压智能生产，液压智能工厂，液压智能产品与液压智能服务。总之，“液压 4.0” 的时代就是液压智能化时代。此外，水液压的时代会伴随 “工业 4.0” 时代来临，但是从人们今天掌握

的技术与成本因素而言，还难以判断水液压与油液压相比会发展到何种程度。

（2）智能液压元件的功能、构成及特点

智能液压元件需要具备三种基本功能：液压元件主体功能，液压元件性能的控制功能，对液压元件性能服务的总线及其通信功能。

实际上，智能液压元件一般是在传统液压阀（元件）的基础上，将传感器、检测与控制电路、保护电路及故障自诊断电路集成为一体并具有功率输出的器件。它可替代人工的干预来完成元件的性能调节、控制与故障处理。其中保护功能可能包括压力、流量、电压、电流、温度、位置等性能参数，甚至包括瞬态性能的监督与保护，从而提高系统的稳定性与可靠性。

就结构而言，智能液压阀（元件）具有体积小、重量轻、性能好、抗干扰能力强、使用寿命长等显著优点。在智能电控模块上，往往采用微电子技术和先进的制造工艺，将它们尽可能采用嵌入式组装成一体，再与液压元件主体连接。

① 智能液压元件的主体。在原理上，智能液压元件与传统液压元件的主体可完全相同，在结构上也可基本相同。所不同的是作为智能液压元件往往要将微处理器嵌入到液压阀中，故结构需有所变化。同时，现也在发展更适合发挥液压元件智能作用的新结构，元件的功能与外形甚至都会有所改变。

例如 Sauer-Danfoss 公司的 PVG 比例多路阀，这是于 20 世纪开发、在市场有一定占有率的有代表性的智能液压元件。如图 5-77 所示，在此阀中，其先导阀采用电液控制模块（PVE），将微处理器、传感器和驱动器集成为一个独立单元，然后直接和比例阀阀体相连。PVE 包含四个高速开关数字阀（二位二通先导电磁数字阀），组成液压桥路（实现传统的三位四通电磁阀的功能），控制主阀芯两控制腔的压力。通过检测主阀芯的位移，产生反馈信号，与输入信号进行比较，调节四个高速开关数字阀信号的占空比。主阀芯到达所需位置，调制停止，阀芯位置被锁定。PVE 控制先导压力为 1.35MPa，额定开启时间为 150ms，关闭时间为 90ms，流量为 5L/min。由此可见，智能液压元件必须是机电一体化为基体的元件，即智能液压元件一定具有电动或电子器件在内，同时还具备嵌入式微处理器在内的电控板或电控器件，以及在元件主体内部的传感器。任何一个元件就是一个完整的具有闭环自主调整分散控制的电液控制系统。

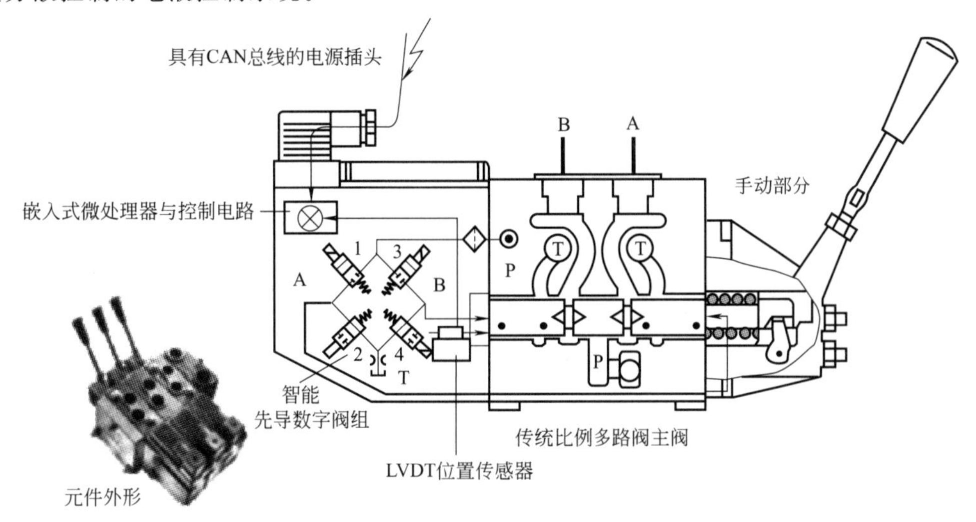

图 5-77 Sauer-Danfoss 公司 PVG 智能元件的组成与智能先导数字阀组

1～4—高速开关数字阀

② 智能液压元件的控制功能与特点。在一般液压比例元件的基础上，有电控驱动放大器配套，归属于电液控制元件。这种元件的比例控制驱动放大器是外置的，这就是液压 3.0 时代的产品。将控制驱动放大器与一个带有嵌入式微处理器的控制板组合并嵌入液压主元件体内形成一个整体（图 5-78），这样此元件就具有分散控制的智能性，并带来诸多好处：减少外接线，无需维护，降低安装与维护成本，简化施工设计，免除电磁兼容问题，可以故障自诊断自监测，可以进行控制性能参数的选择与调整，能源可管理可节能（仅在需要时提供），可以快速插接并通过软件轻易获得有关信号值，可以通过软件轻易地设置元件或系统参数等。这样一来，此智能元件就将传统的集中式控制方式，转变为分散式控制系统，不仅实现了智能控制功能，且系统设置也是柔性的，通信连接采用标准的广泛应用的 CAN 总线协议，外接线减到最少，系统是可编程的可故障诊断的。这种演变实际上从 20 世纪 80 年代就开始了，现已经在液压元件上采用了较长时间，结构、外形、质量、性能等各方面都较为成熟。“工业 4.0”的明确提出将会极大地促进此类智能产品的市场应用。

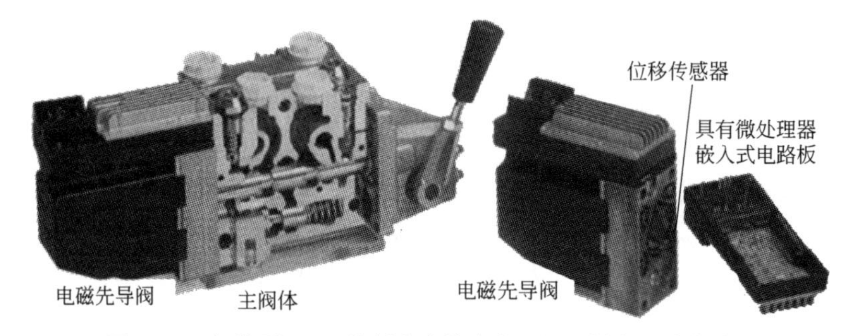

图 5-78 智能型 PVG 比例多路数字先导阀及其嵌入式电路板

智能液压元件在控制与调节功能上与传统的液电一体化产品相比有相同的地方，如流量调节、斜坡发生调节、速度控制、闭环速度控制、闭环位置控制与死区调节等，但性能参数会有提高，这包括控制精度、CAN 总线的采用、故障监控与报警等。例如上述 PVG 阀比例控制的滞环可以降低到 0.2%（一般为 3%～5%）。在故障监控上，具有输入信号监控、传感器监控、闭环监控、内部时钟。

③ 为液压元件性能服务的总线及其通信功能。智能比例液压元件分散控制的智能性表现在它不仅可以有驱动电流以及电信号的输入，也可有信息输出。由于在此元件增加了需要的传感器，故此时液压元件具有自检测与自控制、自保护及故障自诊断功能，并具有功率输出的器件。这里的传感器有一些是根据液压元件的特点与特性开发出来的，体积小，适合液压元件应用，如溅射薄膜压力传感器就是其中的一种。

液压元件智能控制系统采用 CAN 总线的优点非常明显，如减少了接线，降低了成本，传输速度高，可以多主实时，信息有优先级区分，故障与其节点可自检，无电磁兼容问题以及安全可靠。该总线自 1986 年由 Bosch 公司开发又经 ISO 标准化，已是汽车网络的标准协议，是一种有效支持分布式控制或实时控制的串行通信网络，其高性能与可靠性使之被包括工程机械很多液压控制系统与液压元件在内的领域广泛采用。

图 5-79 所示为汽车控制的 CAN 接线，作为液压智能元件的功能配置与其相近。液压元件通常体积小，不存在总线长度与通信速度的问题，对于车辆与工程机械而言比较合适，这一点是工业控制需要考虑的。

CAN 总线实质上是一种局域网，其通信距离有限制。要将 CAN 总线与以太网连接就达到了移动远程控制或通信的目的（图 5-80）。智能液压元件可以与以太网联系起来，具备

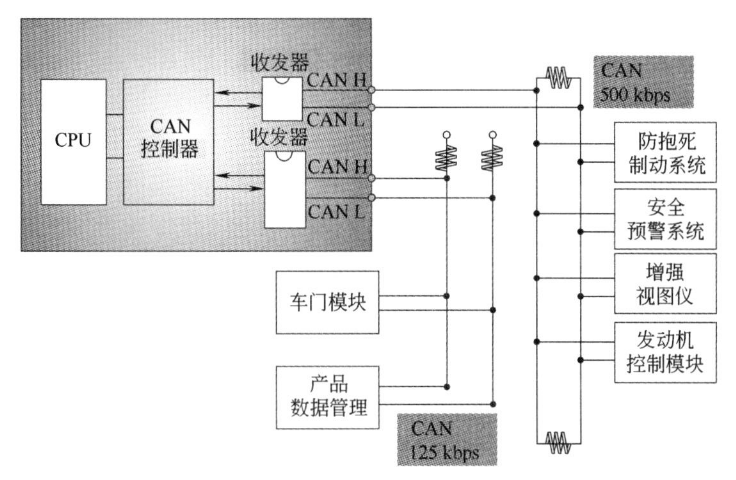

图 5-79 用于汽车控制的 CAN 接线

远程数据交换与通信的功能；从而为液压元件的调节、远程控制以至故障诊断等都提供了物质基础。液压智能元件的 CAN 总线是可以双向交互通信的，这是智能液压元件的基本特征之一。

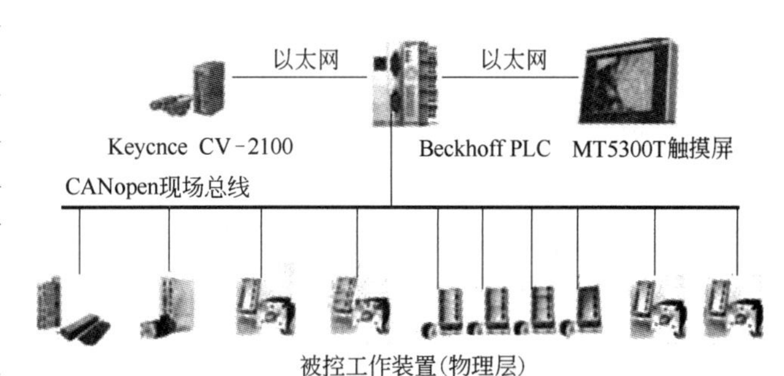

图 5-80 CAN 局域网与互联网的连接

④ 智能液压元件配套的控制器与软件。智能液压元件在系统里的使用与传统元件完全一样。但其性能参数的设置、调整等需要提供外设进行，这些外设可以是公司专设的控制器或一般的 PC 机，但是都需要该产品所对应的该公司提供的开发软件系统。目前较多的是智能液压元件厂商为用户提供相应的控制器与配套软件系统（图 5-81），用于该元件的设置、控制以及监控等。这部分是对应于该系列元件或该公司同类型智能元件的，故对用户而言，仅购买一次即可以对相应所有同类型元件进行设置等。

从用户角度出发，对于控制器一般要求：高性价比，满足分散控制要求，易用来对智能元件设置参数，易于用于各项服务功能，质量好与安全性高等；软件系统除编程软件外，还有工具软件，用于系统监控、设置与故障诊断。

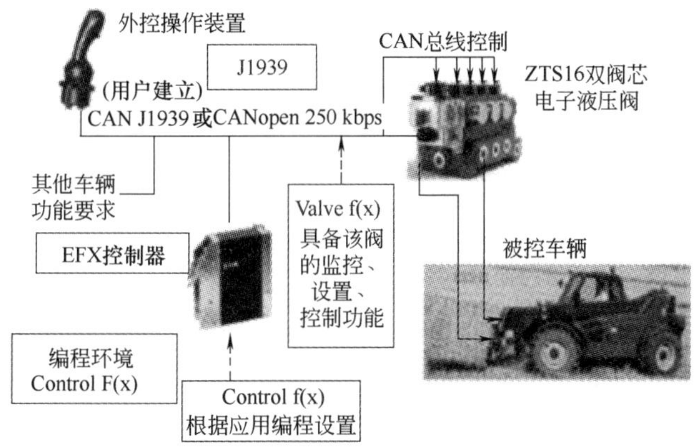

图 5-81 智能元件配套控制器与软件及其作用

（3）智能液压元件应用的效益

对于采用智能元件带来的效益包括了用户和生产厂商两方面。

① 对用户而言，采用智能液压元件得到了更多更好更符合工况的功能，例如采用上述比例阀，会增加不少功能，对双阀芯电子液压阀而言，可以实现挖掘机的铲斗振动、电子换挡、水平挖掘、软掘、抗流量饱和等，还可以实现高低速自动换挡、多级恒功率控制、熄火铲斗下降、无线遥控、自动程序动作等。这些功能最后表现的是发动机与液压系统功率的匹配，从而节能在15%～20%以上。

智能化会给用户带来两个方面的利益，在功能上更全面更有效率，尽管原始采购成本可能会有所增加，但在经济上节省了后期的运营成本，提高了机器的安全可靠性，降低了不可预计的由于故障产生的额外成本。

② 对于生产商而言，也带来了多方面效益。首先是电控智能使主机的性能提高通过控制来解决，而不像过去只能通过机械或机械加工解决。

由于采用了开放式电控平台，方便了设计面向个体的需求，降低了设计成本；由于采用了分散式的控制方式，使系统动态可变参数配置、触发采用使系统运行更可靠的方式，使调试手段与方式更灵活，降低了流量调试和维修成本；由于采用CAN总线后电控接线更简单，省线、易查、省工时，可以取消传统控制必须的接线箱，提高了生产效率，降低了劳动强度与难度，降低了人力成本与采购成本；由于采用总线，不仅电控布线简单易行，而且对于硬件管路的放置更加灵活，便于安装，可以降低安装成本；由于故障的便捷诊断与维护的远程性，方便了维修维护，降低了售后服务成本；产品开发方便快捷，可以个性化定制，降低了营销成本，增加了市场的竞争性。

综上所述可以看出，包括电液控制阀在内的液压元件智能化和数字化已是大势所趋。智能液压元件的所有环节技术是成熟的，工程实施是可以进行的，但是作为元件增加的功能无疑会对现有液压行业及产品提出极大的挑战。这个挑战来自技术、人员素质、上下游关系与经营理念等。因此必须不断通过创新解决面临的智能化新的问题。但从目前情况来看，电液控制阀智能化的途径无外乎是采用新结构原理、新驱动方式、新材料、新介质以及内嵌微电子系统（微处理器及芯片）和智能控制策略（控制算法）等。

5.6.2 基于双阀芯控制技术的ZTS系列智能液压阀

传统单阀芯电磁换向阀采用一个阀芯，其进、出油口的位置关系在设计制造时就已确定，在使用过程中不能修改，而且其进、出油口的压力和流量不能独立调节。由于不同液压系统对换向阀进、出油口位置关系的要求不一样，故针对不同的液压系统需要设计制造不同的阀芯，互换性较差。双阀芯基本原理如图5-82所示，每片阀内有两个阀芯，两个工作油口分别对应负载执行元件的进油口和出油口。两个阀芯既可单独控制，也可通过一定的逻辑和控制策略成对协调控制。

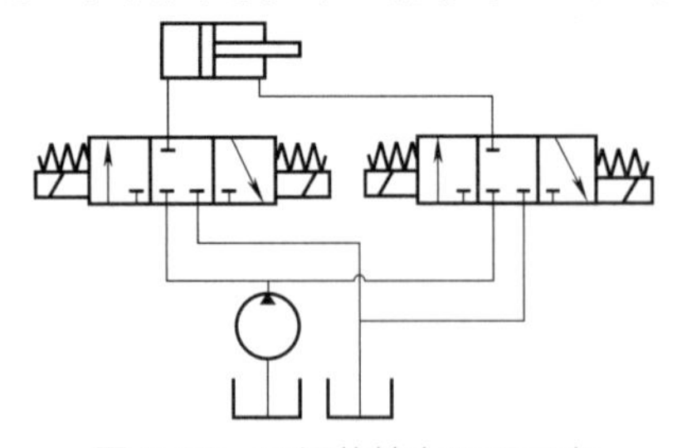

图5-82 双阀芯基本原理示意

伊顿（Eaton_Ultronics）公司研发的ZTS系列双阀芯电子智能多路液压阀（额定压力为35MPa，单片流量为130L/min）如图5-83所示，其控制系统的关键在于其独特的双阀芯控制技术。单个阀最多包含6片阀，每片液控主阀有2个阀芯（故整个阀共12个阀芯），相当于一个三位四通换向阀变成两个三位三通换向阀的组合，液控主阀的2个阀芯由电磁比例先导阀各相应的阀芯进行控制，液控主阀的两个阀芯既可单独控制，也可根据控制逻辑进行成对控制。每片阀自带 DSP 数字信号处理器，完成信号的采集与上位机信号的处理，生成相应的 PWM 数字信号，直接驱动先导阀电磁铁线圈工作。该阀两个工作油口 A、B 都设有压力传感器，两个主阀芯都设有 LVDT 位移传感器，能够将工作油口的压力、流量情况实时反馈至控制器，实现压力、流量的闭环控制，具有很高的控制精度。该阀采用负载口独立控制技术，使执行元件的动作更加灵活。阀的功能完全通过软件编程来实现，不用添加其他压力补偿元件或者先导回路即可实现压力控制或流量控制及工作模式的切换。对于多执行元件的应用场合，可以通过程序实现负载敏感和三种抗流量饱和的方案，以满足主机（如工程机械）及系统的多种功能需求。

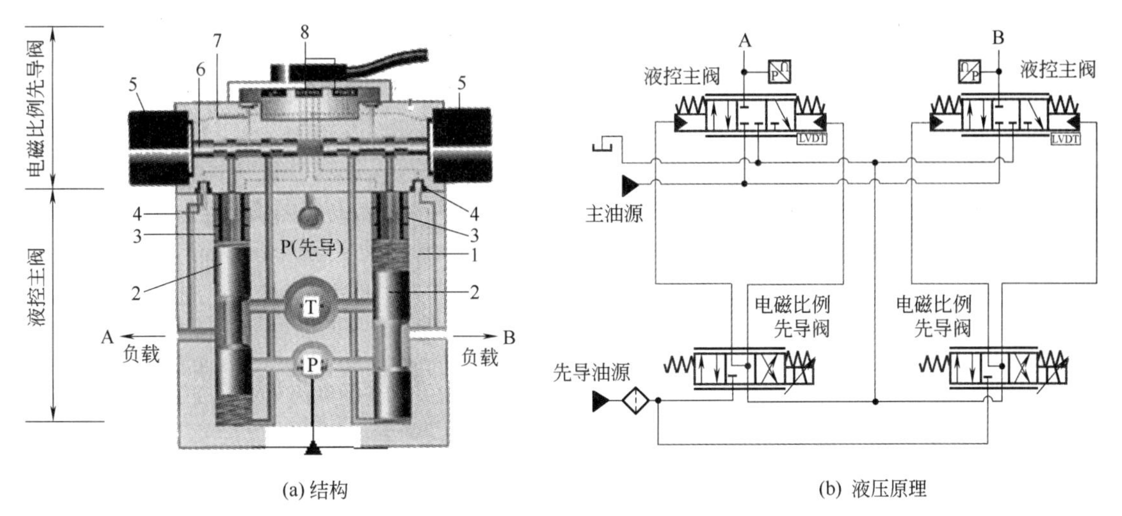

(a) 结构　　(b) 液压原理

图 5-83　双阀芯电子智能多路液压阀结构及液压原理

1—主阀体；2—独立双阀芯；3—LVDT 位移传感器；4—膜片式压力传感器；5—电磁铁；
6—电磁比例先导阀芯；7—对中弹簧（复位杆）；8—嵌入式控制器

由 ZTS 系列双阀芯电子智能多路液压阀构成的 Ultronics 电子控制系统，其硬件除了调节阀和双阀芯液压阀组外，一般还包括操纵手柄、电控单元（ECU）和外接传感器或开关等，其间通过 CAN 总线通信。液压阀组为电控系统与液压系统的交汇点。控制系统的软件用于其所有功能的开发和编制。

5.6.3　基于数字控制器的 DSV 数字智能阀

瑞士 Wandfluh（万福乐）公司是微型液压阀的著名生产商。该公司于 2003 年推出了 DSV 数字智能阀（Digital Smart Valve），如图 5-84 所示。之所以称它为数字智能阀，是因此阀可在最小的允许空间内放置一块数字式控制器，这是截止到当时为止市售结构最为紧凑的控制模块，其结构尺寸只相当于普通电子控制器的一半。用户可以在不进行任何调整和设置的情况下直接安装使用，而且这种产品还具有自诊断及动作状态显示的功能。该液压阀具有下列特点：即插即用简便的使用性能且易于更换；便利地实现设备的平稳精确控制；极高的操作可靠性；自检测元部件操作状态及诊断功能等。

新型智能控制模块扩充了瑞士万福乐公司的产品系列，此模块可以适配万福乐公司的各种比例阀。此智能电子控制器拥有许多优点，内置此种控制器的比例阀在出厂前经过统一设置和调整，使相同型号的产品具备完全相同的工作特性。此控制器的结构紧凑，采用超薄设计，可与四通阀结合。

万福乐公司也是目前唯一可提供 M22～M33 内置数字放大器的螺纹插装式比例阀的生

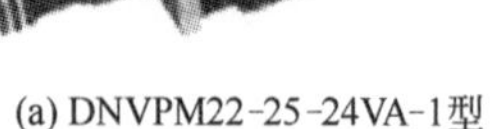

(a) DNVPM22-25-24VA-1型　　(b) BVWS4Z41a-08-24A-1型

图 5-84　万福乐公司 DSV 数字智能阀

产厂商，此系列产品专为固定液压系统及移动液压系统而特殊设计。

DSV 数字智能阀可适用于各种场合。例如，在林业设备或装载机械中控制比例换向阀，也可在液压电梯、升降平台或叉车的液压系统中，对升降运动进行平稳控制；又如，在风力发机的设备上控制叶轮的转角。板式结构的 DSV 阀还可为各种机床提供开环的比例方向控制以及比例节流或比例流量控制。

另外，此阀应用在简单的位置控制系统中，外部控制器可以非常容易地操纵此阀。此阀还具有多种适配功能，比例阀操作状态诊断可通过简洁的基于 Windows 模式下的参数控制软件 PASO 轻松实现。

由于控制软件可以根据客户的特殊需求及实际工况任意进行修改，故万福乐公司的比例阀配合内置数字式控制器依然保留着灵活的特性。另外，此控制器还允许扩展传感器读值的功能，例如，在通风系统中进行温度控制或对油缸的压力进行监控等特殊功能。

万福乐公司开发的数字智能阀使比例阀的发展和应用上升到一个新台阶。应用 DSV 数字智能阀的客户无需了解元件的详细原理，只需将其安装到系统上即可直接享有 DSV 提供的完美功能。

5.6.4　分布智能的数字电子液压阀及系统

意大利 Atos 公司可为用户提供电子液压比例阀件配套一体化数字式的电子器件，这些产品能赋予传统控制体系新的功能，其基本功能是使新型紧凑的机器带有更高技术含量。数字电子器件集成了多种逻辑和控制功能（分布智能），且使大部分现代现场总线通信系统变为可行和便宜。一体化比例电子液压引入数字控制技术将带来一些立竿见影的进步：能在狭小的空间内通过增加阀件的参数设置数量来实现更多功能，以适应各种应用中的特殊要求；数字化的处理能保证这些设置的可重复性；由于有永久存储，数字设置能被自动保存；数字化元件测试保证了所有功能参数设置的可重复性；新的控制技术提高了比例阀的静、动态性能。

① PS 系列数字电子器件及其特点。如图 5-85（a）所示，基本型 PS 系列数字电子器件配备了一个标准 RS232 通信界面，并带有一个友好用户界面［图 5-85（b）］的计算机软件 E-SW-PS，实现功能参数的管理。

PS 系列的一体化数字电子器件可提供不带传感器（E-RI-AES），带位置传感器（E-RI-TES）或带压力传感器（E-RI-TERS）的阀，甚至带双级闭环控制的先导阀（E-RI-LES）。这些数字电子器件的主要特点是能同相应的模拟电子器件完全互换；参考和反馈信号为模拟量；可编程的界面使诊断和设置管理成为可能，使其性能最优，满足应用要求。

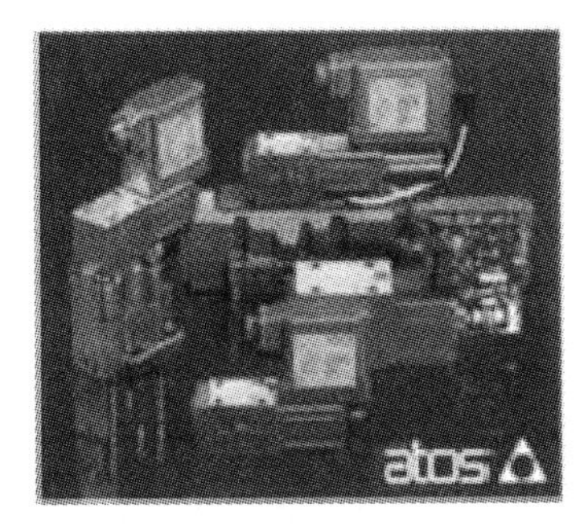

(a) PS系列数字电子器件

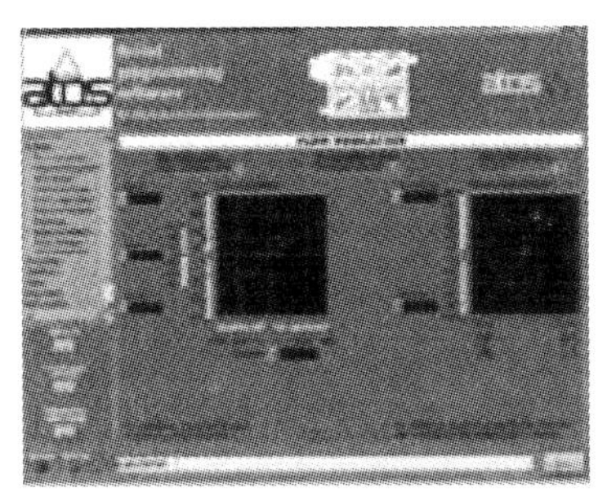

(b) E-SW-PS界面

图 5-85 PS 系列数字电子器件及其软件

这个方法能使客户逐渐了解数字技术的优势，而不必变更整体的应用/机器的结构。主要的参数设置有：数字设置死区和比例；调节曲线的线性度，随意获取线性和非线性的特性；数字设置的斜坡可在 0～100%的范围内进行调节。除此之外，一系列详细的诊断信息能全面分析阀件及其可能的故障原因。

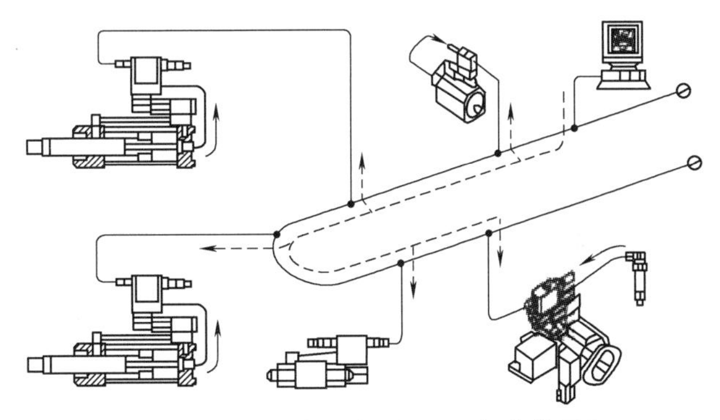

图 5-86 数字电子液压阀及现场总线界面

② 现场总线系列。数字电子技术使现场总线界面（图 5-86）成为现实。现场总线技术具有下列显著优势：避免电磁干扰；信息协议的标准化；降低配线成本；系统的诊断和远程帮助。所有 Atos 数字放大器都提供两种最常用标准：C 版本，可连接 CANBus (Canopen DS408 V1.5 协议)；BP 版本，可连接 Profibus-DP (Fluid Power 技术协议 1)。

③ 伺服驱动器。放大器自身集成了多种控制功能，真正实现了紧凑的电子液压运动单元。AZC 型伺服液压缸［图 5-87（a)］的 E-RI-TEZ 放大器，不仅能控制相应的阀，而且放大器本身就能进行位置、速度和/或力的控制。用 AZC 型伺服液压缸组成的伺服系统［图 5-87（b)］的主要优势：自身能进行运动控制，无需外部轴控制器；方便放大器与外传感器直接连接，能减少配线数量；现场总线系统能使连接的多个运动控制单元和各单元之间的通信的速度达到最佳性能。总线系统能达到最佳性能的重要一点是分布智能能快速局部处理闭环控制要求的高速信号，从而避免不必要的在线信息超载。

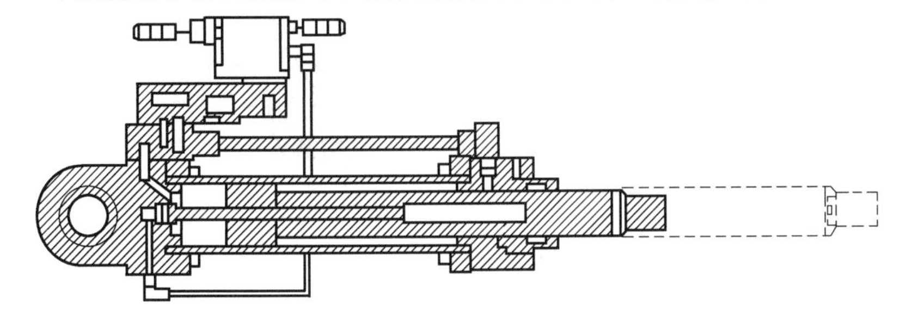

(a) AZC型伺服液压缸

(b) 伺服系统

图 5-87 AZC 型伺服液压缸及其组成的伺服系统

④ 简便的伺服系统。作为最简单的方式，分布智能的概念被应用于图 5-88 所示的 E-RI-AEG 放大器上。这些数字电子器件能自发管理多达五个感应接近传感器和实现开环快-慢位置循环。对于任何循环阶段都可设置速度和加速度（斜坡）。

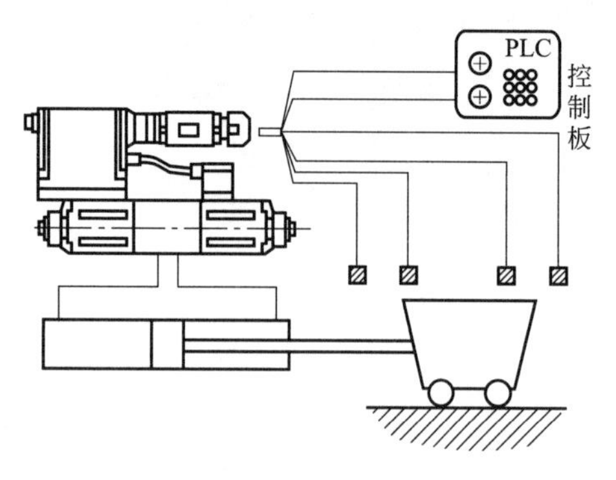

(a) 分布智能应用于E-RI-AEG放大器

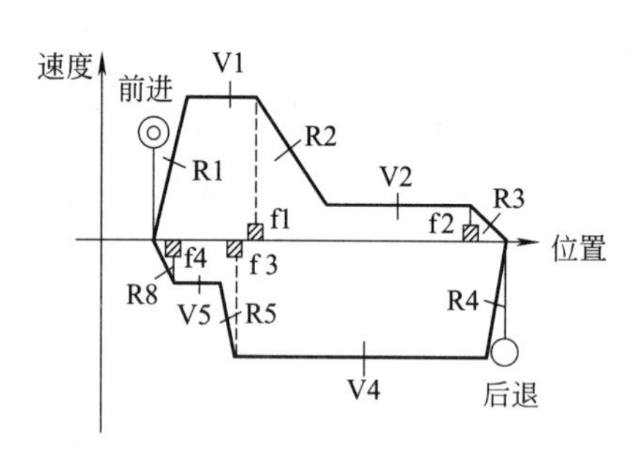

(b) E-RI-AEG放大器速度-位置特性曲线

图 5-88 分布智能概念的应用

⑤ 新功能。可设置控制参数并具有尺寸更紧凑的数字放大器，能实现如下新功能：E-RI-TES 放大器能在比例方向控制阀上实现压力和流量的复合控制；对各种变量柱塞泵，E-RI-PES 数字放大器集成了压力、流量控制和功率限制。将来的发展是同步控制、动态性能的最佳自适应控制与在现场总线系统中预先处理的远程帮助等。

5.6.5 基于模糊自调整 PID 智能控制模块的智能数字流量阀

智能数字流量阀的结构形式和常规数字流量阀基本相同，最大不同之处是系统的算法不同，即控制器的软件模块不同。传统数字流量阀的控制算法是 PID 控制算法，是固定的。而智能数字流量阀的控制算法采用模糊自调整 PID 控制算法（图 5-89），能根据外界的变化进行 PID 的三个参数在线自整定模糊化。

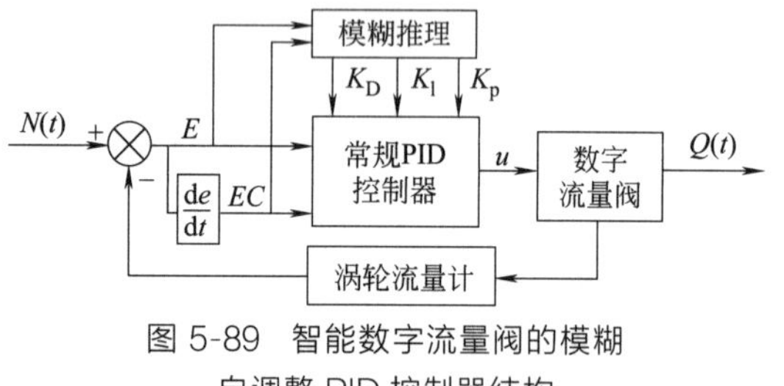

图 5-89 智能数字流量阀的模糊自调整 PID 控制器结构

模糊自调整 PID 智能数字流量阀主要由模糊自调整 PID 智能控制模块、细分器驱动模块、增量式数字阀模块以及反馈装置模块组成。模糊自调整 PID 智能控制模块的核心是以单片机为主控单元；细分器驱动模块主要是为步进电机做准备的驱动放大电路；数字阀模块由混合式步进电机、滚珠丝杆以及液压阀主体组成；反馈装置模块以涡轮流量计（传感器）作为检测反馈装置，对输出流量进行检测并与给定的流量值进行比较，将比较的结果传送给单片机进行处理。

与常规 PID 控制的数字流量阀相比，智能数字流量阀具有更小超调量、更快动态响应及更强抗干扰特性，效果优于传统 PID 控制。

5.6.6 基于智能材料驱动器的智能电液控制阀

压电陶瓷、压电晶体及超磁致伸缩材料均为功能型智能材料，4.5.10 小节介绍了一种超磁致伸缩材料驱动的球阀式高速开关阀，此处介绍基于闭环压电陶瓷驱动器的智能电液伺服阀。

① 结构组成。图 5-90 所示为一种新型智能压电型电液伺服阀（北京航空航天大学发明专利），它是高频高精度伺服阀，该伺服阀主要由阀主体、闭环压电陶瓷驱动器（下简称驱动器）、滑阀防阀芯旋转装置、阀套对中装置和压电陶瓷驱动器座等部分组成。该电液伺服阀由左端盖 3、阀体 7、右端盖 24、闭环压电陶瓷驱动器座 12 和右端盖盖板 23 组成壳体。阀体 7 上有贯通的阀腔，阀腔内有滑阀阀套 19，阀套 19 的通孔内有阀芯 18，左端盖 3、调零螺栓 14、密封圈 4 和阀套调中压柱 5 一起封盖阀腔的左端面。右端盖 23 封盖阀腔的右端面，在右端盖 23 与阀腔的右端面之间有密封圈 9 和 19。驱动器座 12 通过螺栓固定在右端盖的右端。驱动器 10 的底端固定在驱动器座 12 上，其输出端通过防松垫圈 22 与阀芯 18 直接通过螺纹连在一起，驱动器 10 的振动带动阀套往复运动，并且其自身还带有位移传感器，可以检测阀芯的位移。防阀芯旋转螺母 15、防阀芯旋转卡槽支板 16 和防阀芯旋转卡槽 17 一起组成阀芯防旋转装置，防阀芯旋转卡槽 17 的卡槽与阀芯左端具有两个平行平面的凸台配合，用以防止阀芯旋转，从而避免驱动器 10 由于承受轴向旋转力而破坏。防松螺母 1、密封圈 4、阀套调中压柱 5、调零弹簧 8 和调零螺栓 14 一起组成阀芯调零或对中装置，用以调节该伺服阀的零位。右端盖盖板 23 用以遮盖驱动器 10 和阀芯 18 连接处的两个窗口。盖瓦 11 用以遮盖驱动器 10 向外引两条电线处的缝隙。

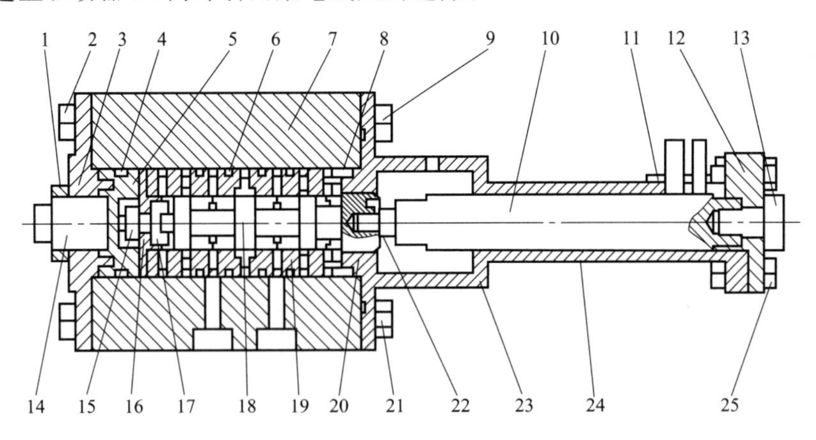

图 5-90 智能压电型电液伺服阀

1—防松螺母；2—左端盖螺栓；3—左端盖；4,6,9,20—密封圈；5—阀套调中压柱；7—阀体；8—调零弹簧；10—闭环压电陶瓷驱动器；11—盖瓦；12—闭环压电陶瓷驱动器座；13—固定闭环压电陶瓷螺栓；14—调零螺栓；15—防阀芯旋转螺母；16—防阀芯旋转卡槽支板；17—防阀芯旋转卡槽；18—阀芯；19—阀套；21—右端盖螺栓；22—防松垫圈；23—右端盖盖板；24—右端盖；25—闭环压电陶瓷驱动器座螺栓

② 工作原理。在驱动器 10 两端不加电压时，阀芯 18 在阀套 19 的最右边，当向驱动器 10 加上额定电压的一半左右时，阀芯 18 处于阀套 19 的中位，这时向驱动器 10 所加的电压称为偏置电压；若在偏置电压基础上增加电压但不超过额定电压，则驱动器 10 推动阀芯 18 向左移动，当加的电压达到驱动器 10 的额定电压时，阀芯 18 达到阀套 19 的最左边；若在偏置电压基础上减小电压但加在驱动器 10 两端的电压不小于零，则驱动器 10 拉动阀芯 18 向右移动，当加在驱动器 10 两端的电压减小到零时，阀芯 18 达到阀套 19 的最右边。这样在周期电压信号的反复作用下，驱动器 10 将电能转化为机械能反复推拉阀芯 18，阀芯 18 便可在阀套 19 中往复地运动起来；同时驱动器 10 还可以用其自身携带的位移传感器检测其自身输出的位移，即阀芯 18 的位移，这样即可实现该伺服阀的闭环控制。

图 5-91 所示为采用两个对顶压电驱动器驱动滑阀阀芯运动的压电型电液伺服阀。其滑阀阀芯 2 左、右两端各用一个压电陶瓷堆驱动，位移传感器 4 用于阀芯位移的检测反馈。工

作时需要对阀芯两端的压电陶瓷堆加偏置电压，当阀芯向一端运动时，该端的压电陶瓷堆两端的电压就要降低，同时另一端压电陶瓷堆两端的电压要升高。原则上要保证一端压电陶瓷堆缩短的距离等于另一端压电陶瓷堆的伸长量。试验结果表明，采用 RBFNN（Radial Basis Function Neural Network）网络整定的 PID 智能控制器可以很好地实现两驱动器的解耦同步控制，保证阀芯快速、精确、平稳的运动。在压电驱动器上所加的电压为 0～180V，频率为 2Hz 条件下，阶跃响应时间小于 0.01s，伺服阀阀芯的位移跟踪误差在 0.5μm 以内。

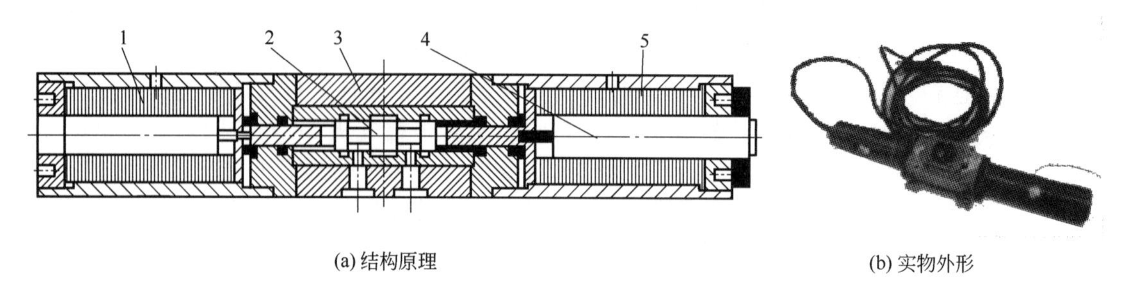

图 5-91　双压电驱动器的电液伺服阀

1—左压电驱动器；2—滑阀阀芯；3—阀体；4—位移传感器；5—右压电驱动器

③ 性能特点。该阀突破了传统电液伺服阀频宽较低的瓶颈，其可以高频高精度地工作，使智能材料压电陶瓷的高频高精度特性能够充分地应用到液压伺服控制领域中来。

5.6.7　磁流变液智能控制阀

（1）磁流变流体简介

磁流变流体（Magnetorheological Fluid，MF）是 1948 年美国人 J. Rabinow 发明的一种功能材料，它是一种将饱和磁感应强度很高而磁力很小的优质软磁材料（微米尺寸的颗粒）均匀分布，溶于不导磁的基液中制成的磁流变悬浊液（悬浮液），其流变特性随外加磁场变化而变化。作为一种新型智能材料，其基本特征是：在磁场作用下，磁流变流体能在瞬间（毫秒级）从自由流动的牛顿液体，其黏度增加两个数量级以上转变为类固体，并呈现类似固体的力学性质，其强度由剪切屈服应力来表征，而且黏度的变化是连续、可逆的，即磁场一旦消失，又恢复为自由流动液体。磁流变效应连续、可逆、迅速和易于控制的特点使磁流变液装置能够成为电气控制、机械系统间简单、安静而且响应迅速的中间装置。利用磁流变液的流变效应，可设计制成无动作部件的液压阀，以应用于磁流变液压系统。

（2）磁流变液减压阀

如图 5-92 所示，磁流变液减压阀主要由衔铁 1 和线圈 3（内含铁芯 2）组成，磁流变液从衔铁和铁芯之间的间隙流过。当线圈通电时，衔铁和线圈间隙形成一定的磁场。流经间隙的磁流变液在磁场的作用下瞬间转变为接近固体状态，变为黏塑性体，阻止磁变液流动。只有当压力达到一定值时，磁流变液才恢复原流动状态继续流动。通过调节线圈中电流强度来调节磁场（沿半径径向作用于间隙中的磁流变液）强度，改变磁流变液的屈服强度，可实现调压，这种调节是连续可逆的。当线圈不通电时，磁流变液为流动状态，可通过减压阀实现卸荷。

由图 5-93 所示仿真结果看出，随着磁流变液屈服应力的增加，即相应磁场强度的增强，磁流变液减压阀的压差 Δp 呈直线增加，相应的出口压力 p_2 则呈直线下降，此即为磁流变效应的结果；随着磁流变液黏度的增加，磁流变液减压阀的压差 Δp 呈直线增加，但是增加的幅度很小，相应的出口压力 p_2 变化不大。然而，若磁流变液的黏度 η 过大，磁流变液流过阀体与衔铁间仅为 1～2mm 的间隙时，由于油膜效应易使间隙发生堵塞，而影响减压阀的性能。目前磁流变液的零场黏度一般为 0.2～1.0Pa·s。

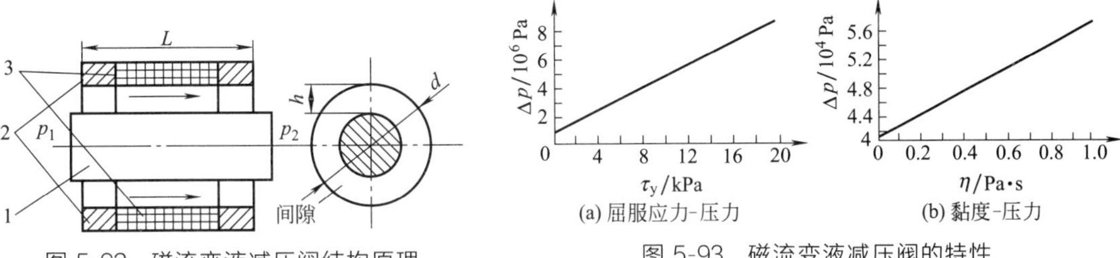

图 5-92 磁流变液减压阀结构原理

1—衔铁；2—铁芯；3—线圈

图 5-93 磁流变液减压阀的特性

研究表明，由于产生磁场的材料性能的限制，减压阀磁场间隙 h 的可选范围不大（1～2mm），基本可视为一个定值；磁流变液的零场黏度在 0.2～1.0Pa·s 范围内，对减压阀出口压力 p_2 影响不大，也可视为一个定值；减压阀衔铁内径 d 增加到某值后对出口压力 p_2 的影响可忽略，因此理想的内径 d 应选择该值及其附近的某个值，这样 d 可以看作一个定值；磁场的有效长度 L 与 Δp_1 和 Δp_2 均成正比，因此在进口压力 p_1 较低时，L 取较小值，反之 L 取较大值；在磁流变液屈服应力 τ_y 较小时，L 适当取较大值，反之 L 取较小值，这样可以拓宽出口压力 p_2 的控制范围，总之，磁场的有效长度 L 是磁流变液减压阀结构中一个非常重要的参数。一个磁流变液减压阀，在强度足够的前提下，只要拥有高屈服应力磁流变液，阀即可用于低压、中压、高压液压系统。

（3）磁流变液溢流阀

如图 5-94 所示，磁流变液溢流阀由衔铁和线圈组成，磁流变流体从铁芯 a 和铁芯 b 之间的间隙流过。当溢流阀的线圈通电时，铁芯间隙形成一定的磁场。流经间隙的磁流变液在磁场的作用下瞬间转变为接近固体状态，只有当压力达到一定值时，磁流变流才恢复原流动状态，继续流动。故当线圈通电时，溢流阀可实现调压。当线圈不通电时，磁流变液为流动状态，可通过溢流阀实现卸荷。

分析及试验表明，磁流变液溢流阀在输入电压为 24V 时，调定压力为 1MPa，且调定压力不随溢流阀输入流量的变化而变化（图 5-95），溢流阀工作特性稳定。与传统溢流阀相比，磁流变液溢流阀结构简单，无动作部件，工作更加可靠，可实现远程控制。

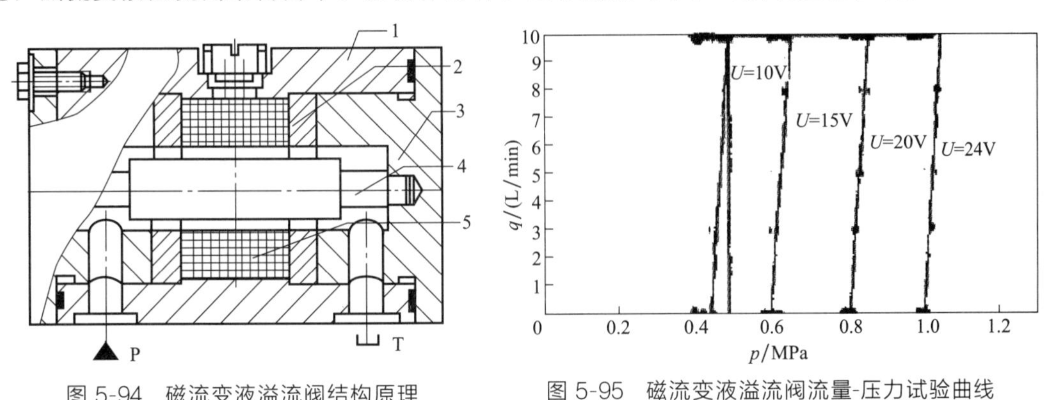

图 5-94 磁流变液溢流阀结构原理

1—壳体；2—铁芯 a；3—端盖；4—铁芯 b；5—线圈

图 5-95 磁流变液溢流阀流量-压力试验曲线

（4）磁流变液单向节流阀

① 结构组成。如图 5-96 所示，磁流变液单向节流阀由阀体 7、阀芯 6，复位弹簧 4、活

塞 2、推杆 3 等构成。该阀工作时，通过从进口 1 进入的磁流变液的推力和复位弹簧力的平衡关系来控制阀芯的上下移动，从而达到控制液压油流量的目的。

② 工作原理。整个系统的工作原理可借助图 5-97 来说明。在未启动磁流变液控制系统前，将整个控制系统管路充满磁流变液，单向节流阀 5 处于全关闭状态，其内部推杆在最高位置上。当启动磁流变液控制系统后，为了减少冲击，应使单向节流阀逐渐开启。首先接通励磁电流，并根据定量泵的出口压力［可以从磁流变液控制阀 1 的入口压力传感器（图中未画出）反馈的信息得到］，将励磁电流尽量选取最大值。接通电机，启动定量泵 3，压力上升并迅速传递到控制系统磁流变液中。控制系统开始每隔一定时间对单向节流阀出口实际流量值进行采样，把得到的采样结果与系统实际需要的流量值进行比较。

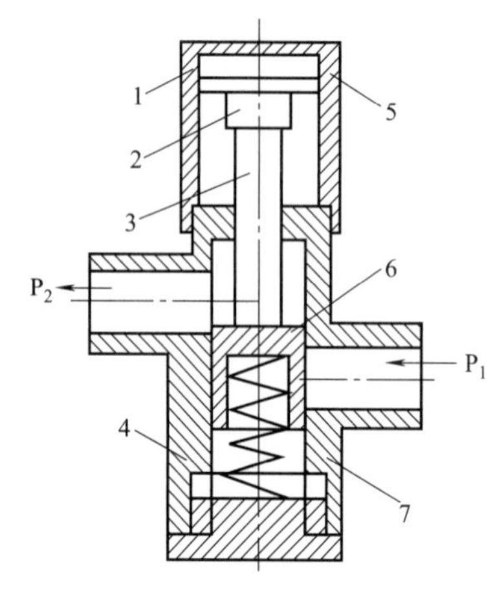

图 5-96 磁流变液单向节流阀结构原理

1—磁流变液进口；2—活塞；3—推杆；4—复位弹簧；5—磁流变液出口；6—阀芯；7—阀体；P_1—传统液压油进口；P_2—传统液压油出口

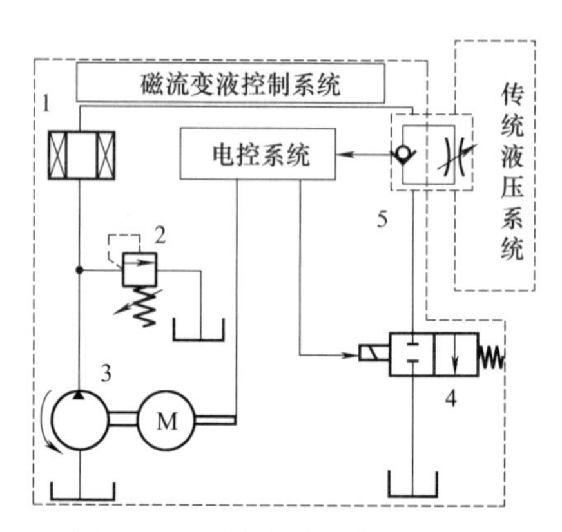

图 5-97 磁流变液系统工作原理

1—磁流变液控制阀；2—液压溢流阀；3—定量泵；4—二位二通电磁换向阀；5—单向节流阀

若传统液压系统的流量值等于实际需要的流量值，则迅速增大励磁电流使磁流变液控制阀 1 中的磁流变液在强磁场的作用下变为类固体，以保证单向节流阀的阀芯固定在当前位置。若传统液压系统的流量值小于实际需要的流量值，则通过控制系统减少磁流变液控制阀的电流，使其减压作用减小，到达单向节流阀的磁流变液压力升高，推动活塞下移，直至单向节流阀出口的流量值与实际要求的一致。

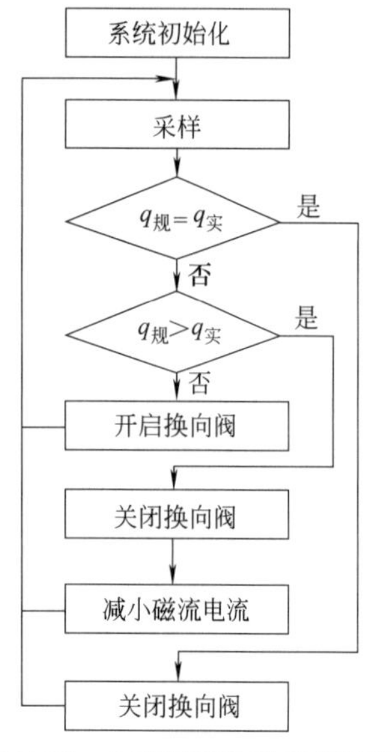

图 5-98 系统控制软件程序框图

③ 软件及功能。控制器是整个控制系统中重要的一部分，系统对各物理量的检测，读入、处理以及输出都依赖于控制器的软件来实现。软件功能主要是参数的输入，压力、流量、电流和温度的检测反馈，控制算法的实现与输出以及故障信号的分析与处理等。普通单片机在实时控制及价格、体积等方面都具有较大优势，故可用于此控制系统。控制软件程序框图如图 5-98 所示，可以看出，系统不断地对液压油的流量进行采样，一旦其流量发生变化，控制系统就会分析判断，作出相应的处理，使传统液压系统的流量保持不变。对于流体倒流的情形，出口压力高于进口压力，液压油从出

口进，从入口出，并且压差小，控制系统发出指令关闭液压系统，同时关闭磁流变液控制阀。

（5）磁流变液数字阀

① 结构组成。如图 5-99 所示，磁流变液数字阀主要由壳体 1、线圈 2、铁芯 3、阀芯 4 和端盖 6 等组成。铁芯、阀芯等导磁元件用硅钢制作，具有高磁导率、低矫顽力、高强度等优点。端盖等隔磁元件用铝合金制作。该阀的试验以齿轮泵为动力源，采用密度为 $2.56g/cm^3$、动力黏度为 30mPa・s 的氟化铁系磁流变流作为工作介质。

② 工作原理。磁流变液数字阀采用磁流变液的流动工作模式，铁芯与阀芯之间形成工作间隙，磁流变液由间隙中流过，其 B-H 曲线如图 5-100 所示。当线圈中有电流通过时，在上述工作间隙中产生磁场，此时流过工作间隙的磁流变液在磁场作用下瞬间由自由流动的牛顿流体转变为近固体状态，变为黏塑性体，阻尼力增大，阻止磁流变液进出磁流变数字阀，阀芯两侧的压差也逐渐增大。通过调节线圈中电流大小可调节磁场强度，从而改变磁流变液的屈服特性，达到该磁流变液数字阀调节压力、流量的目的，而且调节连续可逆。当线圈中没有电流通过时，磁流变液又恢复为自由流动状态，这时通过磁流变液数字阀的流量最大。

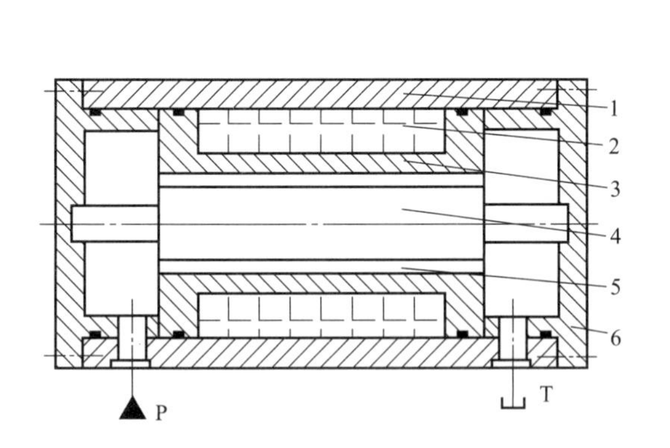

图 5-99 磁流变液数字阀结构原理

1—壳体；2—线圈；3—铁芯；4—阀芯；5—工作间隙；6—端盖

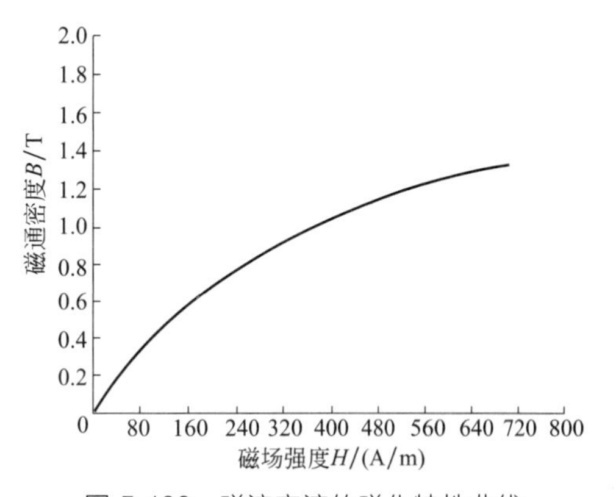

图 5-100 磁流变液的磁化特性曲线

③ 性能特点。磁流变液流经数字阀时产生的压降 Δp 由两部分组成，其一是与其结构尺寸和黏滞阻尼性有关的 Δp_1，其二则是与磁流变液的屈服应力 τ_y 即工作间隙产生的磁场强度有关的 Δp_2。通过改变线圈电流即改变磁场强度可改变屈服应力 τ_y，从而改变流体阻尼力的大小，产生新的压降 Δp_2。Δp_2 是磁流变液数字阀实现智能控制的关键。磁流变液数字阀对压力、流量的控制可以采用脉宽调制（PWM）方式实现。

磁流变液数字阀具有良好的静、动态特性，较高的切换速度和响应频率。其无相对运动部件，可在计算机控制下实现压力、流量的连续调节，具有结构简单、工作可靠、使用寿命长等优点，并克服了传统液压阀智能化控制困难、制造精度要求较高、输出精度低且对油液污染较敏感的缺点，从而提高了系统的可靠性及智能化控制水平。

参考文献

[1] 张利平．液压阀原理、使用与维护．3版．北京：化学工业出版社，2015.

[2] 张利平．液压元件与系统故障诊断排除典型案例．北京：化学工业出版社，2019.

[3] 张利平．气动系统典型应用120例．北京：化学工业出版社，2019.

[4] 张利平．液压控制系统设计与使用．北京：化学工业出版社，2013.

[5] 张利平．现代液压气动元件与系统使用及故障维修．北京：机械工业出版社，2013.

[6] 李壮云．液压元件与系统．3版．北京：机械工业出版社，2005.

[7] 吴根茂．新编实用电液比例控制技术．杭州：浙江大学出版社，2006

[8] 王春行．液压控制系统．北京：机械工业出版社，2004.

[9] ESPOSITO ANTHONY. Fluid power with applications. New Jersey：Prentice-Hall，Inc.，1980.

[10] EXNEI H等．液压培训教材：液压传动与液压元件．3版．博世力士乐教学培训中心，2003.（ISBN3-933698-32-4）

[11] 陈启松．液压传动与控制手册．上海：上海科学技术出版社，2006.

[12] The LEE Company Technical Center. LEE technical hydraulic handbook. Westbrook，Connecticut，1989.

[13] 路甬祥．流体传动与控制技术的历史进展与展望．机械工程学报，2001（10）：1.

[14] 权龙．泵控缸电液技术研究现状、存在问题及创新解决方案．机械工程学报，2008（11）：87.

[15] 柴汇．高性能液压驱动四足机器人SCalf的设计与实现．机器人，2014（4）：285.

[16] 曾良才．轨道路基动力响应测试液压激振系统设计．液压与气动，2014（4）：9-10.

[17] 张利平．金刚石工具热压烧结机及其电液比例加载系统．制造技术与机床，2006（1）：50-52.

[18] 张利平．一种电液数字流量控制阀的开发研制．制造技术与机床，2001（7）：20-21.

[19] 张利平．新型电液数字溢流阀的开发研究．制造技术与机床，2003（8）：33-35.

[20] 张利平．增量式电液数字控制阀开发中的若干问题．工程机械，2003（5）：36-38.

[21] 张利平．电液对应方法及其应用研究．机械技术，2001（7）：174.

[22] 张广忠．TLK210推土机热平衡系统故障排除．建筑机械，2014（8）：100-101.

[23] LI Y S. Principle and development of the electro-hydraulic digital control valve. Machine Tool & Hydraulics. 2016，48（18）：26-29.

[24] 李松晶．新型磁流变流体溢流阀的研究．功能材料，2001（3）：260-261.

[25] 曹锋．压电型电液伺服阀智能控制方法研究．液压与气动，2008（2）：4.

[26] 陈钢．磁流变液减压阀的设计与分析．液压与气动，2003（11）：35-37.

[27] 满军．永磁屏蔽式耐高压高速开关电磁铁．浙江大学学报（工学版），2012（2）：309.

[28] 李威．磁回复高速开关电磁铁仿真分析．机电工程，2013（4）：444-446.

[29] NACHTWEY. PETER. Choosing the rihht valve. Hydraulics &Pneumatics，2006（3）：30.

[30] 魏列江．线圈匝数对高速开关电磁铁响应时间影响研究．液压气动与密封，2018（2）：79-82.

[31] 宋军．高速电磁阀驱动电路设计及试验分析．汽车工程，2005（5）：546-549.

[32] 唐兵．先导式大流量高速开关阀的关键技术研究．液压与气动，2018（6）：76.

[33] 宋敏．弛豫型铁电（PMNT）大流量高速开关阀设计与仿真．西南科技大学学报，2017（2）：96.

[34] 罗樟．GMM高速开关阀用液压放大器建模与实验．压电与声光，2019（2）：265.

[35] 施虎．磁控形状记忆合金驱动特性及其在液压阀驱动器中的应用分析．机械工程学报，2018（20）：235.

[36] 阮晓芳．高速开关阀驱动电路的仿真与试验研究．机电工程，2011（2）：209-211.

[37] 黄卫春．PWM高速开关阀驱动电路仿真设计．制造业自动化，2010（6）：168-171.

[38] 卢延辉．金属带式无级变速器数字调压阀的设计与试验研究．汽车技术．2006（3）：34-36.

[39] 卜凡强．水液压数字节流阀的研制与分析．液压气动与密封，2009（2）：59.

[40] 徐文山．增量式数字阀在DCT主调压控制系统中的应用．中国工程机械学报，2014（3）：238.

[41] 刘长青．新型二级电液数字伺服阀．水力发电，2003（2）：49-51.

[42] 朱发明．电液数字伺服双缸同步控制系统．机床与液压，2008（10）：49-51.

[43] 胡美君．电液微小数字阀．液压与气动，2006（1）：65-67.

[44] 郝云晓．新型高速开关转阀性能分析．液压与气动，2014（12）：14-17.

[45] 林昌杰．电液数字阀在水轮机调速系统中的应用．机械与电子，2005（2）：28-30.

[46] 高晓艳．水基高速开关阀阀芯的设计及密封性能分析．润滑与密封，2013（9）：50-53.

[47] 肖俊东．新型超磁致伸缩电液高速开关阀及其驱动控制技术研究．机床与液压，2006（1）：80-83.

[48] 赵伟. 一种大流量高速开关阀的设计与实验研究. 液压与气动，2013 (9)：38-40.
[49] 刘有力. 数字液压缸非线性建模仿真与试验研究. 液压与气动，2018 (10)：118.
[50] 莫崇君. 数字液压作动器在舰艇舵机中的应用. 科技广场，2015 (5)：92-95.
[51] 何谦. 单阀直控式高速开关阀液压同步系统数学模型的建立. 机械与电子，2011 (1)：68-70.
[52] 高钦和. 高速开关阀控液压缸的位置控制. 中国机械工程，2014 (20)：2775.
[53] 高强. 高速开关阀控电液位置伺服系统自适应鲁棒控制. 航空动力学报，2019 (2)：503.
[54] 刘奔奔. 高速开关阀用于滚珠旋压速度控制系统的研究. 太原科技大学学报，2018 (5)：383.
[55] 邱涛. 基于高速开关阀的液压马达调速系统研究. 机床与液压，2018 (1)：80-86.
[56] 吴万荣. 基于高速开关阀的液压钻机推进系统研究. 计算机仿真，2014 (12)：201.
[57] 韩以伦. 液压张紧装置伺服控制系统设计. 仪表技术与传感器，2016 (8)：67-70.
[58] 孙如军. 数控液压伺服系统组成及工作原理. 机床与液压，2007 (8)：125-128.
[59] 陈洁. 电液伺服阀的 PLC 控制. 机床电器，2007 (3)：49-50.
[60] 康晶. PLC 直接控制的电液步进液压缸. 机床与液压，2004 (4)：124-125.
[61] 石彦韬. 专用 25t 压力机的控制系统设计. 应用科技，2017 (2)：40-43.
[62] 李元贵. 新型船用液压锚机控制系统设计. 电工技术，2014 (3)：44-45.
[63] 王晓瑜. 基于 PLC 和 HMI 的液压锚杆钻机变频调速控制系统改造. 机床与液压，2015 (10)：172-174.
[64] 李明亮. 液压成形装备的改造设计. 锻压设备与制造技术，2005 (1)：41-42.
[65] 邵闻民. 基于 PLC 和变频器的轮胎里程试验液压负载控制. 液压与气动，2005 (4)：82-84.
[66] 杨志永. 基于 PLC 与伺服液压的装胎机控制系统设计. 机床与液压，2012 (2)：53-55.
[67] 管国栋. 80MN 锻造液压机液压控制系统的研制. 锻压技术，2011 (3)：87-90.
[68] 毛林猛. 电液伺服系统的 PLC 位置闭环控制系统设计. 装备制造技术，2014 (10)：92.
[69] 朱仁学. 基于 PLC 的大型构件压力试验机电液伺服力控制系统设计. 煤矿机械，2008 (5)：136-138.
[70] 焦建平. 500kN 恒力压力机电液伺服控制系统设计. 液压与气动，2010 (7)：38-39.
[71] 许仰曾. "工业 4.0" 下的 "液压 4.0" 与智能液压元件技术. 流体传动与控制，2016 (1)：1.
[72] 杨华勇. 数字液压阀及其阀控系统发展和展望. 流体传动与控制，吉林大学学报（工学版），2016 (5)：1494-1505.
[73] 郑昆山. 液压多路换向阀双阀芯控制技术的应用. 工程机械，2005 (2)：54-56.
[74] 郑昆山. 双阀芯控制技术在军用工程机械上的应用前景浅析. 液压与气动，2012 (5)：79-82.
[75] 赵洪亮. DSV 数字智能阀. MC 现代零部件，2004 (1-2)：128.
[76] 彭京启. 分布智能的数字电子液压. 液压气动与密封，2006 (5)：52-53.
[77] 李湘闽. 基于模糊自调整 PID 控制的智能数字流量阀研究. 机床与液压，2009 (8)：115-158.
[78] 黄建中. 现场总线型液压阀岛的开发与应用. 液压气动与密封，2012 (9)：1-3.
[79] 北京航空航天大学. 一种新型智能压电型电液伺服阀：中国，CN101319688A. 2008-12-10.
[80] 王庆辉. 磁流变数字阀研究. 机床与液压，2013 (9)：62-64.
[81] 陈钢. 磁流变液控制阀在电控系统中应用的研究. 液压与气动，2006 (4)：44-46.
[82] 陈钢. 磁流变液减压阀的设计与分析. 液压与气动，2003 (11)：35-37.
[83] Zhang L P. New achievements in fluid power engineering//'93'ICFP. Beijing International Academic Publishers, 1993. 172-173.
[84] 张利平. 液压传动系统压力和流量的数字控制. 机电整合，2005 (6)：41.